Il *Trou de Touilles* in Val di Susa, Piemonte, Italia

I0894679

HYPOGEAN ARCHAEOLOGY
Research and Documentation of Underground Structures
Edited under the aegis of the Federazione Nazionale Cavità Artificiali
(F.N.C.A)
No 4

Il *Trou de Touilles* in Val di Susa, Piemonte, Italia

Indagini Archeologiche in un Acquedotto Alpino del XVI Sec.

Roberto Basilico, Sara Bianchi

BAR International Series 1933
2009

Published in 2016 by
BAR Publishing, Oxford

BAR International Series 1933

HYPOGEAN ARCHAEOLOGY: Research and Documentation of Underground Structures No. 4
Il Trou de Touilles *in Val di Susa, Piemonte, Italia*

© Federazione Nazionale Cavità Artificiali (F.N.C.A) 2007; the authors individually and the Publisher 2009

© Logo and Series Title: Federazione Nazionale Cavità Artificiali (F.N.C.A) 2007

The authors' moral rights under the 1988 UK Copyright, Designs and Patents Act are hereby expressly asserted.

All rights reserved. No part of this work may be copied, reproduced, stored, sold, distributed, scanned, saved in any form of digital format or transmitted in any form digitally, without the written permission of the Publisher.

ISBN 9781407302478 paperback
ISBN 9781407334479 e-format
DOI https://doi.org/10.30861/9781407302478
A catalogue record for this book is available from the British Library

BAR Publishing is the trading name of British Archaeological Reports (Oxford) Ltd. British Archaeological Reports was first incorporated in 1974 to publish the BAR Series, International and British. In 1992 Hadrian Books Ltd became part of the BAR group. This volume was originally published by John and Erica Hedges Ltd. in conjunction with British Archaeological Reports (Oxford) Ltd / Hadrian Books Ltd, the Series principal publisher, in 2009. This present volume is published by BAR Publishing, 2016.

BAR
PUBLISHING

BAR titles are available from:

BAR Publishing
122 Banbury Rd, Oxford, OX2 7BP, UK
EMAIL info@barpublishing.com
PHONE +44 (0)1865 310431
FAX +44 (0)1865 316916
www.barpublishing.com

HYPOGEAN ARCHAEOLOGY

Research and Documentation of Underground Structures

The study and registration of artificial cavities means the documentation of underground structures. Just as Man started creating buildings on the surface of the Heart, over the course of time, he perforated the surface thus creating new spaces and leaving behind him structures which are essentially intact, which can be studied, restored and even utilised. There in fact exists an underground heritage, consisting of structures both built and buried underground over the passing of time. Our interpretation and understanding of such structures is a source of interesting information on our past, in favour of the present.

This series was created under the aegis of the Federazione Nazionale Cavità Artificiali (F.N.C.A.). Both the trademark and the title were especially created by the editors of this series (info@hypogeanarchaeology.com; c/o BAR Publishing, 122 Banbury Road, Oxford OX2 7BP, UK Tel +44 (0) 1865 310431; email: info@barpublishing.com) and their use is reserved for the sole purpose of this product.

The aim is to create a base for the disclosure of relevant, scientific research studies, whether monographs, the works of various authors or documentation from conferences and conventions and a series of easily consultable tools for the development of artificial cavity research.

ARCHEOLOGIA DEL SOTTOSUOLO

Ricerca e Documentazione delle Strutture Sotterranee

Censire e studiare le cavità artificiali vuol dire documentare le architetture sotterranee. Come ha costruito in superficie, così nel corso del tempo l'Uomo ha perforato il sottosuolo creando spazi e lasciando architetture sostanzialmente integre, leggibili e pertanto studiabili, recuperabili e talora fruibili. Difatti nel mondo esiste un patrimonio sia ricavato nel sottosuolo, sia rimasto in esso sepolto nel corso del tempo. La sua lettura e la sua comprensione forniscono interessanti dati sul nostro passato, auspicabilmente in funzione del presente.

L'edizione di questa serie è creata sotto l'aegis della Federazione Nazionale Cavità Artificiali (F.N.C.A.). Sia il marchio sia il titolo sono stati creati appositamente dagli editori di questa serie (info@hypogeanarchaeology.com; c/o BAR Publishing, 122 Banbury Road, Oxford OX2 7BP, UK Tel +44 (0) 1865 310431; email: info@barpublishing.com) e sono utilizzabili solo in rapporto a questo prodotto.

Lo scopo è la costituzione di una sede nella quale possano trovare divulgazione i lavori di ricerca meritevoli sul piano scientifico, siano essi monografie, opere di autori vari e atti di convegni e congressi, mettendo a punto una serie di strumenti di agevole consultazione ed utilizzo per lo sviluppo degli studi sulle cavità artificiali.

Autori: Roberto Basilico, Sara Bianchi.

Contributi:
Capitolo IV - Inquadramento geografico, geomorfologico e geologico: Anna Cantoni.
Capitolo III.1 - La catalogazione delle cavità artificiali: Gianluca Padovan.
Capitolo VIII.5 - I testi dei documenti: Valerio Coletto.

Elaborazioni immagini: Roberto Basilico.

Fotografie: Roberto Basilico, Sara Bianchi, Anna Cantoni, Stefano Gulani, Davide Padovan, Diego Sibille, Andrea Thum, Alessandro Verdiani.

Inquadramento geografico, geomorfologico e geologico: Anna Cantoni.

Indagini storiche: Roberto Basilico, Valerio Coletto.

Restituzione grafica: Roberto Basilico.

Ricerche archivistiche e trascrizioni dei documenti: Valerio Coletto.

Rilievi: Associazioni S.C.A.M (Speleologia Cavità Artificiali Milano), F.N.C.A. (Federazione Nazionale Cavità Artificiali).

I heard the old, old men say,
"All that's beautiful drifts away
Like the waters"

Udii i vecchi, molto vecchi, dire:
"Tutto ciò che è bello trascorre
Come le acque"

William Butler Yeats

Trou de Touilles, Alta Val di Susa. Imbocco sud dell'opera ipogea realizzata nel XVI secolo dal minatore Colombano Romeàn. Sopra la volta dell'acquedotto è posta la bandiera occitana (foto A. Thum).

PREMESSA

di Gianluca Padovan
(Associazione Speleologia Cavità Artificiali Milano - Federazione Nazionale Cavità artificiali)

Lo studio di un territorio prevede la comprensione del lavoro volto alla risoluzione dell'approvvigionamento idrico: l'acqua è indispensabile alla vita e sebbene esistano fonti non interessate da circostanti antropizzazioni, non è possibile l'esistenza di un insediamento privo d'acqua. L'organizzazione delle risorse idriche dà la dimensione dell'ingegno e della tecnologia conosciuta ed applicata e le opere idrauliche, presenti nelle Alpi, sono la testimonianza di una vita quotidiana fondata sulla consapevolezza, sull'apprendimento, sui valori e le tradizioni. Solo un lavoro costante, accorto ed accurato permette la vita nelle situazioni non favorevoli agli stanziamenti, come nel caso della Terra alpina.

L'industrializzazione e i suoi macchinari hanno trasformato la captazione, il trasporto e la distribuzione dell'acqua mossa secondo la legge di gravità, quindi utilizzante la naturale caduta libera, nei sistemi a pressione con l'impiego e lo sfruttamento di fonti energetiche. Se questo ha concesso un apparente miglioramento delle condizioni di vita, il prezzo pagato è stato la perdita quasi totale della realtà rurale costruita faticosamente, ma costantemente, per millenni. L'acqua potabile condottata assume connotati sociali e politici, oltre che economici. Certi "sistemi del passato" torneranno utili qualora la spinta tecnologica ed energetica verrà meno e l'Uomo tornerà auspicabilmente ai ritmi della Natura.

Considero che la documentazione di questa opera idraulica alpina sia un lavoro unico nel suo genere: per le caratteristiche dell'opera studiata, per le difficoltà incontrate e sempre risolte, per l'impegno profuso con spirito di abnegazione innanzitutto dagli Speleologi dell'Associazione Speleologia Cavità Artificiali Milano (S.C.A.M.). Si è lavorato al Trou de Touilles dal gennaio 2002, data della prima ricognizione, a questo marzo 2009, in cui i risultati sono stati posti definitivamente su carta. Tale lavoro deve servire a capire quello che gli uomini di quasi cinquecento anni fa hanno pensato, desiderato e realizzato. Occorre impegnarsi per mantenere, per documentare, per rendere onore a chi ci ha preceduto vivendo consapevolmente la propria Terra.

Trou de Touilles, Alta Val di Susa. Vista di un tratto del condotto ipogeo (foto R. Basilico).

INDICE GENERALE

Trou de Touilles, Alta Val di Susa. Attraversamento di un tratto del condotto ipogeo (foto A. Verdiani).

INTRODUZIONE

Il Trou de Touilles si configura come un'opera alpina unica nel suo genere, sia per la sua continuità funzionale nel corso del tempo, sia per il modo in cui si colloca e si integra con discrezione nel paesaggio. L'acquedotto funziona da quasi cinque secoli con interventi manutentivi, effettuati con continuità dagli eredi di coloro che lo fecero realizzare, e che tuttora ne sfruttano l'acqua. Il nostro contributo vuole documentare l'opera del minatore Colombano Romeàn per permetterne una miglior tutela a vari livelli: storico, culturale, documentale e utilitaristico. Il Trou de Touilles meriterebbe di essere conosciuto a livello nazionale ed internazionale, e ci auspichiamo che i comitati locali si attivino per presentare un progetto di tutela affinchè l'opera venga annoverata nel Patrimonio dell'Umanità dell'Unesco.

Si ringraziano le persone che hanno partecipato ai lavori di studio: Anna Berolo, Silvia Bianchi, Bianca Bisioli, Simone Brayda, Maria Antonietta Breda, Anna Cantoni, Mirco Capelli, Micaela Casartelli, Luigi Cerino Badone, Valerio Coletto, Magali Fuzellier, Raffaele Gorla, Matteo Grimoldi, Stefano Gulani, Riccardo Jacob, Marco Lampugnani, Gianluca Luongo, Claudia Ninni, Davide Padovan, Gianluca Padovan, Roberto Reis, Diego Sibille, Giancarlo Sibille, Alessandro Verdiani, Klaus Peter Wilke, la Sezione del C.A.I. di Chiomonte, il sindaco di Chiomonte Renzo Pinard, i Comuni di Chiomonte ed Exilles, l'Archivio Storico Comunale di Chiomonte e il Circolo Culturale delle Ramats.

Un particolare ringraziamento a Valerio Coletto, il cui lavoro e le cui indicazioni sono state fondamentali per la realizzazione di questo volume e a Gianluca Padovan che ha creduto in questo progetto e ci ha "iniziati" al mondo delle Cavità Artificiali. Ringraziamo inoltre Riccardo Jacob, conosciuto all'imbocco del Trou de Touilles durante una delle nostre campagne di studio; con il suo entusiasmo ci ha sempre sostenuti ed aiutati.

Roberto Basilico, Sara Bianchi

(Federazione Nazionale Cavità Artificiali)

Vista di un tratto interno del Trou de Touilles (foto R. Basilico).

CAPITOLO I

LA FILOSOFIA DELL'ACQUA NEI TERRITORI D'ALTA QUOTA

I.1 - *La filosofia dell'acqua nei territori montani*

Esiste un filo conduttore, una filosofia dell'acqua, che lega le zone desertiche degli altipiani himalayani alle assolate valli delle nostre Alpi e alla scoscesa cordigliera andina. Le analogie si verificano in tutte le aree montane in cui vi sia un'antropizzazione del territorio con una sussistenza legata all'agricoltura e alla pastorizia. In questi luoghi l'acqua forma da secoli veri e propri sistemi vitali leggibili sul territorio e dai quali dipende la sopravvivenza delle popolazioni locali. Non è azzardato affermare come sia lo stesso ambiente montano a indurre chi lo abita a seguire analoghe e comuni linee di fruizione.

Coloro i quali frequentano i territori montuosi possono percepire il rapporto sacrale che i montanari hanno con le opere da loro accudite, siano esse degli acquedotti o delle semplici fontane, perpetrando lo spirito che spingeva, ad esempio, i Celti a considerare le fonti come divinità sacre e donatrici di vita.

Il concetto è comprensibile in una visione comparativa sulle similitudini e sulle differenze dei sistemi idraulici montani. Queste opere idrauliche captano l'acqua e la distribuiscono mediante canali, tubazioni, tagliate, ponti, sostruzioni, chiuse, bacini e fontane. L'areale geografico di riferimento genera diverse denominazioni anche per le stesse tipologie di opere: abbiamo ad esempio nell'arco alpino acquedotti che possono chiamarsi canali, *bisses, suonen, ru, waale, bealere* o altro. Ciò che differenzia questi sistemi, oltre all'aspetto costruttivo, sono le modalità di gestione della loro manutenzione e della distribuzione delle acque, come descritto negli esempi seguenti.

I.2 - *Opere idrauliche in area himalayana*

Lungo l'arco himalayano esistono numerosi sistemi per captare e convogliare l'acqua da ghiacciai, fiumi e sorgenti. In territorio nepalese si trovano più di quindicimila canali denominati *kulo*. La costruzione dei *kulo* è simile a quella delle *bisses* alpine, dove l'acqua è canalizzata mediante tracciati in trincea nel terreno, nella roccia e canalizzazioni in muratura. Talvolta i canali sono lignei e sospesi alle pareti strapiombanti con sostegni, puntoni e tiranti. Gli operatori sono anche gli utilizzatori dell'acqua, pertanto essi stessi provvedono alla manutenzione periodica.

La valenza di questi condotti, risalenti indicativamente al XIII sec., risiede nella distribuzione idrica che permette di irrigare i terrazzamenti delle risaie, con un beneficio agricolo, e crea un'identità collettiva dovuta al lavoro comunitario. I *kulo* appartengo ai loro costruttori e fruitori. Le modalità di gestione, la proprietà e l'utilizzo di questi beni sono già stabilite nel XVII sec. con un editto reale.

Nelle zone pakistane del Kashmir sono stati realizzati dei complessi sistemi di captazione e distribuzione che portano l'acqua dai ghiacciai ai deserti d'alta quota, permettendo il sostentamento di complessi urbani ed agricoli tuttora funzionanti. Sempre all'interno della catena himalayana il Ladakh, regione appartenente al territorio indiano i cui insediamenti si sviluppano a quote comprese tra i 3000 m e i 4500 m di altitudine, si conserva una serie di canali d'irrigazione. Il terreno è trasformato da desertico in oasi: «compito dei monaci è di curare la distribuzione dell'acqua, mentre lavoro dell'intera comunità è quello di costruire e riparare i canali» (Bodini 2002, p. 73).

Un viaggio in questa regione mostra come sia stato sviluppato nel tempo un corretto approvvigionamento idrico, tale da permette il fiorire di coltivi e città in un sistema di equilibri tra l'ambiente e l'uomo. Il flusso turistico in aumento crea problemi alla qualità delle acque nei centri maggiori. Inoltre la quantità di acqua destinata a soddisfare le crescenti richieste della "compagine alberghiera" è ceduta in modo indiscriminato e predatorio, senza che le autorità abbiano stabilito consoni programmi di accumulo, conservazione e distribuzione a garanzia della popolazione locale. Fortunatamente questo avviene solo nei pochi punti del territorio caratterizzati da un'offerta turistica "strutturata". I restanti insediamenti, sviluppatisi attorno alle fortezze-monastero, vivono ancora secondo le antiche regole che vedono i monaci buddhisti quali custodi delle acque. È singolare notare come alpinisti e trekkers, ovvero i turisti che frequentano queste regioni, siano solo limitatamente sensibili alle problematiche di sfruttamento delle risorse idriche (figg. I.1 e I.2).

I.3 - *Opere idrauliche in area andina*

Nelle Ande esistono numerosi sistemi di approvvigionamento idrico appartenenti a varie civiltà. L'area da noi indagata è quella peruviana, il cui territorio ha ottenuto il maggior contributo dalla cultura incaica. L'ingegneria idraulica incaica comprende canalizzazioni, creazioni di sponde artificiali, opere di deviazione e captazione, acquedotti ipogei ed esterni, pozzi, opere di irrigazione e drenaggio e opere di distribuzione di acqua potabile ai centri abitati: «En los ríos, canalización de fondos y orillas; obras de defensa de las riberas. Trabajos de desviación de las aguas de los ríos y lagos; apertura de acequias y canalización de las mismas; acueductos y socavones. Cortes y rellenos para permitir el paso de las aquas. Redes de acequias de distribución, para los campos de cultivo. Suministro de agues limpias a edificios, aldeas y ciudades, entre otras» (Regal Matienzo 2005, pp. 45-46).

Nel 1609 Garcilaso de la Vega elenca nella sua opera "Los comentarios reales de los Incas" una serie di canalizzazioni che, partendo dalle montagne, trasportavano l'acqua per oltre cinquecento chilometri; questi condotti avevano una profondità compresa tra i 2,8 m e i 3,4 m: «y entre otras cosas que mandó hacer fue sacar una acequia de agua, de mas de 12 pies [3.4 m] de heco, que corría más de 120 leguas [500 km] de largo (...). Otra acequia semejante atraviesa casi todo Contisuyo y corre del Sur al Norte más de 150 leguas [630 km]» (Regal Matienzo 2005, pp. 56-57).

Le città inca sono provviste di sistemi di raccolta e distribuzione dell'acqua all'interno del tessuto urbano. Esempi si trovano a Choquequirao dove i due livelli della città, superiore e inferiore, sono collegati da un lungo acquedotto; nella stessa Machupicchu esistono numerose fonti e canalizzazioni (fig. I.3). Nella Valle Sacra, esistono innumerevoli opere idrauliche legate ad aspetti agricoli e religiosi. A Sacsayhuaman nel corso degli scavi archeologici sono stati rinvenuti tratti di acquedotti ipogei, sifoni e la base di enormi cisterne per l'acqua i cui diametri arrivavano fino a venti metri. A Tambomachay si trova il "Baño del Inca", fonte sacra tuttora funzionante, a Ollantaytambo sono evidenti numerose canalizzazioni e vasche di cui la più spettacolare è il "Baño de la ñusta"; questa fonte ha la particolarità di variare il getto idrico al solo tocco di una mano lungo il bordo della canalizzazione (figg. I.4 e I.5).

Nella Valle Sacra si trovano i centri sperimentali agricoli che gli Inca utilizzavano per adattare le coltivazioni alle differenti altitudini. Questi luoghi erano ricavati in conche naturali che proteggevano da sbalzi di temperatura e gelate e in cui l'irradiazione solare era maggiore. Il sistema costruttivo adottato è caratterizzato da terrazzamenti composti da strati differenziati di terra agricola, ghiaia e pietre; ciò unitamente ad un sistema di irrigazione e drenaggio delle acque permetteva di avere microclimi differenti nei vari terrazzamenti. Era così possibile selezionare dei semi per coltivazioni di fondo valle adattandoli a maggiori altitudini, od ottendo una selezione genetica per nuove specie. Moray, il più significativo di questi laboratori incaici, è composto da quattro edificazioni; la maggiore di esse ha una serie di fontane cerimoniali e terrazzamenti concentrici che permettono variazioni di temperature medie perfino di 5° C, con differenze di 0,7° C per fasce di 100 m (figg. I.6 e I.7). Le coltivazioni venivano adattate a differenti altitudini e temperature, mediante il loro trasferimento graduale ad una terrazza posta ad una quota differente. La diversità del microclima induceva la mutazione del seme che poteva essere sottoposto alla ripetizione di un nuovo processo (Salazar 2001, pp. 72-76).

A Cusco esistono pozzi e acquedotti ipogei ed esterni, scoperti nel corso degli scavi archeologici; la città presenta ancora numerose commistioni tra opere incaiche e ispaniche. Si è indagato un pozzo posto all'interno di un cortile coloniale, non più abitato e adibito a funzioni commerciali. Esso è collocato nella parte centrale della città lungo calle Hatun Rumiyuq, luogo in cui si trovano le mura con pietre poligonali attribuite alla residenza di Inca Roca. L'opera, profonda circa 4 m, ha un diametro interno di 1,1 m. L'incamiciatura della canna del pozzo è realizzata in corsi di blocchi di pietra squadrati e ad una profondità di 2,3 m è presente una bocca di adduzione sempre in pietra. Il puteale è composto da lastre in pietra porfirica con scanalature causate dall'attrito delle corde per il sollevamento dei secchi. L'inquadramento cronologico risulta difficoltoso: appare evidente come il puteale sia stato collocato successivamente rispetto al pozzo, la cui fattura pare essere pertinente allo stile coloniale della corte. È ragionevole pensare, indipendentemente dalle notizie raccolte, che il pozzo sia di origine precoloniale data la sua centralità rispetto al tessuto urbano. In quest'area la riurbanizzazione spagnola ha utilizzato gli stessi impianti degli edifici incaici, come si nota facilmente dall'esame delle murature (figg. I.8, I.9, I.10 e I.11).

L'isola di Taquile è situata nella parte peruviana del lago Titicaca a 45 km dalla città di Puno; ha una superficie di 5,72 km² e un'altitudine massima di oltre 4.000 m s.l.m. Questo luogo, che apparteneva al regno incaico, fu una delle ultime conquiste spagnole del XVI sec. L'effetto termoregolatore del lago crea nell'isola un microclima che favorisce in parte l'agricoltura; l'assenza di corsi d'acqua porta ad un approvvigionamento idrico mediante pozzi dislocati sul territorio. Queste opere sono sempre coperte da una struttura voltata e il livello dell'acqua arriva a pochi centimetri dal piano di calpestio esterno (fig. I.12).

Nella zona di Nasca, nota per i geoglifi, esistono acquedotti precolombiani chiamati *puquios*. Sono presenti all'interno di una vasta area andina e trasportano le acque per chilometri. La cultura Nasca si sviluppò in un periodo compreso tra il 300 a. e il 500 d., nelle zone montagnose e desertiche dell'Atacama coltivando principalmente le aree attorno i corsi d'acqua e utilizzando i *puquios* per ampliare quelle coltivabili. Come scrive Proulx la situazione idrogeologica crea degli acquiferi sotterranei: l'acqua dei fiumi originata dalle piogge che si verificano ad alta quota scompare nel sottosuolo a causa della natura del terreno per riemergere, talvolta, nelle parti terminali delle valli. Si formano quindi dei corsi sotterranei in cui scorre acqua durante tutto l'anno: «The most recent work on the puquio system is an article by Schreiber and Lancho (1995) in which they state that the water coming down the rivers "drops below the surface" due to the porosity of the deep alluvium in the valley, becoming underground or "influent streams" which eventually reemerge further down the valleys. According to their argument, the puquios tap into these underground streams that basically parallel the existing river system» (Proulx 1999, pp. 89-96).

I *puquios* sono acquedotti generalmente ipogei utilizzati a scopo irriguo e potabile. Sono composti da quattro elementi:

- **Galleria di captazione**: opera ipogea posta in alta montagna che capta l'acqua dalla falda freatica e la convoglia in condotti percorribili, ma con sezioni inferiori rispetto ai tratti ipogei dei canali di distribuzione.
- **Canali di distribuzione**: possono essere ipogei o esterni. I tratti dei condotti ipogei hanno lunghezze variabili, con distanze che vanno da pochi metri ad alcune centinaia. In base alla collocazione e alla morfologia territoriale essi cambiano sezione e quindi anche la tipologia costruttiva. La superficie della sezione interna è percorribile pur essendo generalmente inferiore al metro quadro, con un'altezza approssimativa di 0,9 m che talvolta giunge a 2 m. Le sezioni ridotte dello speco si riscontrano generalmente nei tratti scavati nel sottosuolo, ovvero nella roccia. Quelle più ampie sono il frutto dello scavo in trincea a cielo aperto, successivamente dotato di fondo, spallette e volta di copertura: i condotti ipogei hanno spalle in ciottoli e volta; i materiali costruttivi prevedono pareti "a secco" realizzate in pietra o ciottoli di fiume, con volte in lastre monolitiche di pietra (fig. I.18). Come scrive Proulx: « Most of these excavated tunnels are relatively narrow, generally less than one meter square, with barely enough room for a crouching person to move through them. Other galleries appear to have been constructed by digging an open trench and then filling it in after building the walls and ceiling of the conduit (tunnel) at the bottom. These tunnels are generally of greater height (about 2 meters) than those made by tunneling through deeper levels to reach the water source» (Proulx 1999, pp. 89-96).
- **Pozzi**: lungo i canali di distribuzione si trovano dei pozzi chiamati *ojos* da cui si accede ai tratti ipogei degli acquedotti; alquanto singolari per la loro morfologia a rampe spiraliformi, collegano la zona esterna a quella ipogea. Le spalle di queste opere sono costituite da muri a secco con ciottoli di fiume; il piano di calpestio è in terra battuta. La bocca circolare, posta nella parte terminale, è sempre in ciottoli. I pozzi assolvono a funzioni di approvvigionamento, ispettive e di aerazione.
- **Canali di irrigazione e depositi**: la parte terminale dei *puquios* è composta da un canale artificiale esterno costruito con materiale lapideo, che si sviluppa con lunghezze variabili che arrivano ad oltrepassare il chilometro. Nel centro della cittadina di Nasca si possono osservare dei tratti di canale (fig. I.13). I canali esterni terminano generalmente in vasche di accumulo, chiamate *cohas* o *kochas,* che servono per attingere l'acqua o come punto di ripartizione in canali irrigui e sono soggette a manutenzioni continue, come descrive Proulx: «Many of the open trenches empty into small reservoirs, or kochas, which serve as wells and as distribution points for directing the water into irrigation canals

> (acequias). According to Schreiber and Lancho, modern kochas are constantly being renovated sometimes being lined with concrete or having concrete slabs and wooden sluice gates added to them» (Proulx 1999, pp. 89-96).

Durante le fasi di documentazione del *puquio* di Cantalloq a Nasca, si è proceduto allo studio del tratto ipogeo identificato come "*puquio* C" in cui confluiscono due acquedotti distinti, indicati come "A" e "B". (fig. I.14). I tratti dei condotti hanno lunghezze variabili con distanze che arrivano ad alcune centinaia di metri con sezioni inferiori al metro di altezza e larghezza; il condotto "C" prosegue nel sottosuolo, sbuca in superficie e confluisce in una grossa vasca di raccolta finale (*kocha*). Il pozzo indagato, posto sul punto di confluenza dei due *puquios*, è caratterizzato da una rampa a spirale, dalla quale si accede al canale ipogeo; ha le caratteristiche morfologiche tipiche degli *ojos*, spalle e bocca cilindrica inferiore in ciottoli alluvionali e piano di calpestio in terra battuta, un diametro superficiale di 12 m, un diametro inferiore di 0,9 m e una profondità di oltre 5 m (figg. I.14, I.15, I.16, I.17, I.18 e I.19).

La datazione esatta di queste opere rimane incerta per i rimaneggiamenti subiti nel corso degli anni e per la mancanza di una tipologia unitaria di pozzi sul territorio, che vanno da quelli più semplici ai pozzi spiraliformi. Come ci ricorda Proulx, molti degli *ojos* osservabili a Cantalloq sono stati rimaneggiati nel corso del tempo anche per quanto riguarda le rampe spiraliformi: «Several of these ojos have been reconstructed in recent years to include spiral, cobble-stone ramps leading to the bottom, such as those now visited by tourists at Cantalloq in the Nasca Valley. It is not certain that the ancient Nasca people had such elaborate construction in each of the ojos which were spaced between 10 and 30 meters apart and could number in the dozens for each major puquio» (Proulx 1999, pp. 89-96).

I *puquios* presenti nelle valli di Nasca, Taruga e Las Trancas, tuttora funzionanti, comprendono acquedotti che si sviluppano per svariati chilometri tra i 400 e i 700 m di altitudine. Se ne contano ventinove su una distanza di sedici chilometri nella valle di Nasca, due su una distanza di due chilometri nella valle di Taruga e cinque su una distanza di undici chilometri nella valle di Las Trancas: «En el valle de Nasca, actualmente 29 puquios riegan terrenos que yacen entre los 450 y los 675 metros de altitud, en una distancia horizontal cercana a los 16 kilómetros, desde Soisonguito hasta Orcona. En el valle de Taruga hay solo dos puquios que riegan una pequeña extensión de terreno de dos kilómetros de largo, ubicada entre los 550 y los 600 metros de altitud. En el valle de Las Trancas funcionan cinco puquios a altitudes que varían entre los 525 y los 675 metros, desde Chauchilla hasta Totoral, en una distancia de 11 kilómetros» (Schreiber, Rojas 2006, pp. 56-57). Tra gli oltre quaranta *puquios* conosciuti in queste aree, trentasei sono funzionanti mentre altri sono andati distrutti o abbandonati per mancanza di manutenzione. Il loro numero originario era certamente maggiore così come la loro estensione: «Nuestros conocimientos nos indican que hay 36 puquios en funcionamiento en estos valles. Algunos han sido sustancialmente alterados durante el último siglo y otros han sido abandonados o destruidos. El número prehistórico de puquios era ciertamente mayor, así como más amplia su distribucíon, y estamos seguros de que había, por los menos, trenta en el valle de Nasca, tres en el valle de Taruga y ocho en el de Las Trancas, es decir, un total de 41» (Schreiber, Rojas 2006, pp. 56-57).

Fig. I.1. *Vista della vallata alle spalle del monastero di Hemis. Costruito nel XVII sec. e chiamato anche Chang-Chub-Sam-Ling, ossia "luogo solitario della persona compassionevole", è un importante centro monastico situato a sud di Leh, città principale del Ladakh (India). La valle, che si trova in un aspro territorio montuoso, è resa fertile da una serie di rivi e opere di canalizzazione. Si noti, di fronte ai due monaci intenti a richiamare alla preghiera i loro confratelli, il sistema di canalizzazioni nei coltivi (foto R. Basilico).*

Fig. I.2. *Abitato di Chumatang in Ladakh (India). Vista dei coltivi situati lungo le sponde del fiume Indo da cui vengono derivati canali irrigui che rendono fertili i terreni aridi (foto R. Basilico).*

Fig. I.3. *Machupicchu (Perù). Tratti lapidei di canalizzazioni (foto S. Bianchi).*

Fig. I.4. *Tambomachay (Perù). Canalizzazioni presso il* Baño del Inca, *fonte sacra incaica (foto R. Basilico).*

Fig. I.5. *Ollantaytambo (Perù). Il* Baño de la ñusta *è la parte terminale di una delle canalizzazioni incaiche che percorrono il sito (foto S. Bianchi).*

Fig. I.6. *Moray (Perù). Centro sperimentale agricolo incarico. Grazie a terrazzamenti, composti da strati differenziati di terra agricola, ghiaia e pietre, e ad un sistema di irrigazione e drenaggio delle acque si ottenevano microclimi con variazioni di temperature medie fino a 5°C. Le coltivazioni venivano adattate a differenti altitudini e temperature, mediante il loro trasferimento graduale ad una terrazza posta ad una quota differente. La diversità del microclima induceva la mutazione del seme che poteva essere sottoposto alla ripetizione di un nuovo processo (foto R. Basilico).*

Fig. I.7. *Moray (Perù). Vista dei terrazzamenti e del sistema di drenaggio (foto R. Basilico).*

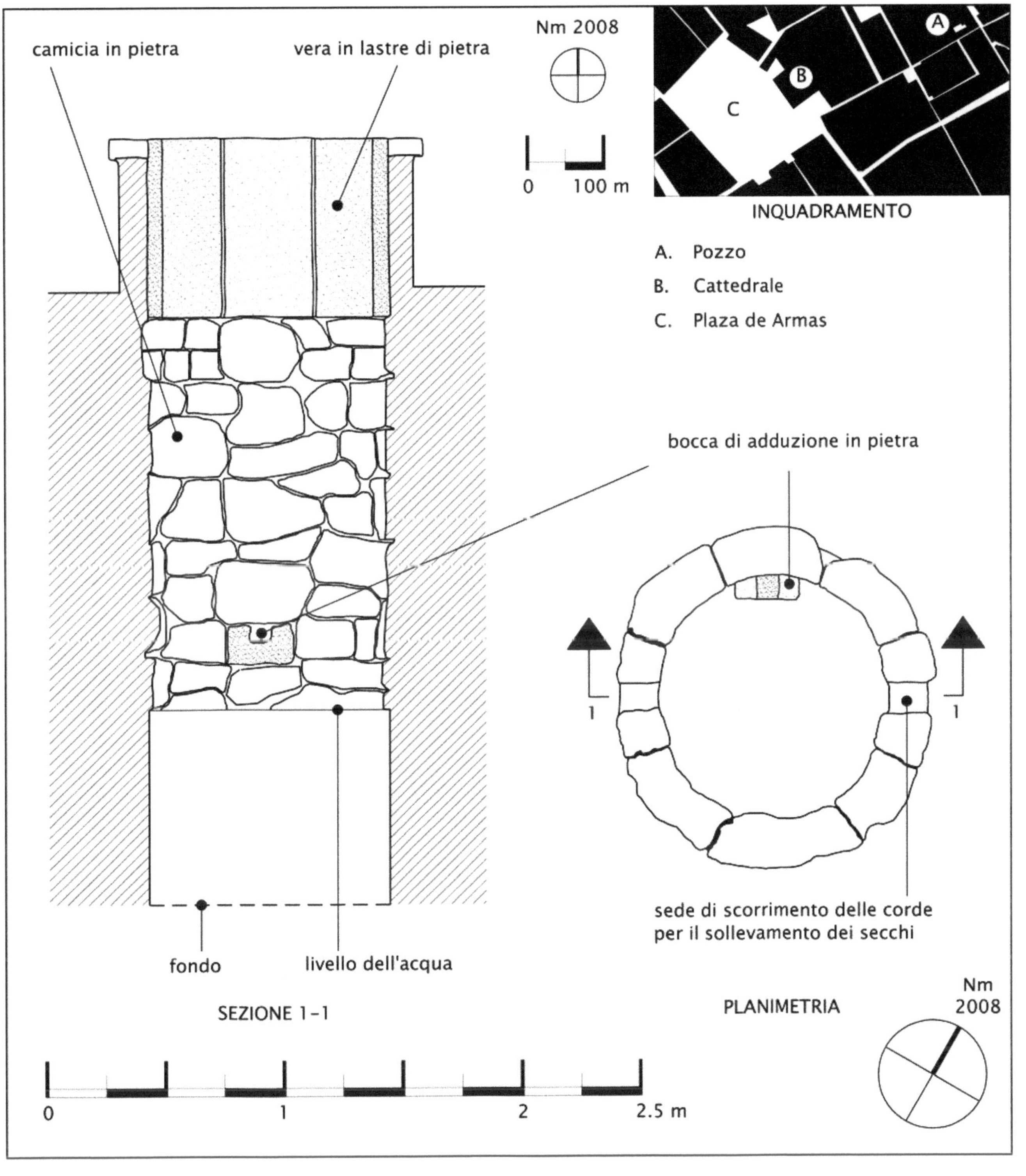

Fig. I.8. *Cusco (Perù). Inquadramento, sezione e planimetria di un antico pozzo.*

Pozzo situato in un cortile coloniale nella parte centrale della città. L'opera ha una profondità di oltre 3 m dalla base del puteale con un diametro interno di 1,1 m. L'incamiciatura della canna del pozzo è in corsi di blocchi di pietra squadrati; alla profondità di 2,3 m è collocata una bocca di adduzione in pietra. Il puteale è composto da lastre di porfido sulla cui sommità vi sono scanalature causate dall'attrito delle corde per il sollevamento dei secchi. L'inquadramento cronologico dell'opera è complesso: il puteale sembra sia posteriore al pozzo e la fattura pare essere pertinente allo stile coloniale della corte (elaborazione degli Autori).

Fig. I.9. *Cusco (Perù). Il pozzo indagato è situato all'interno di un antico cortile coloniale, ora sede di attività commerciali, posto nella zona centrale della città (Foto S. Bianchi).*

Fig. I.10. *Cusco (Perù). Puteale in lastre di pietra porfirica (Foto S. Bianchi).*

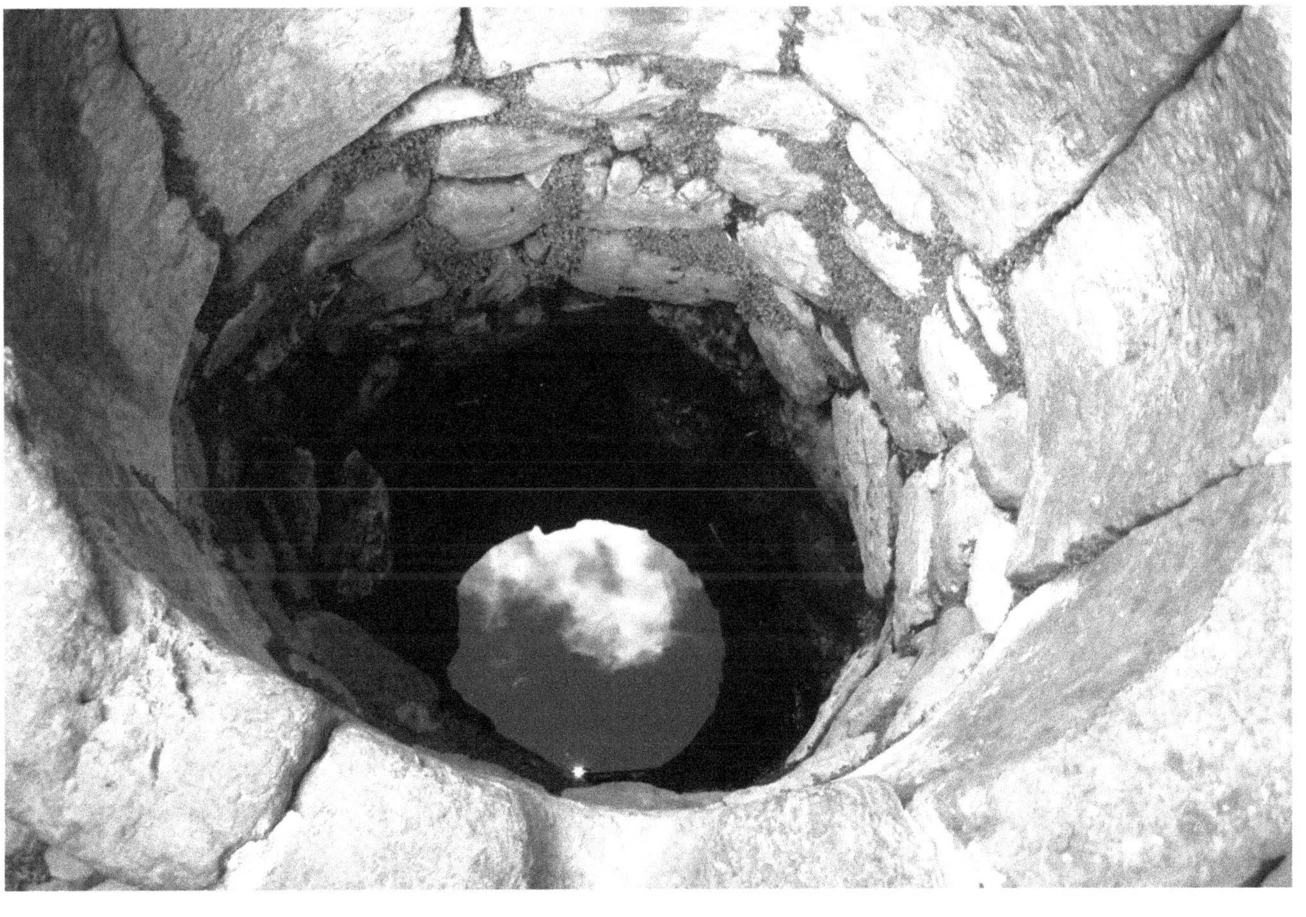

Fig. I.11. *Cusco (Perù). Interno del pozzo. Si noti l'incamiciatura in blocchi di pietra (Foto S. Bianchi).*

Fig. I.12. *Lago Titicaca, isola di Taquile (Perù). Vista di uno dei pozzi per l'approvigionamento idrico dislocati sul territorio. Queste opere sono caratterizzate da una struttura voltata e da un accesso frontale oltre il quale si trova livello dell'acqua (foto R. Basilico).*

Fig. I.13. *Nasca (Perù). Tratto esterno di un* puquio *situato nel cortile del museo Antonini (foto R. Basilico).*

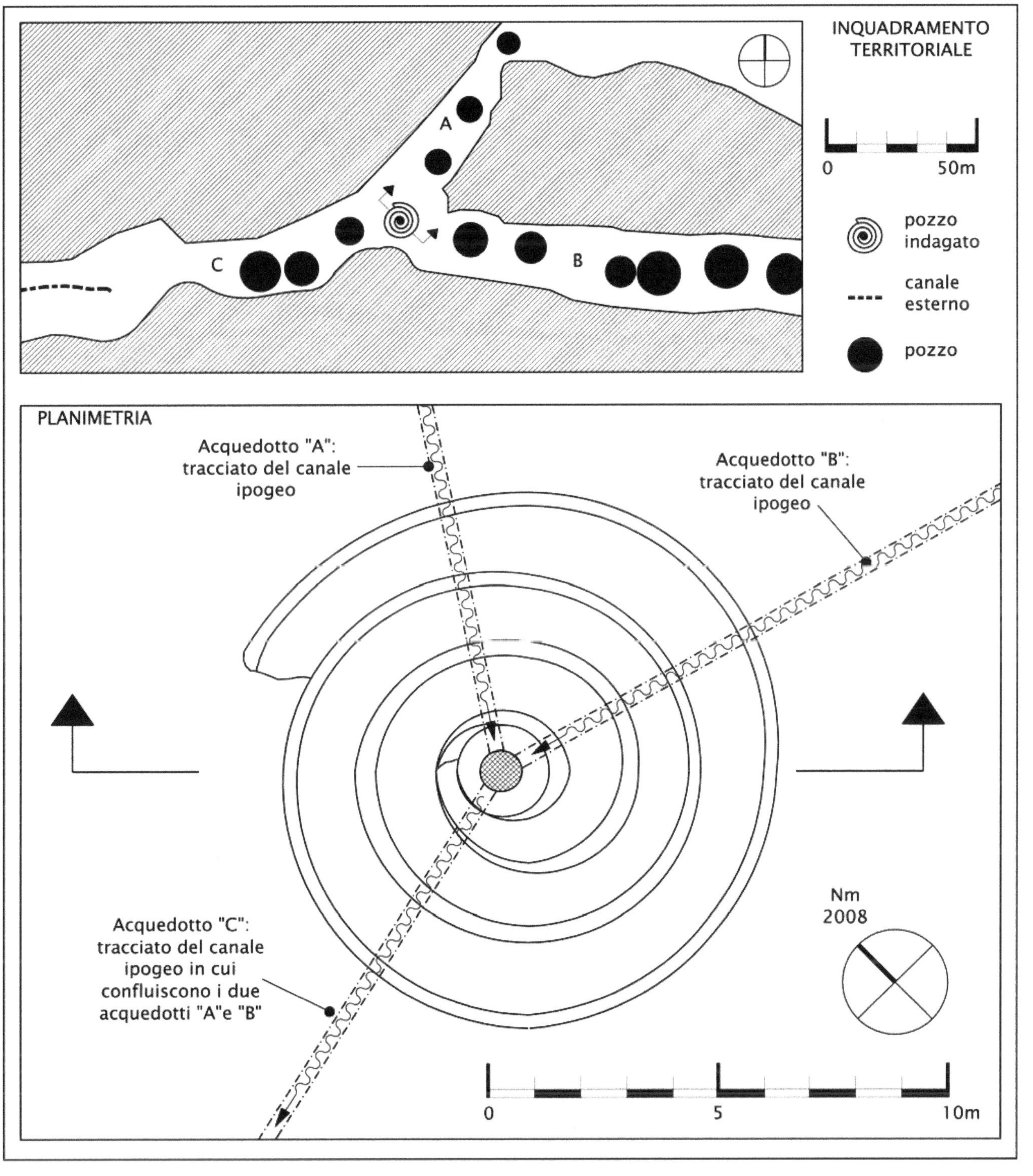

Fig. I.14. Puquio *di Cantalloc a Nasca (Perù). Inquadramento e sistema dei condotti ipogei:*

- *Parte superiore: inquadramento territoriale. Indicazione del sistema di acquedotti denominati "A", "B" e "C". Si notino i vari "ojos", pozzi di accesso ai condotti ipogei disposti lungo lo sviluppo del tracciato. I tratti dei condotti hanno lunghezze variabili con distanze che vanno da pochi metri ad alcune centinaia. Il condotto "C" sbuca in superficie e confluisce in una vasca di raccolta. La vasca è posta al termine del canale esterno, indicato dalla linea tratteggiata.*
- *Parte inferiore: planimetria del pozzo posto alla congiunzione dei due acquedotti ipogei. Gli acquedotti, formati da due opere distinte "A" e "B", confluiscono in un unico collettore: il condotto "C". Il pozzo indagato è composto da una rampa a spirale, dalla quale si accede al canale ipogeo (elaborazione degli Autori).*

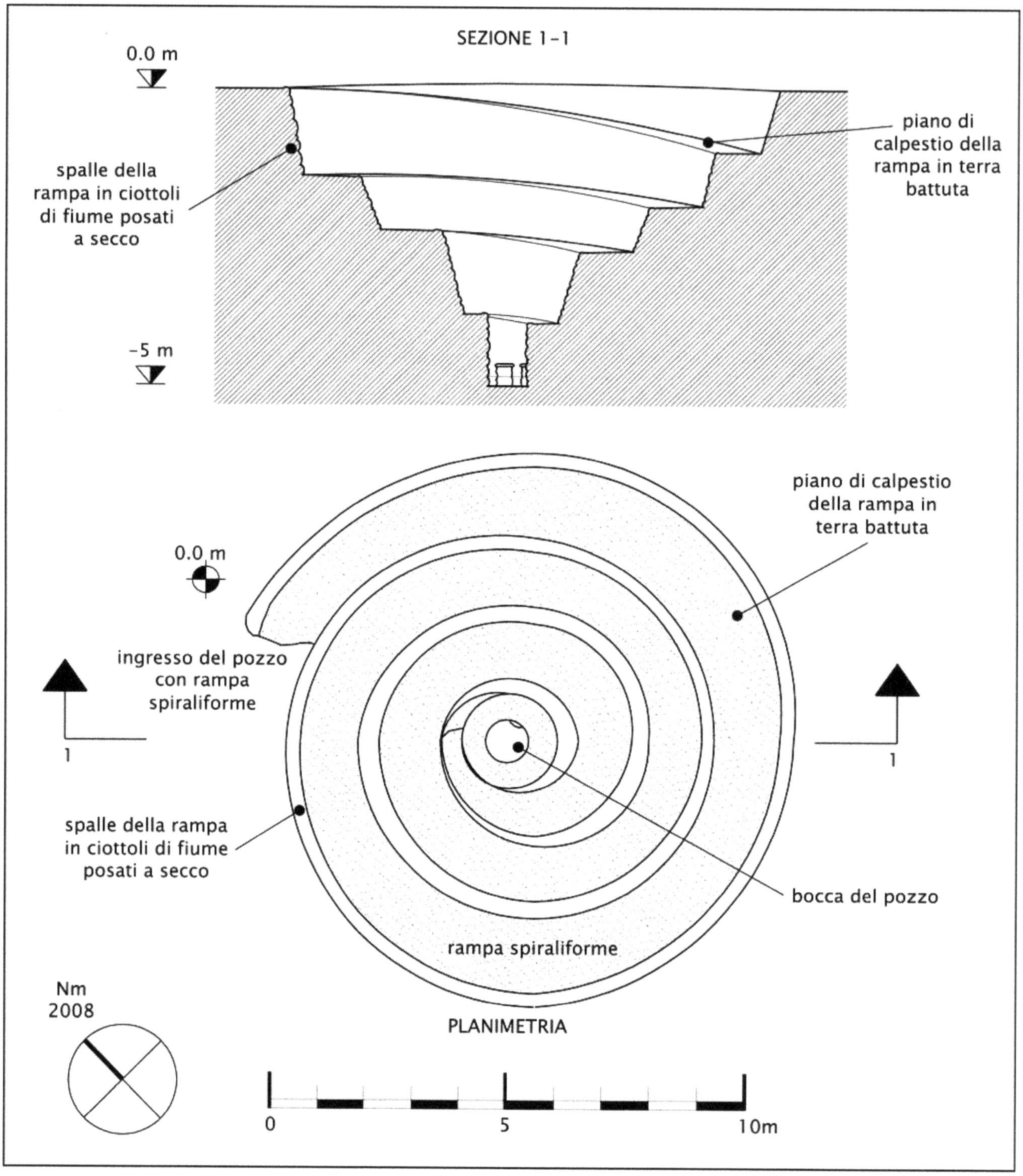

Fig. I.15. Puquio *di Cantalloc a Nasca (Perù). Sezione e planimetria dell'*ojo.

Il pozzo indagato, posto alla congiunzione dei due puquios *"A" e "B", è uno degli* ojos *dai quali si accede ai tratti ipogei degli acquedotti mediante rampe spiraliformi. Le spalle dell'opera sono costituite da muri a secco realizzati con ciottoli di fiume; il piano di calpestio è in terra battuta. La bocca circolare, posta nella parte terminale, è sempre in ciottoli. I pozzi assolvono a funzioni di approvvigionamento, ispettive e di aerazione. I condotti ipogei hanno spalle in ciottoli e volta in lastre monolitiche di pietra poste a piattabanda (elaborazione degli Autori).*

Fig. I.16. Puquio *di Cantalloc a Nasca (Perù). Vista di uno degli* ojos *spiraliformi che permettono l'accesso ai condotti ipogei degli acquedotti. Il pozzo indagato è quello posto alla confluenza di due rami (foto R. Basilico).*

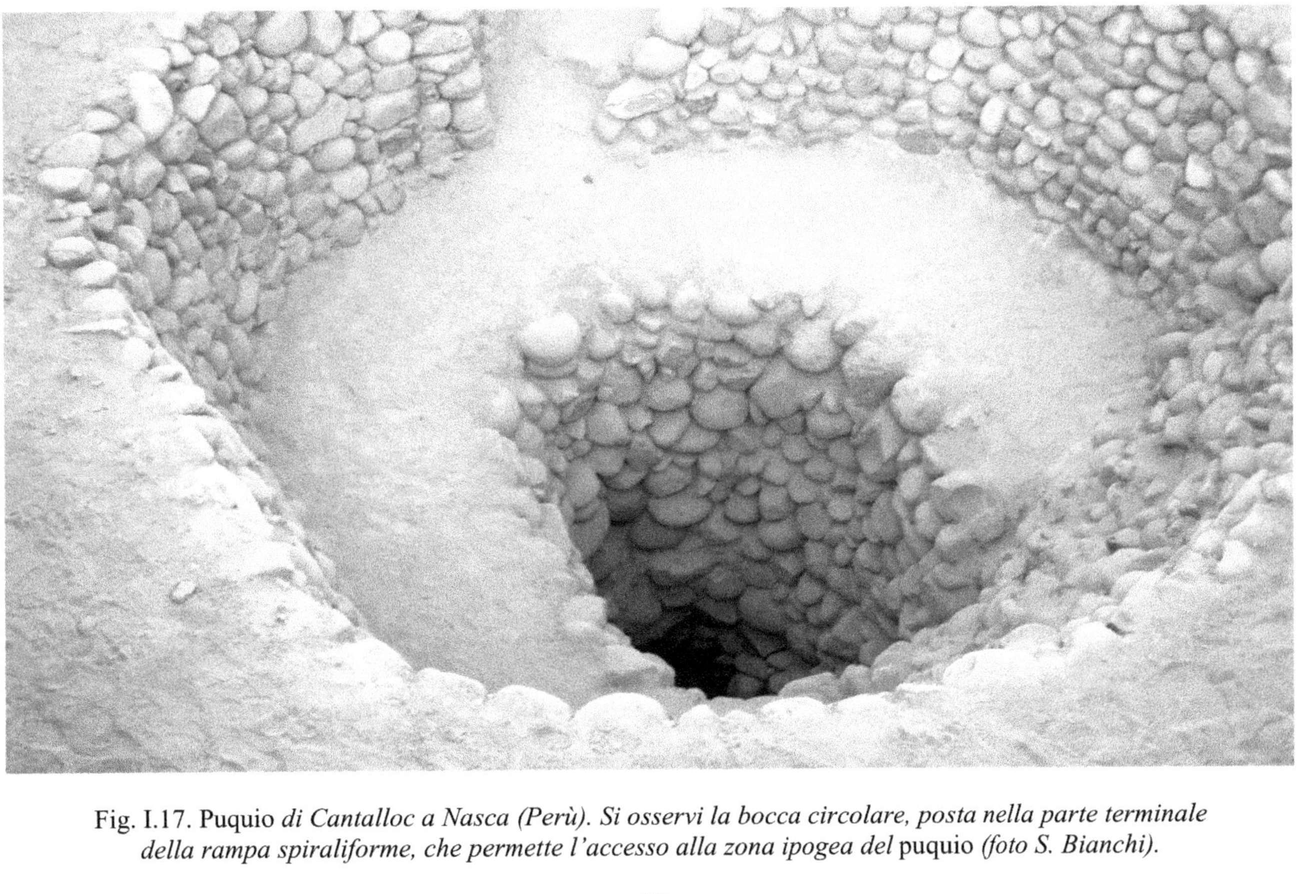

Fig. I.17. Puquio *di Cantalloc a Nasca (Perù). Si osservi la bocca circolare, posta nella parte terminale della rampa spiraliforme, che permette l'accesso alla zona ipogea del* puquio *(foto S. Bianchi).*

Fig. I.18. Puquio *di Cantalloc a Nasca (Perù). Tratto ipogeo scavato in trincea, con spalle in ciottoli alluvionali di medie e grandi dimensioni e volta a piattabanda in lastre monolitiche di pietra (foto R. Basilico).*

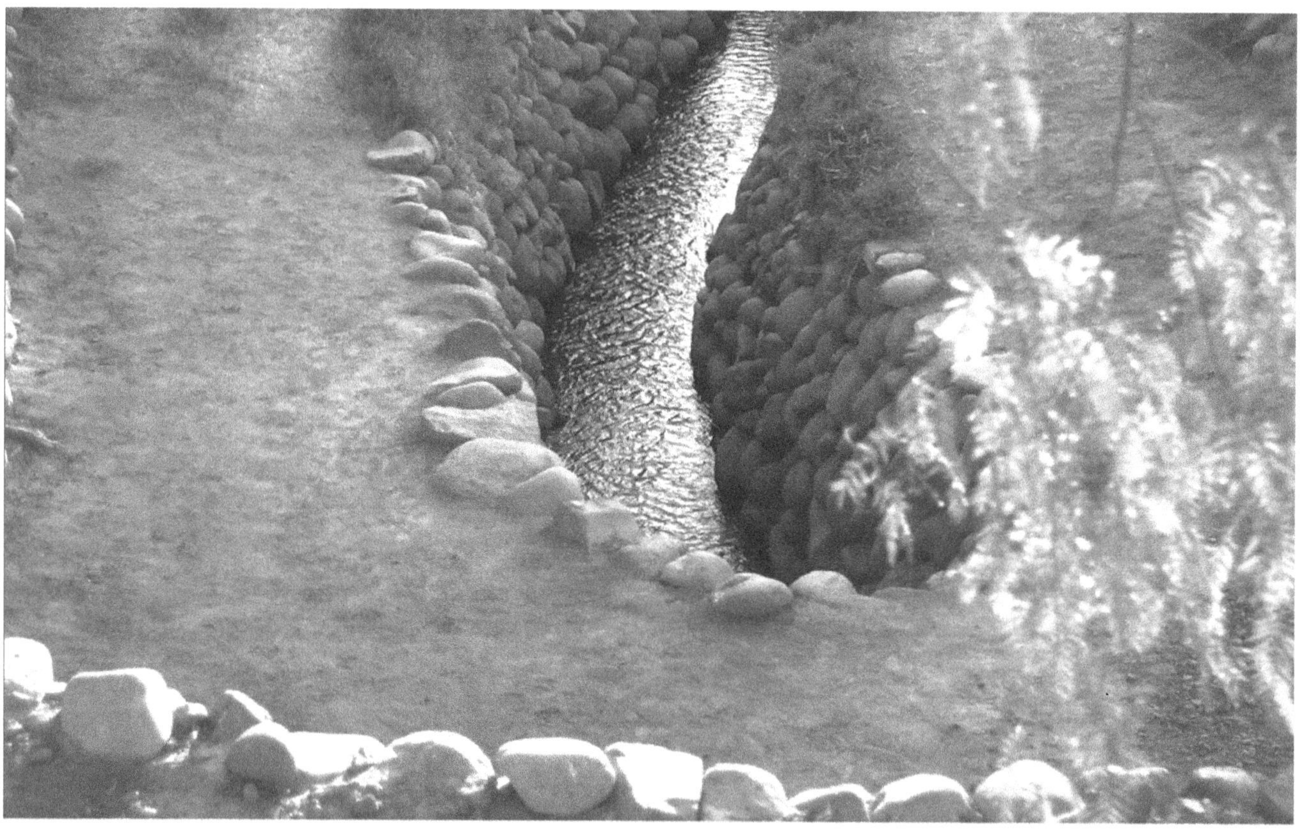

Fig. I.19. Puquio *di Cantalloc a Nasca (Perù). Tratto esterno che convoglia l'acqua in una vasca (foto R. Basilico).*

CAPITOLO II

LE OPERE IDRAULICHE DELL'ARCO ALPINO

II.1- *L'attività antropica nelle Alpi e lo sfruttamento delle risorse idriche*

L'antropizzazione delle Alpi ha plasmato il territorio rendendolo rispondente alle necessità quotidiane delle comunità montane. Stanziamenti, sistemi viari, realtà produttive, hanno necessariamente avuto a che fare con l'acqua, elemento essenziale per qualsiasi forma di attività che preveda una presenza umana seppur a breve termine.

Sulle Alpi esiste da millenni una rete di captazione e distribuzione delle acque finalizzata ad attività di agricoltura e pastorizia che prevedono lo sfruttamento dei suoli «altrimenti destinati a rimanere spesso improduttivi» (Bodini 2002, p. 11). Questo sistema linfatico è nato per ottimizzare la disponibilità idrica dei luoghi e rispondere ad economie legate ad uno sfruttamento capillare del territorio. Molte di queste opere sono tuttora funzionanti e, grazie ai continui interventi manutentivi, distribuiscono l'acqua nelle vallate alpine.

In un'economia fondata sull'agricoltura e sull'allevamento del bestiame lo sviluppo delle opere idrauliche è testimoniato da documenti scritti che, a partire dal XV sec., sanzionano diritti e doveri degli utenti: «Ben presto compaiono anche atti di processi legati ai furti d'acqua ed alle liti che sorsero in relazione alla sua distribuzione» (Bodini 2002, p. 14).

II.2- *Opere idrauliche in area alpina:* bisses *e* suonen

Con i nomi di *bisses* e *suonen* si identificano alcune opere irrigue presenti nell'arco alpino che captano l'acqua da ghiacciai, torrenti e sorgenti, distribuendola sul territorio per mezzo di opere canalizzate: le canalizzazioni possono essere lignee e sospese su roccia, scavate nel terreno o percorrere dei tratti ipogei. L'area in cui si trova questa tipologia di opere idrauliche è il territorio del Vallese, uno dei Cantoni svizzeri ubicato tra le Alpi Pennine e l'Oberland Bernese, solcato dal fiume Rodano e circondato da cime che raggiungono i 4000 m. L'etimologia della parola *bisse*, utilizzata nell'areale linguistico francese, deriva presumibilmente dal gallico *bedu* (letto, alveo) o dalla somiglianza morfologica che queste opere hanno con la sinuosità dei rettili. Il termine *suon*, utilizzato nelle aree di lingua tedesca, potrebbe derivare dall'antico tedesco *suoha* che significa letto o fossa.

La presenza di queste opere è radicata sia da un punto di vista temporale sia territoriale: le prime testimonianze relative ad un diritto di irrigazione risalgono al 1254, ma le analisi dendrocronologiche, effettuate su un campione di legno estratto dal *suon* di Oberriederi, forniscono una datazione risalente al 1190 (Bodini 2002, p. 42). La rete vallesana nel 1924 aveva un sistema idrico il cui sviluppo era di oltre tremila chilometri; tuttora è in gran parte funzionante e nel censimento svolto nel 1992, sono elencati 120 canali irrigui per un totale di 731 km con numerosi tratti ipogei.

Le motivazioni che hanno portato alla creazione di *bisses* e *suonen* sono di natura climatica e agricola. La particolare orografia di queste valli che le protegge dalle perturbazioni atlantiche e mediterranee, e le caratteristiche climatiche, dovute al *foehn*, il vento caldo proveniente da nord, hanno creato un terreno secco e arido in cui è necessario provvedere artificialmente all'approvvigionamento idrico: «La vallée principale est ainsi protégée autant des perturbations venant de l'Atlantique (ouest et nord-ouest) que de celles provenant du bassin méditerranéen. La sécheresse est encore accentuée par la fréquence des situations de foehn» (Reynard 2005, p. 1).

Il crescente sfruttamento del territorio per i pascoli, con il passaggio da coltivazioni prevalentemente cerealicole al foraggio, ha incrementato la domanda di acqua: «I cereali che per lungo tempo furono la colonna portante dell'economia di sussistenza potevano crescere anche senza irrigazione, ed in una situazione demograficamente stabile non era richiesto un aumento delle disponibilità, cosa invece indispensabile per attuare un allevamento finalizzato all'esportazione. Già nel Medioevo si era notato che i pascoli ben irrigati potevano aumentare la produzione di foraggio del 20-30%» (Bodini 2002, p. 42). Questa tipologia di coltivazione ha determinato un aumento della richiesta irrigua nel Vallese Centrale, per migliorare la produttività agricola; ciò ha portato ad una costruzione esponenziale di *bisses*, come indica Reynard: «Le résultat est que l'irrigation est nécessaire dans une bonne partie du Valais central, afin d'améliorer la productivité agricole. C'est ce qui a conduit à la construction progressive du réseau des bisses» (Reynard 2005, p. 3).

II.3 - *Una fonte particolare: la Mojenca*

Il Parco Regionale della Spina Verde, situato sulle pendici del monte Caprino, si estende da Como fino all'interno del territorio elvetico; è un'area boschiva interessante dai punti di vista archeologico e naturalistico. Esistono insediamenti umani risalenti all'età del bronzo che si protraggono fino al periodo tardo celtico, quando il sito fu «definitivamente abbandonato in quanto Giulio Cesare preferì rifondare la città di Como proprio in riva al lago denominandola *Novum Comum*» (Gaspani 1999, p. 178).

All'interno dell'area della Spina Verde si trova la Fonte della Mojenca, opera idraulica realizzata nel V sec. a. per la captazione delle acque di una sorgente. La realizzazione della struttura che racchiude la polla sorgiva è di origine protostorica ed è composta da lastre in granito poste sia sulle spalle, sia sulla volta. Il condotto si configura come un cunicolo che, dopo un primo tratto piuttosto omogeneo alto oltre 1,5 m, presenta uno sbalzo che ne rimpicciolisce la sezione; quest'ultima inizia a restringersi fino al fondo dove sembra dividersi in due rami. La larghezza, all'ingresso, è di circa 1,3 m e l'altezza di 1,5 m (figg. II.1 e II.2).

Nel 1995 la fonte è stata oggetto di indagini archeologiche, le quali hanno determinato tre fasi di utilizzo: «Durante la prima fase, collocabile cronologicamente ad epoca imprecisata, la conca naturale, in pietra, della fonte venne scolpita fino ad assumere una forma trilobata. Durante la fase successiva la fonte venne monumentalizzata con la costruzione dei muri laterali formati da grossi blocchi di pietra posti uno sopra l'altro e da una copertura orizzontale formata da lastroni di granito. Nell'area circostante, a pochi metri di distanza verso il pendio posto ad oriente esiste un'altra sorgente anch'essa canalizzata in epoca antica con l'impiego ciottoli e sfaldature di pietra disposte sul fondo e sulle pareti del letto. Tra le due sorgenti sono stati rinvenuti resti di una struttura litica lunga 5 metri e larga poco meno di 4 costituita da grossi blocchi e lastre di granito i quali erano posti a formare una barriera tra le due sorgenti. Durante la terza fase si depositarono sul fondo della fonte principale e sulle pareti del pendio circostante strati di limo ricchi di frammenti di ceramica Golasecchiana risalente al V secolo a.C.» (Gaspani 1999, p. 91).

II.4 - *I canali in Piemonte: le* bealere

Nel territorio montano piemontese esistono le *bealere*, condotti per l'irrigazione e il trasporto dell'acqua simili a *suonen* e *bisses*. L'etimologia di questo termine deriva dal celtico *beal* (canale) o dal latino *bedale* (via d'acqua). Molte *bealere* sono soggette all'opera manutentiva di consorzi nati sul territorio per la realizzazione e gestione dei canali. Anche nel caso del Trou de Touilles esiste un consorzio creato nel XVI sec. tra la frazione exillese del Cels e quella chiomontina delle borgate delle Ramats. Nato per consentire la realizzazione dell'opera, si è poi occupato della manutenzione dell'acquedotto.

Alla fine del XIX sec. il territorio ad estensione prativa delle valli piemontesi era irrigato per oltre la metà mediante un sistema di canalizzazioni, che portò ad una tradizione di costruttori e progettisti che agivano sul territorio. Si ricordano il valdostano Giovanni di Châtillon, *magister aqueductor*, la famiglia Picapietra della zona di Cuneo, Giovannino Luperia, Ruffino de Murris e il minatore Colombano Romeàn nell'Alta Valle della Dora Riparia. Troviamo numerose *bealere*, di cui molte sono ancora attive, tra le quali citiamo quelle di Pinerolo (Canale del Re), di Cantalupa (*bealere* Ressia, Giay-Merlera e Casematte), Cumiana (*bealere* Randoletta, Ruata Ponsino, Pra du Col e Gariella), Frossasco (*bealera* dei Molini), Roletto (*bealera* Airale), San Pietro Val Lemina (*bealera* Sant'Antonio) e San Secondo di Pinerolo (*bealera* Creuse e Canale di Miradolo).

Altre *bealere* si trovano nei territori delle Valli di Lanzo e in località Battaglia giunge il tracciato di un canale la cui presa è situata a 2320 m di altitudine. Nel comune di Ceres esiste un antica *bealera* e ne troviamo anche a Mezzenile (Royi doou Mulin e Roia d'le Cunce), a Traves (Gora di Bertolè) e a Lanzo Torinese (Roggia dei Mulini). Nelle Valli Orco, Soana, Chiusella e Dora Baltea Canavesana, in territorio canavese, un'estesa rete di canali alimentava coltivi e attività di trasformazione e lavorazione quali mulini, frantoi, pestatoi e industrie. La piana di Rivoli è servita dalla *bealera* di Rivoli attiva fin dal 1188, e la zona di Almese dalla Bialera di Caselette.

Nelle Valli di Lanzo e in Val Germanasca esiste un fitto reticolo di distribuzione idrica, ancora largamente sfruttato; nella Val Pellice, che ha 60 *bealere* inutilizzate su un totale di 141, si segnalano la Bialera Peyrota, il canale comunale di Bricherasio attivo dal XIII sec, la *bealera* di Cavour con un tratto scavato nella roccia, la *bealera* della Tuba, che portava l'acqua da una quota di 2200 m ad una di 750 m con un percorso di 5 km, e la *bealera* Bouissonà lunga circa 4 km (Righi 2003, pp. 101-116).

II.5 - *I canali in Val di Susa*

Nell'arco alpino esistono dei sistemi idrici basati su una microeconomia che funziona, in linea di massima, secondo gli stessi principi di una macroeconomia (Bodini 2002, pp. 11-15). Il fenomeno di spopolamento delle Alpi ha portato alla perdita di numerose tecniche costruttive anche per quanto concerne le canalizzazioni. Più che al recupero di una scienza che sta svanendo si punta oggi a vedere le opere territoriali come occasione per la creazione di un indotto turistico: è il caso della Val Senales (Alto Adige) dove le *bisses* sono state in parte riconvertite a percorsi turistici. La Val di Susa o Alta Valle della Dora Riparia, situata a circa 70 km da Torino, è ricca di canalizzazioni e opere idrauliche che potrebbero essere sfruttate come risorsa per il territorio.

Il clima secco della Val di Susa ha portato alla realizzazione di numerose opere irrigue. La Bassa Val di Susa e la Val Cenischia possiedono vari corsi idraulici. A Condove sono rimaste in funzione alcune *bealere* mentre nei comuni di Novalesa e Venaus la rete irrigua è frutto dei lavori iniziati in età medioevale dai monaci dell'Abbazia di Novalesa (Righi 2003, pp. 105-116). Nell'Alta Val di Susa la Piana di Oulx era irrigata con l'acqua del lago Borello, ricavato in una cava nel 1860 circa. Nel comune di Giaglione troviamo invece il Canale di Maria Bona costruito verso la metà del XV sec.

In più zone dell'Alta Val di Susa con i termini *beal*, *rif* e *dora* si indicano rispettivamente i canali di piccole, medie e grandi dimensioni. A sud-ovest dell'abitato di Chiomonte, lungo il fianco della montagna posto sulla destra orografica del rivo Comba Scura, sono presenti due canali irrigui (fig. II.3). Il primo, ancora attivo, ha la propria presa nei pressi di una cascata che nasce nella parte finale del Vallone Molieres in zona Prato Richard. È costituito da un canale di derivazione realizzato in cemento e in muratura. A circa 50 m dalla presa si trova una rudimentale chiusa in pietra e metallo da cui si diparte un condotto ipogeo, costruito in muratura, che prosegue al di sotto di un campo coltivato. Il canale primario continua invece il suo corso verso la valle e viene utilizzato per alimentare i campi. Le condizioni del manufatto sono buone e si notano numerose tracce di interventi manutentivi recenti, indici di un'attività che ne permette la piena funzionalità (figg. II.4 e II.5).

Il secondo canale, più interessante per gli aspetti costruttivi, si raggiunge dalla strada carrozzabile che sale verso la sommità della montagna; dopo il primo tornante inizia un sentiero diretto verso il rivo Comba Scura, luogo in cui si trova la presa. La captazione, che derivava l'acqua direttamente dal corso del torrente, è occlusa da detriti di terra e pietrame. Da qui parte il percorso dell'acquedotto costituito da un canale a cielo aperto scavato nel terreno e rinforzato in numerosi tratti con sostruzioni in pietra (fig. II.6).

Il percorso del canale giunge ad un punto in cui si trova una parete rocciosa; per superare lo strapiombo è stata adottata una tipologia costruttiva analoga a quella delle *bisses*. L'opera in questo tratto è costituita da una struttura lignea ancorata alla roccia a mezzo di cicogne e barre metalliche inserite nel dorso del dirupo. Il canale è composto da tre tavole disposte a formare una sagoma ad U, con tronconi lunghi tra i 3 e i 4 m inseriti conicamente nei successivi, secondo il senso dello scorrimento dell'acqua (figg. II.8 e II.9). Il tratto in questione è lungo circa 30 m e crea un suggestivo percorso visivo. A monte del canale vi sono due abitazioni diroccate addossate al fianco della montagna; sulle rocce circostanti sono visibili incisioni di date risalenti al XIX sec. (fig. II.7), mentre sulla parete ve ne sono altre risalenti a periodi compresi tra il XVII e il

XX sec., presumibilmente legate alle opere manutentive. Superato il salto il canale riprende il proprio corso a cielo aperto verso valle, derivando nel sottobosco una serie di canalette che si diramano dalla linea primaria. Il reticolo linfatico inciso sul territorio mostra un precedente utilizzo ad uso irriguo, che attualmente delimita solo i confini degli appezzamenti. Il canale non è più utilizzato e la totale mancanza di manutenzione ha indotto il bosco ad impossessarsi del tracciato, ben leggibile sul terreno (fig. II.10). L'impianto potrebbe essere riattivato con un lavoro di pulizia dell'alveo e di messa in sicurezza di alcuni tratti rocciosi in corrispondenza del tratto aereo.

Si hanno indicazioni anche di altri canali. Uno si trova nella zona della Maddalena e ne troviamo documentazione per le controversie sorte tra le comunità confinanti di Chiomonte e Giaglione: «da tempo immemorabile le terre della Maddalena e di San Martino beneficiavano di un canale - definito, già nel 1336, "*aqueductum antiquitus constructum*" - che serviva ad irrigare le terre e a far girare le ruote dei mulini della Maddalena» (Molino 1976, pp. 238-241). I documenti vertono sulle dispute successive alla decisione, da parte di giaglionesi, di far costruire un mulino in Val Clarea che avrebbe potuto diminuire la portata idrica del canale (fig. II.11). Nonostante fosse stato raggiunto un accordo, le dispute continuarono anche negli anni seguenti per fatti legati all'utilizzo delle acque del torrente Clarea e al diritto di passaggio su territori appartenenti all'una o all'altra fazione. Ancora nel 1670 «è il sindaco in persona che, scortato da altri due particolari, si reca in Chiauri "per romper il bialle, ché li particolari delle Ramate vollevano condur l'acqua di Chiauri per adaquar luoro castagnereti di Bellini". Per anni le ostilità rimangono aperte (...). L'assenza di ulteriori notizie, dovuta alla mancanza di molti parcellari dopo il 1674, non deve far credere che la divergenza avesse trovato soluzione; a distanza di un secolo - nel luglio del 1778 - essa viene ancora dibattuta in Chiomonte tra i sindaci di Giaglione ed il vescovo di Pinerolo, subentrato al priore di San Lorenzo di Oulx nei beni della Maddalena» (Molino 1976, pp. 238-241).

II.5.1 - *Il Trou de Touilles: un acquedotto alpino*

Il Trou de Touilles, conosciuto localmente come "Pertus", è situato in Val di Susa ed è il tratto ipogeo di un acquedotto realizzato nel XVI sec., ad una quota superiore ai 2000 m, nel territorio del comune di Exilles. L'acquedotto ha inizio nel Vallone di Touilles, attraversa il massiccio montuoso che collega Cima del Vallone a Cima Quattro Denti e sbuca a sud, sul versante sinistro orografico dell'Alta Valle della Dora Riparia (fig. II.12).

L'opera è suddivisa in quattro zone:

1. **Presa e condotta**. Le acque del rio Touilles, nell'omonimo Vallone, sono convogliate tramite una presa situata ai piedi del ghiacciaio dell'Agnello e trasportate con una condotta.
2. **Tratto ipogeo**. Il condotto, che si sviluppa nel comune di Exilles, ha il proprio ingresso nel bacino imbrifero del Gran Vallone, a nord della cresta che unisce Cima Quattro Denti a Cima del Vallone ad una quota di circa 2034 m s.l.m., misurata all'esterno dell'attuale grata di sicurezza posta sulla volta del condotto. L'uscita sul versante sud exillese è a quota di 2019 m s.l.m. con un dislivello tra i due accessi, misurato sul fondo dell'opera, pari a 12,56 m. Il condotto si sviluppa per 433,24 m, con due direzioni di scavo prevalenti, di 315° e 319°, secondo una direzione sud-est / nord-ovest. Il minatore Colombano Romeàn, abitante a Saint Gilles in Provenza ma oriundo delle Ramats, scavò il tratto ipogeo alla base della Cima Quattro Denti, su richiesta degli abitanti di Cels, frazione di Exilles, e di quelli delle borgate delle Ramats, appartenenti al comune di Chiomonte. Una serie di documenti storici testimoniano la realizzazione e riportano i termini contrattuali stabiliti tra i committenti e il minatore. Dai documenti si evince che il lavoro fu svolto tra il 1526, anno del contratto, e il 1533. Nel Catasto Nazionale Cavità Artificiali della Federazione Nazionale Cavità Artificiali, il Trou de Touilles è indicato con il seguente numero catastale: CA00047 PI TO. Rientra nella tipologia 2a: presa e trasporto delle acque.
3. **Ripartitore**. Il corso del Trou de Touilles confluisce in una vasca di accumulo e ripartizione posta all'imbocco sud.
4. **Sistema di distribuzione sul territorio**. Dalla vasca di ripartizione si staccano in opposte direzioni due *balere,* le quali confluiscono in due rivi che distribuiscono, per mezzo di canalizzazioni, l'acqua ai territori di Cels e delle borgate delle Ramats.

II.5.2 - *Percorsi di avvicinamento e visite*

Il Trou de Touilles può essere raggiunto da più punti come mostra l'inquadramento territoriale sotto riportato. L'ingresso sud si trova in territorio exillese. In prossimità della Fortezza di Exilles, si segue la direzione per Cels e si continua lungo la strada che da qui va a La Terrazza per proseguire sul sentiero 458, tratto del Sentiero Balcone. A quota 2000 m s.l.m. il sentiero si biforca: qui ci si può dirigere verso l'imbocco sud del Trou de Touilles, segnalato dalla cartellonistica, o preseguire verso Cima Quattro Denti. Superata la cresta si scende nel Vallone di Touilles o Tiraculo e ci si dirige verso l'ingresso nord posto in prossimità della Grange de Touilles; l'attraversamento del traforo effettuato da questo lato permette di seguire il corso dell'acqua.

Da Chiomonte, invece, si sale alle Ramats e si prosegue verso Cima Quattro Denti attraversando S. Antonio, Case Albaret, Case Rigaud, fino ad incontrare il sentiero 458. Da qui si procede lungo l'itinerario precedente. Un altro itinerario parte da Giaglione e risale la Val Clarea, prima lungo il sentiero 550 e successivamente sul sentiero 549; da qui si prosegue nel Vallone Tiraculo fino a incontrare il sentiero 548, che in direzione sud conduce all'ingresso nord del Trou de Touilles. Il Club Alpino Italiano di Chiomonte organizza periodicamente delle visite guidate al Trou de Touilles con l'attraversamento dello stesso che, ricordiamo, va affrontato con le dovute cautele e l'equipaggiamento adeguato.

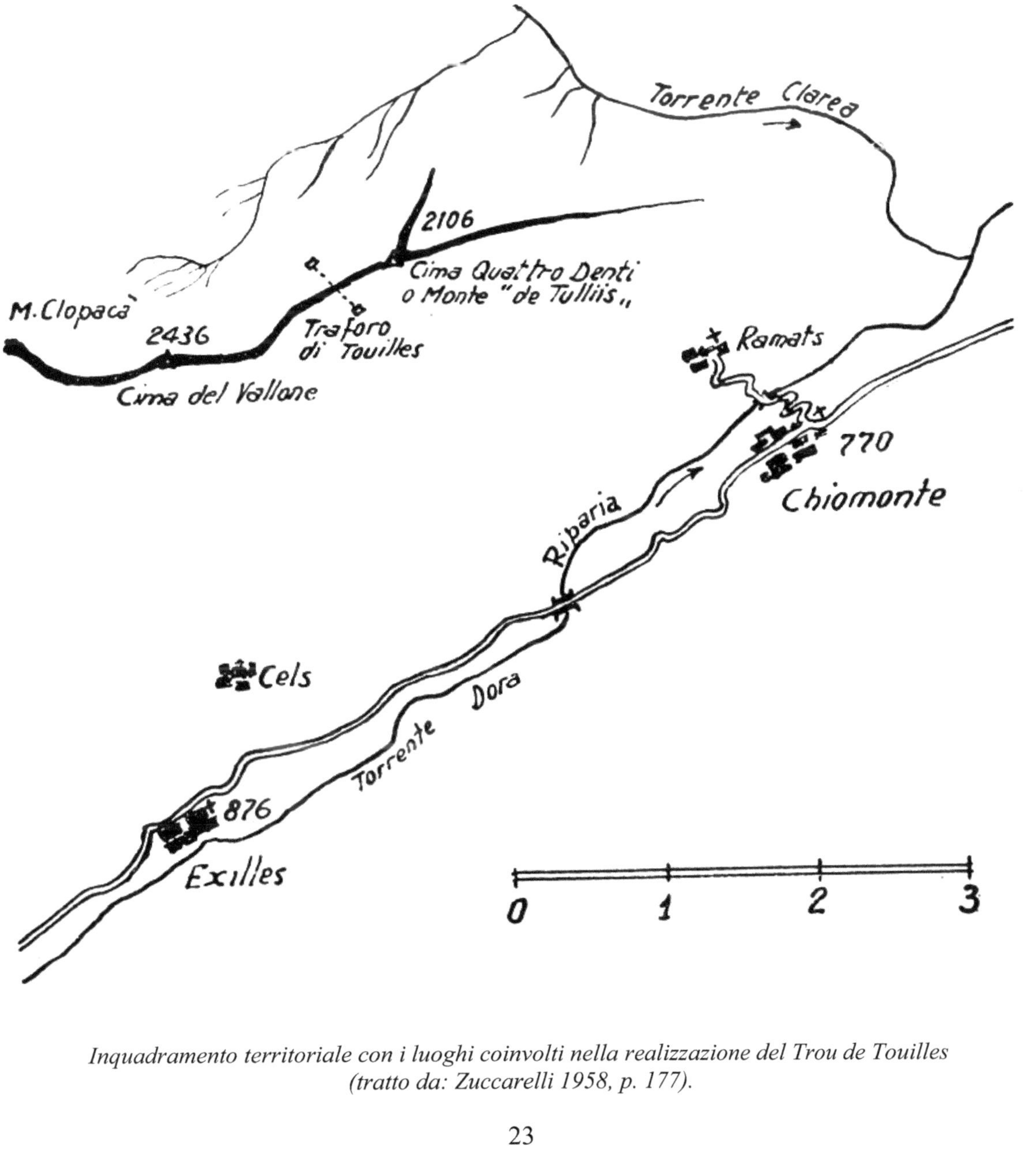

Inquadramento territoriale con i luoghi coinvolti nella realizzazione del Trou de Touilles (tratto da: Zuccarelli 1958, p. 177).

Fig. II.1. *Como, Parco della Spina Verde, Ingresso della Fonte della Mojenca, opera idraulica realizzata presumibilmente nel V sec. a. (foto R. Basilico).*

Fig. II.2. *Tratto ipogeo della Fonte della Mojenca situato all'interno del Parco della Spina Verde (Como) (foto R. Basilico).*

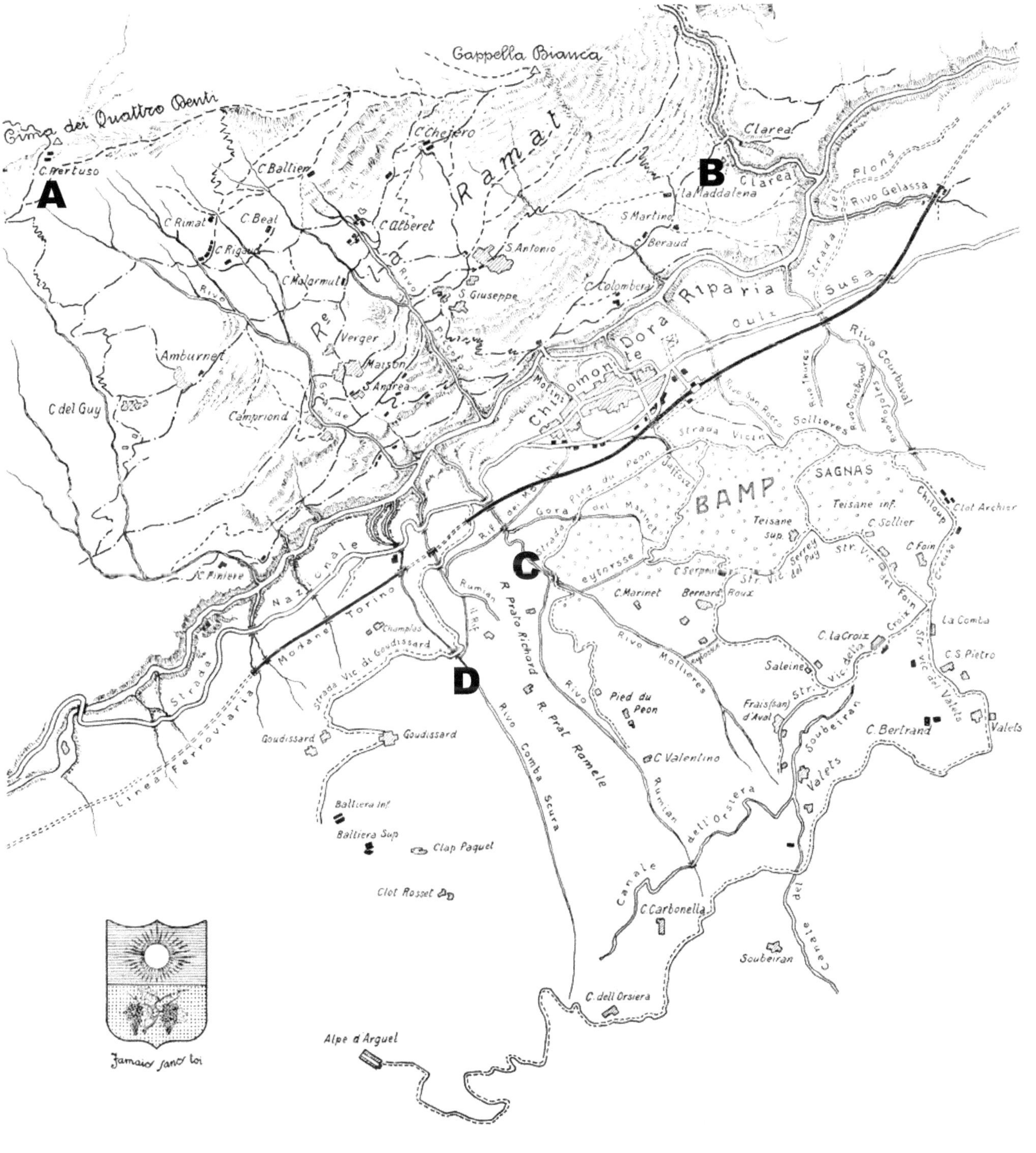

Fig. II.3. *Indicazione dei luoghi con opere idrauliche ubicati nel comune di Chiomonte.*

A. *Trou de Touilles; parte ipogea dell'acquedotto realizzata dal minatore Colombano Romeàn.*
B. *Canale posto nei pressi della Maddalena.*
C. *Canale artificiale situato nella parte finale del Vallone Molieres, in località Prato Richard.*
D. *Canale che derivava l'acqua dal Rivo Comba Scura.*

(Elaborazione degli Autori della cartografia tratta da: Benedetto 1953, p. 322).

Fig. II.4. *Chiomonte: tratto del canale artificiale attivo situato nella parte finale del Vallone Molieres in zona Prato Richard. L'opera, che deriva l'acqua nei pressi di una cascata, ha l'alveo composto da tratti in calcestruzzo e in muratura (foto R. Basilico).*

Fig. II.5. *Chiomonte: canale artificiale situato nel Vallone Molieres. Vista del condotto ipogeo che si dirama dal corso principale del canale e prosegue sotto il terreno di un campo destinato a coltivi. La condizione del manufatto, esterno e ipogeo, appare buona e mostra opere manutentive (foto R. Basilico).*

Fig. II.6. *Resti di un canale situato in prossimità del rivo Comba Scura nel territorio di Chiomonte (Torino). Tratto iniziale del canale, posto nei pressi della captazione (foto R. Basilico).*

Fig. II.7. *Canale in disuso nei pressi dell rivo Comba Scura, territorio di Chiomonte (Torino). Incisione della data 1880 su una roccia (foto R. Basilico).*

Fig. II.8. *Resti di un canale situato in prossimità del rivo Comba Scura nel territorio di Chiomonte (Torino). Parte del tratto aereo, lungo circa trenta metri, formato da tavole connesse tra loro con sezione ad U, innestate conicamente alle successive nel senso dello scorrimento dell'acqua (foto R. Basilico).*

Fig. II.9. *Resti di un canale situato in prossimità del rivo Comba Scura nel territorio di Chiomonte (Torino). Il tratto supera uno strapiombo con una tipologia costruttiva analoga a quella delle* bisses, *ossia una struttura lignea ancorata alla roccia (foto R. Basilico).*

Fig. II.10. *Resti di un canale situato in prossimità del rivo Comba Scura nel territorio di Chiomonte (Torino). L'opera, in stato di abbandono come si nota nel tratto invaso dalla vegetazione, derivava l'acqua dal suddetto rivo (foto R. Basilico).*

Fig. II.11. *La Val Clarea, Giaglione (Torino), è stata teatro di numerose dispute per lo sfruttamento delle acque del torrente Clarea (foto R. Basilico).*

Fig. II.12. *Trou de Touilles, Exilles (Torino). Uscita dall'imbocco sud (foto R. Basilico).*

CAPITOLO III

LA CATALOGAZIONE DELLE OPERE IDRAULICHE

III.1 - *La catalogazione delle cavità artificiali*

Lo studio di un manufatto ipogeo serve a comprenderne la funzione e la fruizione. Analizzando le fonti che trattano le opere idrauliche antiche si evince come il supporto documentale sia riferibile a descrizioni tecniche e realizzative. Nell'arco alpino abbiamo numerosi tipi di opere idrauliche legate alle caratteristiche morfologiche del territorio, alle tecniche costruttive utilizzate, nonché alla funzione da assolvere. La loro comprensione deve basarsi in primo luogo su una classificazione scientifica che ne permetta una corretta collocazione in ambito tipologico.

Occorre premettere che molte opere idrauliche sono composte anche da strutture sotterranee e semisotterranee; si devono quindi indagare opere che a tutti gli effetti sono "cavità artificiali". La cavità artificiale è definibile come «manufatto ottenuto attraverso l'asportazione, nel suolo e nel sottosuolo, di terreno o roccia, con l'intento di realizzare un ambiente sotterraneo avente almeno due pareti, una volta e un piano di calpestìo e destinato a una specifica funzione» (Padovan 2005, p. 3) e nasce dall'unione tra elementi naturali e antropici. Per identificare le opere montane destinate allo sfruttamento delle risorse idriche, è utile presentare la catalogazione per tipologie adottata dalla Federazione Nazionale Cavità Artificiali (Padovan 2005, pp. 17-22).

1. OPERE DI ESTRAZIONE
cava, miniera.

2. OPERE IDRAULICHE

2 a. PRESA E TRASPORTO DELLE ACQUE
acquedotto, canale artificiale sotterraneo, canale artificiale voltato, condotto di drenaggio, corso d'acqua naturale voltato, emissario sotterraneo, galleria filtrante, pozzo di collegamento.

2 b. PERFORAZIONI AD ASSE VERTICALE DI PRESA
pozzo artesiano, pozzo ordinario, pozzo ordinario a raggiera.

2 c. CONSERVA
camera di condensazione, cisterna, ghiacciaia, neviera.

2 d. SMALTIMENTO
fognatura, fossa settica, pozzo chiarificatore (o biologico), pozzo di drenaggio, pozzo nero, pozzo perdente.

3. OPERE DI CULTO
cripta, eremo rupestre, eremo sotterraneo, favissa, luogo di culto rupestre, luogo di culto sotterraneo, mitreo, pozzo sacro.

4. OPERE DI USO FUNERARIO
cripta, catacomba, cimitero, colombario, domus de janas, foiba, morgue, necropoli, ossario, tomba.

5. OPERE DI USO CIVILE
abitazione rupestre, abitazione sotterranea, apiario rupestre, butto, cantina, carcere, camera dello scirocco, colombaia, cripta, criptoportico, frantoio ipogeo, fungaia, galleria ferroviaria, galleria pedonale, galleria stradale, granaio a fossa, grotta artificiale, insediamento rupestre, insediamento sotterraneo, magazzino, ninfeo, palmento ipogeo, polveriera, sotterraneo, strada in trincea.

6. OPERE DI USO MILITARE
bastione, batteria, capponiera, castello, casamatta, cofano, contromina, cunicolo di demolizione, forte, galleria, galleria di controscarpa, galleria di demolizione, galleria stradale, grotta di guerra, grotta fortificata, mina, opera in caverna, polveriera, pusterla, ridotta, ridotto, rifugio, riservetta, rivellino, sotterraneo, tamburo difensivo, traditore, trincea.

7. OPERE NON IDENTIFICATE
opere o strutture di cui s'ignora l'esatta funzione.

III.2 - *Gli acquedotti ipogei* (di Gianluca Padovan)

L'acquedotto è un sistema che consente di condurre l'acqua dal punto di presa a quello di utilizzo. Un tronco d'albero tagliato longitudinalmente a metà e scavato all'interno assolve la medesima funzione di un solco scavato nella terra. Una semplice azione di scavo può quindi costituire il passo per lo sviluppo delle opere idrauliche di presa e di trasporto delle acque, che permettono di derivare acqua da una sorgente, da un torrente o da un fiume. Con lo sviluppo dei nuclei abitativi e dell'agricoltura si prospetta la necessità di non dipendere esclusivamente dall'acqua messa a disposizione dalla natura, in quantità variabile e soggetta a eccessi e a carenze. Un sistema relativamente semplice, ma funzionale, è quello di creare grandi bacini in muratura o scavati nel suolo roccioso, che vengono riempiti nel corso delle precipitazioni annuali. In previsione di periodi siccitosi si realizzano sistemi per lo stoccaggio anche nel sottosuolo. In linea generale l'acqua serviva e serve a molteplici funzioni: uso potabile, uso agricolo, uso industriale, funzionamento dell'impianto fognario, difesa e viabilità.

Le principali opere per la costruzione di un acquedotto sono le seguenti (Padovan 2005, pp. 17-20):
- ***opere di presa***: per captare l'acqua nel luogo dove essa è naturalmente disponibile.
- ***Condotta adduttrice (o condotto adduttore)***: necessaria a portare l'acqua dal luogo di captazione a quello di fruizione, dove per "condotta" s'intende la tubazione generalmente cilindrica e per "condotto" il canale chiuso, o lo speco (*specus*), dove l'acqua scorre a pelo libero; vi sono casi in cui nello speco è alloggiata una condotta in cotto, eternit (composto di fibre di amianto e di cemento Portland), o altro materiale, in cui l'acqua viene fatta scorrere per preservarne le qualità e comunque evitarne l'inquinamento.
- ***Serbatoio od opere di accumulazione***: serve all'immagazzinamento dell'acqua nei periodi in cui il consumo è inferiore alla portata dell'adduttrice e a erogarla quando si verifichi la condizione opposta.
- ***Rete di distribuzione (condotte a rete)***: complesso di piccoli canali o di tubature che porta l'acqua nei punti in cui deve essere utilizzata.
- ***Impianti privati***: sistema di piccoli canali o più sovente di tubature che allacciato alla rete di distribuzione rifornisce direttamente gli utenti privati.

Abbiamo inoltre:
- ***Impianto di sollevamento meccanico***: per supplire alla deficienza di dislivelli naturali affinché l'acqua possa defluire nelle condotte con la portata adeguata.
- ***Impianto di potabilizzazione***: per conferire all'acqua le proprietà chimiche e batteriologiche indispensabili per l'alimentazione umana (presente negli impianti moderni e generalmente a partire dal XIX-XX secolo).

Le acque da captare possono essere sorgenti, lacustri, fluviali, sotterranee, di bacino artificiale; a seconda della loro natura si avrà un consono ***impianto di captazione***.

Captazione di acque sorgive: richiede lo studio idrogeologico dell'origine della sorgente e dei terreni attraverso i quali essa sgorga. Secondo la "vecchia" classifica di Gortani (Frega 1984, pp. 26-27) le sorgenti sono distinte in cinque gruppi:
1. sorgenti di deflusso semplice o di impregnazione;
2. sorgenti di emergenza o di valle;
3. sorgenti di versamento;
4. sorgenti di trabocco o sfioramento;
5. sorgenti artesiane.

Captazione di acque lacustri: la presa è fatta in profondità e lontano dalle sponde, mediante tubazioni adagiate sul fondo, mentre in antichità avveniva creando appositi bacini lungo la sponda stessa. In taluni casi la captazione avviene mediante gallerie perforate nei fianchi della vallata.
Captazione di acque fluviali: la presa è fatta con chiaviche in sponda qualora il livello si mantenga abbastanza elevato, altrimenti si provvede ad innalzarlo mediante traverse, o si ricorre alla costruzione di gallerie filtranti scavate sotto il letto del fiume.
Captazione di acque di bacino artificiale: la presa avviene generalmente attraverso la diga di sbarramento, a profondità conveniente per non rimuovere il limo del fondo.
Captazione di acque sotterranee: per la presa occorre distinguere se si tratti di:

- acque della falda superficiale o freatica, provenienti dalle acque meteoriche o correnti;
- acque delle falde profonde, separate da quelle superficiali da strati di terreni impermeabili.

La captazione della falda superficiale si può fare scavando nei terreni una trincea o fossa, oppure pozzi percorribili dal cui fondo si possono anche spingere, orizzontalmente e dentro la falda, una serie di cunicoli o di tubi drenanti che versano nel pozzo. L'acqua può essere sollevata meccanicamente dal pozzo e convogliata, oppure dallo stesso pozzo si può realizzare, nel sottosuolo e con leggera pendenza, una galleria o cunicolo d'acquedotto. La captazione della falda profonda avviene mediante pozzi scavati manualmente e in tempi recenti con pozzi autoaffondanti o pozzi trivellati. Talvolta uno strato profondo tende a fare risalire le sue acque, anche in superficie, qualora sia raggiunto da una perforazione, e il pozzo che ne risulta si chiama artesiano. Anche in questo caso, se l'acqua non giunge in superficie, si possono utilizzare impianti di sollevamento o condotti sotterranei.

Allo stato attuale delle conoscenze vediamo che già in epoca arcaica e in epoca classica esistono acquedotti dotati d'impianto di captazione, trasporto e distribuzione dell'acqua potabile. E certamente ne sono realizzati in precedenza, così come dopo la caduta dell'impero romano essi continuano ad essere costruiti. I cinque fattori legati all'attuale approvvigionamento idrico, ovvero il prelievo, il trasporto, il sollevamento, l'immagazzinamento e la distribuzione, erano già stati risolti almeno duemila e cinquecento anni fa. Si rinverranno quindi pozzi (più raramente discenderie) che servivano alle seguenti funzioni:

- raggiungere la quota prefissata per la realizzazione del condotto sotterraneo;
- evacuare il materiale scavato e ventilare l'ambiente;
- sollevare il liquido a giorno a lavoro ultimato;
- manutenzionare l'acquedotto.

Prima dell'avvento della pompa a motore, delle tubature in ferro e in ghisa, che trasformeranno il sistema di approvvigionamento idrico a scorrimento naturale per gravità in quello a pressione, la costruzione degli acquedotti ha ricalcato sempre i medesimi principi, pur con molteplici varianti. In dati momenti storici, e per specifici utilizzi, gli acquedotti sono realizzati così come siamo abituati a immaginarli o a vederli, ovvero composti da chilometrici cunicoli sotterranei e spettacolari teorie d'arcate. Un'infinità di opere analoghe erano costituite da tubature in legno, in cotto e in pietra, oppure da semplici cunicoli scavati nella roccia e privi di qualsiasi rivestimento. Nel centro Italia vi è un rilevante sviluppo di opere cunicolari, prevalentemente scavate nella roccia tufacea, destinate al trasporto dell'acqua. Del Pelo Pardi ci dice che, secondo i suoi studi, sono da distinguerne due principali tipi: quelli scavati nel tufo litoide e destinati al drenaggio; quelli scavati nel tufo granulare e destinati all'approvvigionamento idrico (Del Pelo Pardi 1943, pp. 283-323).

Si rileva che la distinzione non è così netta e occorre esaminare con attenzione ogni singolo caso per determinarne (e non sempre è possibile) la destinazione. Occorrerà quindi debitamente considerare che per ogni acquedotto costruito dall'antichità a tutto il XIX sec, con impianto di captazione, trasporto e distribuzione così come si è esemplificato, e avente un certo sviluppo spaziale, ve ne sono molteplici "minori", ma non per questo di minore importanza ai fini conoscitivi, e realizzati con le più disparate tecniche; ancor'oggi in vari paesi se ne realizzano o semplicemente si mantengono in funzione le opere del passato.

Il trattatista Marco Vitruvio Pollione, nel suo *De Architectura*, ci parla con chiarezza dell'acqua e del suo reperimento: «L'acqua è infatti di fondamentale importanza per la vita umana, dati i vantaggi che ne derivano dall'uso quotidiano. Ovviamente la si può reperire con maggiore facilità qualora esistano fonti all'aperto. Ma se essa non sgorga in superficie bisognerà cercarne le sorgenti sotterranee e convogliarle» (Vitruvio, VIII, I, 1). Trovata o scelta l'acqua, si passava dalla fase di progettazione al tracciamento dell'opera in superficie. Generalmente si ricorreva al sistema dell'allineamento esterno e della coltellazione, che almeno presso i romani avveniva con gli strumenti utilizzati nella tecnica agrimensoria, e ancora Vitruvio ci dice: «Ora parlerò del sistema più opportuno per far arrivare l'acqua in casa e nei centri urbani. Per prima cosa bisogna stabilire il livello servendosi delle diottre, delle livelle e delle corobate» (Vitruvio, VIII, V, 1). Nel caso si presentassero situazioni di difficile superamento con un percorso rettilineo, si potevano utilizzare altri sistemi. Compiute tali operazioni, si procedeva alla realizzazione dell'opera. Altresì, occorreva calcolare le pendenze delle tratte, per non rischiare di realizzare un condotto senza pendenza dove l'acqua sarebbe ristagnata, o con eccessiva dove la forza dell'acqua l'avrebbe eroso fino a demolirlo. Nel caso di dover coprire percorsi relativamente brevi, ma superando decisi dislivelli, esistevano alcuni espedienti come, ad esempio, la realizzazione di 'salti' alla cui base venivano poste lastre di pietra compatta, che l'acqua consumava a fatica.

La presa era fatta con pozzi, discenderie o cunicoli che si addentravano nel sottosuolo o nei fianchi dei rilievi, per raggiungere l'acquifero o la falda in pressione, mediante serbatoi che includevano le polle, oppure captando l'acqua da fiumi, torrenti, bacini naturali o artificiali, così come precedentemente riportato. All'inizio della condotta (o del condotto) si inserivano generalmente i bacini di decantazione (*piscinae limariae*) e il condotto (*specus*) era scavato nella roccia, costruito in muratura all'interno di una trincea (Botturi, Pareccini 1991, pp. 20-21), su sostruzioni in muratura, su arcate qualora dovesse superare forti dislivelli senza perdere di quota repentinamente. Per quanto riguarda il tracciato dello scavo sotterraneo questo generalmente principiava dalla base di pozzi (più raramente da cunicoli, discenderie, scalinate o finestrature) che, portati alla quota a cui doveva scorrere l'acqua, davano luogo allo scavo di due gallerie procedenti in direzioni opposte. Ogni ramo doveva poi incontrarsi con quello che procedeva dal pozzo adiacente: collegando tra loro ogni pozzo si mantenevano il livello e la direzione, realizzando il condotto.

Greci e Romani conoscevano la tecnica delle condotte in pressione (forzate), ma le risorse costruttive permettevano loro di adottarle per tratti brevi e in situazioni particolari. Generalmente l'opera si articolava mediante un condotto (*specus* sotterraneo o in superficie) che giungeva in una vasca di scarico posta ai limiti della depressione (valle) da superare, da cui si sviluppava la condotta discendente che oltrepassava il limite inferiore su arcate o sostruzioni, per poi risalire fino alla vasca di carico (vasca di oscillazione), riprendendo il percorso in un successivo *specus*. Intorno al 400 a. a Olinto, città della Calcidica, Erone fa costruire un acquedotto dotato di condotta forzata con tubature in terracotta «Dalla presa di sorgente, distante circa 12 chilometri dalla città, Erone tracciò un acquedotto attraverso un pianoro e di lì sull'altura settentrionale di Olinto, per rifornire d'acqua le zone mediane e più basse con una galleria sotto la strada principale» (Tölle-Kastenbein 1990, p. 90).

Il fondo e i piedritti delle opere idrauliche erano generalmente rivestiti in malta idraulica (*opus signinum*, calcestruzzo), seppure non manchino esempi di condotti privi di rivestimento, laddove la compattezza della matrice rocciosa lo consentiva. Talvolta i cunicoli e le gallerie erano parzialmente o interamente rivestiti mediante conci o laterizi (mattoni o embrici), ad esempio all'incontro con cavità naturali o sacche di materiale incoerente, oppure a seguito di rifacimenti dovuti a cedimenti strutturali. Gli acquedotti erano ispezionabili e necessitavano di una continua manutenzione, così come Frontino ci riporta: «Ordinariamente soffrono per l'azione del tempo e degli elementi atmosferici quelle parti delle condutture che sono portate su archi o che sono applicate ai fianchi dei monti, e, nelle parti su archi, quelle che attraversano i fiumi. Pertanto certi lavori devono essere eseguiti con particolare cura. Minor danno soffrono le parti sotterranee non esposte al ghiaccio e al calore. Ci sono poi inconvenienti cui si può ovviare senza arrestare il flusso dell'acqua, ed altri che si possono riparare solo bloccando l'erogazione, per esempio quelli che si devono eseguire proprio nel canale. Questi ultimi si verificano per due motivi: o l'accumulo del deposito a volte forma una crosta che riduce il flusso dell'acqua (croste calcaree, dette anche "marmo d'acquedotto"; n.d.a.), oppure si degradano i rivestimenti interni: questo provoca dispersioni che di necessità danneggiano le pareti del condotto o i muri di sostegno; a volte i pilastri costruiti in tufo cedono sotto troppo carico» (Frontino, 121-122).

Al termine del condotto, dopo aver attraversato uno o più bacini di sedimentazione, l'acqua affluiva al *castellum*, ovvero il serbatoio a livello costante nelle cui pareti erano inseriti i *calices*, tubi calibrati in bronzo sotto battente fisso, che distribuivano le portate spettanti ai diversi beneficiari, le quali poi passavano in condotti fittili o di piombo (*fistulae*). Gli acquedotti, e in genere quelli maggiori, erano dotati non solo di *castella* per la distribuzione, ma anche di serbatoi terminali: «A Roma, ad esempio, l'*Aqua Antoniniana* (derivazione dell'*Aqua Marcia*) si immette in un enorme serbatoio sull'area di oltre 100.000 m^2 delle terme di Caracalla: le numerose camere, situate lungo le due navate parallele e su due piani sovrapposti, potevano contenere più di 80.000 m^3 d'acqua» (Tölle-Kastenbein 1993, p. 153).

In linea generale, soprattutto gli acquedotti romani non disattendevano a queste normative e lungo il loro percorso mostravano varie risoluzioni e con percorsi sia sopra terra che nel sottosuolo, come ben esemplifica dell'acquedotto di Gier, il quale con un complessivo tracciato di 86 km giungeva alla città di *Lugdunum*, in Francia (Burdy 1996). Di contro, l'acquedotto Vergine aveva un percorso quasi interamente sotterraneo: «Ha una lunghezza di 14.105 passi, di cui 12.865 in canale sotterraneo, 1.240 in superficie, 540 su muri di sostegno in diversi luoghi; 700 passi su archi. I canali sotterranei delle captazioni secondarie misurano 1.405 passi» (Frontino, 10). Interamente sotterraneo è l'acquedotto romano del Setta, che dalla Val di Setta capta le acque dell'omonimo fiume per condurle al di sotto di *Bononia*, l'odierna Bologna, con un percorso di 19.735 m (Giorgetti 1985, p. 47).

In antichità il calcolo della portata (volume d'acqua che passa attraverso una determinata sezione nell'unità di tempo) non era sconosciuto e Frontino disserta ampiamente sull'argomento fornendo preziose e circostanziate informazioni, anche sulle caratteristiche dei venticinque calibri allora noti e di cui solo quindici erano in uso. «I calibri di distribuzione sono stati stabiliti secondo le unità di misura in pollici o in once (...). Un calibro poi che non trae origine né dall'oncia né da alcuno dei due pollici, e introdotto si pensa da Agrippa, secondo altri da fabbricanti di tubi su richiesta dell'architetto Vitruvio, è venuto in uso a Roma per esclusione dei precedenti, e si chiama quinaria» (Frontino, 24-25). Una quinaria dovrebbe avere una capacità di erogazione di circa 40 m^3 giornalieri. E della portata dell'acquedotto Claudio così viene scritto: «L'*Aqua Claudia* scorre più abbondante degli altri acquedotti ed è particolarmente esposta a sottrazioni. Nei registri è accreditato per sole 2.855 quinarie, mentre alla presa ne ho trovate 4.607, 1,752 in più di quelle registrate» (Frontino, 72).

L'acqua era necessaria al funzionamento non solamente delle fontane pubbliche, ma anche di quelle private, come è stato documentato presso l'antica Ostia (Ricciardi, Scrinari 1996, II, pp. 14-185), delle lavanderie, d'impianti termali e opifici. Tra il XII e il XIII secolo Siena registra un incremento demografico ed è in piena espansione politica ed economica; le preoccupazioni per chi la governa sono indirizzate alla ristrutturazione e al potenziamento dell'acquedotto sotterraneo: «non è, infatti, nemmeno casuale che si cerchi, fra le altre, di privilegiare e di aumentare la portata di acqua della fonte di Fontebranda, che serve la zona delle manifatture dei cuoiai, dei pellai e soprattutto dei lanaioli» (Balestracci 1987, p. 29). Non tutti gli acquedotti erogavano acqua potabile, come ben testimonia Frontino: «Non riesco a capire quale motivo abbia indotto Augusto, un imperatore tanto sagace, a costruire l'acquedotto Alsietina che è detto Augusta: la sua vena d'acqua non è affatto raccomandabile, anzi è nociva e per questo non viene distribuita in alcuna zona per il consumo pubblico» (Frontino, 11). Realizzato nel 2 a., l'acquedotto derivava l'acqua dal lago Alsietino ed era destinata alla naumachia costruita ai piedi del Gianicolo; il superfluo era utilizzato per l'irrigazione dei giardini (Panimolle 1984, pp. 175-176).

Ancor'oggi nelle regioni del Turfan Cinese, nella Persia, dal Medio Oriente all'Africa del Nord, abbiamo migliaia di chilometri di acquedotti sotterranei. Molti sono ancora in uso e vengono chiamati con vari nomi a seconda della regione. Gli impianti sfruttano, a seconda dell'orografia e dell'andamento degli acquiferi, sia falde superficiali sia falde profonde. Sul tema si è variamente dissertato e in primo luogo sul cosiddetto *qanat*: «Il termine qanat indica in arabo le condotte sotterranee. Il termine persiano relativo è *ka-riz*, usato anche in Belucistan. Il lemma *ka* altro non è che esito del composto *kuh-riz*, che significa "acqua che scende dal monte". Strutture analoghe in occidente prendono di volta in volta il nome di *foggara* (Sahara algerino); *falaj* (Oman); *khettara* (Marocco); *viajes* (Spagna); etc.» (Petruccioli 1985, p. 133).

Ecco un utile passo tratto dallo storico Polibio (203-120 a.): «Arsace credeva che Antioco sarebbe venuto fino a questi luoghi ma non avrebbe osato, soprattutto a causa della mancanza d'acqua, attraversare con un così numeroso esercito il deserto con essi confinante. In quelle regioni non esiste acqua alla superficie della terra, benché vi siano molti canali sotterranei e pozzi scavati nel deserto, sconosciuti a chi non abbia pratica dei luoghi. Gli indigeni raccontano -ed è una notizia plausibile- che i Persiani, al tempo della loro egemonia sull'Asia, concedettero a chiunque avesse condotto acqua di fonte in località precedentemente non irrigate la facoltà di godere dei frutti del terreno per cinque generazioni. Essendo il Tauro ricco di molte e copiose acque, gli abitanti si sottoposero a ogni spesa e sacrificio per costruire lunghi canali sotterranei, di modo che ai nostri giorni chi usa di queste acque non sa donde sgorghino e siano state condotte» (Polibio, X, 28).

Per quanto riguarda le opere idrauliche presenti nel territorio iranico così afferma ancora Petruccioli: «Il qanat è una tecnica di origine mineraria molto antica, che consiste nello sfruttamento di falde profonde per mezzo di gallerie drenanti»; inoltre: «Premesso che il qanat è legato al clima arido e la sua costruzione ha senso dove le risorse in acqua superficiali siano assai precarie, possiamo dire che la sua esistenza è determinata dalla combinazione di quei fattori idrogeologici e topografici, la cui presenza può determinare un "vero paesaggio di qanat". Il qanat dunque è una tecnica univocamente legata al clima arido; ma questa aridità deve essere compensata dalla esistenza di falde profonde alimentate regolarmente e a sufficienza. Il luogo ideale per lo scavo del pozzo principale, l'unico acquifero, è davanti alle catene dei rilievi, ove le precipitazioni sono massime o lungo i coni di deiezione, alimentati non solo dal ruscellamento sui versanti dominanti, ma anche da bacini drenanti, che pescano all'interno della catena montuosa» (Petruccioli 1985, pp. 102-103).

In linea di massima il pozzo principale (o pozzo-madre) del *qanat* raggiunge una falda freatica o una falda artesiana. Taluni limitano al termine *qanat* il solo acquedotto alimentato da un pozzo artesiano, chiamato anche "assassino". Il motivo è semplice: già scavare manualmente un pozzo non è cosa semplice, soprattutto se si devono raggiungere profondità nell'ordine delle decine di metri; quando poi s'intercetta la falda in pressione la faccenda ovviamente si complica. Altri utilizzano il termine qanat per indicare qualsiasi tipo di acquedotto sotterraneo che si articoli con: un punto di presa, una galleria sotterranea per lo scorrimento dell'acqua, più pozzi dislocati lungo il percorso che connettono la galleria alla superficie. Per quanto riguarda, invece, le opere idrauliche sotterranee presenti nella penisola dell'Oman, così afferma Boucharlat: «L'insufficienza delle informazioni disponibili sulle gallerie di captazione, al contempo troppo scarse e imprecise, impone di non utilizzare il termine di *qanāt*. In particolare, la parte più a monte delle gallerie non si conosce o non è descritta, una lacuna analoga alla maggior parte delle gallerie idrauliche delle altre regioni; ugualmente le caratteristiche delle stesse gallerie, la tecnica costruttiva, la profondità, la lunghezza, sono raramente indicate. D'altro canto, i testi antichi riguardanti queste regioni e ancor più ancora le interpretazioni odierne hanno creato una grande confusione, a causa di un malaccorto utilizzo dei termini *qanāt*, *qanāt-falaj*, *falaj*, che sono intesi più o meno chiaramente coma *qanāt* propriamente detto, in riferimento ad un modello iraniano che lui stesso richiederebbe una descrizione; ugualmente il termine *ghail-falaj* dovrà essere riservato al canale di derivazione, generalmente visibile in superficie» (Boucharlat 2001, pp. 162-163).

Considerando globalmente tutte queste opere idrauliche, distribuite in un'area geografica che interessa due continenti, è evidente che si tratti di acquedotti ipogei, ma allo stato attuale delle conoscenze rimane sovente in dubbio il tipo di captazione adoperato in ogni singola opera. Non bisognerà dissertare sul nome adottato o da adottare per definire l'impianto, ma bensì comprendere il funzionamento dell'impianto stesso. È un dato di fatto che ben poche di queste opere siano state percorse e rilevate nella loro totalità, pertanto possiamo fruire solo di dati assolutamente parziali. In conclusione, ciò che in realtà interessa è capire il sistema di captazione utilizzato negli acquedotti sotterranei per evitare fuorvianti generalizzazioni legate a nomi e ad aree geografiche. In Europa e soprattutto in Italia, Grecia, Spagna e Francia, abbiamo un rilevante sviluppo di opere cunicolari, destinate al trasporto dell'acqua. La maggiore concentrazione si riscontra nell'Italia Centrale, laddove si è sviluppata la civiltà etrusca. Occorre rilevare come vi sia una certa corrispondenza tra bacini minerari e sviluppo di opere cunicolari, tra l'acquisizione di tecniche minerarie da parte di determinate genti e l'applicazione delle tecniche di abbattimento della roccia per la creazione di percorsi sotterranei, generalmente ad uso di condotta idraulica.

III.3 - *Lo studio delle opere idrauliche*

L'acquisizione della conoscenza del territorio passa attraverso operazioni modulate sul grado di approfondimento ricercato. La comprensione del luogo non è mai immediata e aumenta proporzionalmente in funzione del tempo ad essa dedicato e al risultato che si intende conseguire. Se si è in una fase preliminare conoscitiva ci si limiterà a cogliere gli aspetti primari; in una fase più evoluta si cercheranno di approfondire gli elementi di indagine (figg. III.1 e III.2).

La conoscenza basata sull'adozione di un metodo presuppone delle operazioni:

- **Analisi bibliografica e interazione con studiosi locali e fruitori del territorio**: si analizzano i testi relativi all'opera e si raccolgono informazioni da chi è radicato sul territorio a vari livelli.
- **Ricognizioni preliminari**: servono per acquisire la conoscenza dell'ambiente e dell'opera.
- **Pianificazione delle operazioni**: si effettua finalizzando le fasi di lavoro mediante discussioni, decisioni, attuazioni e verifiche.
- **Pianificazione delle fasi di lavoro**: vanno stabilite in considerazione dei fattori ambientali, della fruibilità e del tipo di approfondimento che si vuole ottenere.
- **Obiettivi**: ci si pongono degli obiettivi a breve, medio e lungo termine.
- **Raccolta dei dati**: operazioni da effettuarsi in modo sistematico.
- **Analisi ed elaborazione dei dati**: operazioni da condurre con modalità multidisciplinari.
- **Verifica**: da effettuarsi secondo step programmati.
- **Pubblicazione**: conclusione del lavoro svolto.

L'analisi morfologica di un manufatto ipogeo deve essere collegata al suo rilievo. Un rilievo può considerarsi come una rappresentazione grafica del luogo interessato dai nostri studi; in realtà il concetto è solo parzialmente esatto. Il contesto sociale in cui viviamo ci induce ad agire e a pensare secondo stimoli visivi che limitano la comprensione della realtà: siamo portati a "guardare" le cose piuttosto che "vederle" realmente (Basilico 2005, p. 187).

Il rilievo racchiude in sé gli elementi sufficienti a vedere un manufatto; nel concetto di rilievo rientrano una serie di discipline, quali la geologia, l'idrografia o la topografia, variabili in funzione dell'indagine svolta secondo le procedure metodologiche proprie dell'archeologia del sottosuolo. In linea più generale possiamo asserire che in un rilievo, finalizzato allo studio di un'opera ipogea, rientrano tutte le discipline e le attività necessarie alla sua comprensione (figg. III.3 e III.4).

Non esistono sistemi di indagine «infallibili o utilizzabili in ogni contesto; è bene che la natura del luogo e l'esperienza siano il motore primario per la scelta di una consona metodologia di studio» (Basilico 2005, p. 187). L'approccio effettuato per lo studio del Trou de Touilles ha considerato i seguenti fattori:

- identificazione delle aree da rilevare;
- caratteristiche delle aree da rilevare in relazione ai fattori di fruibilità;
- grado di precisione desiderato o adottabile;
- modalità operative e tipologie di strumenti da utilizzare;
- grado di precisione ottenuto nel corso del lavoro.

III.4 - *Unità Idrauliche (U.I.) e Sotto Zone (S.Z.)*

Un elemento complesso è composto da parti, definibili "unità", con caratteristiche proprie. In archeologia questo concetto è applicabile a scale di grandezza macroscopiche, medie e piccole. Del livello macroscopico si occupa l'archeologia dei paesaggi, che introduce il concetto di "Unità Topografica". Questa definizione viene utilizzata nel caso di studi su scala territoriale e prevede delle sottounità sempre più piccole e definite che arrivano fino alla stratificazione :«Non va dimenticato questo secondo aspetto nel trattare le Unità Topografiche: se esse sono le particelle molecolari, sono pur sempre composte da atomi (gli strati) che ne determinano la struttura» (Cambi, Terrenato 1994, p. 256).

Le scale media e piccola si riferiscono a studi più localizzati come nel caso delle attività estrattive dove per

"Unità" si intende l'insieme delle parti che formano una miniera quali gallerie, pozzi, cunicoli, cantieri, nicchie, discenderie etc. (Casini, Cascone 2000, p. 95).

Il concetto di unità risulta efficace poiché indica un insieme di operazioni ed elementi che concorrono a definire un sistema complesso; inoltre permettono di diversificare le caratteristiche di sistemi apparentemente analoghi. Le unità possono ricondursi a famiglie di unità nel momento in cui la loro complessità sia tale da richiederne una suddivisione in vari gradi.

Anche le opere idrauliche sono analizzabili come famiglie di corpi complessi costituiti da molteplici elementi, ipogei o in elevato, di natura artificiale. La loro complessità genera delle **Unità Idrauliche Primarie (U.I.P.)** a loro volta composte da **Unità Idrauliche (U.I.).**

Questa suddivisione deriva dal sistema di classificazione delle cavità artificiali proposto dal catasto della Federazione Nazionale Cavità Artificiali. Avremo così **quattro Unità Idrauliche Primarie (U.I.P.)** che corrispondono alle tipologie: **2a - presa e trasporto delle acque, 2b - perforazioni ad asse verticale di presa, 2c - conserva, 2d - smaltimento.**

Le **Unità Idrauliche (U.I.)** sono desumibili dalle **sotto-unità** della classificazione metodologica (canale artificiale sotterraneo, pozzo di drenaggio, pozzo ordinario, etc.) e comprendono tutti i singoli elementi riscontrabili nelle opere idrauliche (cunicoli, fronti di scavo, mire, etc.) utili alla loro descrizione.

Le U.I. sono descrivibili come appartenenti a due categorie: **morfologica** e **strutturale**. Con **categoria morfologica** si indicano le **caratteristiche formali** di un elemento utili a definirne i caratteri descrittivi. Con **categoria strutturale** si indicano le caratteristiche di un elemento necessarie a definirne le **qualità funzionali** in un'ottica di sistemi di forze interagenti. Un elemento quale una concrezione sarà riconducibile ad una categoria morfologica, mentre una sostruzione apparterrà ad una categoria strutturale.

Esistono casi in cui una U.I. rientrerà nelle due categorie: un condotto con sezione ad arco possiede, ad esempio, qualità morfologiche e strutturali; potranno crearsi delle gerarchie nelle fasi di studio e di analisi tra gli elementi presenti in un'opera idraulica ipogea, utili a stabilire le qualità di ogni U.I.

Nelle tabelle III.1a, III.1b, III.1c e III.1d sono descritte le U.I. appartenenti ad ogni U.I.P.; quelle descritte sono desunte da ciò che si può incontrare nell'analisi di un ipogeo artificiale. Il riscontro di altri elementi non potrà che arricchire le tabelle di studio. È auspicabile che gli studi intrapresi siano fonte di rinnovamento e perfezionamento.

La tabella, compilata mediante un foglio elettronico che ne permette una veloce riorganizzazione, è impostata come una scheda di analisi e verifica e presenta tre campi o colonne:

1. **Unità Idrauliche (U.I.)**: sono indicate in ordine alfabetico solo le U.I. che appartengono alla tipologia 2a - presa e trasporto delle acque. La disposizione in ordine alfabetico è dettata da esigenze di rintracciabilità, ma potrebbe essere effettuata secondo altri criteri quali le famiglie di appartenenza (canali, pozzi, elementi per l'aerazione, etc).

2. **Descrizione**: questa colonna riporta la descrizione semplificata della U.I. per un'immediata identificazione.

3. **Unità Idrauliche Primarie (U.I.P.)**: la terza colonna indica a quante U.I.P. appartiene la singola U.I., che può essere plurivalente. Ciò mostra come una U.I. possa appartenere ad opere ipogee di varia natura, indice di raffronto delle modalità realizzative tra vari tipi di cavità artificiali.

III.5 - *La metodologia di studio*

Il punto di partenza per un corretto studio delle cavità artificiali è l'applicazione di un metodo ripetibile, basato su parametri che ne permettano un confronto con lavori analoghi; ciò è ottenibile con una classificazione delle tipologie analizzabili. L'archeologia del sottosuolo è una disciplina improntata sulla sinergia di vari rami scientifici, legata alle indagini condotte direttamente sul campo (figg. III.5 e III.6).

Altra caratteristica è la compilazione sistematica di un catasto in grado di fornire il complesso dei dati relativi agli studi effettuati sul territorio; il catasto, ideato e istituito dalla Federazione Nazionale Cavità Artificiali, prevede la consultazione e la fruizione immediata di una data opera, indicando gli estremi per approfondimenti, i dati raccolti e le analisi effettuate (figg. III.7a, III.7b, III.7c e III.7d). L'indagine inerente il Trou de Touilles è avvenuta mediante l'individuazione di varie tematiche, approfondite singolarmente, collegate tra loro a vari livelli e considerate nel lasso temporale che va dalla genesi dell'acquedotto al suo utilizzo odierno.

Si possono elencare le seguenti materie:

- **speleologia**: nelle esplorazioni si è rivelata necessaria per le attrezzature utilizzate nella progressione all'interno del condotto. La bassa temperatura dell'acqua non permette una permanenza prolungata senza adeguati equipaggiamenti. L'esperienza ha permesso di perfezionare metodi di natura speleologica per lo studio dei manufatti sotterranei, sia per le operazioni di rilievo sia per la pianificazione delle fasi di studio.
- **Idraulica**: lo studio della portata e delle tipologie di erosione dovute all'acqua sulle superfici dell'acquedotto è fondamentale per comprenderne cambiamenti morfologici e strutturali.
- **Architettura**: i sistemi di rilievo architettonico, basati sulle esperienze pregresse nello studio delle cavità artificiali, hanno portato alla codifica di sistemi analitici precisi, flessibili e verificabili in operazioni di controllo e approfondimento.
- **Topografia**: disciplina fondamentale per la contestualizzazione e lo studio del manufatto nel territorio.
- **Geologia**: necessaria per lo studio del contesto ambientale e strutturale in cui si sviluppa il condotto. L'identificazione delle geomorfologie ha evidenziato problematiche connesse alla realizzazione dell'opera.
- **Fotografia**: l'utilizzo di fotografie e video è correlato a studi analitici e descrittivi.
- **Storiografia**: necessaria per comprendere episodi o fatti slegati dalla logica contemporanea.
- **Filologia**: utile nello studio dei documenti e della loro interpretazione.
- **Documentazione**: fornisce una base di riferimento da cui desumere gli eventi.
- **Antropologia**: permette la comprensione dei patrimoni linguistico, etnografico e sociale dell'area di riferimento.

Queste tematiche, analizzate singolarmente, sono state collegate tra loro generando diversi livelli di interazione caratterizzati da una complessa rete di rapporti. Esempi si hanno nei raffronti tra i documenti e le analisi territoriali, nelle relazioni tra le diverse strutture geologiche e i cambiamenti operati nell'abbattimento della roccia. Si è elaborato un grafico per evidenziare le connessioni interdisciplinari (fig. III.8). Grazie all'applicazione della metodologia di indagine, è stato possibile studiare l'opera nella sua complessità pianificando le operazioni di analisi e verificando i risultati ottenuti in corso d'opera.

U.I.	DESCRIZIONE	U.I.P.			
Acque bianche	Acque meteoriche che contengono quantità poco rilevanti di impurità				2d
Acque nere (luride)	Acque dei rifiuto dei centri urbani, contengono anche le deiezioni umane e animali				2d
Acquedotto	Complesso delle opere idrauliche destinate alla presa e alla conduzione di acque dal luogo di origine a quello di consumo	2a			
Architrave	Elemento di sostegno orizzontale posto sopra vani - Elemento orizzontale posto il puteale per il sostegno dei sistemi di sollevamento	2a	2b	2c	2d
Banchine laterali	Camminamenti costruiti lateralmente al letto di scorrimento delle acque reflue. Utilizzati per l'ispezione e la manutenzione				2d
Bocca	Parte iniziale del pozzo posta sotto il piedistallo		2b	2c	2d
Bocca di adduzione	Elemento in vari materiali di immissione dell'acqua (cotto, metallo, pietra)	2a	2b	2c	2d
Camera	Volume di varie dimensioni con precise delimitazioni fisiche e geometriche ricavata nella matrice in cui è realizzata l'opera	2a	2b	2c	2d
Camera di condensazione	Camera la cui alimentazione è costituita dalla condensa che si forma sulla copertura delle perforazioni			2c	
Camera di stoccaggio	Camera a tenuta stagna per lo stoccaggio dell'acqua soggetta a manutenzione periodica			2c	
Camicia (incamiciatura)	Rivestimento delle pareti eseguibile con pietrame, ciottoli, conci, mattoni, o apposite forme curve in cotto legate tra loro con grappe o strisce di piombo.		2b	2c	2d
Canale artificiale sotterraneo	Sede di scorrimento d'acqua realizzata nel sottosuolo o attraversante un rilievo	2a			
Canale artificiale voltato	Sede artificiale di scorrimento d'acqua dotata di volta di copertura sia in fase con la realizzazione del canale sia successivamente	2a			
Canale d'irrigazione	Canale per il trasporto e la ripartizione delle acque attraverso i terreni destinati alle colture	2a			
Canale di alimentazione o di scarico	Canale destinato a usi industriali negli impianti idroelettrici, nelle cartiere, negli stabilimenti siderurgici, chimici, etc.	2a			
Canale di bonifica	Canale per raccogliere le acque che defluiscono dai terreni bonificati o convogliare altrove le acque tendenti al ristagno	2a			
Canale di collegamento	Canale che può unire tra loro due o più fiumi	2a			
Canale di prosciugamento o di drenaggio	Canale per convogliare le acque stagnanti di un terreno basso, umido o paludoso per prosciugarlo e renderlo adeguato alla coltivazione	2a			
Canale emissario fognario	Canale di raccolta dei reflui derivanti dai collettori fognari				2d
Canale laterale	Canale che viene scavato parallelamente ad un fiume nei suoi tratti non navigabili	2a			
Canale navigabile	Canale percorribile dai natanti	2a			
Canale o canalina di scolo	Canale per il convogliamento e l'allontanamento delle acque in eccesso	2a	2b	2c	2d
Canali maggiori	Situati generalmente sotto le strade raccolgono i reflui dei fognoli				2d
Captazione	Opere o sistemi di presa per la captazione dell'acqua nel luogo di origine (acque sotterranee, falde acquifere)	2a	2b	2c	2d
Catino (pozzetto di raccolta, cutino)	Elemento più basso del fondo del pozzo utile alla raccolta delle impurità per precipitazione			2c	
Cisterna	Costruzione generalmente seminterrata o sotterranea, nella quale si raccoglie e si conserva l'acqua piovana caduta su una superficie collettrice			2c	
Cisterna a camera singola	Comprende una vasta gamma di soluzioni architettoniche con forme sono basilari semplici si hanno cisterne rettangolari, cilindriche, troncoconiche, a bottiglia, a damigiana, a tholos, o complesse di forma irregolare e con molteplici varianti			2c	
Cisterna a cunicoli	Costituita da un impianto di cunicoli tra loro comunicanti; nelle forme più complesse ha l'aspetto di una coltivazione a camere e pilastri			2c	
Cisterna a doppia camera	Costituita da due vani concentrici, a sezione quadrangolare o circolare, di cui l'interno è la camera di conserva e l'esterno quella di filtraggio, comunicanti mediante bocchette di travaso			2c	
Cisterna a fossa	Fossa scavata nel terreno o nella roccia per la raccolta di acqua meteorica			2c	
Cisterna a tetto	Opera coperta da un tetto in cui l'acqua viene raccolta direttamente, per microinfiltrazione, nella camera rettangolare scavata nella roccia			2c	
Cisterna filtrante	Realizzate mediante la sucessione di strati drenanti di varie dimensioni e materiali per la purificazione dell'acqua (ciottoli, sabbie, carboni)			2c	
Cisterna pluricamerale	Dovuta alla giunzione di due o più cisterne o di ambienti che hanno mutato la loro destinazione originaria			2c	

Tab. III.1a. *Elenco delle U.I. appartenenti alla U.I.P. presa e trasporto delle acque (elaborazione degli Autori).*

U.I.	DESCRIZIONE	U.I.P.			
Cisterna scoperta	Vasche interrate dotate di dispositivi di filtraggio e decantazione			2c	
Cisternette di decantazione	Cisterne che alimentano la cisterna principale per tracimazione mediante tubature fittili o mediante il passaggio intermedio in un sistema filtrante			2c	
Clessidra	Elemento ricavato a risparmio nella matrice rocciosa utile alla collocazione o al passaggio di funi	2a	2b	2c	2d
Cloaca (chiavica)	Condotto sotterraneo che raccoglie e convoglia altrove le acque piovane e i liquidi di rifiuto				2d
Collettore	Elemento di raccolta e convogliamento di varie adduzioni d'acqua	2a			
Collettore a terrazzi	Nell'agglomerato urbano i collettori sono specifici per le parti basse e le parti alte e la suddivisione si rende necessaria quando nelle prime si devono sollevare le acque cloacali ed eventualmente anche quelle pluviali; i collettori possono essere tra loro riuniti con canali sussidiari.				2d
Collettore a ventaglio	Sistema di collettori che convogliano le acque in un solo punto di raccolta				2d
Collettore ad intercettazione	Collettore che conduce lo scarico finale dei collettori principali lontano dall'agglomerato urbano, mediante un canale intercettatore, in un recipiente o su campi di depurazione				2d
Collettore longitudinale	Sistema formato da collettori paralleli o inclinati rispetto all'asse del recipiente (fiume o spiaggia); sfociano negli emissari e dividono il centro urbano in zone a gradini a differenti livelli				2d
Collettore perpendicolare	Collettore di una specifica zona che raggiunge in modo indipendente il corso d'acqua recipiente, con un andamento perpendicolare allo stesso				2d
Collettore radiale	Sistema di suddivisione in zone dell'agglomerato urbano con reti e collettori radiali con differenti destinazioni				2d
Collettori fognari	Raccolgono le acque reflue derivanti dai canali maggiori				2d
Compluvio	Sistema di raccolta delle acque meteoriche realizzato mediante le falde della copertura e dai suoi sistemi di canalizzazione			2c	
Condotta adduttrice	Tubazione generalmente cilindrica in differenti materiali (cotto, metallo, cemento etc.) al cui interno l'acqua viene fatta scorrere	2a	2b	2c	2d
Condotta forzata	Condotta in cui l'acqua viene fatta scorrere con una elevata pressione di esercizio (generalmente a scopo energetico)	2a			
Condotto adduttore	Canale chiuso o speco (specus), dove l'acqua scorre a pelo libero	2a	2b	2c	2d
Condotto di drenaggio	Complesso di lavori e opere cunicolari per prosciugare e risanare terreni soggetti all'invasione di acque che tendono al ristagno	2a			
Coperchio (serranda)	Sistema di chiusura del puteale realizzato con legno, pietra o elementi metallici		2b	2c	2d
Copertura	Elemento di protezione posto sopra il puteale realizzato in varie forme e materiali		2b	2c	
Corsi	Partizioni scandite dagli elementi che costituiscono la camicia (laterizi, pietre, blocchi, etc.). Possono essere posti in opera secondo differenti modalità	2a	2b	2c	2d
Corso d'acqua naturale voltato	Sede di scorrimento d'acqua naturale, dotata successivamente di sponde in muratura e volta di copertura	2a			
Cunicolo d'ispezione	Cunicolo necessario ad ispezionare la cisterna, spesso non visibile dalla camera			2c	
Diga di sbarramento	Opera utilizzata per creare un bacino di raccolta			2c	
Dislivello	Differenza di quota tra due piani differenti	2a	2b	2c	2d
Dispositivo di filtraggio	Sistema posto alla base del pozzo per il filtraggio dell'acqua dai sedimenti		2b	2c	
Diverticolo	Cunicolo posto lateralmente al senso di sviluppo del pozzo		2b	2c	2d
Diverticolo	Cunicolo posto lateralmente al senso di scorrimento della galleria principale	2a			
Doccione o bocchetta d'adduzione fittile	Elemento di adduzione proveniente da vari tipi di sistemi di raccolta dell'acqua (tetti, vasce, cisterne di decantazione, vene d'acqua)			2c	
Elemento architettonico	Elemento di natura architettonica sia strutturale sia decorativo	2a	2b	2c	2d
Elemento pittorico	Elemento figurativo o descrittivo di natura pittorica	2a	2b	2c	
Elemento scultoreo	Elemento realizzato con tecniche scultoree	2a	2b	2c	2d
Emissario di evacuazione	Collettore generale che congiunge direttamente l'agglomerato urbano alla stazione di bonifica o al luogo dove le acque vengono gettate nello scarico naturale. Scorre in galleria o , in lontananza dall'abitato, a cielo aperto				2d
Emissario sotterraneo	Canale o condotto che scarica le acque di un bacino idrico o incanala quelle di un fiume, oppure collega due bacini	2a			
Finestratura	Aperture verso l'esterno o verso un altro ambiente	2a	2b	2c	2d
Fognatura	Insieme delle canalizzazioni e delle varie opere che servono ad allontanare da una data area le acque meteoriche e di rifiuto				2d
Fognatura a separatore misto	Ammette nella rete delle acque nere una parte delle acque meteoriche, generalmente quelle che cadono sulle strade e quindi cariche d'impurità				2d

Tab. III.1b. *Elenco delle U.I. appartenenti alla U.I.P. presa e trasporto delle acque (elaborazione degli Autori).*

U.I.	DESCRIZIONE	U.I.P.			
Fognatura a sistema separatore	Detto anche *a canalizzazioni separate* è un sistema in cui le acque bianche e nere vengono avviate in canalizzazioni distinte				2d
Fognatura a sistema unitario	Detto anche a *canalizzazione unica, fognatura mista o a sistema romano* è un sistema in cui le acque bianche e nere vengono convogliate nelle stesse canalizzazioni				2d
Fognatura dinamica	Sistema di raccolta e allontanamento continuo delle acque reflue mediante una rete di canalizzazioni, generalmente già depurate				2d
Fognatura statica	Sistema di raccolta, depurazione e l'eliminazione delle acque reflue mediante fosse biologiche o settiche, oppure con pozzi neri				2d
Fognoli	Ramificazioni estreme della rete di fognatura costruiti al piede delle colonne di scarico dei tetti e delle latrine: convogliano le acque di scolo				2d
Fronte di scavo	Parte terminale dello scavo di avanzamento in un'unità geologica. Sul tratto finale sono spesso visibili i denti di scavo	2a	2b	2c	2d
Galleria filtrante	Opera idraulica per la raccolta e la condotta di acque filtranti	2a			
Galleria o cunicolo di collegamento	Zona di collegamento fra vari ambienti con differenti dimensioni e forme	2a	2b	2c	2d
Ghiacciaia	Costruzione generalmente seminterrata o sotterranea, destinata a contenere ghiaccio per la conserva degli alimenti possno esere di vario tipo: fuori terra, ghiacciaia semisotterranea, ghiacciaia costruita nel sottosuolo, ghiacciaia scavata nel sottosuolo o in una parete rocciosa, ghiacciaia ricavata sfruttando una cavità naturale			2c	
Gradino o rialzo	Elemento che crea un netto dislivello fra due piani	2a	2b	2c	2d
Impermeabilizzazione	Sistema di impermeabilizzazione delle pareti e del fondo di un ambiente o di un canale realizzato con differenti materiali (cemento, calcestruzzo,signino, argilla, etc.)	2a	2b	2c	2d
Impianto di potabilizzazione o filtraggio	Sistemi moderni e antichi per rendere potabile l'acqua (depuratori, camere di filtraggio)	2a	2b	2c	2d
Impianto di sollevamento	Sistema meccanico o manuale di sollevamento artificiale dell'acqua necessario a superare dislivelli (pompa, noria, coclea, ruota a cassetti, pompe a stantuffo)	2a	2b	2c	2d
Impluvio	Elemento ornamentale per la decantazione delle polveri raccolte dalle acque meteoriche			2c	
Incavi	Nicchie generalmente scanalate verso l'alto, fatte per alloggiare travature che fungessero da scala		2b	2c	2d
Incavo di raccolta	Incavo terminale ricavato nella roccia utilizzato per la raccolta del sedimento		2b		
Intercapedine	Piena o vuota è uno spazio necessario a creare un isolamento termico tra la stanza interna e il muro o a matrice esterna			2c	
Intonacatura	Rivestimento interno eseguito mediant vari materiali (calce, intonaco etc.)		2b	2c	2d
Marmo d'acquedotto	Zona di accumulo di calcare posta al piede del condotto che forma una zoccolatura compatta	2a			
Mensola (arco)	Strutture portanti poste in prossimità della bocca atte a sostenere il puteale oltre che la volta		2b	2c	2d
Mira	Segno inciso o scritto indicante un punto utilizzato per le collimazioni in fase di costruzione o di studio	2a			
Neviera	Ambiente seminterrato o sotterraneo, anche a forma di pozzo, destinato a contenere neve per la conserva degli alimenti			2c	
Nicchia	Vano di varie dimensioni con differenti utilizzi	2a	2b	2c	2d
Nicchia per illuminazione	Piccolo vano ricavato in cui erano collocati sistemi di illuminazione quali candele, lucerne o lampade	2a			
Oculo	Forometria di varie dimensioni e forme, necessaria alla ventilazione degli ambienti o all'introduzione e all'estrazione di materiali dall'esterno			2c	
Paratia	Sistema o elemento per la regolazione del passaggio d'acqua	2a	2b	2c	2d
Pavimentazione	Superficie del piano di calpestio realizzabile in vivo o rivestito con varie tecniche e materiali	2a	2b	2c	2d
Pedarola	Incavo praticato nella parete della perforazione per consentire o facilitare la discesa e la risalita nel pozzo. Le pedarole sono poste a distanze regolari, lungo direttrici vicine o contrapposte, o a distanze irregolari		2b	2c	2d
Piedistallo	Elemento su cui poggia il puteale		2b	2c	2d
Pilastro (colonna)	Elemento strutturale verticale - Elementi portanti posti al di fuori del puteale o sopra esso utili per il sostegno dell'architrave o della copertura. Di varie forme e materiali hanno ance funzione decorativa	2a	2b	2c	2d

Tab. III.1c. *Elenco delle U.I. appartenenti alla U.I.P. presa e trasporto delle acque (elaborazione degli Autori).*

U.I.	DESCRIZIONE	U.I.P.			
Piscina	Opera di conserva ricavata in solchi vallivi fossili, doline e depressioni naturali del terreno			2c	
Pozzo a fontana	Pozzo alimentato da condutture		2b		
Pozzo a gradoni	Opere in cui l'acqua posta in profondità era raggiungibile mediante una scalinata.		2b		
Pozzo sacro	Pozzo destinato al culto e all'approvvigionamento idrico		2b		
Pozzo artesiano	Scavo ad asse verticale del terreno, a sezione circolare, quadrata, poligonale, ellittica, etc., finalizzato a captare una falda acquifera sotterranea che scorre in pressione		2b	2c	
Pozzo chiarificatore (o biologico)	In opere fognarie, tipo di fossa settica opera che si compone di due camere: una superiore di chiarificazione e una inferiore per il deposito dei fanghi				2d
Pozzo di collegamento	Opera a sviluppo verticale per il passaggio dell'acqua	2a	2b	2c	2d
Pozzo di drenaggio	Opera avente lo scopo di facilitare il deflusso delle acque attraverso terreni poco permeabili e impiegata sia per la raccolta che per la bonifica				2d
Pozzo nero	Pozzo per il temporaneo accumulo di materiale di rifiuto. La perforazione nel terreno è incamiciata e resa impermeabile				2d
Pozzo ordinario	Scavo ad asse verticale del terreno, a sezione circolare, quadrata, poligonale, ellittica, etc., finalizzato a raggiungere un sottostante acquifero (pozzo filtrante o freatico)		2b	2c	
Pozzo ordinario a raggiera	Scavo ad asse verticale del terreno dotato sul fondo, o in prossimità di esso, di uno o più cunicoli (bracci)		2b	2c	
Pozzo perdente (assorbente)	Perforazione del terreno incamiciata con muratura a secco, o in mattoni o calcestruzzo e dotata di fori e variamente articolata, per consentire il filtraggio e la dispersione nel terreno circostante delle acque di scarico				2d
Pulvino	Elemento di rinforzo e protezione posto al piede del condotto in presenza di fenomeni idraulici fortemente erosivi	2a			
Puteale (vera, sponda, parapetto)	Elemento in alzato che circonda la bocca del pozzo realizzato con materiali e modalità differenti. Sul bordo sono spesso presenti gli incavi dovuti allo scorrimento di corde utilizzate per attingere l'acqua.		2b	2c	
Quota	Segno inciso o scritto indicante un punto utilizzato per i riferimenti altimetrici utilizzate di costruzione o di studio	2a	2b	2c	2d
Rampa	Piano di pavimentazione inclinato che collega due livelli differenti	2a	2b	2c	2d
Reperto inorganico	Reperto di origine inorganica necessario o meno alla datazione o spiegazione di un ambiente	2a	2b	2c	2d
Reperto organico	Reperto di origine organica necessario o meno alla datazione o spiegazione di un ambiente	2a	2b	2c	
Ripartitore	Elemento che raccoglie e ridistribuisce le acque	2a			
Ripiena	Riempimento realizzato con materiale di scarto	2a		2a	
Risparmio	Materiale non abbattuto necessario al sostegno strutturale dell'ambiente (pilastri o muri)	2a			
Scala	Sistema di collegamento realizzato da strutture amovibili (corda, legno o metallo) o fisse (legno, metallo, cemento o pietra)	2a	2b	2c	2d
Segno di scavo	Segni di lavorazione riscontrabili sulle differenti superfici di un ambiente (volta, spalle o pavimentazione)	2a	2b	2c	2d
Sfioratore	condotto o cunicolo per lo svuotamento di grandi cisterne o opere di grandi dimensioni			2c	
Sistema di centinatura	Sistema per la realizzazione di centine (buchi da palo, assi, puntoni)	2a	2b	2c	2d
Smaltimento	Insieme di opere e impianti finalizzati alla eliminazione tramite trasporto, dispersione, stoccaggio, di sostanze organiche, liquide, solide				2d
Smaltitoio	Scavo a forma di trincea o di pozzo realizzato nei terreni a sottosuolo permeabile, per drenare lo smaltimento delle acque superficiali. Può essere rivestito con muratura a secco o provvista di fori passanti, o semplicemente essere riempito di fascine o di pietrame.				2d
Sostruzione	Sistema di contenimento, supporto o tenuta di zone con problemi di staticità	2a	2b	2c	2d
Spalle	Elementi laterali di un condotto o di un ambiente	2a	2b	2c	2d
Supporto	Gancio metallico utilizzato per appendere materiali o come punto di ancoraggio		2b	2c	2d
Vano	Spazio di varie dimensioni con incerte delimitazioni fisiche e geometriche ricavato nella matrice in cui è realizzata l'opera	2a	2b	2c	2d
Vasca	Elemento di contenimento idrico di varie dimensioni	2a	2b	2c	2d
Volta artificiale	Volta di un ambiente o di un condotto con funzioni strutturali e con differenti forme in funzione del materiale in cui è realizzata	2a	2b	2c	2d
Volte di copertura	Elementi architettonici di copertura (aggettanti, a tutto sesto, a sesto ribassato, a sesto acuto, a catino, sorrette da colonne)			2c	

Tab. III.1d. *Elenco delle U.I. appartenenti alla U.I.P. presa e trasporto delle acque (elaborazione degli Autori).*

Fig. III.1. *Avvicinamento al Trou de Touilles dal versante sud exillese (foto R. Basilico).*

Fig. III.2. *Avvicinamento al Trou de Touilles dal versante sud exillese. Si notino i pinnacoli di roccia caratterizzanti la cresta che unisce Cima del Vallone a Cima Quattro Denti (foto R. Basilico).*

Fig. III.3. *Fasi preparatorie per le operazioni di rilievo del Trou de Touilles. Lo speleologo posiziona i capisaldi necessari allo studio dell'opera (foto R. Basilico).*

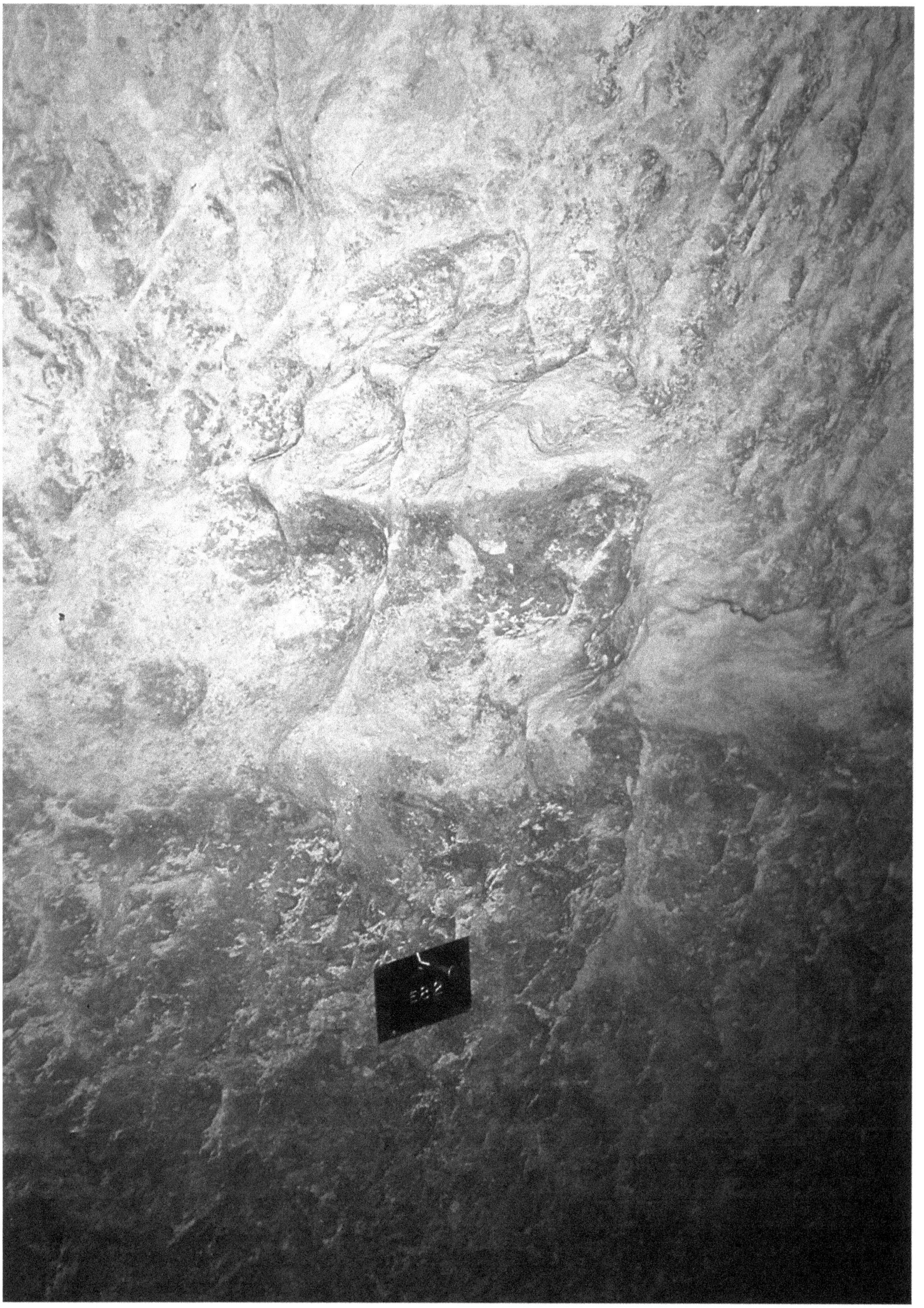

Fig. III.4. *Operazioni di rilievo del Trou de Touilles: uno dei capisaldi fissi utilizzati per le verifiche (foto R. Basilico).*

Fig. III.5. *Operazioni di rilievo: tracciamento delle quote mediante la livella laser (foto R. Basilico).*

Fig. III.6. *Trou de Touilles: vista dell'imbocco nord nel Vallone di Touilles (foto R. Basilico).*

Federazione Nazionale Cavità Artificiali

NUMERO DI CATASTO CA ☐☐☐☐☐ / ☐☐ ☐☐ ☐☐

NUMERO DI CATASTO — SOTTO NUMERO — REGIONE — PROVINCIA

DENOMINAZIONE ____________________

____

REGIONE

Val d'Aosta	Piemonte	Liguria	Lombardia	Trentino Alto Adige	Veneto	Friuli Venezia Giulia	Emilia Romagna	Toscana	Marche	Umbria

Abruzzo	Molise	Lazio	Sardegna	Campania	Basilicata	Puglia	Calabria	Sicilia	Città del Vaticano	Repubblica di San Marino

PROVINCIA ____________________

COMUNE ____________________

LOCALITA' ____________________

UBICAZIONE ____________________

____

____

____

PROPRIETA' ____________________

____

CARTOGRAFIA ____________________

____

____

____

UNITA' GEOLOGICA ____________________

____

____

QUOTA ____________ ☐ INDICATA SULLA CARTA ☐

POSIZIONE ____________ ☐ DATO SICURO ☐

____________ ☐ DATO APPROSSIMATIVO ☐

Fig. III.7a. *Scheda catastale, pag. 1 (Federazione Nazionale Cavità Artificiali).*

CONTESTO ____________________

LAVORO SVOLTO DA ____________________

AVVERTENZE ____________________

TIPOLOGIA

1 ESTRAZIONE

- ☐ cava
- ☐ miniera
- ☐

2 OPERE IDRAULICHE

2a presa e trasporto delle acque

- ☐ acquedotto
- ☐ canale artificiale sotterraneo
- ☐ canale artificiale voltato
- ☐ condotto di drenaggio
- ☐ corso d'acqua naturale voltato
- ☐ emissario sotterraneo
- ☐ galleria filtrante
- ☐ pozzo di collegamento
- ☐

2b perforazioni ad asse vericale di presa

- ☐ pozzo artesiano
- ☐ pozzo ordinario
- ☐ pozzo ordinario a raggiera
- ☐

2C conserva

- ☐ cisterna
- ☐ ghiacciaia
- ☐ neviera
- ☐

2d smaltimento

- ☐ fognatura
- ☐ pozzo biologico
- ☐ pozzo di drenaggio
- ☐ pozzo nero
- ☐ pozzo perdente
- ☐

3 OPERE DI CULTO

- ☐ cripta
- ☐ eremo rupestre
- ☐ eremo sotterraneo
- ☐ favissa
- ☐ luogo di culto rupestre
- ☐ luogo di culto sotterraneo
- ☐ mitreo
- ☐

4 OPERE DI USO FUNERARIO

- ☐ catacomba
- ☐ cimitero
- ☐ colombario
- ☐ domus de janas
- ☐ foiba
- ☐ morgue
- ☐ necropoli
- ☐ ossario
- ☐ ossario
- ☐ tomba
- ☐

5 OPERE DI USO CIVILE

- ☐ abitazione rupestre
- ☐ abitazione sotterranea
- ☐ abitazione sotterranea
- ☐ butto
- ☐ cantina
- ☐ carcere
- ☐ camera dello scirocco
- ☐ colombaia
- ☐ cripta
- ☐ criptoportico
- ☐ frantoio ipogeo
- ☐ fungaia
- ☐ galleria ferroviaria
- ☐ galleria pedonale
- ☐ galleria stradale
- ☐ granaio a fossa
- ☐ insediamento rupestre
- ☐ insediamento sotterraneo
- ☐ magazzino
- ☐ ninfeo
- ☐ palmento ipogeo
- ☐ polveriera
- ☐ sotterraneo
- ☐ strada in trincea
- ☐

3 OPERE DI USO MILITARE

- ☐ bastione
- ☐ capponiera
- ☐ casamatta
- ☐ cofano
- ☐ contromina
- ☐ cunicolo di demolizione
- ☐ cupola
- ☐ cupola
- ☐ forte
- ☐ galleria
- ☐ galleria di controscarpa
- ☐ galleria di demolizione
- ☐ galleria stradale
- ☐ grotta di guerra
- ☐ grotta di guerra
- ☐ mina
- ☐ opera in caverna
- ☐ polveriera
- ☐ pusterla
- ☐ ridotta
- ☐ ridotto
- ☐ rifugio
- ☐ riservetta
- ☐ rivellino
- ☐ sotterraneo
- ☐ tamburo difensivo
- ☐ traditore
- ☐

7 OPERE NON IDENTIFICATE

- ☐

Fig. III.7b. *Scheda catastale, pag. 2. (Federazione Nazionale Cavità Artificiali).*

DESCRIZIONE

INTERPRETAZIONE

Fig. III.7c. *Scheda catastale, pag. 3 (Federazione Nazionale Cavità Artificiali).*

DATAZIONE

NOTE

BIBLIOGRAFIA

POSSESSO DEI DATI

COMPILATORE

Fig. III.7d. *Scheda catastale, pag. 4 (Federazione Nazionale Cavità Artificiali).*

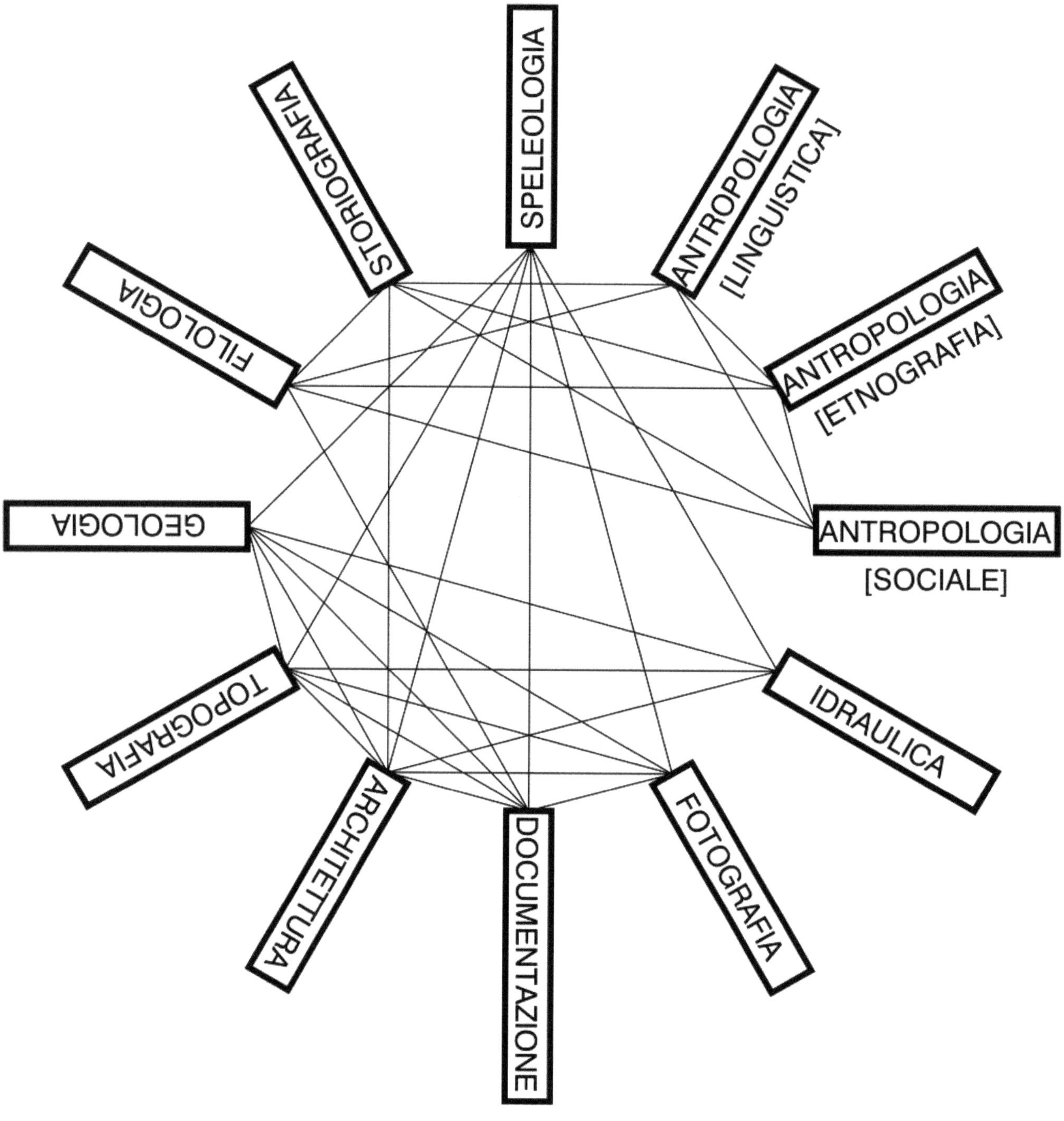

Fig. III.8. *Interazione tra le tematiche di studio individuate.*
Le tematiche individuate per lo studio del Trou de Touilles, sono state approfondite singolarmente e collegate tra loro a vari livelli. Si sono così generati diversi livelli di interazione caratterizzati da una complessa rete di rapporti. Il grafico elaborato ha evidenziato le connessioni interdisciplinari (elaborazione degli Autori).

CAPITOLO IV

INQUADRAMENTO GEOGRAFICO, GEOMORFOLOGICO E GEOLOGICO

Anna Cantoni

IV.1 - *Inquadramento geografico e geomorfologico dell'area*

La Val di Susa è una valle di origine glaciale caratterizzata dalla presenza di due importanti e storici valichi alpini naturali, il Monginevro e il Moncenisio, che *ab antiquo* ne hanno fatto un punto di passaggio (fig. IV.1). Il valico del Monginevro situato a quota 1854 m s.l.m. nelle Alpi Cozie, collega l'Italia al sud della Francia. In epoca romana questo valico (*Druantium*) appare nella Tabula Peutingeriana all'interno di una via di percorrenza che collegava Torino a Briançon, passando per Susa (Tenderini 2000, p. 10) (fig. IV.2).

Il valico del Moncenisio, che si trova a 2081 m s.l.m., divide le Alpi Cozie dalle Alpi Graie. Unisce la Val di Susa alla valle dell'Arc, inclusa nella regione francese della Maurienne nel dipartimento dell'Alta Savoia Francese. La valle dell'Arc arriva fino ad Aiton. La città di Susa si trova alla confluenza delle valli che scendono dal Monginevro e dal Moncenisio ed è attraversata dal fiume Dora Riparia, affluente del Po (fig. IV.3). Nell'Alta Val di Susa conosciuta anche come Alta Valle della Dora Riparia, si trovano i comuni di Chiomonte ed Exilles, posti rispettivamente ad una quota di 870 e 750 m s.l.m.

L'elemento geomorfologico dominante della zona è proprio la Val di Susa, sede della Dora Riparia, costituente un bacino molto esteso e con sistema di drenaggio complicato ed estremamente distribuito. Lo spartiacque della valle è formato dai rilievi principali, che si spingono fino ad oltre 3000 m s.l.m. (Rocca d'Ambin 3378 m, Rognosa d'Etiache 3382 m e Punta Pierre Menue 3508 m), dove sono presenti anche i valichi alpini più favorevoli a raggiungere i paesi confinanti.

La valle principale, nell'area di interesse, assume un andamento SSW - NNE e, pur presentando un netto approfondimento legato alla più recente azione erosiva operata dal corso d'acqua, mostra diverse tracce a testimonianza del modellamento glaciale, sia pleistocenico (Ultima fase di Massima Espansione Glaciale Wurmiana, circa 50.000 anni fa), sia successive, attribuibili alla Piccola Età Glaciale (metà XIX sec), soprattutto alle testate delle valli tributarie laterali.

Il modellamento post glaciale, strettamente connesso alla dinamica fluviale e torrentizia dei corsi d'acqua, è visibile lungo tutta la valle, con ampie piane di sedimentazione ed estesi conoidi alla confluenza dei bacini laterali. Sono inoltre presenti significative forme di erosione che danno origine a vere e proprie forre.

Nel dettaglio, l'acquedotto denominato Trou de Touilles ha origine poco a valle di un circo glaciale formato dai rilievi che costituiscono il Massiccio d'Ambin. A monte è presente il Ghiacciaio dell'Agnello, massa glaciale consistente, dalla quale si dipartono ruscelli a carattere torrentizio e che danno acqua all'acquedotto stesso. Nell'area dove scorre la prima parte del canale è visibile un rock glacier, forma morfologica conservata dalle ere glaciali.

L'acquedotto attraversa poi lo spartiacque costituito dalla cresta che collega la Cima Quattro Denti alla Cima del Vallone, per poi scorrere lungo il versante idrografico sinistro della valle principale (figg. IV.4, IV.5, VI.6 e VI.7). Il pendio è molto acclive e, pur essendo parzialmente vegetato, mostra evidenti segni di smottamenti locali, con piccole erosioni e frane di dimensioni estremamente modeste, riportate come aree di frana attiva anche nella documentazione PAI (Piano stralcio per l'Assetto Idrogeologico PAI - Atlante dei rischi idraulici e idrogeologici).

Il rio affluente di sinistra del rivo Combe Creuse è sede di fenomeni di esondazione legati alla tipologia torrentizia del corso d'acqua stesso. Inoltre, data la pendenza e l'esposizione, durante il periodo invernale-primaverile il pendio è sede di fenomeni valanghivi, come lungo il rivo Meirana. Tuttavia, nessuno dei fenomeni di dissesto presenti interessa direttamente il corso dell'acquedotto, ed essendo tutti collocati ad una distanza significativa, anche in seguito ad eventuali evoluzioni dei fenomeni, gli stessi non interferiranno con le opere in oggetto.

IV.2 - *Inquadramento geologico*

Un processo geodinamico complesso ha dato origine alla catena alpina occidentale, nella quale sono visibili e riconoscibili unità di crosta continentale ed unità oceaniche. In particolare, la catena è il risultato della collisione fra la placca europea e la zona adriatica, ed ha visto il susseguirsi di due fasi:

1. una prima fase di subduzione della litosfera oceanica;
2. una seconda fase di effettiva collisione tra il continente europeo ed il continente Insubrico.

La catena alpina è tagliata longitudinalmente dalla Linea Insubrica, un lineamento tettonico di importanza regionale che separa le Alpi propriamente dette dalle Alpi Meridionali. Le Alpi a nord comprendono unità di basamento e di copertura, localmente fortemente metamorfosate, mentre a sud non sono presenti unità metamorfiche di età alpina. Nella catena alpina sono stati riconosciuti quattro domini strutturali principali, con le proprie peculiarità e le proprie caratteristiche, separati gli uni dagli altri da superfici tettoniche principali.

In particolare, nell'area nord occidentale di nostro interesse, i quattro domini sono:

- il dominio *Sudalpino*, che costituisce la Zona del Canavese, la Zona Ivrea Verbano e la Serie dei Laghi;
- il dominio *Austroalpino* che costituisce la Zona Sesia Lanzo e il Sistema della Dent Blanche;
- il dominio *Pennidico* con la Zona Piemontese, la Zona dei Calcescisti con pietre verdi, le Falde Pennidiche superiori (Monte Rosa, Gran Paradiso e Dora Maira), il Sistema Medio Pennidico (Falda del Gran San Bernardo) e le Falde Pennidiche Inferiori (Antigorio, Lebendum, Monte Leone);
- il dominio *Elvetico* costituito da un basamento cristallino e dalle Falde Elvetiche.

Nell'Alta Val di Susa, nell'area di nostro interesse, affiorano gli ammassi rocciosi del Complesso dell'Ambin e dell'Unità del Pallonetto, appartenenti al dominio Pennidico. Si noti nella fig. IV.8 lo stralcio della carta geologica in scala 1:50.000 della Regione Piemonte. Di seguito vengono descritte le formazioni di interesse:

Complesso dell'Ambin *(Cretacico Superiore)*
Costituito da gneiss occhiadini albitico-cloritici con grande omogeneità composizionale e tessiturale e da gneiss leucocrati a giadeite. Sono localmente intercalati con metapeliti, micascisti quarzosi con rari livelli di metaconglomerati, quarziti e livelli carbonatici.

Nell'area di studio sono presenti le seguenti unità:
Gneiss leucocrati a giadeite: gneiss molto compatti, a grana fine, con quarzo, albite, mica bianca ed accessori. La roccia presenta debole tessitura scistosa data dall'orientazione delle miche.
Gneiss occhiadini ad albite e clorite: gneiss occhiadini, con quarzo, albite, mica bianca, clorite, biotite tardiva e molti accessori. La roccia presenta una tessitura occhiadina definita da aggregati plurimillimetrici ad albite quarzo e clorite. Gli gneiss appartenenti al Complesso d'Ambin sono visibili in piccoli affioramenti distribuiti lungo il versante orografico sinistro della val di Susa, al di sotto della coltre eluviale, con aspetto in genere massiccio e poco fratturato.

Unità del Vallonetto *(Cretacico Superiore)*
Costituita da una successione stratigrafica estremamente complessa e tettonizzata, con affioramenti di dolomie e calcari dolomitici, marmi rosa e scisti carbonatici con livelli di quarziti, scisti quarzoso micascisti e rari scisti cloritico anfibolici.

Nell'area di studio sono presenti le seguenti unità:
Dolomie del Segurét: dolomie grigio rosate e grigie, con patina di alterazione giallastra, in banchi estremamente massicci e spessore da metrico a decimetrico, con livelli di calcari dolomiti nerastri. Sono considerati depositi di piattaforma carbonatica di età mediotriassica.
Complesso del Vallonetto: scisti carbonatici grigi, con patina di alterazione brunastra, con livelli millimetrici alternati di quarzo e di fillosilicati. Sono caratterizzate da una scistosità pervasiva, localmente crenulata.

Nell'area in esame, le dolomie costituiscono le pareti rocciose della cresta Monte Cloaca - Cima del Vallone - Cima Quattro Denti, dove in discordanza tettonica a basso angolo costituiscono un sovrascorrimento sull'unità d'Ambin, mentre il complesso del Pallonetto costituisce un klippe tettonicamente sovrascorso sugli ammassi rocciosi appartenenti al massiccio d'Ambin e alle Dolomie del Segurét.

IV.3 - *Analisi del tratto ipogeo del Trou de Touilles*

Il tratto ipogeo dell'acquedotto è stato scavato in rocce calcaree dolomitiche, di colore grigio giallastre in patina e grigio in frattura fresca. Hanno grana medio-grossolana e si presentano massicce, prive di stratificazione, ma con struttura vacuolare, fino a poter essere chiamate localmente dolomie cariate. Si tratta di rocce di origine chimica-organogena di ambiente marino lagunare (fig. IV.9). L'aspetto è in genere massiccio ed uniforme lungo tutto il corso dell'acquedotto, e laddove prevale in modo netto la porzione carbonatica gli ammassi rocciosi danno luogo a concrezioni calcaree con formazioni di piccole stalattiti (fig. IV.10). Raramente, solo alla base dell'acquedotto, sono visibili metaconglomerati a grana grossolana, di colore variabile, contenenti anche miche che localmente danno un aspetto scistoso (figg. IV.11 e IV.12). Sono presenti unicamente due famiglie di fratture, con spaziatura decametrica, ma persistenza molto alta, tanto da attraversare tutto il cavo.

La prima famiglia ha giacitura media 330 ÷ 340 / 70° ÷ 75° e la seconda 160 ÷ 170 / 70° ÷ 90°. Le fratture sono in genere serrate o poco aperte, e solo localmente è presente un riempimento carbonatico di facile scioglimento. Con andamento confrontabile con la prima famiglia, a circa 60 m dall'imbocco sud, è visibile una faglia, con giacitura 340/75°. Questa faglia è molto aperta, fino a circa 60 - 80 cm ed al suo interno sono visibili blocchi di calcari dolomitici con strie di calcite ricristallizzata (fig. IV.13).

Allo stato attuale non è possibile affermare se il condotto sia stato scavato lungo il sovrascorrimento, sia per mancanza di campionamenti diretti sia per la presenza di materiale di deposito sul fondo, oltre chiaramente alla circolazione idrica significativa lungo tutto l'acquedotto, che impedisce l'osservazione diretta. Tuttavia, questa ipotesi potrebbe essere plausibile, in quanto il contatto avrebbe potuto essere una via preferenziale per la circolazione dell'acqua e gli ammassi rocciosi lungo i contatti tettonici sono in genere molto tettonizzati e quindi più fragili e teneri alla lavorazione (fig. IV.14).

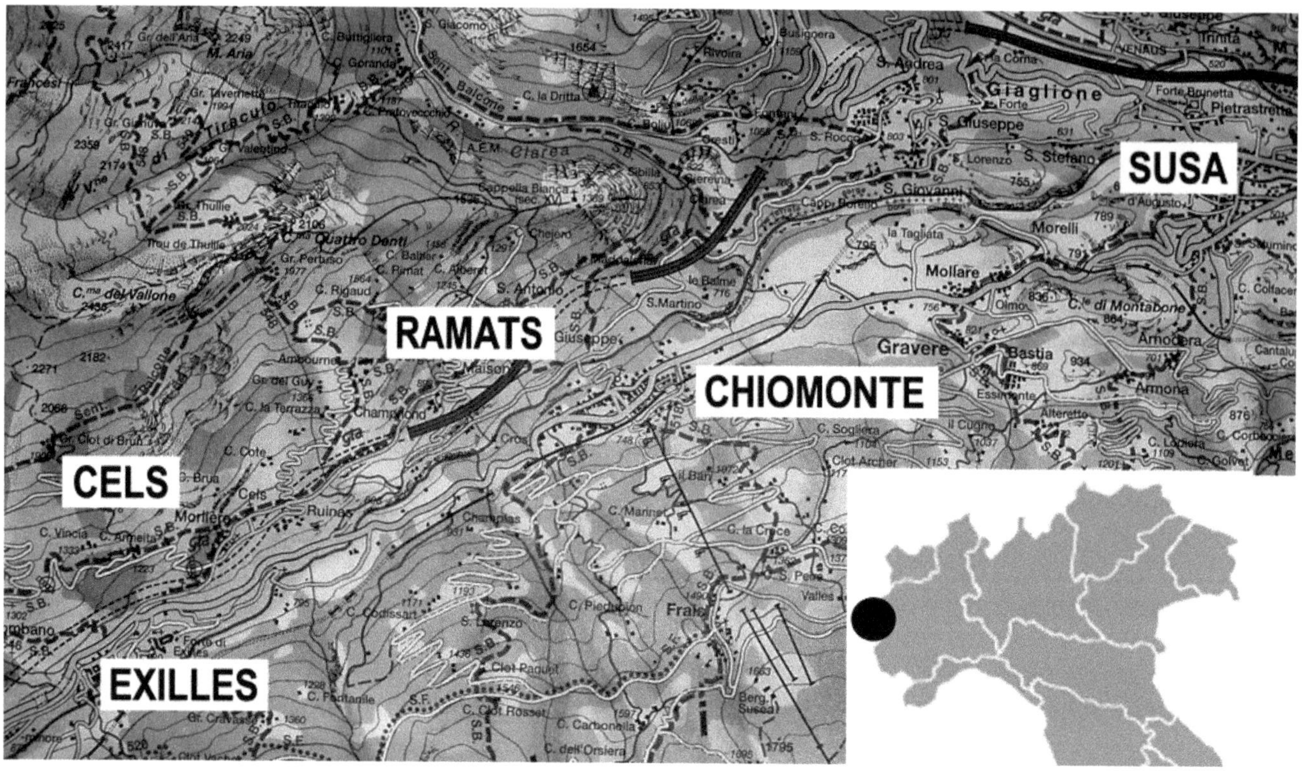

Fig. IV.1. *Inquadramento geografico (elaborazione degli Autori).*

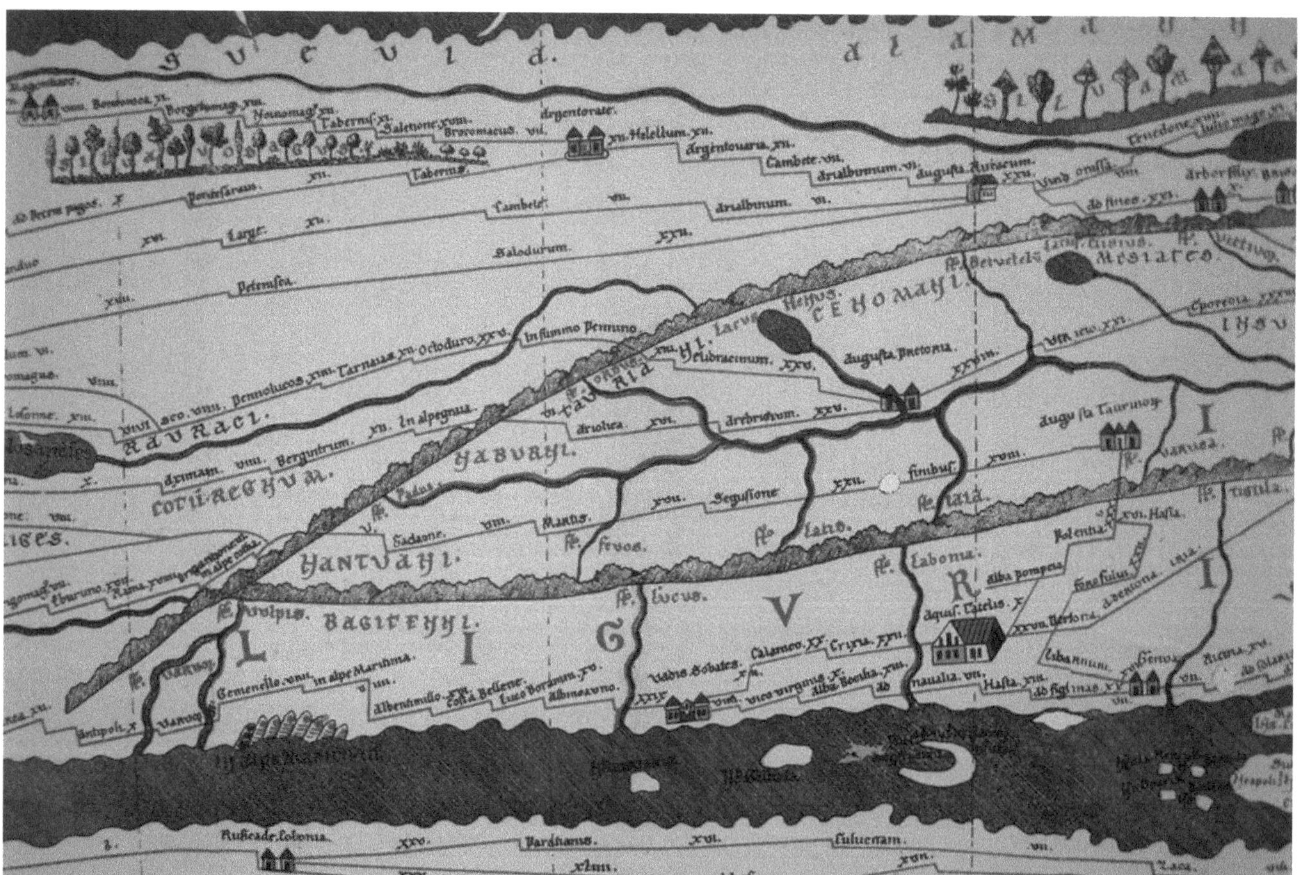

Fig. IV.2. *Particolare tratto dalla Tabula Peutingeriana.*
Si notino l'indicazione Susa (Segusione) e il valico del Monginevro.

Fig. IV.3. *Vista della Val di Susa e di Chiomonte dal sentiero che conduce al Trou de Touilles (foto S. Bianchi).*

Fig. IV.4. *Vista da Chiomonte dell'imbocco sud del Trou de Touilles.*
Si notino: Cima del Vallone (1), Trou de Touilles (2), Cima Quattro Denti (3) (foto R. Basilico).

Fig. IV.5. *Vista, dal versante sud, della Cima Quattro Denti (foto S. Bianchi).*

Fig. IV.6. *Vista della cresta che collega Cima del Vallone a Cima Quattro Denti dal sentiero che conduce al Trou de Touilles (foto S. Bianchi).*

Fig. IV.7. *Vista del Vallone di Touilles dalla cresta sottostante Cima del Vallone. Si possono osservare la presa posta ai piedi del massiccio dell'Ambin (1), il tracciato della parte esterna dell'acquedotto (2) e l'imbocco nord del Trou de Touilles (3) (foto R. Basilico).*

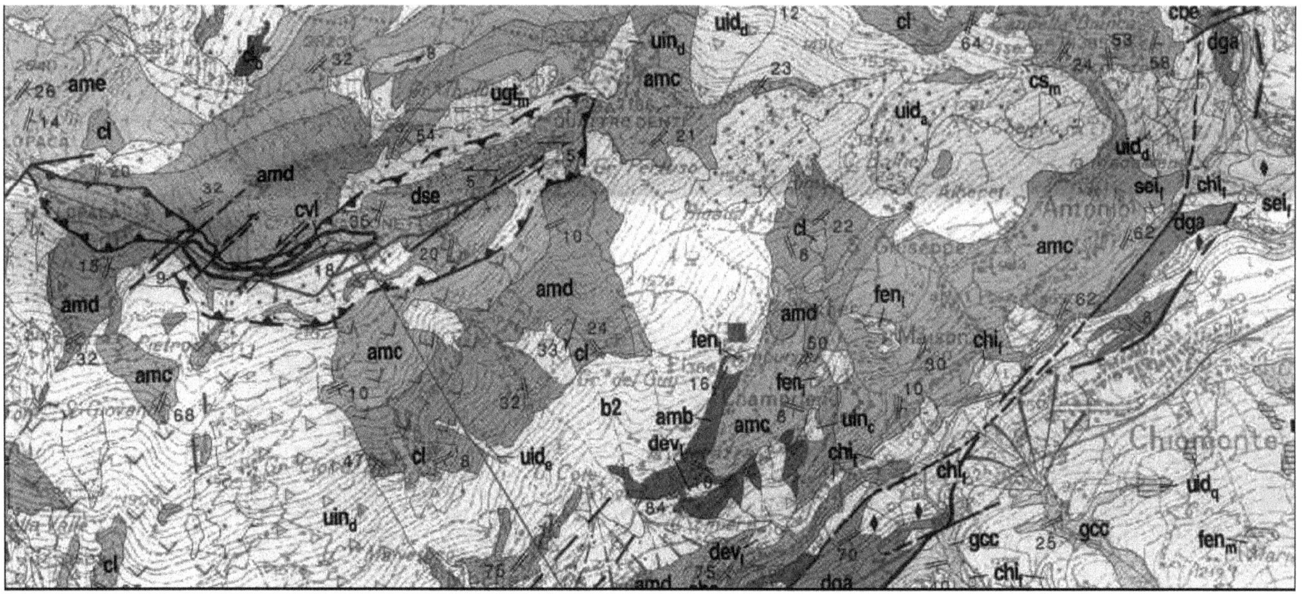

Fig. IV.8. *Stralcio della carta geologica della Regione Piemonte in scala 1:50.000.*

Fig. IV.9. *Dolomie al piedritto dell'acquedotto (foto A. Cantoni).*

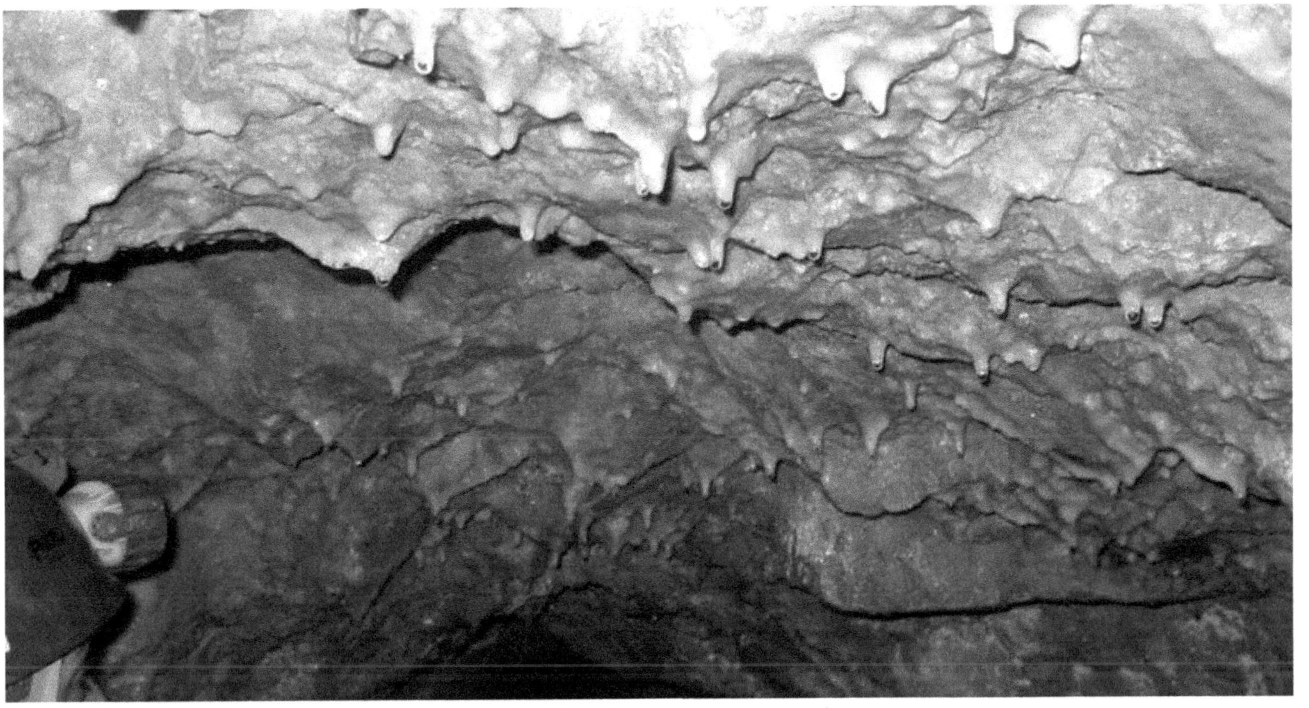

Fig. IV.10. *Piccole stalattiti in formazione sulla calotta dell'acquedotto (foto A. Cantoni).*

Fig. IV.11. *Campioni prelevati all'interno del condotto. Campione 1: frammento di metaconglomerato con frequenti miche ed aspetto scistoso. Campioni 2 e 3: calcari vacuolari, di colore grigio giallastro a grana media, a tessitura compatta. Campione 4: Frammento della massa compatta silicea (foto A. Cantoni).*

Fig. IV.12. *Il geologo Anna Cantoni osserva i campioni di roccia prelevati nell'acquedotto (foto A. Verdiani).*

Fig. IV.13. *Faglia presente all'interno del condotto (foto A. Cantoni).*

Fig. IV.14. *Lo speleologo esamina i fenomeni erosivi alla base del condotto (foto R. Basilico).*

CAPITOLO V

LE RAGIONI DI UN ACQUEDOTTO IN ALTA VAL DI SUSA

V.1 - *Le premesse, i documenti, il nome Touilles e la questione dei confini*

Dopo le crisi della metà del XIV sec. dovute alla peste nera, alle guerre che imperversarono in Europa e alle condizioni climatiche avverse protrattesi fino alla prima metà del XV sec., si ebbe un diffuso incremento della popolazione. Nell'Alta Valle della Dora Riparia aumentò il fabbisogno idrico; la zona delle borgate delle Ramats aveva scarsità di queste risorse. La penuria di acqua riguardava anche Cels e fino a circa quarant'anni prima anche il comune di Giaglione, territorio del Duca di Savoia.

Le tracce documentali sulle questioni idriche nell'Alta Valle della Dora Riparia sono numerose. Il 9 gennaio 1371 «Al suono della campana, i sindaci e i consoli col notaio e coi loro consiglieri *probi viri* elaborarono una prima parte dello statuto locale, in 59 articoli, "a corriger et esmender a larbitre et volonte dudict Seigneur prevost et de ladicte université"; l'approvazione del Prevosto fu concessa il 19 maggio dello stesso anno; seguirono altri tre articoli approvati dalla comunità in data 31 dicembre 1484, più due "Memorie" rispettivamente del 1537 e del 1540 e ratificate il 9 febbraio 1544; altri tre articoli furono aggiunti in data 4 giugno 1549 e un'"Ordinanza delle acque" il 26 agrile 1551; composta di 5 articoli, cui se ne aggiunsero il 28 marzo 1570 altri 4 confermati dal Prevosto Gerolamo Birago il 13 agosto 1597» (Benedetto 1953, pp. 62-63).

Nell'articolo "LIIII - Du rits des Ramatz" si stabilisce la libertà di accedere alle acque del territorio entro confini ed orari precisi: «Item ont statué que tous de Chaumont uoulants aiguer ou arrouzer du rifz des Ramatz le puissent jmpuniement et librement de leur pouuoir quand jlz uouldront et commant que ce soit fere des le uiol quest et tend jouste les maisons dessoubz la chappelle Sainct Andre et au dessus, et dudict uiol en baz tendant uers matin droictement et uers soir» (Benedetto 1953, p. 181). Nelle "Ordonnances des eaux" si evince come nessuno potesse prendere impunemente acqua dal territorio di Chiomonte senza averne ricevuto il permesso (LXVI), non si dovevano creare ostacoli o danni ai corsi d'acqua comuni (LXVII), vi fosse l'obbligo, per chi prendeva l'acqua dai corsi, a ripristinarne la funzionalità (LXVIII) e che venisse osservato quanto stabilito (LXX).

Si riporta di seguito il testo delle "Ordonnances des eaux" dell'aprile 1551 che descrive i punti sopra riassunti (Benedetto 1953, pp. 190-193):
«LXVI - Premierement que nul aye a prendre aulcunes eaux yssantz au terroir de Chaumontz sans que jcelles luy soyent este desliurees par les commys et a lheure quilz les hauront receües desdicts commis, sur peyne de uingt cinq soulz tournoys déymende a la communaulté et de priuation de lheure que pourroit hauoir tel prenant ladicte eau et contreuenant a ce que dessus.
LXVII - Item que nul empeschera les beallages commungs, par eytorsses ne aultrement que ladite eau aye tousiours son discours et aussi que nul rompe les.prinses desdicts riueyrages sur la peyne dessus dicte.
LXVIII - Item que quand ung chescung aura arrozé son pre jl remettra leau au riuage ou bien la remettra a celluy a qui aura ladicte eau apres luy, sans la laisser en ageas a son pré encores quil heust de bonne heure, sur ladicte peyne.
LXX - Item que chescung obseruera la promesse faicte au Seigneur a la fourme de linstrument d'albergement des eaux auec luy sur ladicte peyne et aultre arbitraire par ledict Seigneur».

Nelle "Ricerche sugli ordinamenti dei domini del Delfinato nell'Alta Valle di Susa", lavoro svolto dalla Benedetto nel 1953, troviamo numerosi termini che appaiono nei documenti da lei analizzati, riconducibili alla presenza di acqua e alle opere connesse, indici della centralità del fattore idrico nella Comunità. Nel glossario sono indicati (Benedetto 1953, pp. 190-193):
«***Acquarium*** acqua.
Ageas acqua lasciata sul terreno a scopo di irrigazione.
Aquare irrigare.
Arrouzer irrigare.
Aygage derivazione d'acqua.
Ayguer derivare acqua, irrigare.

Bachas vasca.
Conduicte condotta d'acqua.
Descours corso.
Ducta corso d'acqua.
Enconilher incanalare.
Eytorsse corso d'acqua (da *eygua*, acqua e *torser*, torcere).
Issant uscente, acqua sorgiva, fonte.
Rif rivo.
Ripagium tributo per il diritto di occupazione delle rive di un corso d'acqua.
Rivage corso, alveo.
Sagne prato imbevuto abitualmente d'acqua.
Viade corso, alveo».

Agli inizi del XVI sec. si verificò una diminuzione dell'apporto idrico nel periodo estivo. I conseguenti problemi di approvvigionamento si ripercuotevano sull'agricoltura estiva, di matrice cerealicola e prativa, creando un fattore limitante nell'incremento demografico ed insediativo. La situazione indusse gli abitanti delle Ramats e di Cels a ricercare una fonte alternativa di approvvigionamento nell'unico luogo ricco di acqua, anche se problematico a livello orografico e giurisdizionale, ossia al di là della cresta della "Montagna dei Quattro Denti", o "Montagna di Touilles" come a quell'epoca era chiamata.

Come accennato nel capitolo precedente, esistono dei documenti che attestano la nascita e i fatti legati all'acquedotto, e forniscono gli indicatori necessari alla comprensione dei toponimi legati al nome "Touilles". Nel primo documento (1504) ritroviamo *Monte de Tulliss* e *aqua de Tulliis*, nel secondo (1526) *a monte de Tolliis*, nel terzo (1534) *aqueductum et aquam de Tullis* e *montem de Tulliis*, nel quarto (1553) *montagne de Touilles* e nel quinto (1651) *montagne de Touilles*. In essi si desume come Touille fosse il nome dell'Alpe, o gruppo di case (Alpe di Touilles) situate nel Vallone di Touilles. Touilles era quindi il vallone, posto al di là del contrafforte, ad ovest del confine che separa Exilles da Giaglione. Dal toponimo "montagne de Touilles", originariamente *Monte de Tulliis*, deriva quindi il corretto termine di definizione: "Trou de Touilles". Si è ritenuto opportuno utilizzare questo termine e non quelli di Pertus, Toullies, Thullie, Tullie, Tulliss o Thuille.

Il Vallone di Touilles è un'ampia conca ad anfiteatro situata ad oltre 2000 m di quota, aperta nel suo lato ovest, che degrada con elevata pendenza per oltre 1000 m di dislivello sino nella Val Clarea; il torrente di Touilles apparteneva territorialmente al Comune di Exilles. Altre complicazioni giuridiche erano legate al convogliamento dell'acqua del torrente Touilles nel territorio del Comune di Giaglione, entità sabauda. Exilles e Chiomonte rientravano invece nel Delfinato.

Il territorio comunale di Chiomonte, contrariamente a quello di Exilles, non confinava con il Vallone di Touilles e nemmeno oltrepassava il crinale che collega Cima dei Quattro Denti a Cima del Vallone. Una tradizione chiomontina ne legava il confine al corso del torrente Clarea; il torrente di Touilles scorre alle pendici della catena che dalla Cima Quattro Denti culmina nel massiccio dell'Ambin. La derivazione di acqua per il Trou de Touilles avviene ad est con una deviazione a cielo aperto e prosegue verso ovest in un canale artificiale che segue l'orografia della montagna, fino a giungere in prossimità di un gruppo di grange alpestri dette "le Grange de Touilles".

L'abbondante presenza di acqua nel Vallone di Touilles non determinava la soluzione del problema di rifornimento idrico per gli abitanti delle Ramats. A questi l'accesso al Vallone era del tutto precluso per due ragioni: i giaglionesi non avrebbero mai concesso né a loro né agli abitanti di Exilles di prelevare dell'acqua dal rio di Touilles e, in secondo luogo, la realizzazione di un canale di adduzione sarebbe stata impossibile per la configurazione orografica della zona.

I dissidi tra i comuni, relativi al diritto da parte degli exillesi di derivare acqua dal rio di Touilles, risalivano a oltre un secolo addietro. «Come e quando le opposte Comunità di Giaglione e di Exilles avessero iniziato le ostilità non è noto, ma è certo che nel 1343 gravi discordie erano in atto, tanto che il passo di Susa veniva presidiato da "clientes" inviati da Rodolfo, abate della Chiusa, e da Anselmo "de Vrinter", balivo della valle di Susa. E non si trattava di cosa da poco o di origine recente, poiché un documento del 3 settembre 1344 accennando a «*discordiis et rancuniis et questionibus vertentibus inter homines de Exiliis ex una parte, et homines Galionis ex altera*", lascia capire che il dissidio durava da tempo con "*vulnerationes et occisiones personarum, damna plurima et enormia tam super facto montanee de Tulliis quam super grangiamentis, taliis et aliis quibuscumque damnis et gravanimibus et offensionibus hinc inde factis et illatiis*". Al fine di porre rimedio al sanguinoso dissidio si riuniscono i rappresentanti del Delfino (...) e del conte di Savoia (...) i quali concordano la linea di demarcazione fra le opposte Comunità "*deboinando vel metas ponendo, seus picheria vel signa faciendo*". Ai particolari delle due Comunità viene tassativamente ordinato di restare entro i confini concordati ed accettati da ambo le parti» (Molino 1975, pp. 229-230). I tracciati vengono definiti nel documento sopracitato, in cui si riportano precise indicazioni territoriali e riferimenti toponomastici (Molino 1975, pp. 230-231). Gli ultimi documenti inerenti il Trou de Touilles, ad oggi noti, risalgono al 1651 e vertono su problematiche relative alle modalità di ripartizione delle acque e alle spese di manutenzione del condotto. Si ha quindi un lasso temporale superiore a trecento anni che può essere indagato per conoscere il contesto storico in cui si verificarono i fatti indicati.

Nel XVI sec. il confine tra i territori di Chiomonte e Giaglione seguiva il corso della Dora e, alla confluenza con il torrente Clarea, deviava risalendo per circa un chilometro lungo il suo tracciato. Piegava poi a sinistra lungo il pendio terminale della Montagna Quattro Denti sino alla Cappella alpestre detta "Cappella Bianca". Successivamente, seguendo il crinale, si innestava presso la Cima Quattro Denti con la linea di confine tra Chiomonte ed Exilles che, travalicando la cresta, diventava la linea di separazione di Exilles da Giaglione (figg. V.1, V.2, V.3, V.4 e V.5).

Una disamina cartografica dei confini tra le varie comunità mostra come, nel corso del tempo, la linea di demarcazione sia rimasta pressochè invariata; questo ha portato a tentativi da ambo le parti di cercare di espandere il proprio territorio e si trovano testimonianze in questo senso anche nel 1753, quando l'intendente di Susa dovette affidare il tracciamento dei confini ad un misuratore per l'ennesima definizione dei termini. Ancora ad un secolo di distanza, nel 1864, era la volta degli exillesi che contestavano la mappa dei confini con Giaglione (Molino 1976, p. 237).

V.2 - *Elementi preesistenti alla realizzazione dell'opera: leggibilità sul territorio e analisi funzionale*

Possiamo inquadrare degli elementi contestuali o antecedenti alla realizzazione del Trou de Touilles, la cui esistenza, documentabile o ipotizzabile, può averne influenzato la genesi:

- Tentativo di realizzare un condotto ipogeo.
- Condotto esterno preesistente.
- Canale di Maria Bona.
- Buco di Viso.

Questi indicatori sono analizzabili e descrivibili esaminandone i criteri di funzionalità, destinazione d'uso e leggibilità sul territorio. Ciò si è ottenuto ricorrendo a un grafico, strumento interpretativo «immediatamente comprensibile, che mette efficacemente in luce i fatti che si vogliono presentare. A questo fine un grafico deve essere:
- fedele nel tradurre i dati in elementi grafici;
- semplice e chiaro: non deve contenere elementi di ambiguità;
- accurato nella rappresentazione di differenze e similarità;
- completo di titoli e indicazioni che immediatamente e con sicurezza identifichino l'oggetto della rappresentazione.

Una rappresentazione grafica offre una presentazione visiva di dati che altrimenti sarebbero presentati in una tabella; a sua volta, una tabella presenta dati che altrimenti sarebbero descritti in un testo. Idealmente, una rappresentazione grafica dovrebbe trasmettere al lettore informazioni che non sarebbero altrettanto efficacemente presentate con una tabella o con una descrizione testuale» (vedere utilmente http://www.istat.it). Nel grafico V.1 si sono relazionati gli elementi preesistenti con i due criteri di destinazione d'uso e leggibilità sul territorio, ottenendo una descrizione da cui si possa comprendere quali siano riscontrabili, quali non siano individuabili e quali abbiano subito delle trasformazioni nel tempo.

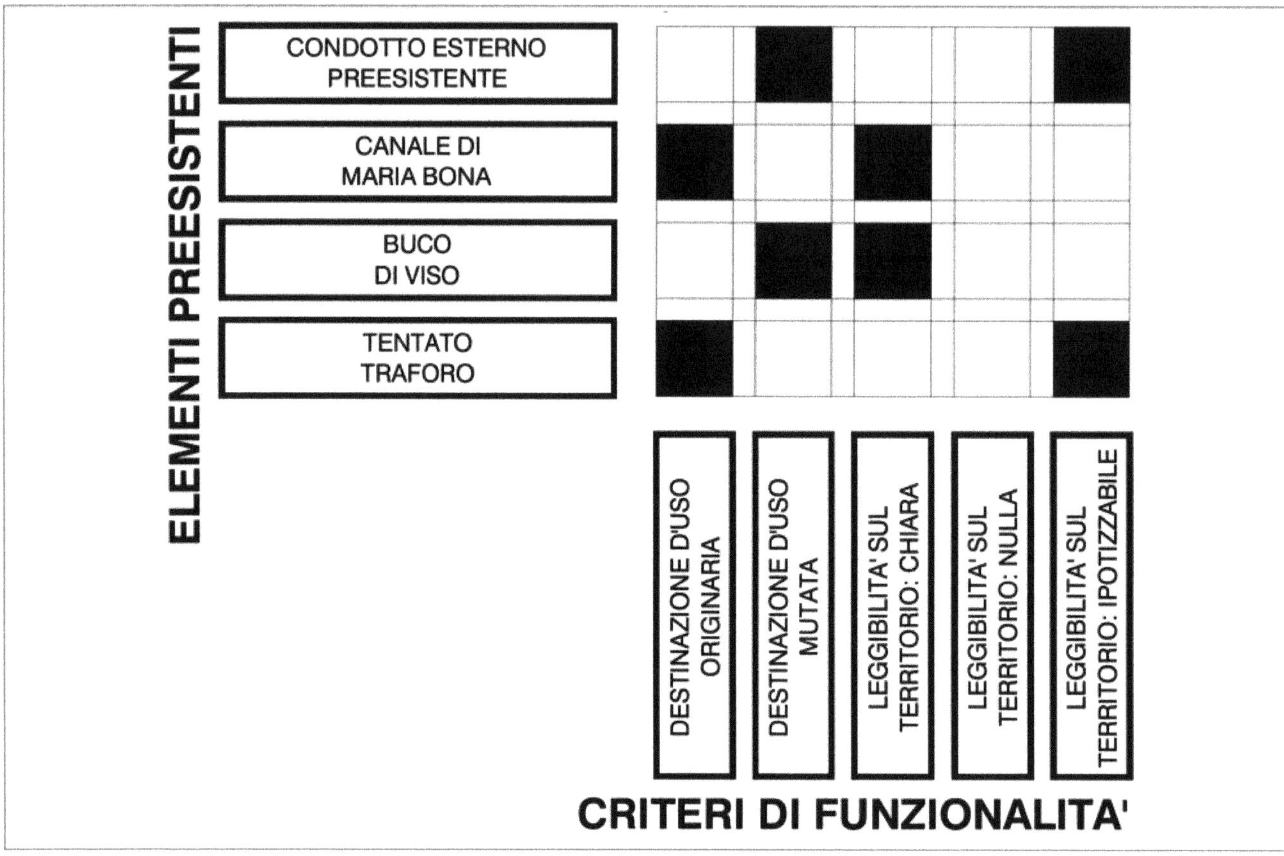

Grafico V.1. *Criteri di funzionalità - destinazione d'uso e leggibilità sul territorio degli elementi preesistenti all'acquedotto (elaborazione degli Autori).*

V.2.1 - *Il precedente tentativo di realizzazione di un condotto ipogeo*

Con un enfiteusi rogata il 3 ottobre 1504 il comune di Exilles concesse agli abitanti delle Ramats di Chiomonte il diritto di derivare acqua dal versante opposto per mezzo di un canale superficiale, oppure mediante una galleria. Nel primo caso era prevista la creazione di un canale per aggirare la cresta dei Quattro Denti. Ma l'opera doveva passare nel tratto in cui oggi il sentiero valica la cresta pochè a valle di questo punto iniziavano i territori comunali di Chiomonte e di Giaglione; inoltre al di là del crinale, in territorio giaglionese, si trova un canalone verticale con un dislivello di circa 200 m. Questi elementi avrebbero obbligato i costruttori a realizzare un'opera posta a una quota superiore di oltre 50 m rispetto a quella attuale, con ingenti opere murarie e di carpenteria. Il livello di difficoltà indusse gli abitanti ad optare per la seconda soluzione, ossia la realizzazione di un traforo che, in base a quanto riportato nel documento, si era già precedentemente tentata.

Quando vi furono dei lavori di abbattimento della roccia e chi tentò di effettuarli? A questi interrogativi possiamo rispondere con un criterio deduttivo. Il periodo è collocabile negli anni del regno del Re di Francia Carlo VIII, tra il 1483 ed il 1498, data la presenza di opere quali il Buco di Viso e il canale di Maria Bona. Il tentativo di scavare nella roccia, prima del 1504, è da ricondursi agli abitanti delle Ramats o, più correttamente, a quelli di Cels che non avrebbero avuto impedimenti amministrativi, essendo acqua e terreni sul territorio exillese. Questa impresa che doveva sembrare irrealizzabile (*per foramen fiendi jam attemptatum sive presumptum)* avrebbe portato numerosi benefici alle due parti in gioco.

È ipotizzabile che negli anni seguenti all'enfiteusi vennero effettuati sopralluoghi per valutare fattori quali la quota, le pendenza, la presenza di acque sorgive, la composizione geologica della roccia e il punto di minimo spessore della montagna al fine di individuare il luogo più opportuno per dare avvio alla perforazione. La collocazione del Trou de Touilles è indice di una corretta valutazione: sul versante sud l'orografia è adatta a realizzare dei canali di distribuzione dell'acqua in uscita dal tunnel e si ha una parte pianeggiante antistante l'uscita del condotto. Il traforo sbuca nel Vallone di Touilles a monte dell'alpeggio omonimo, in un punto dove una sorgente soprastante poteva già garantire una minima erogazione d'acqua e dove la frattura del declivio presenta nell'ultimo tratto di scavo una roccia meno compatta (figg. V.6 e V.7).

V.2.2 - *Il condotto esterno*

Nell'enfiteusi si fa riferimento alla realizzazione di una canalizzazione esterna, soluzione da relazionarsi alla tradizione di manufatti simili a *suonen, bisses* e *waale*, presenti lungo tutto l'arco alpino; nonostante la mancanza di riferimenti espliciti nel documento, è ipotizzabile l'esistenza di una simile opera precedente al Trou de Touilles.

Esistono supposizioni sull'esistenza di un condotto esterno come scrive Jannon: «È peraltro noto che fin dai tempi degli insediamenti Romani nella zona (...) la Cima Quattro Denti fosse stata aggirata da una conduttura a cielo aperto realizzata con tronchi di legno scavati; soluzione di portata limitata, di difficile posa e bisognosa di continua e difficile manutenzione. Testimonianze dell'esistenza di questa conduttura possono trovare riscontro nella presenza in zona di un possibile tracciato non imputabile esclusivamente ad eventi naturali» (Jannon 1966, p. 19).

Non avendo a disposizione documentazione comprovante queste ipotesi, si sono effettuate ricognizioni e studi di natura topografica per testimoniare la presenza di un tracciato esterno; le operazioni hanno portato all'individuazione di possibili indicatori. Vi sono due tracciati riconoscibili sul territorio: il primo si trova nel Vallone di Touilles e il secondo sul versante chiomontino (fig. V.8).

Il primo tracciato, rettilineo, attraversa l'intero Vallone di Touilles; la partenza è situata oltre la zona inferiore della presa e finisce verso valle dopo le "Granges de Touilles". Il percorso mostra un'alterazione cromatica vegetativa, indice di un diverso grado di riempimento del terreno; inoltre presenta alcuni tratti scavati in trincea e altri con ponticelli in pietra sovrastanti le zone idriche. Questi elementi non bastano però ad identificarne l'origine nel presunto condotto esterno, documentabile solo attraverso uno scavo archeologico.

Il tracciato potrebbe corrispondere a un sentiero di percorrenza, militare o addirittura a un trinceramento (figg. V.9, V.10 e V.11). I dati raccolti sono stati elaborati in un grafico; sull'asse delle ordinate si trovano i dati altimetrici mentre sull'asse delle ascisse sono poste le lunghezze progressive dei tratti esaminati. Il tracciato ha un andamento planimetrico con quote che variano tra i 2017 e i 2021 m s.l.m., su una lunghezza di circa 400 m con tratti inclinati. I dislivelli significativi corrispondono ad avvallamenti che intercettano il percorso trasversalmente, punti superabili facilmente con canali lignei (grafico V.2, fig. V.9). Sul versante chiomontino, posto a sud, si individua un tracciato collocato sotto la Cima Quattro Denti. Lungo il pendio è riconoscibile una differente colorazione vegetativa con un andamento a tratti rettilineo, che si sviluppa parallelamente al sentiero che conduce al valico, con una larghezza costante di circa 0,8 m e con una quota che si attesta sui 1990 / 2000 m s.l.m. (figg. V.1, V.12 e V13).

L'analisi delle quote riferite ai due tracciati, effettuata con un rilevamento GPS, relazionata alle distanze tra gli stessi, non esclude la possibilità che essi facessero parte della stessa opera. Considerando in via ipotetica un percorso che aggiri la Cima Quattro Denti, si nota, tra i tracciati dei due versanti, un dislivello di circa 20/30 m, con una distanza di separazione, calcolata sulle linee delle isoipse, di circa 1250 m; ciò genera una pendenza dello 0,4/0,6%, ossia di 0,9/1,3°. Se confrontiamo questi dati con quelli della pendenza media del tratto rettilineo, vediamo che non vi sono grosse difformità.

Allo stato di studio attuale nell'area non esistono, tuttavia, tracce significative che confermino questa ipotesi; nel punto in cui il condotto doveva aggirare la montagna, si trova lo sperone di roccia della parte più ad est della Cima Quattro Denti, che si chiude con un cuneo inferione ai 90°. Seguendo l'orografia della parete, non si notano nella parte percorribile segni di ganci, supporti o fori nella roccia necessari a sostenere la struttura di un condotto ligneo sospeso. Non sono evidenti nemmeno tracce di sostruzioni murarie o scavi in vivo nella roccia e la montagna forma, nel punto più estremo, dei veri e propri baratri profondi oltre cinquanta metri (figg. V.8, V.14, V.15, V.16 e V.17).

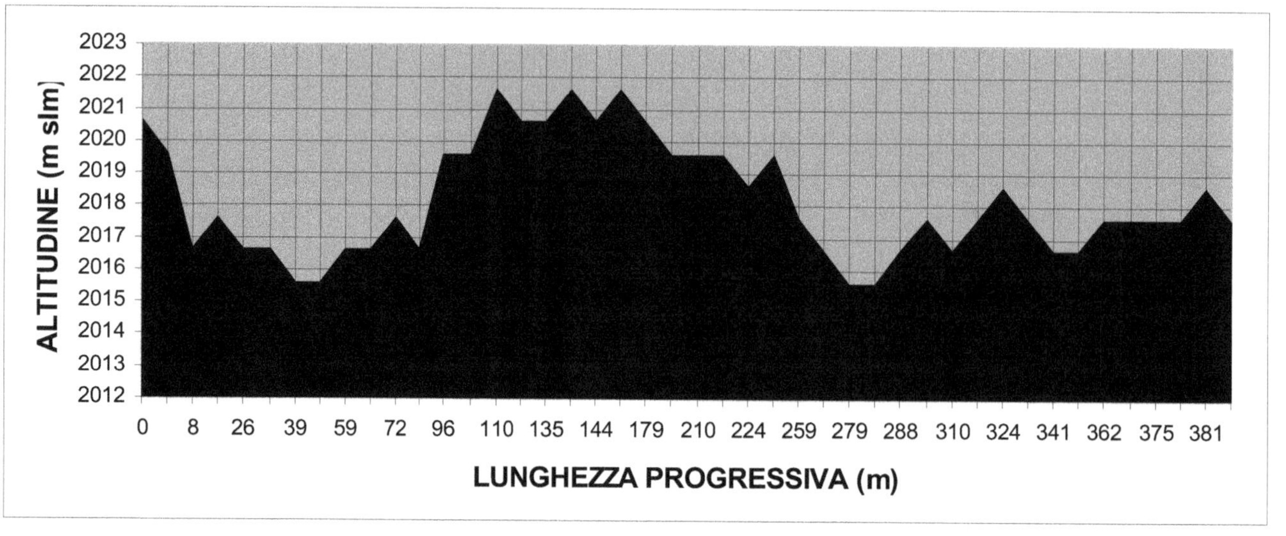

Grafico. V.2. Elaborazione delle quote lungo il tracciato rettilineo del Vallone di Touilles in funzione della sua lunghezza. Il grafico, impostato su due scale metriche con riferimenti diversi, enfatizza i dislivelli significativi, corrispondenti ad avvallamenti che intercettano il percorso, ma facilmente superabili con canali lignei (elaborazione degli Autori).

V.2.3 - *Il Canale di Maria Bona*

Altro motore per la costruzione del condotto da parte di exillesi e ramatesi può essere la presenza del Canale di Maria Bona, opera idraulica situata nella confinante Val Clarea. Il torrente Clarea che scende dal Col Clapier, prima di immettersi nella sponda sinistra orografica della Dora Riparia, funge nella parte terminale del suo corso da confine tra il territorio di Giaglione e quello di Chiomonte (fig. V.18). Tra il 1458 e il 1460 i giaglionesi avevano costruito il Canale di Maria Bona, opera lunga circa 3 km, che capta l'acqua del rio Clarea e la trasporta fino al comune di Giaglione. Il canale, tuttora funzionante, si sviluppa esternamente per tutto il suo percorso. La captazione avviene mediante un invaso realizzato con opere cementizie e chiuse metalliche, nel letto del torrente Clarea; l'acqua viene quindi convogliata in un canale realizzato in pietra e opera cementizia. Lungo il percorso del Canale si osservano opere artificiali, principalmente sostruzioni murarie e asportazioni di roccia (figg. V.19, V.21, V.22 e V.23).

Denominato "di Maria Bona", prende il nome dalla moglie di Andrea de Jalliono, feudatario della famiglia degli Aschieri di Susa che, all'epoca della costruzione del canale, si era appena sposata. A Maria Aschieri è legata la leggenda di una donazione di un'emina d'oro effettuata alla comunità per la realizzazione dell'opera. Un'emina, che corrisponde a circa 20 litri, è una misura legata all'immaginario collettivo del tempo; anche le leggende riferite a Colombano Romeàn parlano di un compenso corrispondente a un'emina d'oro, ma queste quantità si rivelano delle trasmutazioni della realtà in un contesto sociale teso a mitizzare fatti reali. Se consideriamo che il peso specifico dell'oro è pari a 19,25 kg/m^3 e lo moltiplichiamo per 23,055, valore in litri dell'emina, otteniamo un peso di 443,80 kg, quantità irreale. Le leggende e gli errori storici legati alla figura di Maria Bona si sono protratti nel tempo (fig. V.20).

Esistono due documenti, del 1458 e del 1459, nei quali si parla di creare una nuova *bealera* («*iamdudum alias fuisse propositum deductumque et determinatum de construi faciendo ef fabricando una bealeriam novam, seu sedimen bialerie*» e «*ad fabricam bialagii seu aqueductus noviter incepti*»). L'11 settembre del 1458 viene steso un atto notarile che ne decreta la realizzazione (Molino 1975, pp. 91-92).

Per creare il tracciato e portare a termine l'opera furono stipulati degli accordi tra i nobili e la comunità di Giaglione affinché questa avesse la facoltà di far passare il canale su qualsiasi terreno. Vennero eletti i "massari", quattro personaggi con varie funzioni quali la stipulazione dei rimborsi ai proprietari terrieri, il controllo del tracciato, l'immissione nel canale di eventuali sorgenti, la rivalutazione delle terre servite dal canale con una conseguente tassazione aggiuntiva e le ripartizioni delle spese per le necessarie operazioni manutentive.

Sebbene fossero sorte alcune problematiche, legate in larga parte al superamento dei tratti rocciosi, il canale venne terminato nel 1460, dando seguito ad un importante mutamento di destinazione delle coltivazioni. Il canale era rimesso in funzione ogni anno il 2 novembre, giorno in cui la Confraternita dello Spirito Santo richiedeva ai giaglionesi delle preghiere in suffragio di Maria Bona (Molino 1975, pp.93-94, 154).

Maria Bona, e di conseguenza la sua famiglia, dovette sopportare un gravoso onere nella costruzione del canale e la sua disposizione nei confronti della comunità portò il popolo ad idealizzarne la figura. Tra i suoi atti di clemenza va ricordato quello relativo ad una casa forte in località Villa contenente al suo interno una fonte: «Maria Bona, sposa di Andrea De Jalliono e madre di Gaspardo, aveva legato per testamento alla Comunità la costruzione in oggetto *unam domum in Villa cui coherent Andreas Rumiani, Gaspardus filius Lodovici Rumiani et rochacium Rastelli Fogleti*, assieme ad una vigna in Bletoneto e a 400 fiorini in contanti» (Molino 1975, p. 196).

V.2.4 - *Il Buco di Viso*

Il tentativo di perforazione della montagna da parte di exillesi e chiomontini, è probabilmente riconducibile alla presenza sul territorio di un condotto tale da poter essere considerato quale modello da seguire. Nell'area territoriale del Queyras si trova il "Buco di Viso" o "Galleria delle Traversette", passaggio scavato nella roccia tra il 1478 e il 1480 per trasportare il sale dalla Provenza al marchesato di Saluzzo. La galleria è situata a circa 2900 m s.l.m. sul Colle delle Traversette, tra il comune di Ristolas nella Valle del Queyras, e il comune di Crissolo nella Val Po.

L'opera era certamente nota ad Exilles ed a Chiomonte. Il Queyras era uno dei cinque "escartons", di cui faceva parte quello d'Oulx che comprendeva al suo interno Chiomonte ed Exilles, situati a circa 45 km dal Colle delle Traversette. Inoltre gli abitanti dei due escartons partecipavano alla fiera di Guillestre, villaggio posto all'imbocco della Valle del Queyras; i momenti d'incontro legati alla vita economica erano occasioni per scambiare notizie inerenti i rispettivi luoghi d'origine.

Per comprendere le motivazioni legate alla creazione del primo traforo alpino dobbiamo inquadrare il contesto geopolitico ed economico di riferimento: «L'importanza storica dei passi alpini occidentali nella seconda metà del XV sec era evidente. Tre di quelli principali (Il Piccolo San Bernardo, il Gran San Bernardo e il Moncenisio) erano in mano ai Savoia. Il quarto (il Monginevro) era pervenuto da due secoli alla Francia (1349) mentre prima apparteneva al Delfinato. Seppure l'estremo Ovest delle Alpi possedesse una serie di altri piccoli passi (Argentera, Agnello, Croce) questi si confermavano insufficienti e di difficile utilizzo nei mesi invernali (...). Il Marchesato di Saluzzo era uno stato chiuso, le vie di comunicazione non erano tali da poter impostare una politica economica, diplomatica e strategica come, invece, facevano i Savoia. Fu proprio questa constatazione che aguzzò l'ingegno del Marchese Ludovico II di Saluzzo nei confronti del Colle delle Traversette. Egli diede il via alla perforazione delle Traversette mobilitando due abili imprenditori d'opera e, nel febbraio del 1481, poté rendere agibile la galleria del sale» (Aimar 2002, p.64).

Il traforo del Monviso, realizzato con l'aiuto del Re di Francia Luigi XI, venne portato a termine nel 1480: «tout nous porte à croire que toutes les difficultés ayant été aplanies, vers le commencement de juillet, après la fonte des neiges, on mit la main à l'oeuvre avec ardeur du côté du Dauphiné. Ce que nous pouvons affirmer avec certitude c'est que la galerie était terminée à la fin de 1480» (Vaccarone 1881, pp. 31-32). La lunghezza di questa galleria è di circa 80 m, con un'altezza media di 2 m e una larghezza di circa 2,5 m.; a causa della quota elevata era agibile per circa quattro mesi all'anno.

Nel 1515 Jacques Signot pubblicò a Parigi un opuscolo intitolato "La totale et vraye description de tous les passaiges, lieux et destroitz par lesquels on peut passer et entrer des Gaule es Ytalies", in cui è inserita una carta geografica dell'Italia detta "La carte Ditalie". Incaricato dal re di Francia Carlo VIII di «descrivere i colli e le strade che avrebbero permesso l'entrata in Italia alla sua armata» (Aliprandi 2005, p. 151), Signot scriveva: «Et encores, il y a ung aultre chemin qui se prent sur main gauche par de là le dit chasteau de Queyras, qui va au lieu de Abriès en Aristolas. Après on monte incontinent au col Lacroix (...). Entre les dits deux derniers paissages (col Lagnel et col Lacroix) il y a ung noveau passaiges bien merveilleux pour entrer au pais d'Ytalie. C'est assavoir par un pertuiz qu'on a faict à côté joignant le Mont Vissol par une montagne qu'on a percée tout oultre puis 24 ans en ça, et dure environ un traict d'arbalestre le dit pertuiz; et àpres l'on descent par le val du Pau dans le marquisat de Saluces en Piémont, et comme dit est, le dit passaige est tout joignant du Mont Visol, qu'on dit estre la plus haulte montaigne de Italie, et delà part la rivière du Po, qui passe par le milieu de Lombardie» (Vaccarone 1881, p. 14).

Delfino Muletti, avvocato e studioso pubblicò le "Memorie storiche e diplomatiche appartenenti alla città e ai marchesi di Saluzzo", descrivendo il Buco di Viso: «in un angolo entrante formato da due rocce, scorgesi la ricercata grotta del Viso, opera famosa, come si disse, dell'arditissimo ingegno del nostro marchese Lodovico secondo. L'apertura della galleria quando la vidi per la prima volta era a mezzo nascosta sotto i sassi caduti dal monte, ed è intieramente chiusa da questi al momento che scrivo (in settembre 1831). La grotta trovasi a 2950 metri sopra il livello del mare. Il monte che fu traforato si mostra quasi perpendicolare dal lato d'Italia; l'altezza sua al di sopra dell'apertura io la giudico di 60 a 70 metri. È diretta la galleria da oriente ad occidente e va in salendo alquando verso Francia: essa è larga tre metri, alta poco meno e lunga 75. Ella era sicuramente di maggior lunghezza al tempo che fu scavata; ma il continuo scoscendimento del monte debbe di molto averla accorciata dappoi. Il suolo n'è piano: irregolari sono la volta e le pareti: in queste trovansi alcuni sfondi rozzamente lavorati. A trenta metri circa v'è un picciol angolo, e da questo sito la volta verso la Francia si vede alquanto più alta; il che dimostra che si lavorò dai due lati; e che quell'angolo è il punto in cui si incontrarono gli scarpellini. Trapassato il sotterraneo, si riesce sulla strada che scende in Delfinato; strada molto meno ripida che non quella dalla parte Piemontese» (Muletti 1831, pp. 232-233).

Il Buco di Viso ebbe una vita travagliata fin dalla sua realizzazione. Nel 1588 Carlo Emanuele I dopo l'occupazione del marchesato di Saluzzo, fece ostruire fino al 1600 la galleria per evitare un'invasione da parte dei francesi; un'altra ostruzione, a scopo difensivo, avvenne al tempo della Rivoluzione francese. Conseguentemente alle frane la galleria fu ripetutamente disostruita negli anni 1620, 1676, 1798 e 1803. Successivamente gli abitanti della Val Po riaprirono il Buco di Viso nel 1812, il comune di Crissolo con un sussidio della Provincia e del C.A.I. di Torino nel 1878 e nuovamente il C.A.I. nel 1907 (Biagioli, Finocchi 1976, p. 351). Oggi il traforo ha perso la sua funzione di collegamento commerciale, ma permette il passaggio agli escursionisti.

Fig. V.1. *Il sentiero che dal Trou de Touilles conduce alla Cima Quattro Denti (foto S. Bianchi).*

Fig. V.2. *Vista della Val di Susa dalla cresta della Cima Quattro Denti (foto R. Basilico).*

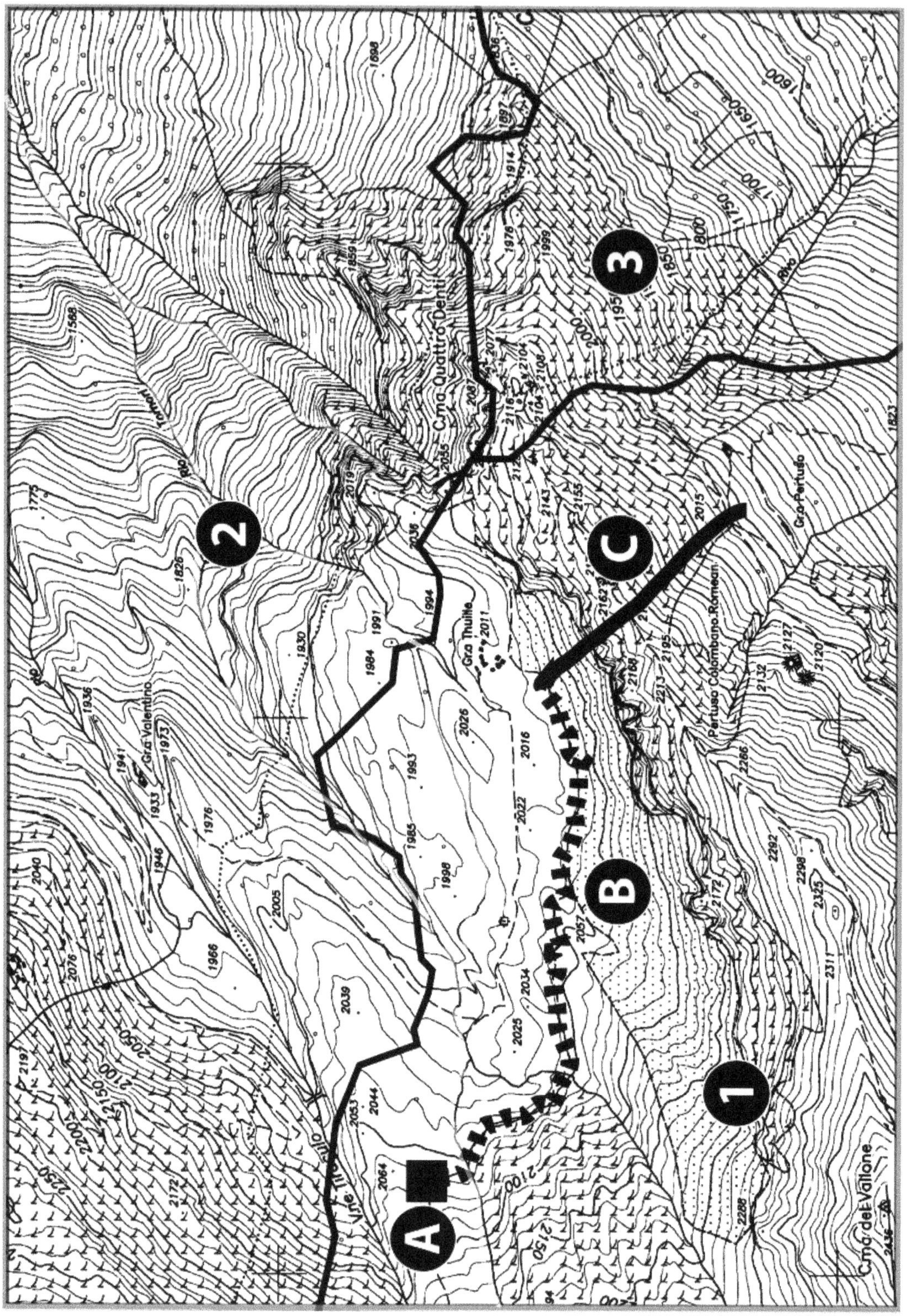

Fig. V.3. *Mappa con i confini territoriali dei comuni di Exilles, Giaglione e Chiomonte nel XVI sec. Si noti come l'acquedotto si sviluppi totalmente all'interno del territorio di Exilles. I confini attuali insistono su quelli antichi (elaborazione degli Autori).*

1. *Territorio di Exilles.*
2. *Territorio di Giaglione.*
3. *Territorio di Chiomonte.*

A. *Presa posta ai piedi del Massiccio dell'Ambin.*
B. *Tracciato della parte esterna dell'acquedotto.*
C. *Trou de Touilles: parte ipogea dell'acquedotto*

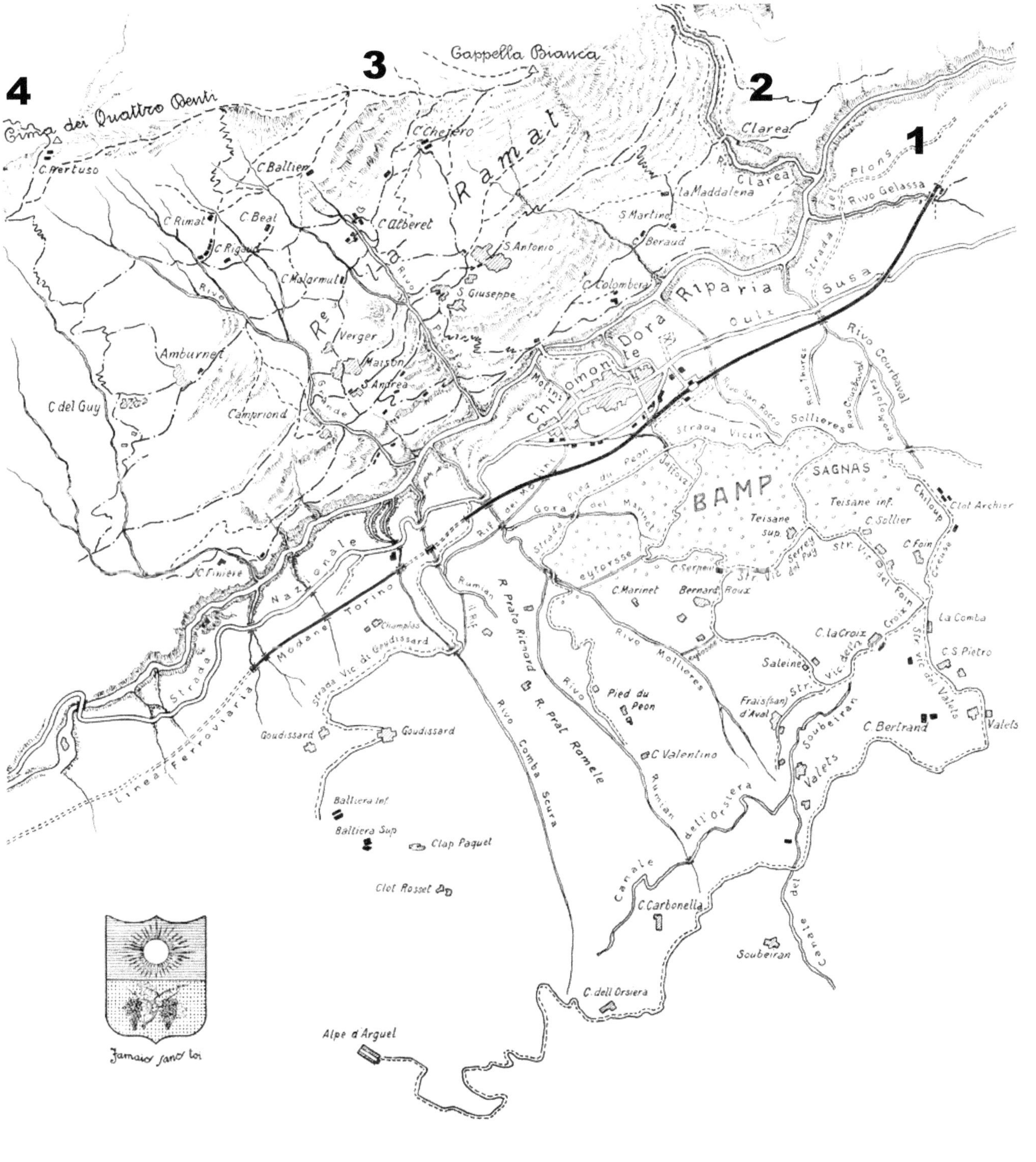

Fig. V.4. *Nella carta (Benedetto 1953, p. 322) si noti in alto la linea di confine che divideva il territorio giaglionese da quello chiomontino. Il confine insiste su quello del XVI sec.: segue il corso della Dora (1), devia verso nord alla confluenza con il torrente Clarea (2) e risale, dopo circa un chilometro, lungo una linea che giunge alla Cima Quattro Denti (4) passando per la Cappella alpestre detta Cappella Bianca (3). Successivamente travalica la cresta seguendo, per un tratto, la linea di confine tra Giaglione ed Exilles.*

Fig. V.5. *Vista del Vallone di Touilles dalla cresta soprastante il Trou de Touilles.*
Si notino l'ingresso nord del tratto ipogeo dell'acquedotto (1) e il tracciato della condotta esterna (2) (foto R. Basilico).

Fig. V.6. *Vista della cresta della Cima Quattro Denti dal versante exillese (foto S. Bianchi).*

Fig. V.7. *Vista di un* jas, *antica costruzione in pietra presente lungo il fianco della montagna (foto R. Basilico).*

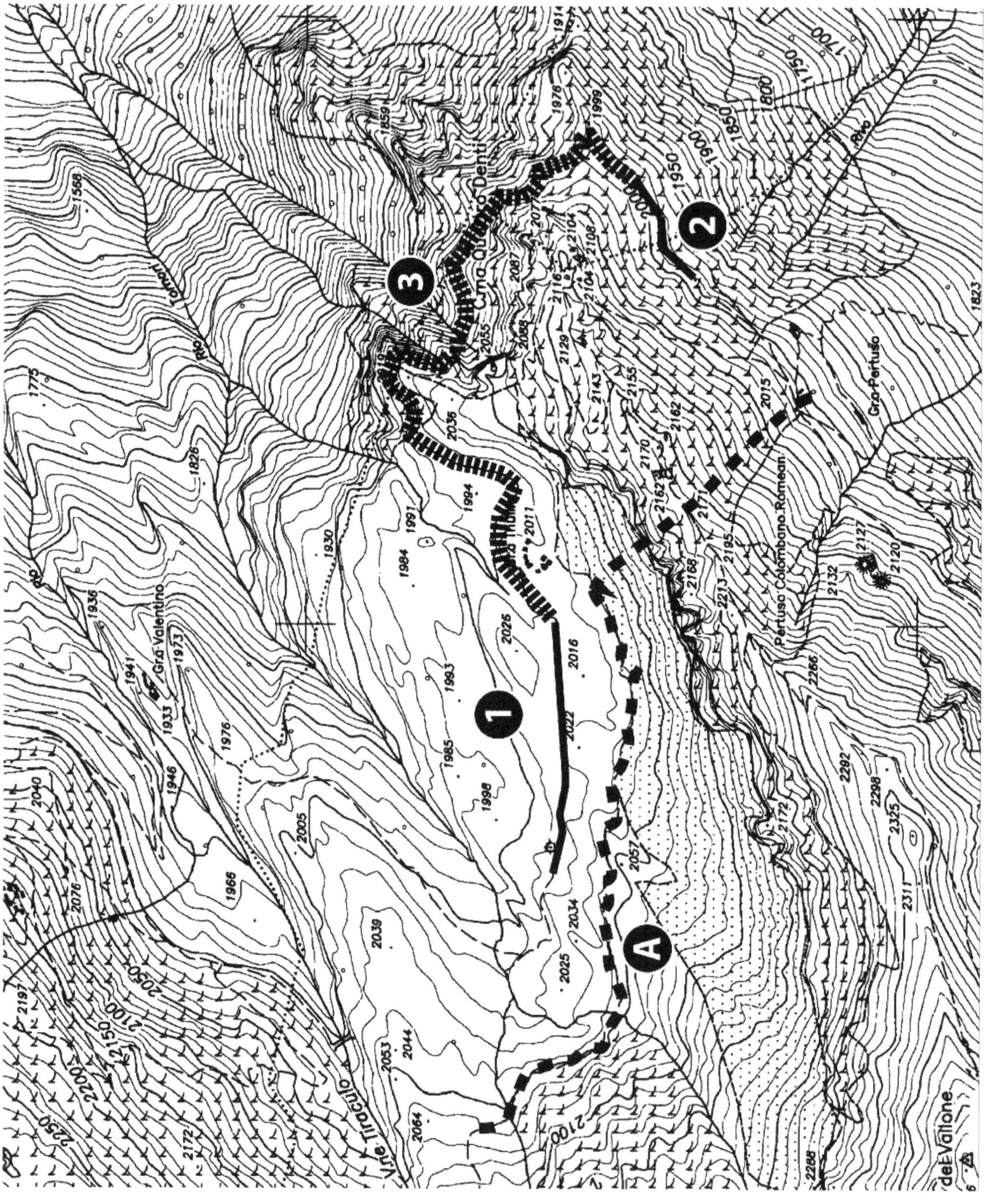

Fig. V.8. *Ricostruzione di un ipotetico acquedotto esterno precedente al Trou de Touilles (elaborazione degli Autori).*

1. Tracciato ipotetico nel Vallone di Touilles di un precedente acquedotto.
2. Tracciato ipotetico sul versante sud di un precedente acquedotto.
3. Tracciato, ricostruito seguendo le isoipse, del tratto che avrebbe dovuto unire quelli ipotizzati sui due versanti.

A. Tracciato dell'acquedotto: parte esterna nel Vallone di Touilles e tratto ipogeo.

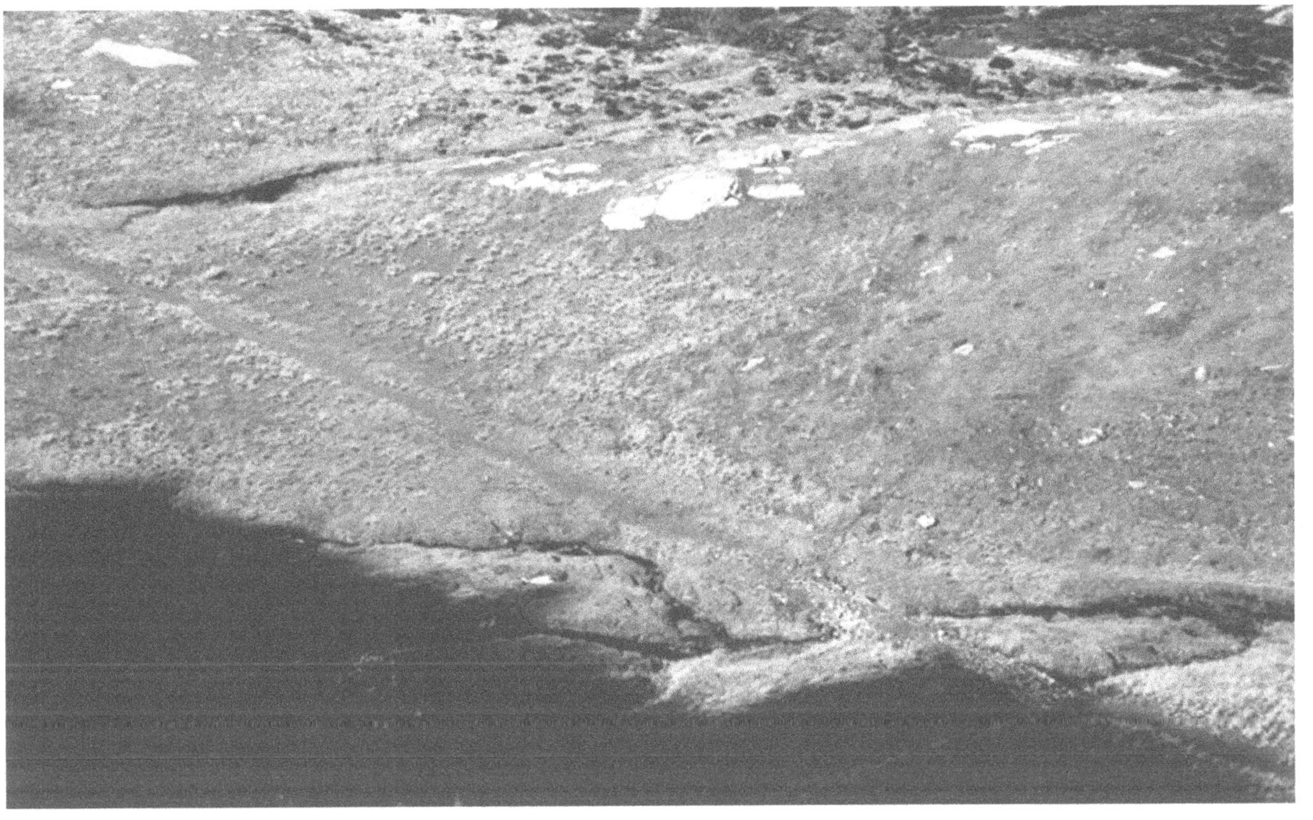

Fig. V.9. *Vista del tracciato rettilineo che attraversa il vallone di Touilles (foto R. Basilico).*

Fig. V.10. *Il tracciato è stato identificato con il canale preesistente alla costruzione del Trou de Touilles, ma lo stesso potrebbe ricondursi a un sentiero di percorrenza, militare o addirittura a un trinceramento (foto R. Basilico).*

Fig. V.11. *Grange di Touilles: si noti il tracciato (1) riconducibile a un ipotetico canale esterno precedente l'acquedotto del Trou de Touilles (foto R. Basilico).*

Fig. V.12. *Cima Quattro Denti: uno dei pinnacoli di roccia (foto R. Basilico).*

Fig. V.13. *Tracciato (1), in parte rettilineo, presente sul versante sud (foto R. Basilico).*

Fig. V.14. *Vista del punto (1) in cui un precedente canale avrebbe dovuto iniziare ad aggirare la montagna (foto R. Basilico).*

Fig. V.15. *Parte terminale del Vallone di Touilles. Si notino sulla sinistra la Grange de Touilles e sulla destra il bastione nord della cresta che collega Cima Quattro denti a Cima del Vallone. Il tracciato presente nel vallone termina nel punto in cui finisce la vegetazione. Un precedente canale esterno avrebbe dovuto piegare verso destra e aggirare la montagna superando i dirupi presenti nella parte est della bastionata rocciosa (foto R. Basilico).*

Fig. V.16. *Vista della Cima Quattro Denti dalla Val Clarea (foto R. Basilico).*

Fig. V.17. *Punto della Cima Quattro Denti, situato a est, che si affaccia vertiginosamente sulla Val Clarea. La parete non reca tracce visibili di segni o elementi per sostenere una struttura lignea aerea; non sono evidenti nemmeno tracce di sostruzioni murarie o scavi in vivo (foto A. Thum).*

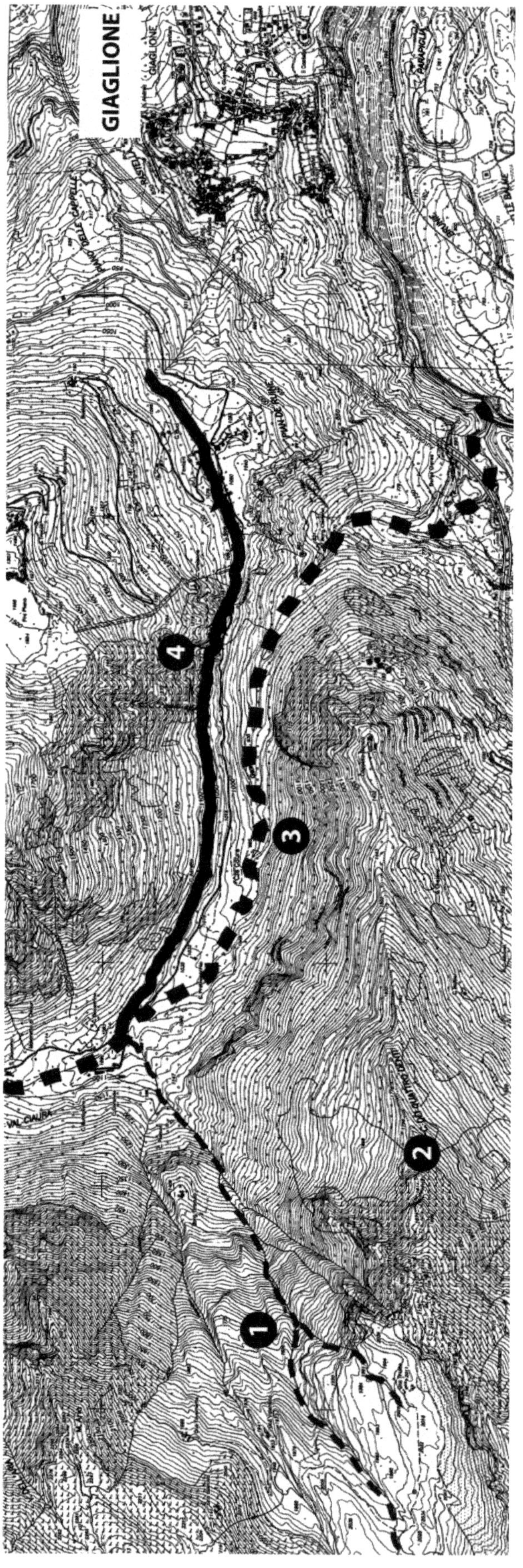

Fig. V.18. *Mappa del vallone di Touilles e della Val Clarea. Si noti: (1) Torrente di Touilles, (2) Cima Quattro Denti, (3) Torrente Clarea, (4) Canale di Maria Bona (elaborazione degli Autori).*

Fig. V.19. *Giaglione: punto in cui il Canale di Maria Bona deriva l'acqua dal Torrente Clarea (foto R. Basilico).*

Fig. V.20. *Targa commemorativa in bronzo del 1914 su cui sono riportarti i versi: «Come il gorgoglio dell'acqua di questo canale / sempre ricordi questo bronzo /al popolo di Giaglione / il nome leggendario gentile di / Maria Bona / che verso il mille / col dono di una emina d'oro / avrebbe tradotto in realtà il sogno antico / di quest'acqua fecondatrice / il nome dei nobili Aschieri signori di Giaglione / e la Comunità / che uniti e concordi / l'11 settembre 1458 / decretarono iniziarono / l'opera ardimentosa benefica / di questo nuovo canale». Nel testo vi sono imprecisioni storiche sulla genesi del Canale e sulla figura di Maria Bona (foto R. Basilico).*

Fig. V.21. *Giaglione: tratto del Canale di Maria Bona con opera muraria in pietra (foto R. Basilico).*

Fig. V.22. *Giaglione: tratto del Canale di Maria Bona in cui si nota lo scavo della parete rocciosa per consentire il passaggio dell'opera (foto R. Basilico).*

Fig. V.23. *Giaglione: tratto del Canale di Maria Bona in cui sono evidenti i lavori di rifacimento del fondo e delle spalle in materiale cementizio (foto R. Basilico).*

CAPITOLO VI

IL CONTESTO STORICO

VI.1 - *Il contesto storico*

Nel XI sec., all'incirca dall'anno 1075, l'Alta Valle della Dora Riparia venne annessa ai domini dei Delfini di Vienne. «Essa costituì, con la vicina Valchisone, un profondo cuneo di penetrazione francese allo Stato sabaudo, dalla forma caratteristica, sì da ricevere il nome di "bec Dauphin" ed essere considerata come il "Dauphiné aux eaux pendantes vers l'Italie" (...) i conti di Vienne avevano esteso la loro signoria su buona parte della Francia meridionale e mutato nel 1192 con Guigo Andrea il loro titolo con quello di Delfino (...). La loro autorità, da semplicemente feudale divenne via via realmente sovrana, imitando ed adottando gli usi e le istituzioni dei re Burgundi prima e dei Franchi poi, e facendo acquistare al loro titolo uno splendore principesco e una autorità superiore a quella di duca ed arciduca (...) nell'interesse stesso della loro autorità si dichiararono vassalli degli imperatori e ne divennero i vicari e rappresentanti nel loro stato, pur non rendendo mai omaggio diretto al loro signore imperiale né pagandogli tributo in uomini o denaro, ma ottenendone piuttosto privilegi e favori che contribuirono notevolmente all'estensione e all'ingrandimento della loro autorità» (Benedetto 1953, pp. 9, 17-18).

L'Alta Valle di Susa rientrava nel *ballivatus Briançonesii* suddiviso, all'inizio del XIII sec., in castellanie: Briançon, Vallouise, Saint-Martin, Queiras, Salbertrand, Valchisone ed Exilles, da cui dipendeva Chiomonte. Con il termine *balivi* e *castellani* si indicavano figure ben precise: «Il balio doveva visitare il suo distretto per riconoscere se i feudatari e i Castellani adempivano ai loro doveri, doveva presentare al Sovrano i richiami dei popoli, badava alla buona manutenzione delle strade pubbliche e dei ponti, ed aveva la suprema sorveglianza della pubblica quiete; aveva quindi in sua mano la pubblica forza (...). I Castellani, come indica lo stesso nome, erano più specialmente destinati a governare le castella o torre del demanio, curare l'esazione dei diritti di qualunque natura spettanti al sovrano, amministrare la giustizia in quelle cose che non fossero di grave importanza - *debeant decidere et terminare causas civiles et etiam pecuniarias breviores seu modicas* - editto 17 giugno 1430- (...). Ad Exilles fino dai primi tempi del dominio dei Delfini era stabilita la dogana o meglio come dicevasi allora il pedaggio per chi transitava d'Italia in Francia» (Chiapusso 1879, p. 24).

I rapporti tra i Delfini e i Savoia divennero ostili a causa dei confini e delle possibilità di controllare i valichi alpini (figg. VI.1, VI.2, VI.3 e VI.4). I Delfini, che controllavano il Monginevro, effettuarono uno strategico insediamento ad Exilles nel 1155 (Cavargna Bontosi 2006, p. 108). Verso il 1165 a Chiomonte venne eretta una *domus hospitalis* dipendente dai Gerosolimitani, cavalieri dell'ordine di S. Giovanni di Gerusalemme, poi detti di "Rodi". La casa ospitaliera dipendeva dalla casa madre di S. Gilles in Provenza e apparteneva alla cosiddetta lingua di Provenza. Nel 1231 Chiomonte venne infeudata ai gerosolimitani dal Delfino Andrea con un atto denominato *Sciant omnes* necessario al Delfino per estendere a Chiomonte la sua signoria: «*SCIANT OMNES tam presentes quam posteri quod anno ab Jncarnazione domini millesimo ducentesimo tricesimo primo, sexto nonas Martii, Gregorio nono papa, Frederico romano jmperatore existentibus, NOS ANDREAS Dalphinus comes Viennensia et Albonnensis confirmamus pro nobis et nostris successoribus jn comitatu nostro omnia quae olim donaverutn antecessores nostri in villa de Chaumontio et in universo ejusdem villae territorio domuj hospitalis Hierosolomitani*» (Benedetto 1953, pp. 20, 130-131).

Nel 1240 gli Ospitalieri di Chiomonte furono costretti ad abbandonare la località. In questo periodo nella Valle di Susa fiorirono numerose strutture per i viaggiatori gestite da religiosi, grazie alla sviluppata rete infrastrutturale: «Chiomonte fu quindi partecipe delle vicende sia dell'Alta Valle sia della Prevostura, e questo duplice aspetto delle sue vicissitudini storiche si riflette pure sulla storia delle sue istituzioni e consuetudini, e conferisce loro caratteri singolari ed originali» (Benedetto 1953, p. 10).

Nei primi decenni del XIV sec., dopo un periodo di pace, la Val di Susa divenne un terreno di scontro tra il Delfinato e i Savoia: «le opere difensive che i Savoia avevano costruito alla Chiusa di Gravere, non rispettando un accordo tra le due famiglie che prevedeva di rinunciare a fortificare la linea di confine per lasciare massima libertà agli scambi commerciali ed alle comunità confinanti (...). Pochi anni dopo i Delfini raggiunsero il vertice del loro potere nelle alte valli di Susa mettendo sotto il loro controllo anche la valle di Bardonecchia (...). Francesco di Bardonecchia si avvicinò al conte di Savoia per strappare ai Delfini il castello di Exilles, che costituiva il princiale baluardo del loro potere in alta valle, e per questo venne condannato una prima volta in contumacia. Il tentativo comunque venne effettuato ed ebbe successo grazie al consenso della comunità di Exilles, ma gli uomini di Oulx gli mossero contro, lo catturarono e lo consegnarono alla giustizia del Delfino che lo condannò a morte» (Cavargna Bontosi 2006, pp. 137-138).

Il Delfinato cercò di contrarre degli accordi con il papato e, nel contempo, di verificare e finalizzare i dazi imposti alla popolazione. Nei suoi tentativi di monetizzazione il Delfino cedette a molte comunità nel 1343, periodo iniziale della Guerra dei Cent'Anni, numerosi diritti di cui era depositario in cambio di somme annuali e di cessioni; in questo modo anzichè venderli a famiglie nobiliari li lasciò direttamente alla popolazione che ottenne un «diritto di autogestione: sarebbero state le stesse comunità ad amministrarsi e poi a far da esattori, per corrispondere ogni anno la quota dovuta al governo delfinale» (Cavargna Bontosi 2006, p. 139). Si formarono così cinque "escartons", ossia cinque "distretti regionali": Briançon, Oulx, Pragelato, Queyras e Casteldelfino (fig. VI.5). «Il riscatto dei diritti non era di per sè un fatto che comportasse particolari implicazioni giuridiche, ma è eccezionale sia l'ampiezza delle cessioni che l'alto numero delle comunità coinvolte (...). Questo acquisto tolse ogni ruolo alla nobiltà nelle amministrazioni locali e rese necessaria la convocazione di assemblee periodiche, che posero le basi di una partecipazione collettiva sostanzialmente democratica» (Cavargna Bontosi 2006, p. 139).

Nel 1349 Umberto II, ultimo Delfino, cedette il regno alla Francia con la clausula che questo fosse governato dal primogenito dei Re francesi: il "Principe" o "Delfino del Delfinato". In realtà questa si rivelò una formalità poichè il Delfinato era comandato da governatori nominati dal Re. In questo periodo nascevano gli statuti, una «forma scritta di ordinanze per la tutela dei beni pubblici e degli usi locali (...) il termine di statuti va inteso nel significato letterale di cose stabilite cioé statute» (Cavargna Bontosi 2006, p. 24) e allo stemma del Delfinato si aggiunse il giglio di Francia.

Nella prima metà del XV sec. i Savoia acquisirono Torino ma, con la fine della Guerra dei Cent'Anni, tornarono ad inasprirsi i rapporti con i francesi che rivendicarono ai Savoia la successione al ducato visconteo milanese. «Nel corso di queste crisi nel 1453 i soldati sabaudi entrano in alta valle per contrastare quelli di Renato d'Angiò: nell'azione saccheggiano il borgo di Chiomonte e quello di Exilles" poi pongono l'assedio al castello ma vengono sconfitti» (Cavargna Bontosi 2006, p. 152). Tuttavia la ripresa demografica successiva alla peste nera, la disponibilità di terreni e una certa permeabilità delle frontiere, si rivelarono fattori di prosperità per la Val di Susa, in cui fiorirono numerosi capolavori architettonici.

Il 1 giugno 1540 il Delfinato adottò la lingua francese come lingua ufficiale in sostituzione del latino scritto, a seguito della *Ordannance de Villers-Cotterets* emanata dal Re di Francia Francesco I nel settembre del 1539. Questo fattore portò a una "francesizzazione" dei cognomi del borgo e dei toponimi. Chiomonte, che mantenne il nome francese di Chaumont fino al 1880, era ancora feudo della Prevostura d'Oulx con uno statuto giuridico separato.

La storia della valle continuò ad essere legata a quella della Francia. La nascita degli ugonotti, i "reformés", come movimento politico dopo la strage di Wassy, avvenuta nel 1562, portò alle guerre di religione francesi. Sotto la guida di Enrico di Navarra iniziarono una serie di sanguinose lotte tra protestanti e cattolici fino a che lo stesso Navarra, divenuto Enrico IV re di Francia, si convertì al cattolicesimo ponendo fine alla guerra con l'editto di Nantes il 13 aprile 1598.

Gli Ugonotti attuarono una serie di devastazioni che culminarono con il saccheggio della prevostura d'Oulx nel 1562, e con un tentativo di presa del forte di Exilles nel 1569. Nel 1575 la Prevostura fu «occupata dai riformati che arsero case di Cesana, Bardonecchia, e Champla e si impossessarono di numero 400 case di Chiomonte costringendo parte degli abitanti a fuggire dalle loro case e abbandonare i campi» (Benedetto 1953, p. 22-23). Solo Luigi XIII re di Francia ristabilì nel 1629 il culto cattolico.

La successione al marchesato di Saluzzo, passato ai Savoia col trattato di Lione nel 1601, portò ulteriori scontri nella Valle. Lo stesso duca Carlo Emanuele II vietava ai soldati di «pigliare et esportare alcuni grani, pane, vino, carne, biava, fieno, paglia, o altri legumi, cavalli bestiami et altri beni appartenenti et spettanti a li abitanti di detti luoghi di Chiomon, Ramata et grange luoro, salvo di buon consentitmento luoro et pagando ragionevolmente quello piglieranno» (Benedetto 1953, p. 25). Il trattato di Cherasco, siglato nel 1631 da Vittorio Amedeo I di Savoia e Luigi XIII portò a un periodo di relativa tranquillità, costellato più che altro da episodi legati al passaggio di truppe e a un ritorno dei Valdesi Pronti a spalleggiare i Savoia. Nel 1708 il Duca di Savoia Vittorio Amedeo II conquistò le fortezze di Exilles e Finestrelle e, col trattato di Utrecht dell'11 aprile 1713, le tre valli delfinali di Pragelato, Oulx e Castel Delfino appartenenti al versante orientale delle Alpi passarono ai Savoia (figg. VI.6, VI.7 e VI.8).

Una serie di documenti, analizzati nel capitolo VIII, è legata alle vicende del Trou de Touilles scavato durante il regno di Francesco I re di Francia. Di seguito si riporta uno schema di inquadramento storico:

- documento 1 03/10/1504 Regnante Luigi XII
- documento 2 20/10/1526 Regnante Francesco I
- documento 3 10/06/1534 Regnante Francesco I
- documento 4 15/06/1553 Regnante Enrico II
- documento 5 16/06/1651 Regnante Luigi XIV
- documento 6 16/06/1651 Regnante Luigi XIV

VI.2 - *L'aspetto demografico all'epoca della costruzione dell'acquedotto*

Durante il periodo medioevale si aveva nelle comunità un andamento oscillante in vari ambiti, da quello economico a quello sociale. Ciò era conseguenza dei numerosi spostamenti di merci e persone che facevano variare «continuamente i dati sulla produzione e sull'andamento dei prezzi dei prodotti principali» (Cavargna Bontosi 2006, p. 143). Anche l'andamento demografico della Valle di Susa avveniva secondo questa tendenza. Nella prima parte del XIV sec. le condizioni economiche della Valle di Susa erano favorevoli e si osservò la presenza di un elevato numero di abitanti; da documenti dell'Archivio di Stato di Torino e degli archivi dipartimentali dell'Isère a Grenoble, si può rilevare che nel decennio tra il 1330 e il 1340 la popolazione dell'Alta Valle della Dora Riparia raggiunse un alto picco di densità, eguagliato solo successivamente negli anni compresi tra il 1860 e il 1870.

Il freno economico e sociale si ha tra il 1347 e il 1351 quando in Europa scoppia la grande epidemia di peste nera: la pandemia miete un enorme numero di vittime riducendo di almeno un terzo tutta la popolazione europea. Ciò avviene anche tra la popolazione dell'Alta Valle della Dora Riparia che si riduce a un terzo: «il confronto fra i censimenti del 1335 e 1356 rivela una caduta della popolazione che supera il 30 per cento» (Cavargna Bontosi 2006, p. 146). Nel 1348 l'epidemia attraversa le Alpi e si diffonde in Provenza, Savoia, Delfinato e Borgogna, penetrando nell'Europa occidentale. In Savoia le accuse caono sugli ebrei accusati di aver avvelenato le fonti: a migliaia di loro vengono confiscati i beni e inflitte condanne a morte (Molino 1975, p. 264). Il livello della popolazione rimane pari ad un terzo di quello del 1340 anche nei decenni successivi e nella prima metà del XV sec. a causa di altre ondate epidemiche di peste e tifo e per il peggioramento delle condizioni climatiche. La crisi demografica tra la fine del 1300 e gli inizi del 1400 nei territori del Canavese e nella Valle di Susa arriva a far diminuire la popolazione fino alla metà. Solo a partire dal 1450 si assiste ad un lento aumento della popolazione (Rotelli 1973, pp. 81, 86-87).

Una condizione importante, ai fini della creazione di risorse idriche che porta alla realizzazione del Trou de Touilles, è il passaggio dalla coltivazione della vigna a quella delle colture cerealicole e prative, per le quali diminuisce considerevolmemente l'apporto umano. Infatti «il passaggio dai cereali ai prati, che richiedono maggiori necessità di irrigazione, spinge alla costruzione di una rete di canali di irrigazione» (Cavargna Bontosi 2006, p. 148).

VI.3 - *Il confronto tra la popolazione nei paesi e nelle borgate*

I dati sul numero della popolazione a Chiomonte e alle Ramats possono essere desunti dai "fuochi", ovvero dai censimenti delle comunità basati sui nuclei famigliari in uso fino al 1700 (figg. VI.9, VI.10 e VI.11). Il fuoco di una famiglia medioevale è composto da circa 5 persone. Possiamo supporre il numero degli abitanti nell'Alta Valle in seguito al «censimento fatto dai delegati papali nel 1339: Chiomonte ha 1500 abitanti, come Oulx insieme a Savoulx e Sauze d'Oulx; Bardonecchia insieme a Mezelet, Les Arnauds e Millaures ne ha 2000; Rochemolles è a parte con 365. Cesana e Sauze di Cesana si dividono gli abitanti del tratto alto della Dora Riparia rispettivamente con 2070 e 970 persone; Exilles ne conta 920 e Salbertrand 800 (...). Nel 1339 Chiomonte ha 300 fuochi, Oulx con Savoulx e Sauze d'Oulx 300, Bardonecchia con Mezelet, Les Arnauds e Millaures 400, Rochemolles 73, Cesana ha 414 fuochi, Sauze di Cesana 195, Exilles 184 e Salbertrand 161» (Cavargna Bontosi 2006, pp. 149-150).

Si riporta uno stralcio della ricerca inedita di Valerio Coletto da cui risulta che: «Nel 1435 il borgo di Chiomonte annovera 120 famiglie mentre le borgate delle Ramats ne contano 21. Nel 1487 Chiomonte annovera 190 famiglie, le Ramats 25; l'aumento della popolazione a Chiomonte è di circa il 60% mentre alle Ramats è a malapena del 20%. Tra la fine del '400 e la prima metà del '500 alle Ramats esisteva un modello di famiglia patriarcale, con più fratelli in una stessa famiglia, per cui la famiglia patriarcale era necessariamente più numerosa e composta anche da più di una dozzina di persone. Possiamo quindi ipotizzare che alla fine del '400 la popolazione delle Ramats fosse costituita da circa 250 persone. Emerge il dato che gli insediamenti abitativi non avessero subìto contrazioni dopo il 1350 e che la situazione agli inizi del XVI sec. ricalcasse in qualche modo quella precedente il 1345. Da ciò si può anche desumere come l'epidemia di peste nera del 1347-1351 toccò solo in parte le Ramats, dove la lontananza e l'isolamento delle tre borgate allora presenti potevano evitare di essere coinvolte nella diffusione dell'epidemia» (figg. VI.12, VI.13, VI.14, VI.15, VI.16 e VI.17).

VI.4 - *Aspetti linguistici: l'occitano*

L'importanza della "lingua occitana" per la diffusione delle forme scritte volgari, è indicata dal poeta Dante Alighieri. Nel XXVIII canto dell'Inferno Dante incontra il poeta Bertran de Born, a cui fa definire il sistema punitivo del contrappasso: «Di sé facea a sé stesso lucerna, / ed eran due in uno e uno in due; / com'esser può, quei sa che sì governa. / Quando diritto al piè del ponte fue, / levò 'l braccio alto con tutta la testa / per appressarne le parole sue, / che fuoro: "Or vedi la pena molesta, / tu che, spirando, vai veggendo i morti: / vedi s'alcuna è grande come questa. / E perché tu di me novella porti, / sappi ch'i' son Bertram dal Bornio, quelli / che diedi al re giovane i ma' conforti. / Io feci il padre e 'l figlio in sé ribelli; / Achitofèl non fé più d'Absalone / e di Davìd coi malvagi punzelli. / Perch'io parti' così giunte persone, / partito porto il mio cerebro, lasso!, / dal suo principio ch'è in questo troncone. / Così s'osserva in me lo contrapasso» (Alighieri 1990; Inferno, XXVIII, 124-142).

Nel XXVI Canto del Purgatorio, Guido Guinizzelli indica a Dante il poeta trovatore Daniel Arnaut che gli si rivolge in provenzale: «Io mi fei al mostrato innanzi un poco, / e dissi ch'al suo nome il mio disire / apparecchiava grazïoso loco. / El cominciò liberamente a dire: / "Tan m'abellis vostre cortes deman, / qu' ieu no me puesc ni voill a vos coprire / Ieu sui Arnaut, que plor e vau cantan; / consiros vei la passada folor, / e vei jausen lo joi qu' esper, denan. / Ara vos prec, per aquella valor / que vos guida al som de l'escalina, / sovenha vos a temps de ma dolor!". / Poi s'ascose nel foco che li affina» (Alighieri 1990; Purgatorio, XXVI, 136-148). Successivamente Dante incontra in Paradiso Folchetto da Marsiglia, poeta provenzale come Daniele Arnaut e Bertrand de Born.

Ancora Dante, nel De Vulgari Eloquentia, definisce le lingue d'òc e d'oïl, ovvero "lingua del si": «*Est igitur super quod gradimur ydioma tractando tripharium, ut superius dictum est: nam alii oc, alii sï, alii vero dicunt oil. Et quod unum fuerit a principio confusionis (quod prius probandum est) apparet, quia convenimus in vocabulis multis, velut eloquentes doctores ostendunt: que quidem convenientia ipsi confusioni repugnat, que ruit celitus in edificatione Babel*» (Alighieri 1991, p. 20). Queste lingue, definite d'òc e d'oïl in rapporto alla rispettiva influenza dell'area italiana o francese, hanno un'etimologia riconducibile al latino d'hoc e d'hoc ille.

La parola occitano, che deriva dal termine d'òc, appare in testi amministrativi fin dall'epoca medioevale, ma viene utilizzata correntemente solo dal secolo scorso, per designare la lingua appartenente ad una certa area geografica. L'accezione provenzale viene usata odiernamente per indicare la parlata dell'omonimo territorio francese. Il confine linguistico dei dialetti italiani è delimitato dall'area posta al piede dell'arco alpino. I linguisti tendono a considerare l'occitano come una lingua anziché una famiglia linguistica e non è corretto considerare i patois come una forma di francese corrotto: «le patois sont, à un certain point de vue, contemporains du français proprement dit; ils plongent, comme lui, par leurs racines, dans le latin, d'où toute langue romane dérive, et dans le compartiment provincial qui les a produits» (Littré 1863, p. 94). L'occitano ha una vasta diffusione che va dalla costa atlantica, al Mediterraneo fino alle valli alpine; in Francia si riscontra in numerose aree: Provenza, Linguadoca, Pirenei, Aquitania, Limosino, Alvernia, Ardèche, Drôme e Isère. In Spagna prende il nome di guascone e comprende la Val d'Aran e la Catalogna; in Italia lo troviamo principalmente in Piemonte e in Liguria.

La diffusione e la presenza dell'occitano ha numerose sfumature linguistiche nei contesti territoriali d'appartenenza; si differenzia dal franco-provenzale la cui estensione comprende i territori francesi di Lione, la Savoia, la Svizzera francese, il Piemonte e la Valle d'Aosta; tocca anche la Valle di Susa (Giaglione, Gravere e Val Cenischia). «Il termine francoprovenzale fu coniato dal glottologo Isaia Ascoli quando, nel 1873, ravvisò caratteri comuni e distintivi, rispetto alle altre lingue romanze, in un certo numero di parlate distribuite in alcuni dipartimenti francesi (gli attuali Loire, Rhône, Saône-et-Loire, Doubs, Jura, Ain, Haute-Savoie, Savoie, Isère, Drôme), nei cantoni svizzeri di Neuchâtel, Vaud, Genève, Fribourg e Valais e nelle valli alpine italiane comprese tra la Valle d'Aosta e la Val Sangone in Piemonte» (Donzella 2007, p. 15).

VI.4.1 - *Il dialetto di Chiomonte*

La Valle di Susa è una zona interessante dal punto di vista dialettologico perché è area di confine fra il provenzale, il franco-provenzale e il piemontese: era la principale via di comunicazione fra il Piemonte e l'Oltralpe grazie alla presenza d'importanti passi quale il Moncenisio e il Monginevro (Berruto 1974, p. 42).

La Valle rientra nell'areale linguistico dei patois alpini, le parlate che prendono il nome di provenzale e franco provenzale, rispettivamente comprese tra il Monte Rosa e Susa a nord e tra Susa e il Col di Tenda a sud (fig. VI.16). Questi idiomi trovano corrispondenza nei dialetti provenzali e delfinesi e in quelli savoiardi, lionesi, vallesi, ginevrini e romandi dei territori francesi e svizzeri. I caratteri linguistici della Valle di Susa sono piuttosto articolati; tra Chiomonte e Giaglione si trova il confine tra le parlate provenzali e quelle franco provenzali, indice di una frattura linguistica collegata all'unione dovuta al Monginevro con il Delfinato e al Moncenisio con la Savoia (Grassi 1964, pp. 19-25).

Fig. VI.1. *Vista dalla SS24 del Monginevro: tratto montuoso che unisce Cima del Vallone (1) a Cima Quattro Denti (2), con al centro l'imbocco sud del Trou de Touilles (3). Si notino le borgate delle Ramats appartenenti al territorio del comune di Chiomonte (4) e la Val Clarea (5) (foto R. Basilico).*

Fig. VI.2. *A sinistra e a destra sono mostrati gli stemmi del Delfinato e dei Savoia, collocati sul pilone che segna l'antico confine tra i due territori (foto R. Basilico).*

Fig. VI.3. *Pilone presente sul territorio del comune di Gravere che indica l'antico confine tra i territori del Delfinato e quelli dei Savoia. Nel cartello esplicativo, scritto in italiano e occitano, si legge: «Il Pilone che contrassegnava l'antico confine Piemonte-Delfinato venne demolito nel 1708; l'ultimo residuo del suddetto venne eliminato nel 1926 per l'allargamento della S.S.24 del Monginevro. Nel 1984 venne ricostruito per ricordare fedelmente la storia: dal XVI secolo fino al trattato di Utrecht avvenuto nel 1713 questo luogo fu confine tra le terre del Delfinato Francese e del Piemonte dei Savoia. Con la conquista dell'Alta Valle Susa da parte di Vittorio Amedeo II l'intero territorio della Valle viene annesso al Piemonte» (foto R. Basilico).*

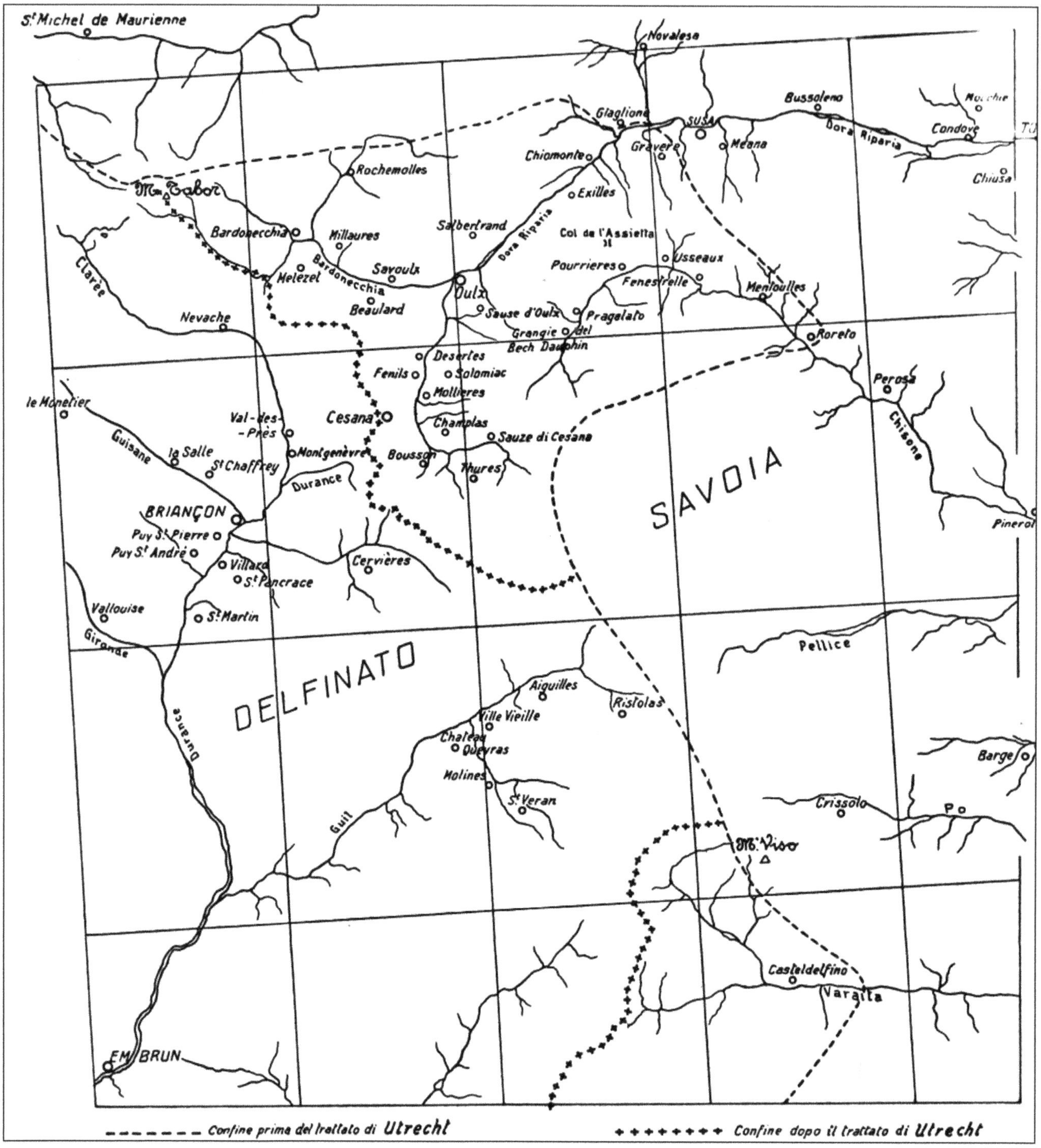

Fig. VI.4. *"Il baillage di Briançon": carta con indicazione dei confini tra Delfinato e Savoia prima e dopo il trattato di Utrecht (tratta da: Benedetto 1953, p. 321).*

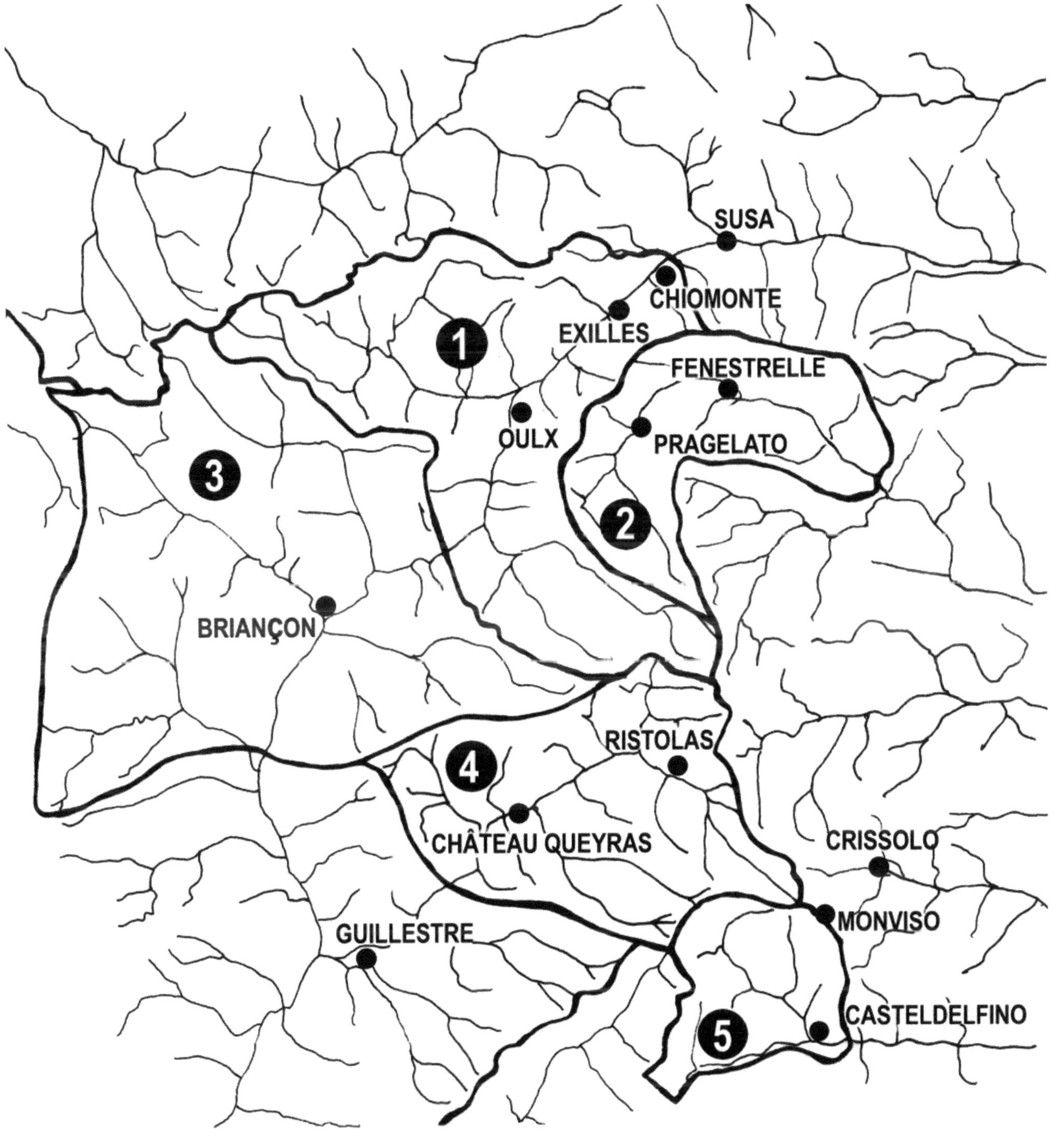

Fig. VI.5. *Carta con indicazione dei cinque Escartons o Cantoni: (1) Oulx, (2) Pragelato, (3) Briançon, (4) Château-Queyras, (5) Casteldelfino. Il 29 maggio 1343 il Delfino Umberto II sottoscrive con i rappresentanti di queste comunità la "Grande Charte"; in questo accordo si riconoscevano agli abitanti degli Escartons numerosi diritti quali la proprietà privata, la libera circolazione, formulare e far applicare leggi e la possibilità di eleggere i propri rappresentanti. Quest'ultimi, detti consoli, venivano eletti annualmente dai capi famiglia riuniti in consiglio. La popolazione degli Escartons, superiore a quarantamila abitanti, aveva un alto tasso di alfabetizzazione. In cambio di questa autonomia il Delfino ricevette un compenso e una rendita annuale versata dalle comunità.*

(Elaborazione degli Autori sulla base della cartografia tratta da: Maurice 1976).

Fig. VI.6. *Vista della fortezza di Exilles (foto R. Basilico).*

Fig. VI.7. *Vista di Cels dal sentiero che conduce al Trou de Touilles (foto R. Basilico).*

Fig. VI.8. *Architetture rurali nell'abitato di Cels (foto R. Basilico).*

Fig. IV.9. *Via centrale di Chiomonte con una delle numerose fontane che caratterizzano l'abitato; la maggior parte di esse risale al XVI sec. (foto R. Basilico).*

Fig. IV.10. *Particolare di una fontana che reca incisa la data 1731 sullo stemma comunale (foto R. Basilico).*

Fig. IV.11. *Chiomonte: piazza dedicata a Colombano Romeàn con la vecchia e la nuova scritta (foto R. Basilico).*

Fig. IV.12. *Borgate delle Ramats: vista dell'abitato da Chiomonte (foto R. Basilico).*

Fig. IV.13. *Borgate delle Ramats, Chiomonte: cappella di S. Andrea al cui interno si trovano splendidi affreschi con scene della vita del Santo, risalenti al XV sec., attribuiti alla bottega pinerolese dei Serra (foto R. Basilico).*

Fig. IV.14. *Abitato di Ambournet, situato sopra Cels, lungo la via che conduce al Trou de Touilles (foto R. Basilico).*

Fig. IV.15. *Cima Quattro Denti (foto R. Basilico).*

Fig. IV.16. *Vista dal versante sud della cresta che collega Cima del Vallone a Cima Quattro Denti (foto R. Basilico).*

Fig. IV.17. *Il Rocciamelone visto dal Vallone di Touilles (foto R. Basilico).*

CAPITOLO VII

LO STUDIO DELL'OPERA

VII.1 - *Metodologia d'indagine applicata allo studio del Trou de Touilles*

Il metodo d'indagine ha perseguito l'analisi globale dell'opera, formata da più elementi interagenti reciprocamente che, nel contempo, mantengono le proprie funzioni. Si sono individuate quattro macro-zone riferite allo sviluppo dell'acquedotto, dalla genesi al suo termine:

Zona 1. sistema di adduzione e condotta esterna
La zona comprende la presa dell'acqua, posta nel Vallone di Touilles, e il percorso sul territorio della condotta fino all'imbocco del tratto ipogeo. La presa moderna è realizzata con setti murari in cemento e pietre che formano una bocca atta a convogliare le acque in un vascone con chiuse e paratie metalliche. L'acqua entra in una condotta e il tracciato, che segue quello originario, è facilmente percorribile.

Zona 2. condotto ipogeo
È il Trou de Touilles propriamente detto, la zona ipogea dell'acquedotto che si sviluppa all'interno della montagna, scavata dal minatore Colombano Romeàn. Lo studio dell'opera è risultato difficoltoso per il contesto ambientale.

Zona 3. raccolta dell'acqua
È riferita al ripartitore esterno. La recente opera in cemento e pietra convoglia le acque che escono dal Trou de Touilles e le distribuisce alle borgate exillesi e chiomontine.

Zona 4. distribuzione sul territorio dell'acqua
Corrisponde a due *bealere* che seguono la morfologia del territorio e si dirigono a valle con percorsi opposti. I canali creano successivamente due rivi, che scendono verso Cels e le borgate delle Ramats seguendo due linee di displuvio; lungo il percorso sono presenti delle canalette che distribuiscono l'acqua ai campi.

Si sono rapportate le zone individuate ai gradi di fruibilità riscontrati per effettuarne l'analisi. Nel grafico VII.1 gli elementi presenti lungo l'asse delle ordinate sono le zone di analisi, ossia le aree in cui è possibile scomporre l'intero acquedotto, esterno e ipogeo. Sull'asse delle ascisse è stato posto un sistema di valutazione della fruibilità delle varie zone. La scala di riferimento prevede cinque gradi di fruibilità disposti in ordine crescente: 1 = nullo, 2 = difficoltoso, 3 = sufficiente, 4 = discreto, 5 = elevato. Questi valori indicano un contesto ambientale di analisi che passa da un'impossibilità di fruire la zona ad una sua accessibilità totale. L'utilizzo di grafici analitici ha mostrato i fattori che influenzano le operazioni di studio, quali la fruibilità o le difficoltà ambientali. I risultati conseguiti hanno permesso di adottare decisioni differenziate per tipologia di studio e approfondimento. Nel grafico VII.2 gli elementi presenti lungo l'asse delle ordinate sono le zone di analisi. L'indagine, rivolta alle medesime aree indicate nella tavola VII.1, identifica il grado di precisione da adottarsi nelle fasi di rilievo. Sull'asse delle ascisse sono indicati i valori relativi al grado di precisione dell'analisi con un sistema di valutazione dato da valori crescenti in funzione della complessità e accuratezza adottata: 1 = nullo, 2 = difficoltoso, 3 = sufficiente, 4 = discreto, 5 = elevato.

La definizione delle modalità di rilievo è suddivisibile in tre tipologie analitiche:

1. Analisi speditiva
Si applica se non è possibile operare in sicurezza o non si può permanere per lungo tempo all'interno dell'ipogeo. Si utilizza anche nel caso in cui sia richiesto solo uno studio preliminare oppure non si disponga di tempo o attrezzature particolari.

2. Analisi dettagliata
Prevede un approccio indirizzato a un grado di rilievo superiore. La sua applicazione implica un rischio ambientale contenuto o controllabile, unitamente all'impiego di tempo e di strumentazione adeguata anche in fase di post-produzione.

3. Analisi approfondita

Si adottano sistemi di studio che richiedono conoscenze specifiche; può rendersi necessario l'utilizzo di indagini di tipo archeometrico.

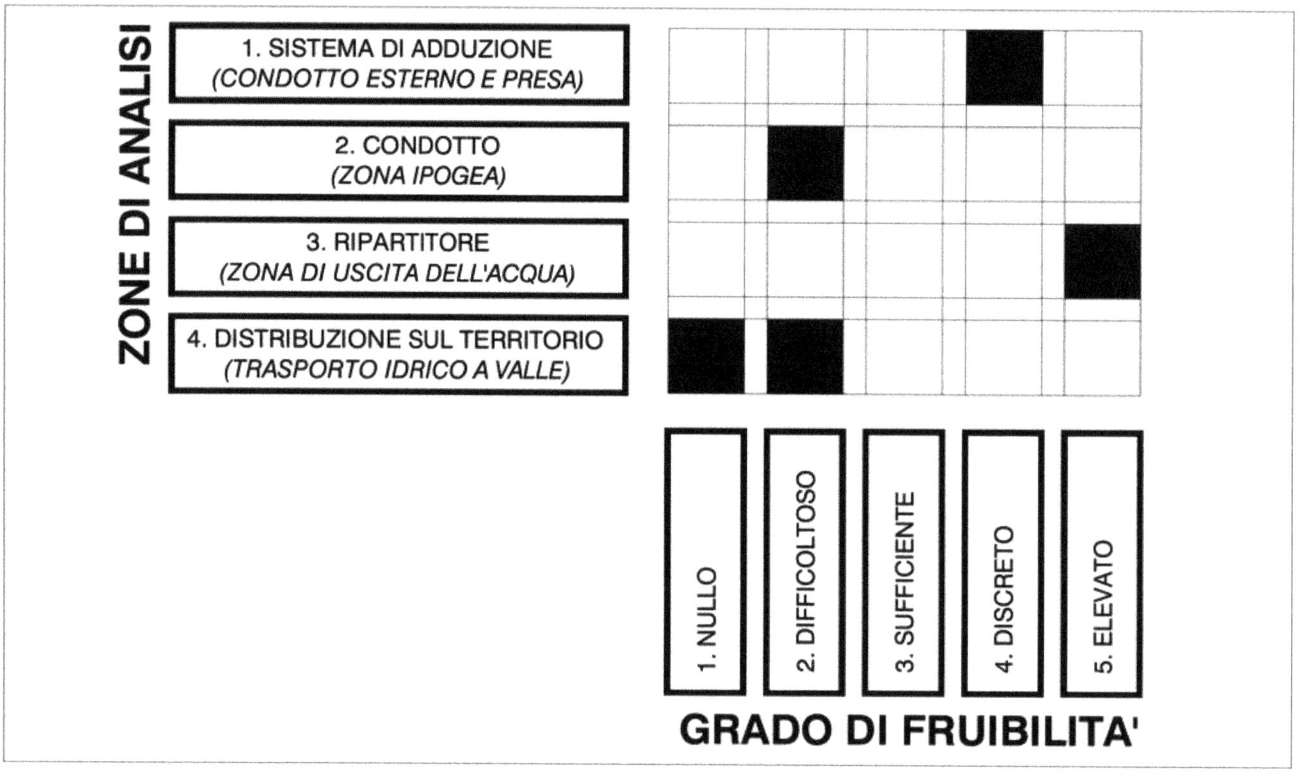

Grafico VII.1. *Grado di fruibilità delle zone di analisi (elaborazione degli Autori).*

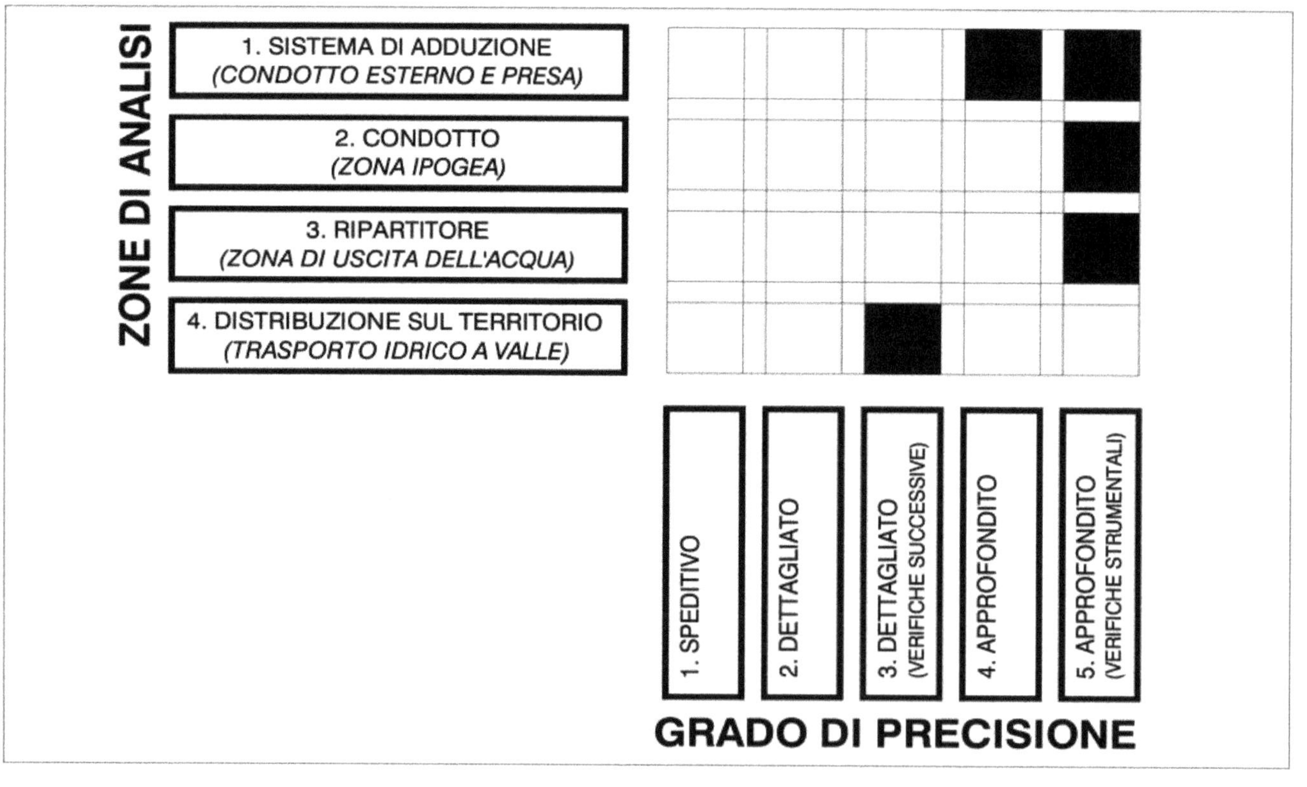

Grafico VII.2. *Grado di precisione del rilievo nelle zone di analisi (elaborazione degli Autori).*

La comparazione tra i grafici VII.1 e VII.2 indica la mancanza di relazioni dirette fra la fruibilità e il grado di precisione che si vuole adottare in una determinata zona di studio. Quello che porta a un tipo di analisi più o meno accurata è la capacità discrezionale dell'individuo; il grado di interesse verso un singolo elemento nel contesto del lavoro, conduce a uno studio approfondito anche nel caso di una bassa fruibilità, aspetto questo ricorrente nello studio delle cavità artificiali.

VII.1.1 - *Organizzazione delle fasi operative*

La precisione di un rilievo deriva dall'interazione tra il metodo di raccolta dei dati, l'identificazione dei punti salienti su cui basarsi nelle fasi di studio e da cinque fattori: agibilità, sopportazione psicologica dell'ambiente, allenamento, tipo di attrezzatura impiegata e competenza nella restituzione dei dati. Una volta identificato il tipo di rilievo, in relazione alle fruibilità dell'ambiente e a ciò che si vuole ottenere, per passare alle fasi operative e organizzative è necessario identificare i requisiti minimi delle operazioni e formare squadre adatte. Questo tipo di approccio permette di stabilire a priori e in modo accurato le fasi operative e di organizzare i differenti campi di studio in funzione dei lavori da svolgere. Le problematiche, identificate nelle varie zone, portano a determinate scelte basate sul risultato voluto. Il grafico VII.3 è un indicatore dei requisiti minimi che gli operatori devono possedere per operare in un dato ambiente.

ZONE DI ANALISI	DIFFICOLTA' DI AGIBILITÀ DELL'AMBIENTE	GRADO DI SOPPORTAZIONE PSICOLOGICA ALL'AMBIENTE	TIPO DI ALLENAMENTO RICHIESTO	COMPETENZA E LIVELLO DELL'ATTREZZATURA IMPIEGATA	COMPETENZA NELLA RESTITUZIONE DEI DATI
1. SISTEMA DI ADDUZIONE *(CONDOTTO ESTERNO E PRESA)*	2	5	2	2	2
2. CONDOTTO *(ZONA IPOGEA)*	1	1	1	1	1
3. RIPARTITORE *(ZONA DI USCITA DELL'ACQUA)*	4	5	3	2	2
4. DISTRIBUZIONE SUL TERRITORIO *(TRASPORTO IDRICO A VALLE)*	1	2	2	1	1

FATTORI CONTINGENTI

LEGENDA
1. ELEVATO
2. DISCRETO
3. SUFFICIENTE
4. SCARSO
5. NULLO

Grafico VII.3. *Grado di importanza dei fattori contingenti nelle zone di analisi (elaborazione degli Autori).*

Le successive tabelle di approfondimento (tab. VII.1, VII.2, VII.3 e VII.4), spiegano nel dettaglio le problematiche. Grazie ad esse si desumono le strumentazioni di rilievo e le attrezzature individuali necessarie. È utile conoscere capacità e limiti propri e altrui. Le operazioni non devono essere precluse ad alcuno, nell'ottica di una continua evoluzione e miglioramento delle capacità individuali e collettive; è tuttavia necessaria la presenza della squadra capace di effettuare le operazioni programmate e in grado di rispondere in maniera efficiente ed efficace ad ogni evenienza.

ZONA 1 - ANALISI DEI FATTORI	
	SISTEMA DI ADDUZIONE - CONDOTTA ESTERNA E PRESA
Fattori	***Problematiche***
Fruibilità dell'ambiente	Massima: la difficoltà maggiore consiste nel raggiungere il luogo. *Avvicinamento* - Dislivello per raggiungere l'area posta sul versante opposto (attraversamento del condotto o percorso perimetrale). *Trasporto materiali* - Trasporto attrezzatura personale, trasporto attrezzatura per campo base, trasporto attrezzature per il rilievo.
Sopportazione psicologica dell'ambiente	Le operazioni si svolgono all'aperto in condizioni ambientali ottimali.
Allenamento richiesto	Resistenza per l'avvicinamento con i pesi delle attrezzature.
Attrezzatura da rilievo	Ricevitore satellitare (GPS), supporto cartografico, attrezzature per il rilievo architettonico, attrezzature topografiche.
Restituzione dei dati	Utilizzo software specifico, utilizzo sistemi c.a.d.

Tabella VII.1. *Individuazione di fattori e problematiche nella zona 1 (elaborazione degli Autori).*

ZONA 2 - ANALISI DEI FATTORI	
	CONDOTTO – ZONA IPOGEA
Fattori	***Problematiche***
Fruibilità dell'ambiente	Difficoltosa: la morfologia non presenta particolari problematiche con eccezione di alcuni punti. La difficoltà è dovuta alla presenza di acqua con temperature fredde o gelide quando vengono convogliate anche le acque di fusione del nevaio ai piedi del massiccio d'Ambin. In seguito al disgelo o nei periodi di pioggia il livello dell'acqua sale e le forti correnti rendono pericolosa la permanenza nel condotto. Altro problema è la bassa temperatura interna dovuta alla quota e alle correnti d'acqua e d'aria. *Avvicinamento* - Dislivello per raggiungere il condotto. *Trasporto materiali* - Trasporto attrezzatura personale, trasporto attrezzatura per campo base, trasporto attrezzature per il rilievo.
Sopportazione psicologica dell'ambiente	Necessità di permanere a lungo in un ambiente molto freddo immersi in acqua. Necessità di rimanere in loco più giorni.
Allenamento richiesto	Resistenza, utilizzo di indumenti e attrezzature adeguate.
Attrezzatura da rilievo	Attrezzature per il rilievo architettonico, attrezzature fotografiche, attrezzature topografiche, attrezzature speleologiche: difficoltà di raccolta e conservazione dei dati.
Restituzione dei dati	Utilizzo software specifico, utilizzo sistemi c.a.d., software di fotoraddrizzamento e georeferenziazione dell'immagine.

Tabella VII.2. *Individuazione di fattori e problematiche nella zona 2 (elaborazione degli Autori).*

ZONA 3 - ANALISI DEI FATTORI

RIPARTITORE - ZONA DI USCITA DELL'ACQUA	
Fattori	**Problematiche**
Fruibilità dell'ambiente	La zona è facilmente accessibile in quanto posta esternamente all'imbocco sud del tratto ipogeo. *Avvicinamento* - Dislivello per raggiungere il punto di uscita delle acque. *Trasporto materiali* - Trasporto attrezzatura per campo base, trasporto attrezzature per il rilievo.
Sopportazione psicologica dell'ambiente	Le operazioni si svolgono all'aperto in condizioni ambientali ottimali.
Allenamento richiesto	Resistenza per l'avvicinamento con i pesi delle attrezzature.
Attrezzatura da rilievo	Attrezzature per il rilievo architettonico, attrezzatura fotografica.
Restituzione dei dati	Utilizzo sistemi c.a.d., software di fotoraddrizzamento e georeferenziazione dell'immagine.

Tabella VII.3. *Individuazione di fattori e problematiche nella zona 3 (elaborazione degli Autori).*

ZONA 4 - ANALISI DEI FATTORI

DISTRIBUZIONE SUL TERRITORIO - TRASPORTO IDRICO A VALLE	
Fattori	**Problematiche**
Fruibilità dell'ambiente	Alta nella parte dei tratti pianeggianti (parte iniziale del condotto esterno), minima in corrispondenza di rocce strapiombanti, tratti a sbalzo e zone instabili da affrontare con tecniche adeguate. *Avvicinamento* - Dislivello per raggiungere il punto di uscita delle acque *Trasporto materiali* - Trasporto attrezzatura personale, trasporto attrezzatura per campo base, trasporto attrezzature per il rilievo.
Sopportazione psicologica dell'ambiente	Necessità di muoversi in ambiente ostile con la presenza di acqua che assume caratteri torrentizi.
Allenamento richiesto	Resistenza, capacità di utilizzo di tecniche alpinistiche e speleologiche.
Attrezzatura da rilievo	Ricevitore satellitare (GPS), supporto cartografico, attrezzature topografiche, attrezzature speleologiche: la presa dei dati risulta impossibile in alcuni tratti.
Restituzione dei dati	Utilizzo software specifico, cartografia, utilizzo sistemi c.a.d.

Tabella VII.4. *Individuazione di fattori e problematiche nella zona 4 (elaborazione degli Autori).*

VII.1.2 - *Il rilievo e gli strumenti adottati*

Gli strumenti per il rilievo sono correlati alle metodologie utilizzabili per lo studio di un'opera in funzione del grado di analisi, di tipo speditivo, dettagliato o approfondito. Si definiscono strumenti gli attrezzi utili per la raccolta dei dati, i mezzi necessari per la loro restituzione e i metodi di studio adottati; la loro complessità non è correlata ad un rilievo preciso, in quanto è il fruitore che deve essere in grado di utilizzarli correttamente. Nelle zone, come indicato nelle tabelle VII.1, VII.2, VII.3 e VII.4, si è utilizzata una strumentazione di misura metrica, angolare o topografica in funzione del grado di analisi richiesto. Di seguito se ne riporta una descrizione sintetica:

***Strumenti di misura metrica**:* a questa categoria appartengono gli attrezzi che permettono di effettuare le misure secondo ordini di grandezza centimetrica e millimetrica. Possono essere di varie tipologie, elettronici, analogici o manuali.

Asta metrica: formata da più elementi telescopici allungabili generalmente fino a 5 m. È utile nel caso in cui si debbano avere dei riferimenti rigidi al centro di un condotto.

Doppio metro: composto da stecche di legno o metallo graduate ripiegabili su se stesse, mediante un sistema a scatto. Una volta chiuso forma un prisma compatto di circa 20 cm di lunghezza.

Flessometro: formato da un nastro metallico graduato, con riavvolgimento automatico e fermo, le cui lunghezze utili variano tra modelli da 2 m a 10 m.

Rotella metrica: composta da un nastro estraibile graduato, poliammidico o metallico, avvolto su un perno rotante e racchiuso in un involucro cilindrico, al cui centro è fissata una manovella per il riavvolgimento.

Telemetri: i più efficaci sono i distanziometri laser, i cui limiti sono dati dalla presenza di nebbia, vapori acquei e corpi riflettenti che ne falsano la lettura. Sono strumenti elettronici di alta precisione, robusti e resistenti all'umidità, composti da un corpo monoblocco alla cui estremità è collocato un sistema di lettura basato sulla proiezione di un raggio laser. Nella parte sottostante è presente una sede filettata che ne permette l'aggancio a un cavalletto; alcuni modelli incorporano livelle e mirini telescopici.

Strumenti di misura angolare: Misurano l'orientamento di un punto rispetto a un altro.

Bussola magnetica: strumento che misura l'orientamento secondo una scala in gradi sessagesimali (0°-360°) o centesimali. Si basa sul principio per cui una barretta di metallo lasciata libera di ruotare sul piano orizzontale, tende a disporsi lungo l'asse magnetico terrestre nord-sud. Le bussole per uso ipogeo sono di tipo a traguardo e funzionano mediante l'allineamento che si crea tra la mira, identificata da una linea verticale sovrapposta visivamente alla scala graduata dello strumento, e il caposaldo osservato. Lo strumento ha le due scale; il rilevatore colloca nel punto di osservazione lo strumento e traguardando con un solo occhio l'interno del mirino, collima la mira della bussola al caposaldo seguente. A causa dello scarto tra l'ago magnetico e l'asse dei meridiani terrestri, detto declinazione magnetica, è necessario specificare la data del rilievo per apportare, in caso di revisioni successive, le necessarie correzioni dovute alle variazioni della declinazione nel tempo. La bussola adatta all'uso ipogeo ha caratteristiche di robustezza e impermeabilità; possiede una precisione di 1/3° con gradazioni da 1/2° e il mirino è a collimazione diretta. La bussola si utilizza anche per le letture incrociate tra due stazioni; gli strumenti vanno numerati e si verifica periodicamente, con una lettura abbinata, l'eventuale presenza di errori strumentali.

Eclimetro a gravità: Il modello utilizzato è adatto all'ambiente ipogeo; il cerchio goniometrico, su cui è incisa una scala graduata che mostra l'inclinazione, mantiene la posizione verticale grazie ad una massa metallica, sensibile alla forza di gravità, libera di ruotare attorno a un perno centrale. La scala di lettura dell'angolo è doppia e su di essa «si leggono sia i valori da 0° a 90° sia i valori percentuali di pendenza compresi tra 0% e 150%. La struttura in alluminio anodizzato anticorrosione è robusta e leggera» (Bagliani, Comar, Gherbaz, Nussdorfer 1992, p. 27). Il sistema di lettura è a traguardo con una linea di riferimento orizzontale che permette di collimare un caposaldo a quello successivo; la lettura va fatta utilizzando entrambi gli occhi in quanto non esiste, come nel caso della bussola, errore di parallasse.

Strumenti complementari: in operazioni di rilievo dettagliate è utile servirsi di attrezzi complementari atti a effettuare operazioni di rilievo particolari.

Aste e paline; di varie misure permettono di verificare le dimensioni di un elemento, di avere un riferimento graduato nel caso di fotografie che devono essere georeferenziate e di effettuare operazioni di allineamento.

Calibro: misura la lunghezza o la profondità di un elemento con precisioni che giungono al cinquantesimo di millimetro. Generalmente in acciaio inossidabile può essere un semplice compasso o un calibro a corsoio dotato di nonio per la lettura delle misure. Il calibro a corsoio è composto da due parti che scorrono tra loro lungo un asse dotate di due becchi ad un'estremità. Una parte è fissa e una, il corsoio, è mobile e bloccabile.

Calibro a pettine: detto anche pettine o profilometro, è uno strumento di rilievo grafico utilizzato per piccoli elementi o, in archeologia, per reperti. È composto da numerosi aghi, metallici o in plastica, che scorrono allineati in un corpo centrale in seguito alla pressione applicata su di essi da un oggetto. Lunghi fino a 40 cm, servono per ricreare esattamente il profilo in scala 1:1 di un elemento che, successivamente, può essere copiato per ricalco bidimensionale.

Falsa squadra: strumento simile al goniometro, composto da due bracci mobili ma bloccabili, solitamente con un sistema a vite. In questo modo si possono effettuare misurazioni di angoli che, successivamente, devono essere riportati sulle annotazioni del rilievo e misurati. Non possiede alcuna scala di riferimento.

Filo a piombo: strumento composto da un grave, generalmente cilindrico e con la testa conica, appeso a un filo; serve a verificare e mostrare la perpendicolarità di un elemento indagato e creare capisaldi di riferimento lungo una retta verticale.

Livella: esiste di tipo ad acqua, a bolla o laser.

- La livella ad acqua è composta da un tubo elastico trasparente, due bicchieri graduati da innestare alle estremità del tubo e un sistema di chiusura a valvole. Si basa sul principio dei vasi comunicanti per cui un liquido posto in due contenitori, collegati tra loro, assume la stessa quota. Per un elevato grado di precisione si devono battere le quote tramite una livella ottica o laser.
- Livella a bolla: si basa sul principio fisico per cui una bolla, posta in un contenitore riempito con del liquido, tende a posizionarsi nel punto più alto del recipiente per la maggior leggerezza dell'aria. Il contenitore viene posizionato in un prisma generalmente metallico o plastico e delle tacche di riferimento ne indicano la planarità.
- La livella laser, dotata di testa rotante e di sistema di autolivellamento, serve non solo per la lettura della planarità, ma per creare un riferimento planimetrico continuo e visibile. Il laser può essere utilizzato per il tracciamento anche con un segnale puntiforme orientabile; va montato su un treppiede che ne garantisce la stabilità (Basilico 2005, pp. 188-194).

Marcatore: sono di tipo temporaneo (gessi) e permanente (piastrine in acciaio inox); servono a posizionare i capisaldi e sono necessari sia alle operazioni di studio svolte a più riprese sia per le verifiche al termine dei lavori.

Misuratori di angoli mobili: attrezzi graduati con parti mobili che permettono di verificare le angolazioni.

Strumenti di misura metrica e angolare: la verifica di elementi quali ad esempio denti, angoli dei fronti di scavo, angoli delle pareti di uno speco e spessori delle tracce, si effettua con attrezzi particolari. Si indicano di seguito i più comuni.

Strumenti topografici: Sono strumenti utili per rilevare quote o posizionare territorialmente un elemento. Trovano il loro utilizzo in topografia e si rivelano estremamente utili nelle fasi di ricerca. I più importanti ai fini delle nostre analisi sono il ricevitore GPS e l'altimetro.

Altimetro: indica la quota di un punto sul territorio rispetto ad una superficie di riferimento, generalmente il livello medio del mare o un livello stabilito convenzionalmente. Funziona mediante la misurazione della pressione atmosferica che varia in funzione dell'altitudine. È sensibile alle variazioni dettate dalle modifiche del tempo di alta e bassa pressione; va tarato prima del suo utilizzo ad una quota nota.

Ricevitore satellitare (GPS - Global Positioning System): funziona con un sistema basato sulla interazione di numerosi elementi:

- una costellazione di satelliti disposti su piani orbitali ellittici che compiono due orbite complete ogni giorno siderale;
- una rete di stazioni di tracciamento e un centro di calcolo; sono le stazioni terrestri che tracciano i satelliti e ne analizzano i parametri orbitali;
- delle stazioni di soccorrimento che inviano i dati calcolati ai satelliti; questi a loro volta rimandano agli utenti i parametri;
- il ricevitore funziona basandosi su un posizionamento di tipo sferico, misurando il tempo impiegato dal segnale radio a percorerre la distanza tra il satellite e il ricevitore stesso. Conoscendo questo parametro e la posizione dei satelliti è possibile posizionare nello spazio il ricevitore. Il GPS utilizzato per i rilievi di tipo territoriale è di tipo portatile e fornisce un grado di precisione accettabile se utilizzato con l'apporto dato da cartografia e immagini satellitari. Un'analisi professionale prevede l'uso di GPS topografici o geodetici.

Strumenti informatici: strumenti per l'analisi e l'elaborazione dei dati.

Georeferenziazione: è la tecnica che permette di associare una coppia di coordinate ad un dato digitale. Può trovare applicazione in topografia come in architettura o in archeologia per sezioni e prospetti. Il procedimento è il seguente: si fissano dei punti di riferimento, o mire, su un oggetto e se ne misurano le reciproche distanze rispetto a un sistema di riferimento. Scattata la fotografia si utilizza un software in cui all'immagine si collegano le coordinate rilevate, inserendo i dati parametrici delle mire; il programma elabora l'immagine raddrizzandola, georeferenziandola e rendendola pronta a successive elaborazioni vettoriali con programmi appositi. Se il soggetto fotografato è di grosse dimensioni, va scomposto in un mosaico di più immagini da ricomporre in fase di post-elaborazione. I dati ottenibili con la georeferenziazione sono tanto più precisi quanti più sono i punti rilevati.

Elaborazione dei dati: si ottiene mediante fogli elettronici per l'elaborazione dei dati e software per il disegno vettoriale e la grafica. La restituzione degli eidotipi si effettua con programmi vettoriali CAD (Computer Aided Design) che permettono di lavorare in scala 1:1 e di avere un prodotto flessibile in funzione delle esigenze di studio e pubblicazione.

VII.2 - *Le operazioni di rilievo*

L'organizzazione di un sito per poterne effettuare il rilievo è la fase più lunga e delicata da gestire. Per un'analisi dettagliata vanno previsti capisaldi e linee di riferimento longitudinali e trasversali. I riferimenti devono combaciare con punti di interesse per la descrizione dell'opera quali variazioni morfologiche, punti di unione tra vari ambienti o capisaldi a cui agganciarsi in successive fasi di rilievo e di verifica. Se la natura del luogo non permette il posizionamento di riferimenti fissi si utilizzeranno supporti mobili e regolabili: «Un rilievo dettagliato prevede la possibilità di tornare più volte sul sito e ritrovare i riferimenti. L'ultimo caposaldo utilizzato andrà identificato in modo chiaro mediante supporti quali chiodi o picchetti» (Basilico, Padovan 2005, p. 192). Le analisi condotte sono state di tipo speditivo solo nelle fasi di studio preliminare; successivamente si sono adottati metodi più approfonditi.

Il metodo di studio utilizzato nella **zona 1** è di tipo dettagliato. La presa preposta alla captazione dell'acqua è stata rilevata con trilaterazione e georeferenziazione. Il tracciato della conduttura interrata che porta l'acqua dalla presa al condotto ipogeo è stato rilevato con l'ausilio di GPS, cartografia e foto satellitari. Si è tracciato sulla cartografia CTR il percorso della condotta che sembra ripercorrere il tracciato precedente. Le quote riportate dal GPS sono state verificate con un altimetro. Nella **zona 2** il metodo di studio adottato è di tipo approfondito. Dopo le necessarie analisi preliminari si sono impostate le operazioni di rilievo correlandole alle fasi di realizzazione dell'opera secondo uno schema che prevedeva:

Comprensione delle modalità di scavo: i capisaldi sono stati collocati nei punti terminali dei tronconi di scavo per rilevare le direzioni, le inclinazioni e le fasi di avanzamento seguite dal minatore. È stato poi riportato sul profilo montuoso il rilievo del tratto ipogeo per comprendere eventuali relazioni, operate dal minatore durante lo scavo, tra le operazioni di tracciamento interne e quelle esterne.

Identificazione degli indicatori: i capisaldi sono stati posti in corrispondenza di alcuni indicatori ossia elementi utili a comprendere le modalità di scavo, quali mire nicchie e clessidre.

Pianificazione delle modalità operative: la creazione di quote di riferimento ha permesso di relazionare ogni caposaldo con il precedente e il successivo. Il posizionamento di capisaldi ottenuti con piastrine in acciaio inox ha permesso verifiche e indagini di approfondimento.

Identificazione delle attrezzature: sono stati utilizzati gli strumenti appropriati per il tipo di analisi affrontata.

Nella **zona 3** si è svolta un'analisi approfondita. Il ripartitore, opera moderna creata sulla precedente, è stato rilevato con trilaterazione e georeferenziazione. La **zona 4** è stata indagata in modo dettagliato nella sua prima parte, quella formata da due *bealere*, mediante l'ausilio di un GPS e del supporto cartografico; la discesa dei due corsi d'acqua a valle è stata rilevata con il GPS o identificata sulla cartografia ove fosse impossibile un rilievo diretto.

VII.3 - *Zona 1: il sistema di adduzione*

La Zona 1 si trova nel Vallone di Touilles, detto anche Vallone del Tiraculo, (fig. VII.1) ed è suddivisibile nei seguenti elementi:

Presa e vasca: la presa, posta sotto il Ghiacciaio dell'Agnello alla base del Massiccio d'Ambin, intercetta l'acqua del Rio di Touilles, la convoglia in una vasca di raccolta e la immette nella condotta.

Condotta: trasporta l'acqua fino all'imbocco nord del Trou de Touilles. Oltre il tratto ipogeo l'acquedotto prosegue sui territori exillesi e chiomontini per fare confluire l'acqua, alla fine del suo percorso, nella Dora Riparia.

VII.3.1 - *Presa e vasca di raccolta*

Presa: è costituita da setti di intercettazione realizzati in conglomerato cementizio armato e pietre che convogliano l'acqua in una vasca di raccolta dello stesso materiale. La vasca immagazzina l'acqua e la ripartisce sia in un condotta che arriva fino all'imbocco del Trou de Touilles, sia nel corso del torrente. I setti che compongono la presa sono due bracci di forma irregolare e asimmetrica che seguono la morfologia del torrente; hanno uno spessore di circa 0,4 m e altezza variabile tra 0 e 2,5 m nei punti in cui si innestano nel terreno. Un tratto di circa 3 m del braccio collegato alla vasca e posto a valle, consente la tracimazione a sfioro dell'acqua in eccesso (figg. VII.2, VII.4 e VII.6).

Vasca: è composta da una struttura di contenimento in conglomerato cementizio armato e da una chiusa metallica. La forma della vasca è rettangolare con dimensioni in pianta pari a 5,79 x 2,48 m, e a 2,1 m in alzato. Lo spessore dei muri di contenimento è di circa 0,4 m e il piano di calpestio è dato da un grigliato metallico che permette l'ispezione dell'interno e l'accesso per le manutenzioni. Lungo l'estradosso dei muri, sul bordo esterno della vasca, è stato posizionato un parapetto di protezione alto 1,1 m e costituito da tubolari e piatti metallici annegati nella base cementizia. La chiusa è composta da due binari laterali di scorrimento e da una paratia centrale controllata da un sistema manuale di sollevamento; il materiale di realizzazione è un insieme di profili metallici saldati. Nelle immediate vicinanze si trova, abbandonata tra la vegetazione, una vecchia chiusa metallica; anche all'esterno dell'imbocco sud, oltre il traforo, esiste una chiusa simile in disuso (figg. VII.2, VII.3, VII.4, VII.5, VII.6, VII.8 e VII.145).

Il rilievo dei due elementi è stato effettuato con georeferenziazione e trilaterazione. Le immagini, grazie alle caratteristiche geometriche dell'elemento, sono state sottoposte a un processo di mosaicizzazione, georeferenziazione e vettorializzazione. Si è quindi effettuata una mappatura del degrado superficiale delle pareti della vasca. (figg. VII.4, VII.6, VII.7, VII.8 e VII.9).

VII.3.2 - *Condotta*

Condotta: trasporta l'acqua fino al Trou de Touilles; è realizzata con tubi corrugati in plastica inseriti in tubi di cemento parzialmente interrati. Lungo il percorso si incontrano pozzetti di ispezione che, nei periodi di massima portata idrica, fanno fuoriuscire l'acqua in eccesso (fig. VII.11). Il tracciato dell'attuale condotta insiste su quello precedente; una differente altimetria del vecchio canale suggerirebbe una presa posta ad una quota superiore rispetto all'attuale, i cui resti dovrebbero essere visibili sul territorio ma dei quali non si è trovata traccia. La condotta viene convogliata nel tratto ipogeo dell'acquedotto attraverso un tubo cementizio del diametro di 0,6 m. Il tracciato, ripercorso con il GPS e riportato sulla cartografia misura circa 1,23 km con una quota alla presa di 2063 m s.l.m. e di 2033 m s.l.m. all'estradosso della grata posta sopra l'imbocco nord del Trou de Touilles. Il dislivello tra questi due punti è di circa 30 m come è stato elaborato nel grafico VII.4 (figg. VII.10, VII.12, VII.13, VII.14 e VII.15).

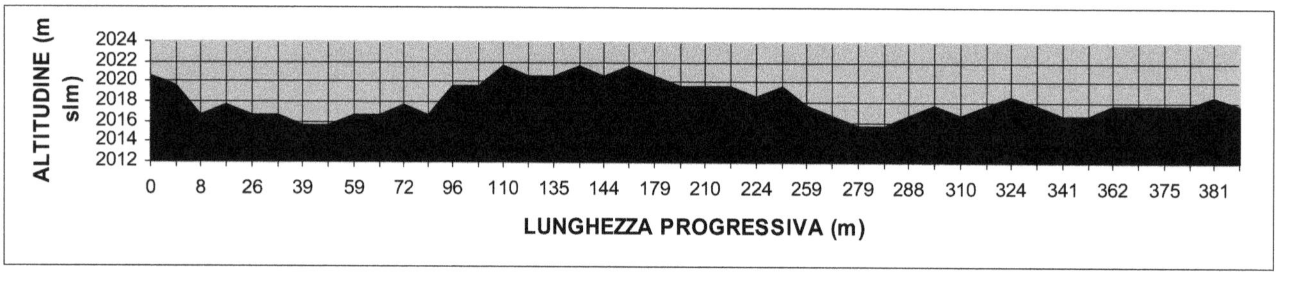

Grafico VII.4. *Nel grafico sono riportate le quote del tracciato in funzione della sua lunghezza. L'inclinazione, nonostante le differenze delle scale adottate lungo le ascisse e le ordinate, è costante (elaborazione degli Autori).*

VII.4 - *Zona 2: il condotto ipogeo*

La Zona 2 comprende il Trou de Touilles, ovvero la parte ipogea dell'acquedotto. Lo studio di questo tratto è stato condotto con analisi sul campo, comparate alle informazioni reperibili in alcuni documenti storici che ne testimoniano la realizzazione e alcuni eventi ad esso collegati. I documenti più importanti sono i primi due:

"Concessio aqueductus habitantibus de Ramatis per comunitatem Exillearum aque de Monte de Tulliis": enfiteusi risalente al 3 ottobre 1504 tra gli abitanti delle Ramats e quelli di Cels, in cui i primi ottenevano il diritto di utilizzare, con la realizzazione di un'opera idraulica esterna o ipogea, l'acqua exillese che si trovava nel Vallone di Touilles.

"Conventio facture aqueducti de Tulliis inter habitantes de Celsis et Ramatis cum Columbano Romeani": è il contratto stipulato il 20 ottobre 1526 tra gli abitanti delle Ramats e di Cels, indicati come *parerii*, con il minatore Colombano Romeàn. Nel contratto sono riportate indicazioni sulle modalità di scavo, sulle tempistiche, sul tipo di pagamento e sulla strumentazione utilizzata.

Lo studio condotto ha analizzato una serie di elementi la cui consequenzialità ha permesso di procedere nella descrizione dell'opera secondo i seguenti punti:

Lo scavo: considera il tracciamento effettuato, il tipo di abbattimento della roccia, le modalità di avanzamento, la tempistica di realizzazione, il tipo di aerazione, il materiale estratto e le tipologie morfologiche in funzione della matrice rocciosa.

La descrizione dell'opera: si è suddiviso il Trou de Touilles in 15 Sotto Zone di cui si sono analizzate le caratteristiche morfologiche, strutturali, geologiche ed evidenziati gli elementi utili alla descrizione dell'acquedotto.

Gli indicatori: si sono rintracciati e classificati gli elementi, riscontrati nell'opera, utilizzati dal minatore nello scavo. Essi sono suddivisibili in: mire (i segni e i capisaldi utilizzati come sistemi di riferimento nelle fasi di avanzamento), nicchie (necessarie per l'illuminazione interna) e bassorilievi (elementi decorativi).

VII.4.1 - *Lo scavo*

Nello studio del tipo di scavo adottato dal minatore si sono considerati: il tipo di tracciamento effettuato per conferire all'opera la corretta inclinazione e direzione, il tipo di abbattimento della roccia, le modalità di avanzamento avvenute per "tronconi", i tempi di realizzazione dell'opera, le modalità di aerazione, la quantità del materiale estratto, la collocazione degli sfridi di lavorazione e la tipologia di abbattimento in funzione della matrice rocciosa incontrata.

VII.4.1.1 - *Il tracciamento*

La prima operazione che il minatore Romeàn si trovò ad affrontare fu quella relativa al tracciamento del condotto. Le operazioni di individuazione della direzione e dell'orientamento da adottare sono riconducibili alla "livellazione" o "coltellazione". Con questo termine si indicano le modalità di tracciamento e misura che avvengono lungo linee orizzontali e verticali dette "lunghezze" e "altezze". La distanza tra due "mire", ovvero i punti di riferimento, poste a diversa altezza è data dalla lunghezza della linea retta orizzontale compresa tra gli assi verticali passanti nel centro delle mire stesse. Le operazioni di misura delle lunghezze avvenivano con canne metriche, fili a piombo e archipendoli (fig. VII.21).

Le livellazioni sono di più tipi distinguibili in:

- livellazione semplice: se la differenza di livello tra due o più punti è determinabile con una sola stazione di livello;
- livellazione composta: se i due punti sono fuori dalla portata del livello o la morfologia del terreno è tale da non permettere l'utilizzo di una sola mira per misurare l'altezza di un punto, si usano stazioni intermedie; nelle stazioni intermedie si usano punti d'aiuto che permettono di effettuare più livellazioni semplici;
- livellazione diretta: è l'insieme delle operazioni di livellazione necessarie per partire da un punto e giungere a un altro;
- livellazione reciproca: è l'insieme delle operazioni di verifica che si fanno, in senso inverso. Questa livellazione è detta anche di verifica o di controllo (Ferreri Mitoldi 1914, pp. 99, 186-187, 194).

Indicazioni sugli strumenti e sui metodi di tracciamento degli acquedotti in antichità sono desumibili da più fonti; se ne citano alcune. Nel 152 d.C., a *Saldae*, l'odierna Beja (Algeria), l'ingegnere militare *Nonius Datus* completò lo scavo di un acquedotto ipogeo la cui realizzazione era stata interrotta per un errore nel tracciamento, che aveva fatto incrociare senza incontrarsi le due gallerie, scavate da punti opposti. Servirono ancora 4 anni, come è descritto in un'epigrafe, per rifare i calcoli e portare a termine l'opera con lo scavo di un tratto lungo 428 metri. Dall'epigrafe si desume: «quale fosse il modo di delineare un tracciato con l'aiuto della groma e del corobate, mediante l'allineamento e la coltellazione rettilinei: "un rigoroso tracciato era stato picchettato al di sopra della montagna da est verso ovest". Da queste parole bisogna intendere che il tracciato non correva intorno alla montagna, bensì conservava la medesima direzione in superficie -ciò che è preferibile se il rilievo non costituisce un ostacolo-, permettendo in tal modo di conservare un allineamento costantemente verificabile da entrambe le parti nel corso dello scavo. Questo procedimento, applicato in questo caso a una galleria profonda, è a fortiori» (Adam 1988, pp. 16-17). La groma era lo strumento utilizzato dagli agrimensori romani per la suddivisione del territorio geografico e urbano; costituita da una testa cruciforme, a cui erano appesi quattro fili a piombo per controllarne il livellamento e uno centrale per identificare il punto di stazione, veniva infissa nel terreno a mezzo di un'asta.

Altre indicazioni le fornisce Ippolito Scalza, architetto e scultore, che si occupò della livellazione dell'acquedotto delle Fontane Secche di Bagnoregio nel 1556. All'interno dell'acquedotto si nota la «presenza di un complesso sistema di linee e di numeri incisi nel tufo (...) evidentemente utilizzato per livellare il fondo del cunicolo. Dall'osservazione diretta di queste linee è palese che esse siano state tracciate seguendo un filo teso tra due punti presi sulla parete alla stessa quota con l'ausilio di uno strumento che permetteva di battere dei livelli orizzontali» (Chiaraluce 2007, p. 295). La strumentaria utilizzata dallo Scalza è visibile in un suo autoritratto, la statua di San Tommaso a Orvieto, in cui compaiono un teodolite e un quadrante d'altezza (fig. VII.20).

Il quadrante d'altezza, conosciuto già all'inizio del sec. XIII, permetteva di misurare le pendenze e di battere un piano orizzontale; era costituito da un quarto di circonferenza su cui è riportata una scala goniometrica che va da 0° a 90°. Un sistema a traguardo e un filo a piombo permettono di leggere l'inclinazione tra due punti (Casi 1996, scheda 2). Il teodolite permetteva di misurare lunghezze, larghezze, distanze, altezze e profondità; altri strumenti utilizzati per misurare le inclinazioni erano l'archipendolo, composto da due aste unite da un'asta centrale e al cui vertice si trovava un filo a piombo, e il goniometro a sospensione (Casi 1996, schede 13 e 14).

Il tracciamento poteva avvenire mediante lo squadro agrimensorio a traguardi; Ferreri Mitoldi descrive come tracciare un allineamento che parte dal piano e attraversa un'altura: «Sia A B un piccolo allineamento segnato nel piano, si tratta di prolungarlo seguendo l'altura. Si ponga lo squadro in C e si disponga il bussolo con una coppia di traguardi secondo la direzione A B. Traguardando per la stessa coppia di fessure dalla parte opposta alla salita, si facciano piantare lungo questa quanti pali si vogliono. Si sposti quindi lo squadro, piantandolo alla sommità dell'altura, e disponendolo con una coppia di traguardi secondo la direzione dei pali già piantati; quindi si prolunghi l'allineamento lungo la discesa seguendo lo stesso modo osservato per la salita» (Ferreri Mitoldi 1914, pp. 124-125), (fig. VII.21).

Altro metodo adottato per il tracciamento in sotterraneo è quello della poligonazione esterna: «Mentre nei lavori minerari a giorno il tracciamento è spesso superfluo, in sotterraneo tale operazione ha enorme importanza (...). Supponiamo di dover tracciare, fra due punti A ed E situati in due parti opposte di un colle, una galleria rettilinea (...). La soluzione si ottiene pertanto in modo più semplice collegando i due punti A ed E con una poligonale A-B-C-D-E, contornando il colle, e scegliendo i vertici della poligonale in modo che da ogni vertice siano visibili i due adiacenti» (Gerbella 1947, I, pp. 543-544).

Un'analisi orografica del luogo in cui è scavato il Trou de Touilles ne indica il tipo di tracciamento: il tratto montuoso che unisce Cima del Vallone a Cima Quattro Denti, impedisce di aggirare lateralmente il condotto se non con una lunga e difficoltosa poligonazione esterna. Si desume quindi come il minatore Romeàn si fosse servito della coltellazione all'esterno del condotto, lungo il profilo della montagna, e ne avesse riportato il procedimento all'interno servendosi, per la collimazione e per la determinazione delle quote, degli strumenti sopra descritti. La direzione del condotto ha una netta variazione in corrispondenza di un punto esterno situato oltre la cresta dal quale Romeàn poteva collimare direttamente il punto finale dello scavo e rettificare il tracciato seguito (fig. VII.28, VII.83 e VII.84; vedere il paragrafo VII.4.2.4).

VII.4.1.2 - *Il tipo di abbattimento*

Si osserva nella "*Conventio facture aqueducti de Tulliis inter habitantes de Celsis et Ramatis cum Columbano Romeani*" come il minatore fosse incaricato di effettuare lo scavo con l'aiuto di una persona e con il supporto dei consorziati per lo sgombero dei materiali di risulta. È ipotizzabile che Colombano Romeàn, esperto minatore, avesse condotto lo scavo seguendo le proprie conoscenze di tecniche minerarie, mediante l'abbattimento manuale per scavare una galleria in direzione, tipologia utilizzata per i lavori di tracciamento e per delimitare i massicci di coltivazione (Gerbella 1947, I, p. 70), (fig. VII.15).

Nell'attività mineraria sono identificabili le specifiche funzioni di gallerie che «possono suddividersi in:
- galleria di carreggio, adeguata al trasporto del materiale abbattuto, anche e soprattutto utilizzando carriole, carri, vagonetti anche su rotaie;
- galleria di transito, per la circolazione del personale;

- galleria di ricerca, condotta dall'esterno verso l'interno per raggiungere il filone, o dall'interno per cercare un presupposto filone adiacente a quello già coltivato;
- galleria di scolo, per l'eduzione delle acque filtranti o di falda;
- galleria di ventilazione, per creare circolazione d'aria nei cantieri evitando lo scavo di pozzi, o proprio per potere ottenere l'effetto camino avendo cantieri serviti solo da pozzi» (Padovan 2005, p. 16).
Il Trou de Touilles, pur non essendo una coltivazione mineraria, doveva assolvere più funzioni con il minor lavoro possibile: il carreggio in fase costruttiva, il trasporto dell'acqua, l'ispezione del condotto e, marginalmente, il transito all'interno dell'opera.

VII.4.1.3 - *Gli attrezzi*

Nel contratto vengono indicati gli attrezzi necessari allo scavo: "*fornire et supplere ferramenta necessaria ad ipsum opus faciendum et perficiendum, videlicet malheos, massas, picas, cugnos et palferros aliaque universa eysamenta necessaria cum ipsorum factura(m), salvis secundis et aliis universis cuspidibus, quas ipse Columbanus facere teneatur aut fieri facere suis sumptibus. Hoc addito quod ipsi parerii provideant ipsi Columbano folles, carbonum, maleum et unam cornutam pro ipsis cuspidibus faciendis sive reparandis*" che il Chiapusso traduce come "fornire e supplire gli istrumenti necessari al detto lavoro cioè martelli, mazze, picconi, cunei, pali di ferro ed altri utensili necessari colla loro fattura salve le seconde ed ulteriori punte le quali il Colombano sarà tenuto di fare o far fare a tutte sue spese, quando però i detti parerii gli forniranno mantici, carbone, magli ed una incudine per fare o riparare dette punte" (Chiapusso 1879, p. 10). Nei trattati minerari del XVI sec. si trova una cospicua iconografia inerente la strumentaria che raffigura quanto indicato nel contratto (fig. VII.19).

Le attrezzature per lo scavo, descritte dalla documentazione contrattuale, possono essere riconosciute dalle tracce di abbattimento e rifinitura sulle pareti dello speco e hanno differenti sezioni: piramidali, coniche e piatte. Le tracce di scavo, tuttavia, non sono indicatori temporali sul periodo di realizzazione, poiché la tipologia degli attrezzi è rimasta inalterata nella forma fino all'epoca moderna. L'elemento più rilevante è quindi l'elencazione riportata nel contratto in cui viene sottolineato il valore dell'attrezzatura fornita dai "parerii", termine che indica i consorziati di Cels e delle Ramats. La gestione e la manutenzione degli attrezzi è affidata allo stesso minatore che oltre ad averne la responsabilità ottiene in fornitura gli elementi necessari per ripararli e manutenzionarli.

VII.4.1.4 - *Il tipo di avanzamento*

L'analisi del condotto ha seguito il senso di scavo adottato dal minatore che dal versante exillese si dirige verso il Vallone di Touilles, come è indicato inequivocabilmente dai fronti di scavo. Percorrendo il condotto sono visibili i "denti di scavo" con spessori che variano tra i 4 e gli 8 cm; i denti sono la porzione di roccia in rilievo che indica la fine di un tratto di scavo e l'inizio del successivo, ossia il fronte di avanzamento. I fronti di scavo sono la parte terminale dei tratti rettilinei scavati dai minatori seguendo un tracciato, dato da direzione e inclinazione.

Colombano Romeàn adottò un tipo di avanzamento secondo "tronconi rettilinei" di scavo consecutivi. Procedere a tratti, avendo la possibilità di apportare correzioni, è un approccio adottato per far fronte alle variazioni che il tracciato può subire in corso d'opera per una serie di problematiche che si incontrano durante lo scavo o per errori direzionali e di inclinazione.

I fronti di scavo visibili lungo il condotto sono molteplici; quelli più chiari identificano i tronconi rettilinei di rettifica effettuati in corso d'opera. Le variazioni del tracciato sono quindi di due tipi: i "tronconi rettilinei", appartenenti ad una scala macroscopica e definibili "macro aggiustamenti", e delle curvature ad "esse", micro correzioni utilizzate per modificare lievemente la direzione, contenute nei tronconi rettilinee e appartenenti ad una scala microscopica (figg. VII.16 e VII.17).

Dall'osservazione dei fronti di scavo si desume che il minatore fosse destro. Considerando il senso di scavo del Trou de Touilles, ossia la direzione sud-nord, i fronti di scavo sono posti sulla spalla sinistra dello speco. La presenza dei fronti di scavo è riscontrabile, oltre che sulle spalle dello speco, anche sulla volta lungo il profilo longitudinale; questo è indice di rettifiche per la correzione del dislivello effettuate durante le fasi di avanzamento (fig. VII.18). L'indagine geologica ha mostrato come lo scavo sia stato realizzato lungo il sovrascorrimento degli strati. Quest'ipotesi appare plausibile poiché il contatto avrebbe potuto essere una via preferenziale per la circolazione dell'acqua; gli ammassi rocciosi lungo i contatti tettonici sono in genere molto tettonizzati e quindi più facilmente asportabili.

VII.4.1.5 - *La tempistica di realizzazione*

L'analisi della tempistica di realizzazione del Trou de Touilles, che copre un lasso temporale di circa sei anni, ci permette di capire la fase di avanzamento giornaliera operata dal minatore. I termini di riferimento sono quelli dettati dalla "*Conventio facture aqueducti de Tulliis inter habitantes de Celsis et Ramatis cum Columbano Romeani*" del 20 ottobre 1526 e dalla battaglia avvenuta presso l'Alpe di Touilles nel giugno del 1533, data in cui l'acquedotto era già in funzione.

Il periodo di inizio dello scavo non è, probabilmente, contestuale alla data della stipula del contratto avvenuta il 20 ottobre 1526. È necessario ricordare che la riforma gregoriana del calendario rispetto a quello giuliano, attuata nel 1582, ha portato uno scollamento temporale di dieci giorni; questo significa che il 20 ottobre 1526 in realtà corrisponde all'attuale 30 ottobre. Con l'inverno in arrivo, i preparativi per la vendemmia, l'attrezzatura per lo scavo ancora da procurare, il cantiere da allestire e l'organizzazione dei turni per il trasporto dello sfrido tra i vari consorziati, è plausibile che i parerii e Romeàn abbiano solo stipulato il contratto e che i lavori siano iniziati la primavera seguente.

Lo scavo del tratto ipogeo era sicuramente interrotto nel periodo invernale. La quota a cui si trova l'opera è soggetta ad innevamento e sul versante sud, molto ripido, si verificano numerose slavine. I parerii, oltre a lavorare per sgomberare i materiali di risulta, avrebbero dovuto rifornire il minatore di legna e vettovaglie nonostante le avverse condizioni. È impensabile che si fosse allestito un cantiere di tipo minerario per la realizzazione del condotto; appare invece più ragionevole che i lavori venissero sospesi e che il minatore trascorresse questo periodo in uno dei due paesi o, più verosimilmente, a S. Gilles in Provenza vista l'alta mobilità territoriale del periodo storico.

Il 25 e 26 giugno 1533 vi fu uno scontro armato all'Alpe di Touilles. Gli abitanti di Cels e delle Ramats, coadiuvati da altri abitanti di Exilles, di Chiomonte e di Salbertrand, si affrontarono con i giaglionesi che il 25 giugno avevano distrutto parte del canale superficiale, da essi considerato invasivo. Alla fine degli scontri i Delfinali sequestrarono «43 mucche e 33 tra capre e pecore, appartenenti a 25 particolari giaglionesi» (Molino 1975, p.234). Negli scontri un giaglionese venne catturato e tenuto prigioniero nel Castello di Exilles per oltre 4 mesi: «il fatto più grave, oltre ai feriti da ambo le parti, era costituito dalla cattura di Michele Rastello da Giaglione, "*per vim et de facto captivatus et ducatus ad carceres castri Excilliarum... in quibus carceribus stetit mensibus quatuor et ultra, ob quod si voluit relaxationem obtinere fuit coactus componere cum ipsis ad scutos decemocto*" pagati dal reverendo Manuele Rastelli, suo fratello. Quanto alle mucche e alle pecore, una parte (rispettivamente 29 e 4) era stata ricomprata sul mercato d'Exilles dai legittimi proprietari, ad un prezzo di poco inferiore al valore corrente degli animali» (Molino 1975, p. 234). Il canale esterno di convogliamento dell'acqua dalla presa al Trou de Touilles era quindi funzionante e, di conseguenza, il traforo era chiaramente ultimato.

Si ipotizzi come tempo utile per lo scavo il periodo compreso tra aprile e ottobre, ossia sei / sette mesi all'anno. Moltiplicando questo dato per i sei anni impiegati a realizzare l'opera, si ottiene un valore pari a millecentonovanta giorni lavorativi. Detraendo da questi circa trenta giorni annuali per le festività e i periodi d'inattività dovuti a malattie, si arriva a stabilire come Romeàn ed il suo aiutante avessero impiegato circa novecentonovanta giorni di lavoro effettivo per realizzare il Trou de Touilles. Rapportando questo dato alla lunghezza dell'intero condotto, pari a 433 m, si può calcolare un avanzamento del fronte di scavo giornaliero di circa 0,4 m lineari, ovvero 60 cm^3 al giorno. Il dato ottenuto, che è il più restrittivo in quanto ipotizzato nelle condizioni di minimo lavoro operativo possibile, risulta attendibile data la tipologia di roccia attraversata. Se il minatore avesse avuto più giorni a disposizione ne avrebbe tratto un vantaggio in termini di minor carico lavorativo.

VII.4.1.6 - *L'aerazione*

Un aspetto non secondario nelle operazioni di scavo è l'adeguata aerazione: essa permette ai minatori la permanenza nel sottosuolo, serve a diluire i gas derivanti dai fenomeni di respirazione e che si possono incontrare nelle fasi di abbattimento ed è utile a diminuire l'umidità dell'aria. Come ricorda il Gerbella: «La possibilità di proseguire il lavoro nelle miniere è determinato anche dalla sufficiente presenza d'aria. Di conseguenza, l'articolazione dei cantieri (soprattutto prima dell'introduzione delle macchine per la ventilazione artificiale) è in linea di massima subordinata alla necessità di creare una ventilazione "naturale"» (Gerbella 1947, II, p. 294).

L'aerazione è un aspetto discusso nel contratto. Si stabilisce che, nel caso fosse venuta a mancare l'aria per il lume, si sarebbe scavato un pozzo d'aerazione, che avrebbero effettuato i parerii o Colombano Romeàn con le stesse modalità di compenso stabilite; questo non avvenne e la ventilazione si rivelò quindi sufficiente. Non è plausibile l'utilizzo di mantici per l'immissione di aria, sia perché non se ne trova traccia nel contratto, sia per la necessità di un operatore fisso, non esistendo su questo versante corsi d'acqua tali da poter azionare lo strumento con l'ausilio di forza idraulica. La spiegazione della naturale ventilazione va ricercata nella differenza di densità tra l'aria interna e quella esterna, che per la temperatura e le variazioni di pressione può generare fenomeni di circolazione (Padovan 2005, p. 82).

VII.4.1.7 - *Il materiale estratto*

Nel contratto si stabilisce chiaramente che i parerii erano tenuti allo smaltimento dei materiali di risulta, pietre, terra e altro: "*Item fuit conventum quod ipsi parerii teneantur communiter videlicet [illi de] Celsis et [illi de] Ramatis extrahere lapides, terram et aliam quamcunque materiam ruptam in ipso opere, ita quod nullo modo impediat ipsum magistrum operis in negociando in ipso opere*" ovvero: «Item fu convenuto che detti parerii dovessero in comune cioè quei di Cels e delle Ramats sgombrare le pietre, la terra e qualunque altro detrito occasionato dall'opera suddetta in modo che il mastro sia per nulla incagliato nel suo lavoro» (Chiapusso 1879, p. 10).

Presumibilmente lo sfrido di lavorazione non venne portato a valle ma scaricato in prossimità dell'area antistante l'imbocco sud. Davanti alla vasca di accumulo e ripartizione dell'acqua, si nota infatti un cono detritico, ora ricoperto dalla vegetazione, corrispondente al cono di scarico dei materiali estratti. Generalmente l'accumulo del materiale di risulta porta alla creazione di volumi di deposito superiori di almeno 4/5 volte quelli di estrazione; un'analisi del cono di risulta del Trou de Touilles porta a stimare una quantità minima superiore ai 3.500 m^3 (figg. VII.22 e VII.23).

Per stabilire il volume di materiale estratto ci si riferisce all'area media delle cinquantuno sezioni trasversali effettuate nel condotto; il valore ottenuto, pari a 1.55 m^2, va moltiplicato per 433 m, la lunghezza del condotto. Si ottiene così un volume di 670 m^3. Nel conteggio si sono compensati i vuoti delle zone con fenomeni di crollo e gli aumenti di superficie delle sezioni trasversali dovuti ai fenomeni erosivi localizzati al piede dello speco, con la diminuzione delle superfici delle sezioni nel tratto restaurato, più piccole rispetto a quelle originarie. Se si moltiplica il valore ottenuto di 670 m^3 per cinque volte, si ha un valore pari a 3.350 m^3, inferiore a quello stimabile nel cono di scarico esterno (fig. VII.24). Sul versante opposto, al di fuori dell'imbocco nord nel Vallone di Touilles, non si nota alcun cono di scarico.

VII.4.2 - *La descrizione dell'opera*

La descrizione del Trou de Touilles ha analizzato: le caratteristiche "morfologiche" e "strutturali" dell'opera, la correlazione tra la "morfologia dello scavo" e il "contesto geologico", l'identificazione di quindici "Sotto Zone" lungo il tracciato e la loro descrizione nel dettaglio.

VII.4.2.1 - *Le caratteristiche morfologiche e strutturali*

Il termine morfologia, etimologicamente composta da *morphè* (forma) e *logos* (parlare, parola), indica lo studio e il discorso sulla forma. Lo studio della forma delle sezioni trasversali nel Trou de Touilles parte da un concetto di astrazione, riferito alle forme geometriche primitive, per fornire indicazioni reali, indici del tipo di scavo adottato in un preciso punto del condotto. Come si è osservato nella definizione dei criteri di qualificazione delle "Unità Idrauliche" (U.I.), la "categoria morfologica" definisce le caratteristiche "formali" degli elementi che ne descrivono i caratteri, mentre la "categoria strutturale" si riferisce alle qualità "funzionali" dei sistemi di forze interagenti. La "sezione trasversale" diventa quindi uno strumento fondamentale per studiare e comprendere le caratteristiche morfologiche e strutturali di un condotto ipogeo.

Nelle opere idrauliche e minerarie esistono morfologie direttamente collegate alla loro funzione: un'opera cunicolare ipogea assume una certa conformazione se scavata in un materiale compatto e resistente piuttosto che in uno friabile. Le morfologie che si incontrano nei cunicoli ipogei sembrano spontanee, intendendo con questo termine una forma che è diretta espressione dell'esperienza acquisita da chi realizza l'opera. In realtà il concetto legato al termine di forma spontanea non è altro che la semplificazione di un processo che collega la forma alla matrice da cui essa dipende.

VII.4.2.2 - *Il rapporto tra le morfologie e il contesto geologico*

Vi sono delle forme geometriche primitive che si ritrovano in quelle utilizzate nelle opere minerarie e idrauliche. Con il termine "forma primitiva" o "forma-base", si intende un elemento descrittivo la cui geometria sia riconducibile ad una "morfologia basilare" quale, ad esempio, il cerchio o il quadrato. Il legame tra la morfologia e la struttura è evidente se si osserva come, in relazione alla roccia in cui si scava, l'operatore ha dato determinate risposte: questa relazione tra la forma della sezione adottata e il materiale è definibile come "profilo morfo-strutturale".

L'analisi dei profili di scavo morfo-strutturali, desumibili dallo studio delle sezioni trasversali, è di primaria importanza poiché fornisce indicazioni delle relazioni tra forma, struttura e unità geologica (fig. VI.25). Se si osservano le forme base adottate dall'operatore, si trova generalmente un collegamento al contesto geologico: «È possibile che la sezione di una medesima opera cunicolare vari lungo il percorso e lo scavo in roccia alterni forme differenti, anche presentando tratti rivestiti sia all'incontro con rocce poco coese, che di 'tasche' di materiale incoerente, o con l'approssimarsi alla superficie» (Padovan 2005, p. 103).

Il processo che si crea non è riferito ad un solo tratto dei tracciati poichè si creano rapporti che relazionano le «caratteristiche geologiche dei terreni attraversati, le forme e le dimensioni delle sezioni (...) anche all'interno di una stessa galleria. Da gallerie a sezione rettangolare, realizzate in terreni molto coesivi, si passa a gallerie a sezione ovale e a sezione circolare proprie di terreni spingenti e fluenti. Per ottimizzare la scelta della sezione della galleria è necessario uno studio geologico da svolgersi sia in fase di progetto sia in fase di esecuzione della galleria» (Rombini 1996, p. 9).

Le rocce reagiscono all'abbattimento secondo determinate caratteristiche fisiche di durezza, compattezza e tenacità: «Una roccia dicesi compatta se non presenta piani di clivaggio, litoclasi o fratture; dicesi tenace se offre resistenza alla frantumazione. Infine una roccia è più o meno dura secondo la difficoltà con la quale si lascia compenetrare dagli utensili adoperati nell'abbattimento» (Gerbella 1947, I, pp. 209-210).

L'associazione tra le forme primitive dei profili morfo-strutturali, la classificazione delle rocce in rapporto alla durezza e alle qualità di tenacità che possiedono (per la classificazione di riferimento vedere Gerbella 1947, I, p. 210), porta ad ottenere un grafico in cui la metamorfosi delle figure primitive passa da una forma rettangolare, relazionabile a rocce con alti valori di durezza e tenacità, ad una circolare, collegabile a rocce dalle caratteristiche opposte, essendo il cerchio la figura che meglio reagisce a forze agenti sulla sua superficie (grafico VII.5).

Accanto alle forme primitive se ne trovano alcune intermedie, nate dalla loro fusione quali figure quadrangolari, con volte a tutto sesto o acute, trapezoidali e irregolari. L'analisi delle 51 sezioni trasversali principali, a cui vanno aggiunte quelle intermedie effettuate ove necessario, ha mostrato come esse abbiano luci variabili tra 0.5/1.2 m con altezze comprese tra 1.6/2.5 m. Le informazioni desunte nella raccolta dei dati hanno considerato:

- *Tipo morfologico*: riferibile alle forme primitive della sezione trasversale del condotto riconducibili a: FQ forma quadrangolare (n. 19 sezioni); FSR forma con volta a sesto ribassato (n. 7 sezioni); FTS forma con volta a tutto sesto (n. 17 sezioni); FE forma ellittica (n. 8 sezioni).
- *Area di riferimento*: di ogni sezione trasversale si è individuata la relativa area, espressa in m^2 per desumere il volume di materiale estratto dall'acquedotto. La media delle sezioni effettuate ha portato ad averne una ogni 8,4 m lungo i 433 m lineari di sviluppo del condotto.
- *Sotto Zona di appartenenza*: le sezioni sono state collegate alle forme base rilevate e inserite nella Sotto Zona (S.Z.) di appartenenza. Le quindici Sotto Zone contengono vari tipi morfologici (tav. VII.25).
- *Contesto geologico*. Le unità geologiche, rilevabili nel condotto, sono state identificate nelle rispettive S.Z. Si sono riscontrate unità con differenti gradi di compattezza, durezza e tenacia che variano in modo decrescente: dalle masse silicee compatte, alla dolomia con frazione dolomitica prevalente fino alla dolomia con frazione carbonatica prevalente.

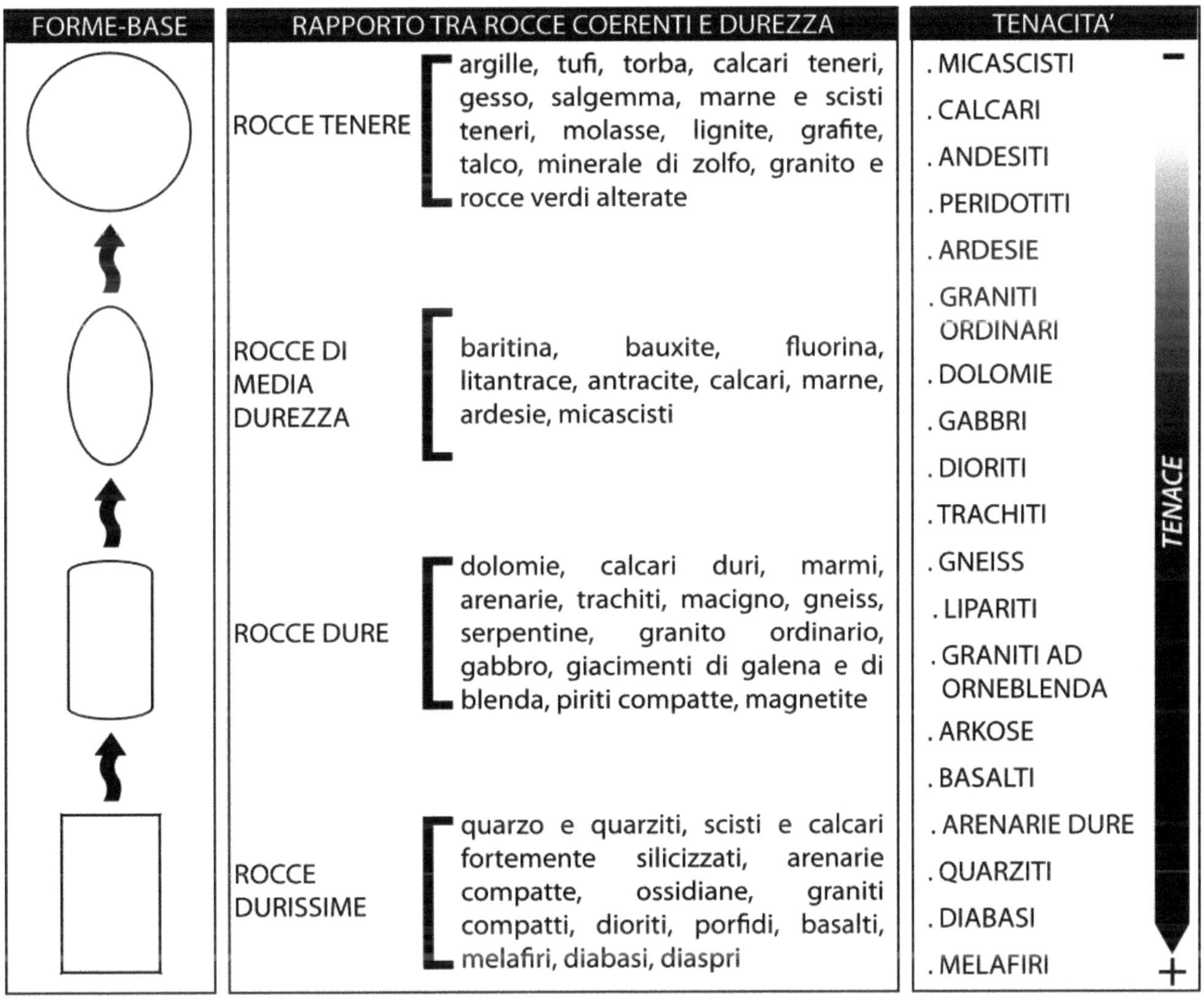

Grafico VII.5. *Rapporto tra le forme primitive, o forme-base, e le rocce più comuni in funzione di durezza e tenacità (elaborazione degli Autori).*

Nelle zone comprese tra la 1 e la 12 non vi sono tracce di rivestimenti murari, mentre nelle zone comprese tra la 13 e la 15 esiste un rivestimento delle spalle e della volta in cemento frutto dei restauri del 1931, che hanno seguito il tracciato originario ma che ne impediscono analisi di tipo geomorfologico. Solo il fondo non è stato rivestito.

In vari punti si osservano fenomeni di pseudo carsismo localizzati dove la pressione idrica trova una matrice di dolomia con prevalenza carbonatica; altre hanno caratteri più indefiniti per i fenomeni di deperimento della matrice rocciosa conseguenti ai crolli. Si noti come «la stessa forma di un cunicolo o d'una galleria possa subire mutazioni a seguito dell'innescarsi di fenomeni di pseudo carsismo indotto» (Castellani 1973, pp. 121-126) o alla mancanza di manutenzione. Lungo il condotto vi sono metaconglomerati delimitati in specifiche aree. Il confronto dei dati ha portato alla realizzazione di tabelle di studio; nella "tabella primaria" (tab. VII.5) sono riportati i seguenti dati:

- Il numero di sezione.
- La forma base.
- L'area.
- L'unità geologica.
- La S.Z. di appartenenza.

Da questa tabella si possono ricavare numerosi dati in funzione di quello che si desidera evidenziare. Ad esempio si desume che, nei punti in cui la dolomia con frazione carbonatica prevalente è più tenera, si hanno fenomeni di pseudo carsismo. Altro dato è la coesistenza in alcuni tratti delle due frazioni, dolomitica e calcarea, dove si trova un profilo tipico di una roccia dura sulla sommità della sezione e fenomeni erosivi sul fondo.

Le tabelle VII.6 e VII.7 sono esempi che mostrano come dalla tabella primaria si possano estrapolare dati; si noti come le anomalie sono localizzate in due zone: quella iniziale e quella in corrispondenza della massa silicea in cui si riconoscono morfologie atipiche per quest'unità e riconducibili a rocce con compattezza decisamente inferiore. La presenza di un salto di quota anomalo indica come la morfologia sia slegata da quella di un corretto avanzamento, ma dovuta agli abbattimenti verticali necessari a rintracciare una matrice geologica più tenera. Si è cercato di definire, in fase analitica e di studio, uno strumento metodologico flessibile utilizzabile per studi specifici, base per ulteriori approfondimenti.

Si sono create delle tavole di raffronto per correlare le osservazioni geologiche alle tipologie morfo-strutturali, basate sullo sviluppo dei dati ottenuti nella tabella principale. Il rilievo longitudinale del condotto è stato suddiviso nelle Sotto Zone e, in ognuna di esse, si sono indicate le sezioni con le rispettive forme primitive. Lungo la sezione si sono poi collocate le caratteristiche geologiche di ogni tratto: dolomia con frazione carbonatica prevalente, dolomia con frazione dolomitica prevalente, masse silicee, presenza di metaconglomerato, fenomeni di pseudo carsismo indotto ed elementi di obliterazione dovuti ai restauri avvenuti nell'ipogeo (figg. VII.26a, VII.26b e VII.26c).

VII.4.2.3 - *Suddivisione in Sotto Zone (S.Z.) del tratto ipogeo*

Il condotto ipogeo si sviluppa nella sua globalità per 433,239 m con due direzioni di scavo prevalenti orientate di 315° e 319°; questi due settori sono rettilinei e si susseguono secondo una direzione sud-est/nord-ovest (fig. VII.27). L'imbocco sud del condotto ipogeo si attesta sul versante sinistro orografico della Dora Riparia ad una quota di 2019 m s.l.m., mentre l'imbocco nord situato nel Vallone di Touilles e misurato all'estradosso della grata di protezione, è ad una quota di 2034 m s.l.m.

Il dislivello tra l'ingresso e l'uscita, misurato sul fondo del condotto, è di 12,56 m. Il Trou de Touilles è stato collegato al territorio con l'inserimento della sua sezione longitudinale nel profilo altimetrico del tratto che collega Cima Quattro Denti a Cima del Vallone. L'opera è situata ad una profondità di circa 140-150 m rispetto alla cresta ma, mentre dalla sommità della montagna si ha una vista ottimale verso il versante exillese, è necessario oltrepassare la cresta per vedere direttamente l'imbocco nord (fig. VI.28).

SEZIONE	FORMA BASE	AREA [MQ]	UNITA' GEOLOGICA	Sotto Zona
ST 01	FQ	1,58	DOLOMIA (FRAZIONE DOLOMITICA PREVALENTE)	1
ST 02	FTS	1,35	DOLOMIA (FRAZIONE DOLOMITICA PREVALENTE)	1
ST 03	FSR	0,95	DOLOMIA (FRAZIONE DOLOMITICA PREVALENTE)	1
ST 04	FQ	3,78	DOLOMIA (FRAZIONE DOLOMITICA PREVALENTE)	1
ST 05	FQ	2,79	DOLOMIA (FRAZIONE CARBONATICA PREVALENTE)	2
ST 06	FTS	2,89	DOLOMIA (FRAZIONE CARBONATICA PREVALENTE)	2
ST 07	FTS	1,66	DOLOMIA (FRAZIONE CARBONATICA PREVALENTE)	3
ST 08	FQ	2,12	DOLOMIA (FRAZIONE CARBONATICA PREVALENTE)	3
ST 09	FTS	1,46	DOLOMIA (FRAZIONE CARBONATICA PREVALENTE)	4
ST 10	FTS	1,61	DOLOMIA (FRAZIONE CARBONATICA PREVALENTE)	4
ST 11	FQ	2,71	DOLOMIA (FRAZIONE CARBONATICA PREVALENTE)	4
ST 12	FE	1,42	DOLOMIA (FRAZIONE CARBONATICA PREVALENTE)	4
ST 13	FTS	1,45	DOLOMIA (FRAZIONE CARBONATICA PREVALENTE)	4
ST 14	FE	1,6	DOLOMIA (FRAZIONE CARBONATICA PREVALENTE)	5
ST 15	FE	1,87	MASSA SILICEA	5
ST 16	FE	1,64	MASSA SILICEA	5
ST 17	FQ	1,7	DOLOMIA (FRAZIONE CARBONATICA E DOLOMITICA)	6
ST 18	FQ	1,39	DOLOMIA (FRAZIONE CARBONATICA E DOLOMITICA)	6
ST 19	FQ	1,15	DOLOMIA (FRAZIONE CARBONATICA E DOLOMITICA)	6
ST 20	FQ	1,18	DOLOMIA (FRAZIONE CARBONATICA PREVALENTE)	7
ST 21	FTS	1,04	DOLOMIA (FRAZIONE CARBONATICA PREVALENTE)	7
ST 22	FTS	1,16	DOLOMIA (FRAZIONE CARBONATICA PREVALENTE)	7
ST 23	FTS	1,19	DOLOMIA (FRAZIONE CARBONATICA PREVALENTE)	7
ST 24	FE	1,31	DOLOMIA (FRAZIONE CARBONATICA PREVALENTE)	7
ST 25	FE	1,06	DOLOMIA (FRAZIONE CARBONATICA PREVALENTE)	7
ST 26	FE	1,02	DOLOMIA (FRAZIONE CARBONATICA PREVALENTE)	8
ST 27	FE	1,37	DOLOMIA (FRAZIONE CARBONATICA PREVALENTE)	8
ST 28	FQ	1,47	DOLOMIA (FRAZIONE DOLOMITICA PREVALENTE)	9
ST 29	FQ	1,76	DOLOMIA (FRAZIONE DOLOMITICA PREVALENTE)	9
ST 30	FQ	1,27	DOLOMIA (FRAZIONE DOLOMITICA PREVALENTE)	9
ST 31	FQ	1,54	DOLOMIA (FRAZIONE DOLOMITICA PREVALENTE)	9
ST 32	FSR	1,15	DOLOMIA (FRAZIONE DOLOMITICA PREVALENTE)	9
ST 33	FQ	1,23	DOLOMIA (FRAZIONE DOLOMITICA PREVALENTE)	9
ST 34	FQ	1,01	DOLOMIA (FRAZIONE DOLOMITICA PREVALENTE)	9
ST 35	FQ	1,28	DOLOMIA (FRAZIONE DOLOMITICA PREVALENTE)	10
ST 36	FQ	1,29	DOLOMIA (FRAZIONE DOLOMITICA PREVALENTE)	10
ST 37	FSR	1,27	DOLOMIA (FRAZIONE CARBONATICA E DOLOMITICA)	11
ST 38	FSR	1,68	DOLOMIA (FRAZIONE CARBONATICA E DOLOMITICA)	11
ST 39	FSR	1,53	DOLOMIA (FRAZIONE CARBONATICA E DOLOMITICA)	12
ST 40	FSR	1,99	DOLOMIA (FRAZIONE CARBONATICA E DOLOMITICA)	12
ST 41	FSR	1,65	DOLOMIA (FRAZIONE CARBONATICA E DOLOMITICA)	12
ST 42	FTS	1,82	RIVESTIMENTO IN CLS (FRAZIONE DOLOMITICA SUL FONDO)	13
ST 43	FTS	1,39	RIVESTIMENTO IN CLS (FRAZIONE DOLOMITICA SUL FONDO)	13
ST 44	FTS	1,42	RIVESTIMENTO IN CLS (FRAZIONE DOLOMITICA SUL FONDO)	13
ST 45	FTS	1,31	RIVESTIMENTO IN CLS (FRAZIONE DOLOMITICA SUL FONDO)	13
ST 46	FTS	1,31	RIVESTIMENTO IN CLS (FRAZIONE DOLOMITICA SUL FONDO)	14
ST 47	FTS	1,3	RIVESTIMENTO IN CLS (FRAZIONE DOLOMITICA SUL FONDO)	14
ST 48	FTS	1,24	RIVESTIMENTO IN CLS (FRAZIONE DOLOMITICA SUL FONDO)	15
ST 49	FTS	1,34	RIVESTIMENTO IN CLS (FRAZIONE DOLOMITICA SUL FONDO)	15
ST 50	FQ	1,78	RIVESTIMENTO IN CLS	15
ST 51	FQ	1,78	RIVESTIMENTO IN CLS	15

Tab. VII.5. *Tabella base (elaborazione degli Autori).*

FORMA BASE	UNITA' GEOLOGICA	Sotto Zona	SEZIONE
FE	DOLOMIA (FRAZIONE CARBONATICA PREVALENTE)	4	ST 12
FE	DOLOMIA (FRAZIONE CARBONATICA PREVALENTE)	5	ST 14
FE	MASSA SILICEA	5	ST 15
FE	MASSA SILICEA	5	ST 16
FE	DOLOMIA (FRAZIONE CARBONATICA PREVALENTE)	7	ST 24
FE	DOLOMIA (FRAZIONE CARBONATICA PREVALENTE)	7	ST 25
FE	DOLOMIA (FRAZIONE CARBONATICA PREVALENTE)	8	ST 26
FE	DOLOMIA (FRAZIONE CARBONATICA PREVALENTE)	8	ST 27
FQ	DOLOMIA (FRAZIONE DOLOMITICA PREVALENTE)	1	ST 01
FQ	DOLOMIA (FRAZIONE DOLOMITICA PREVALENTE)	1	ST 04
FQ	DOLOMIA (FRAZIONE CARBONATICA PREVALENTE)	2	ST 05
FQ	DOLOMIA (FRAZIONE CARBONATICA PREVALENTE)	3	ST 08
FQ	DOLOMIA (FRAZIONE CARBONATICA PREVALENTE)	4	ST 11
FQ	DOLOMIA (FRAZIONE CARBONATICA E DOLOMITICA)	6	ST 17
FQ	DOLOMIA (FRAZIONE CARBONATICA E DOLOMITICA)	6	ST 18
FQ	DOLOMIA (FRAZIONE CARBONATICA E DOLOMITICA)	6	ST 19
FQ	DOLOMIA (FRAZIONE CARBONATICA PREVALENTE)	7	ST 20
FQ	DOLOMIA (FRAZIONE DOLOMITICA PREVALENTE)	9	ST 28
FQ	DOLOMIA (FRAZIONE DOLOMITICA PREVALENTE)	9	ST 29
FQ	DOLOMIA (FRAZIONE DOLOMITICA PREVALENTE)	9	ST 30
FQ	DOLOMIA (FRAZIONE DOLOMITICA PREVALENTE)	9	ST 31
FQ	DOLOMIA (FRAZIONE DOLOMITICA PREVALENTE)	9	ST 33
FQ	DOLOMIA (FRAZIONE DOLOMITICA PREVALENTE)	9	ST 34
FQ	DOLOMIA (FRAZIONE DOLOMITICA PREVALENTE)	10	ST 35
FQ	DOLOMIA (FRAZIONE DOLOMITICA PREVALENTE)	10	ST 36
FQ	RIVESTIMENTO IN CLS	15	ST 50
FQ	RIVESTIMENTO IN CLS	15	ST 51
FSR	DOLOMIA (FRAZIONE DOLOMITICA PREVALENTE)	1	ST 03
FSR	DOLOMIA (FRAZIONE DOLOMITICA PREVALENTE)	9	ST 32
FSR	DOLOMIA (FRAZIONE CARBONATICA E DOLOMITICA)	11	ST 37
FSR	DOLOMIA (FRAZIONE CARBONATICA E DOLOMITICA)	11	ST 38
FSR	DOLOMIA (FRAZIONE CARBONATICA E DOLOMITICA)	12	ST 39
FSR	DOLOMIA (FRAZIONE CARBONATICA E DOLOMITICA)	12	ST 40
FSR	DOLOMIA (FRAZIONE CARBONATICA E DOLOMITICA)	12	ST 41
FTS	DOLOMIA (FRAZIONE DOLOMITICA PREVALENTE)	1	ST 02
FTS	DOLOMIA (FRAZIONE CARBONATICA PREVALENTE)	2	ST 06
FTS	DOLOMIA (FRAZIONE CARBONATICA PREVALENTE)	3	ST 07
FTS	DOLOMIA (FRAZIONE CARBONATICA PREVALENTE)	4	ST 09
FTS	DOLOMIA (FRAZIONE CARBONATICA PREVALENTE)	4	ST 10
FTS	DOLOMIA (FRAZIONE CARBONATICA PREVALENTE)	4	ST 13
FTS	DOLOMIA (FRAZIONE CARBONATICA PREVALENTE)	7	ST 21
FTS	DOLOMIA (FRAZIONE CARBONATICA PREVALENTE)	7	ST 22
FTS	DOLOMIA (FRAZIONE CARBONATICA PREVALENTE)	7	ST 23
FTS	RIVESTIMENTO IN CLS (FRAZIONE DOLOMITICA SUL FONDO)	13	ST 42
FTS	RIVESTIMENTO IN CLS (FRAZIONE DOLOMITICA SUL FONDO)	13	ST 43
FTS	RIVESTIMENTO IN CLS (FRAZIONE DOLOMITICA SUL FONDO)	13	ST 44
FTS	RIVESTIMENTO IN CLS (FRAZIONE DOLOMITICA SUL FONDO)	13	ST 45
FTS	RIVESTIMENTO IN CLS (FRAZIONE DOLOMITICA SUL FONDO)	14	ST 46
FTS	RIVESTIMENTO IN CLS (FRAZIONE DOLOMITICA SUL FONDO)	14	ST 47
FTS	RIVESTIMENTO IN CLS (FRAZIONE DOLOMITICA SUL FONDO)	15	ST 48
FTS	RIVESTIMENTO IN CLS (FRAZIONE DOLOMITICA SUL FONDO)	15	ST 49

Tab. VII.6. *Comparazione delle caratteristiche in funzione delle forme base (elaborazione degli Autori).*

UNITA' GEOLOGICA	FORMA BASE	Sotto Zona	SEZIONE
DOLOMIA (FRAZIONE CARBONATICA E DOLOMITICA)	FQ	6	ST 17
DOLOMIA (FRAZIONE CARBONATICA E DOLOMITICA)	FQ	6	ST 18
DOLOMIA (FRAZIONE CARBONATICA E DOLOMITICA)	FQ	6	ST 19
DOLOMIA (FRAZIONE CARBONATICA E DOLOMITICA)	FSR	11	ST 37
DOLOMIA (FRAZIONE CARBONATICA E DOLOMITICA)	FSR	11	ST 38
DOLOMIA (FRAZIONE CARBONATICA E DOLOMITICA)	FSR	12	ST 39
DOLOMIA (FRAZIONE CARBONATICA E DOLOMITICA)	FSR	12	ST 40
DOLOMIA (FRAZIONE CARBONATICA E DOLOMITICA)	FSR	12	ST 41
DOLOMIA (FRAZIONE CARBONATICA PREVALENTE)	FE	4	ST 12
DOLOMIA (FRAZIONE CARBONATICA PREVALENTE)	FE	5	ST 14
DOLOMIA (FRAZIONE CARBONATICA PREVALENTE)	FE	7	ST 24
DOLOMIA (FRAZIONE CARBONATICA PREVALENTE)	FE	7	ST 25
DOLOMIA (FRAZIONE CARBONATICA PREVALENTE)	FE	8	ST 26
DOLOMIA (FRAZIONE CARBONATICA PREVALENTE)	FE	8	ST 27
DOLOMIA (FRAZIONE CARBONATICA PREVALENTE)	FQ	2	ST 05
DOLOMIA (FRAZIONE CARBONATICA PREVALENTE)	FQ	3	ST 08
DOLOMIA (FRAZIONE CARBONATICA PREVALENTE)	FQ	4	ST 11
DOLOMIA (FRAZIONE CARBONATICA PREVALENTE)	FQ	7	ST 20
DOLOMIA (FRAZIONE CARBONATICA PREVALENTE)	FTS	2	ST 06
DOLOMIA (FRAZIONE CARBONATICA PREVALENTE)	FTS	3	ST 07
DOLOMIA (FRAZIONE CARBONATICA PREVALENTE)	FTS	4	ST 09
DOLOMIA (FRAZIONE CARBONATICA PREVALENTE)	FTS	4	ST 10
DOLOMIA (FRAZIONE CARBONATICA PREVALENTE)	FTS	4	ST 13
DOLOMIA (FRAZIONE CARBONATICA PREVALENTE)	FTS	7	ST 21
DOLOMIA (FRAZIONE CARBONATICA PREVALENTE)	FTS	7	ST 22
DOLOMIA (FRAZIONE CARBONATICA PREVALENTE)	FTS	7	ST 23
DOLOMIA (FRAZIONE DOLOMITICA PREVALENTE)	FQ	1	ST 01
DOLOMIA (FRAZIONE DOLOMITICA PREVALENTE)	FQ	1	ST 04
DOLOMIA (FRAZIONE DOLOMITICA PREVALENTE)	FQ	9	ST 28
DOLOMIA (FRAZIONE DOLOMITICA PREVALENTE)	FQ	9	ST 29
DOLOMIA (FRAZIONE DOLOMITICA PREVALENTE)	FQ	9	ST 30
DOLOMIA (FRAZIONE DOLOMITICA PREVALENTE)	FQ	9	ST 31
DOLOMIA (FRAZIONE DOLOMITICA PREVALENTE)	FQ	9	ST 33
DOLOMIA (FRAZIONE DOLOMITICA PREVALENTE)	FQ	9	ST 34
DOLOMIA (FRAZIONE DOLOMITICA PREVALENTE)	FQ	10	ST 35
DOLOMIA (FRAZIONE DOLOMITICA PREVALENTE)	FQ	10	ST 36
DOLOMIA (FRAZIONE DOLOMITICA PREVALENTE)	FSR	1	ST 03
DOLOMIA (FRAZIONE DOLOMITICA PREVALENTE)	FSR	9	ST 32
DOLOMIA (FRAZIONE DOLOMITICA PREVALENTE)	FTS	1	ST 02
MASSA SILICEA	FE	5	ST 15
MASSA SILICEA	FE	5	ST 16
RIVESTIMENTO IN CLS	FQ	15	ST 50
RIVESTIMENTO IN CLS	FQ	15	ST 51
RIVESTIMENTO IN CLS (FRAZIONE DOLOMITICA SUL FONDO)	FTS	13	ST 42
RIVESTIMENTO IN CLS (FRAZIONE DOLOMITICA SUL FONDO)	FTS	13	ST 43
RIVESTIMENTO IN CLS (FRAZIONE DOLOMITICA SUL FONDO)	FTS	13	ST 44
RIVESTIMENTO IN CLS (FRAZIONE DOLOMITICA SUL FONDO)	FTS	13	ST 45
RIVESTIMENTO IN CLS (FRAZIONE DOLOMITICA SUL FONDO)	FTS	14	ST 46
RIVESTIMENTO IN CLS (FRAZIONE DOLOMITICA SUL FONDO)	FTS	14	ST 47
RIVESTIMENTO IN CLS (FRAZIONE DOLOMITICA SUL FONDO)	FTS	15	ST 48
RIVESTIMENTO IN CLS (FRAZIONE DOLOMITICA SUL FONDO)	FTS	15	ST 49

Tab. VII. 7. *Comparazione delle caratteristiche in funzione delle unità geologiche (elaborazione degli Autori).*

Nel tratto ipogeo la pendenza si distribuisce in quindici Sotto Zone (S.Z.) con differenti valori di inclinazione e direzione in funzione delle morfologie rocciose, del tracciato voluto dal minatore e dell'azione erosiva dell'acqua. La pendenza è stata considerata positiva in riferimento al senso di scavo adottato dal minatore; si notano dei tratti pianeggianti o negativi, indici di aggiustamenti e fenomeni di pseudo carsismo indotto (figg. VII.29a, VII.29b, VII.29c, VII.29d, VII.29e e VII.29f). Le S.Z. sono caratterizzate sia da reciproche differenze di orientamento e inclinazione, sia dai seguenti elementi:

- tronconi dei fronti di scavo: sono degli indicatori delle fasi di scavo e avanzamento;
- zone di livellamento: la presenza di problemi correlati alle differenti unità geologiche ha portato ad aggiustamenti altimetrici;
- aggiustamento direzionale: parti che corrispondono a modifiche nella traiettoria dello scavo;
- aree di crollo: aree in cui la geologia del terreno, unitamente a fenomeni erosivi, ha creato zone di crollo sulla volta o sulle spalle del condotto;
- aree di manutenzione: aree in cui i cedimenti hanno indotto interventi manutentivi.

VII.4.2.4 - *Descrizione morfologica delle 15 Sotto Zone del tratto ipogeo*

La morfologia dell'acquedotto è ben delineata a livello di planimetria, sviluppo longitudinale e sezioni trasversali. Le misure del condotto sono state prese partendo oltre la vasca di ripartizione dell'acqua posta all'imbocco sud (metro 0, caposaldo 1) e terminano nel punto in cui la condotta esterna si inserisce nel Trou de Touilles (metro 433,239). Lo sviluppo longitudinale ha un dislivello costante, anche se condizionato da vari elementi: il contatto tra le zone di sovrascorrimento, le inclinazioni minime per lo scorrimento dell'acqua, la presenza di parti difficili da scavare con conseguenti innalzamenti di quota. A livello planimetrico non si hanno sostanziali variazioni ad eccezione di un punto in cui il tracciato varia di 4°.

Le quindici zone sono così suddivisibili e descrivibili:

SOTTOZONA S.Z. 01

posizione	compresa tra 0 / 22,296 m
inclinazioni % (°)	+0,7% / +4,4% (+0,3°, +2,2°)
direzione prevalente (α)	315°
elemento caratterizzante	area di crollo e manutenzione
forma base	FQ, FSR, FTS

Nel primo documento, l'enfiteusi rogata il 3 ottobre 1504 tra gli abitanti delle Ramats e quelli di Exilles, si parla di realizzare un *beale* o un acquedotto per portare l'acqua dal Monte di Touilles, oggi Cima Quattro Denti, al versante chiomontino. L'opera poteva essere realizzata sul precedente tentativo di perforazione della montagna: «*bealagium sive aqueductum super finibus et territorio Exillarum, pro conductu aque accipiende in Monte de Tullis et ducende ad fines et territorium Chaumoncii sive Ramatarum, quo volent, sive per bedale aut aqueductum super terra(m), aut in futurum per foramen, fiendi jam attemptatum sive presumptum, si contingat ipsum montem perforare in dicto Monte de Tolliis, itta tamen et taliter quod ipsi de Ramatis et eorum successores possint et valleant facere aut fieri facere bealagia sive aqueductus, et pro ipso aqueductu ediffìcare muros et fortalitia et riguare per totum territorium Exillearum*».

Passarono ventidue anni prima che fosse trovato l'esecutore dell'opera con il quale i consorziati delle due comunità stipularono, nel 1526, il contratto. Si presupponga che in questo periodo si fosse cercato il luogo migliore per perforare la montagna di Touilles; gli abitanti lo avrebbero individuato nel punto in cui Colombano Romeàn realizzò il Trou de Touilles proseguendo, presumibilmente, lo scavo già iniziato. Ciò è desumibile da un riferimento nel contratto: *«de forando sive perficiendo aqueductum sicut jam inceptum perforari versus Chalps, finis Exillearum, super Ramatas et Albornetum prout infra»*, ovvero: «di perforare o proseguire il già incominciato traforo od aquedotto verso le Chalps, fini di Exilles, sopra le Ramats e Albournet come infra» (Chiapusso 1879, p. 9), e dal fatto che il luogo è quello migliore per la realizzazione dell'opera.

L'inquadramento cronologico di un'opera cunicolare è difficoltoso se mancano elementi datanti o se vi sono rimaneggiamenti avvenuti nel corso del tempo. Le ricerche svolte sul versante exillese per identificare la presenza di perforazioni precedenti al Trou de Touilles, hanno dato esito negativo, confermando l'ipotesi che un eventuale tentativo sia da ricondurre alla parte iniziale del condotto. Non è plausibile che il primo scavo fosse molto lungo, in quanto Romeàn non sarebbe stato chiamato a terminare un condotto correttamente avviato e con reali possibilità di riuscita.

Il precedente tentativo è da ricondurre a questa zona (figg. VII.30, VII.31 e VII.54). I primi 10 m del tratto iniziale sembrano essere scavati in modo differente dal resto del condotto a causa dell'irregolarità di realizzazione. Tra i capisaldi 02 e 05 si assiste a un abbassamento della volta che, nei momenti di massimo regime idrico, crea difficoltà di percorrenza (fig. VII.56). Solo la parte iniziale sembra riconducibile alle modalità di realizzazione presenti lungo il condotto (figg. VII.55 e VII.57).

Tra i capisaldi 05 e 07 siamo in presenza di un allargamento conseguente a un crollo, che rende labili le tracce di scavo rimaste sulla volta e sulle spalle dello speco; il tratto crollato è composto da dolomia con frazione carbonatica prevalente. Si nota come l'allargamento sia successivo alla realizzazione dell'opera poiché mantiene la direzione del tracciato presente nelle S.Z. successive (fig. VII.60). Da ciò è desumibile che il primo tentativo di traforo fosse giunto, nella migliore delle ipotesi, all'area di crollo; qui si assiste a un piccolo aggiustamento direzionale per la presenza di un banco roccioso molto duro che ha imposto un salto di quota (fig. VII.58). Sul fondo vi è la presenza di uno spesso strato di detriti. Alla base del salto, prima del caposaldo 07, si è formata una marmitta, mentre lungo i lati della saletta si nota la deposizione di sabbie e rocce e, sulla volta, si individuano concrezioni (fig. VII.59).

SOTTOZONA S.Z. 02

posizione	compresa tra 22,296 / 35,671 m
inclinazioni % (°)	+1,8% / +76,7% (+0,8°, +34,5°)
direzione prevalente (α)	316°
elemento caratterizzante	area di livellamento, troncone dei fronti di scavo
forma base	FQ, FTS

Nel primo tratto, in corrispondenza del punto di innalzamento del condotto, si nota un cedimento analogo a quello della zona precedente. L'aspetto più significativo è l'aumento di quota nella parte iniziale dovuto alla presenza di una porzione di roccia più dura sul fondo (fig. VII.58); sulla volta (metri 23-28) si notano segni di aggiustamenti e di ampliamento della sommità della sezione longitudinale dovuti, presumibilmente, alla creazione di un piccolo ambiente di partenza in seguito alla ricerca della matrice rocciosa ottimale per l'abbattimento (fig. VII.60). La volta diviene più regolare per terminare, dopo il caposaldo 09, con una tasca al cui piede si trova una vasca di erosione con porzioni di cedimento delle pareti dello speco (figg. VII.30, VII.31, VII.32, VII.33, VII.61 e VII.62). Geologicamente si rileva della dolomia con frazione dolomitica prevalente.

SOTTOZONA S.Z. 03

posizione	compresa tra 35,671 / 45,14 m
inclinazioni % (°)	+8,7% (+3,9°)
direzione prevalente (α)	311°
elemento caratterizzante	area di livellamento, aggiustamento direzionale
forma base	FQ, FTS

All'interno dei tronconi di scavo si evince la presenza di tratti planimetrici ad "esse" utilizzati per effettuare micro aggiustamenti direzionali. Si assiste inoltre a un'azione correttiva impostata sui due livelli planimetrico e altimetrico (figg. VII.32, VII.33 e VII.63). In pianta si nota una doppia curva ad "esse" che segue una direzione di 311°, mentre la quota si alza gradualmente fino a raggiungere la pendenza che rimane invariata fino al salto successivo. Al piede delle sezioni trasversali troviamo fenomeni di pseudo carsismo con sezioni ellittiche sollevate rispetto al fondo dello speco.

SOTTOZONA S.Z. 04

posizione	compresa tra 45,14 / 108,705 m
inclinazioni % (°)	-1,7% / +3,6% (+0,3° / +2,2°)
direzione prevalente (α)	314°
elemento caratterizzante	troncone dei fronti di scavo, area di crollo
forma base	FE, FQ, FSR, FTS

Sono presenti più tronconi di avanzamento definiti dai fronti di scavo ben visibili e da un'omogeneità direzionale e altimetrica (figg., VII.32, VII.33, VII.34, VI.35, VII.36 e VII.37). Si osservano anche punti con metaconglomerato, che provocano fenomeni di crollo naturale (metri 67-72 e 78-85), posti sulle spalle e sulla volta del condotto (figg. VII.64, VII.65 e VII.66). Uno di questi crolli, dovuto alla tipologia della massa rocciosa, è probabilmente avvenuto in corso d'opera, come documenta il raccordo tra la volta del condotto e quella del vuoto formatosi (fig. VII.66). Fino al metro 60 troviamo fenomeni di pseudo carsismo, al piede del condotto, simili a quelli della zona precedente: sezioni ellittiche poste sopra il fondo dello speco.

SOTTOZONA S.Z. 05

posizione	compresa tra 108,705 / 137,835 m
inclinazioni % (°)	+4,6% / +102,3% (+0,26°, +46°)
direzione prevalente (α)	315°
elemento caratterizzante	area di livellamento, troncone dei fronti di scavo
forma base	FE

Tratto diviso in due parti: la prima arriva fino al metro 132, nella seconda si trova il più elevato dislivello del condotto (figg. VII.36 e VII.37). La prima parte è caratterizzata da un fronte di avanzamento regolare simile al precedente, ma più inclinato e con numerosi denti sulla volta. Si differenzia dal tratto della S.Z. 04 per l'assenza di fenomeni erosivi al piede dello speco. Nonostante la roccia appaia piuttosto compatta la morfologia delle sezioni trasversali, riconducibile ad una forma ellittica, induce a pensare che la dolomia sia in questo tratto più tenera (fig. VII.67).

La seconda parte è caratterizzata da una massa silicea dura e compatta; il minatore trovando un ostacolo di natura strutturale ha seguito l'interstrato, alzandosi bruscamente di quota fino a ritrovare il calcare dolomitico. In questo punto, dove si è creata una cascata con un dislivello superiore ai due metri. Alla base si trovano una marmitta e fenomeni erosivi (figg. VII.68 e VII.69).

La volta presenta variazioni nello scavo che innalzano la quota del condotto fino alla ripresa del normale andamento suborizzontale; da qui in avanti si osserva una sezione ellittica indice del passaggio dalla matrice silicea a quella dolomitica . Prima e dopo il dislivello si osservano due clessidre ricavate nella parete dello speco, con segni di usura dovuti a funi; queste, verosimilmente, erano collocate sia per agevolare il trasporto degli sfridi di lavorazione sia per la progressione, come si è verificato nel corso degli studi (figg. VII.69, VII.70 e VII.71).

SOTTOZONA S.Z. 06

posizione	compresa tra 137,835 / 179,903 m
inclinazioni % (°)	-16,2% / +3,8% (-7,3°, +1,76°)
direzione prevalente (α)	316°
elemento caratterizzante	aggiustamento direzionale, area di livellamento, troncone dei fronti di scavo
forma base	FQ

Lo scavo riprende con un tracciamento regolare; si nota come la presenza simultanea di più tipologie rocciose determini vari fenomeni: fino al metro 146 si hanno residui di massa silicea misti a dolomia. Sulla volta si trova un profondo scalino di avanzamento dovuto alla ricerca della roccia migliore per la prosecuzione dell'opera. Da qui in avanti il condotto assume un andamento con direzione prevalente e con inclinazione costanti. La volta ha variazioni altimetriche riconducibili ad operazioni di rifinitura e di aggiustamento; la pianta mostra aggiustamenti ad "esse" (fig. VII.72). Le sezioni trasversali sono quadrangolari (figg. VII.72 e VII.73); i marcati fenomeni di pseudo carsismo nell'alveo portano a ipotizzare la compresenza di dolomia, con frazione dolomitica prevalente, nella parte superiore e dolomia con frazione carbonatica prevalente, nella parte inferiore dello speco. L'erosione (dal metro 150 in avanti) si manifesta con marmitte lungo il fondo e vaschette laterali al piede dello speco (figg. VII.36, VII.37, VII.38, VII.39, VII.40, VII.41 e VII.73).

SOTTOZONA S.Z. 07

posizione	compresa tra 179,903 / 247,527 m
inclinazioni % (°)	0,0% / +9,3% (0,0°+4,2°); inclinazione significativa
direzione prevalente (α)	316°
elemento caratterizzante	aggiustamento direzionale, area di crollo, troncone dei fronti di scavo
forma base	FE, FQ, FTS

Il fronte di avanzamento ha caratteri di omogeneità: la pendenza, con l'esclusione dei primi metri, è costante dal metro 188 al metro 247 e la planimetria, che segue una direzione precisa, procede con aggiustamenti consequenziali operati con curve a "esse" fino al caposaldo 27 (fig. VII.74) e con andamento più rettilineo oltre la zona di crollo, dal caposaldo 28 in avanti.

La morfologia delle sezioni trasversali si evolve lungo il percorso (figg. VII.40, VII.41, VII.42 e VII.43), da una forma quadrangolare (st. 20, fino al metro 186, fig. VII.75) ad una a tutto sesto (st. 21, st. 22 e st. 23, tra i metri 186 e 224) e a una ellittica nell'ultimo tratto (st. 24 e st. 25, dal metro 224, fig. VII.74). Si notano distacchi di porzione di roccia dalle spalle e dalla volta (metri 233/237) come è indicato dal residuo di spalla sospesa sul vuoto di crollo (fig. VII.77). Prima del caposaldo 28 si notano due denti di scavo sulla spalla sinistra del condotto (figg. VII.26c e VII.76) e fenomeni di pseudo carsismo localizzati al piede (formazioni a lamelle) e sul fondo (vasche di erosione).

SOTTOZONA S.Z. 08

posizione	compresa tra 247,527 / 268,506 m
inclinazioni % (°)	+1,6% / +14,7% (+0,7°+6,6°)
direzione prevalente (α)	316°
elemento caratterizzante	aggiustamento direzionale, troncone dei fronti di scavo
forma base	FE

La sezione longitudinale è caratterizzata da denti di scavo sulla volta e da correzioni di livello per innalzare la quota (figg. VII.42, VII.44 e VII.78). I profili trasversali sono prevalentemente ellittici (figg. VII.43 e VII.45); sul fondo si notano numerose e profonde vasche di erosione (fig. VII.78) e una grossa marmitta che funge da bacino di accumulo nella parte finale. Tale marmitta, formatasi in seguito, non pare essere subordinata alla presenza di una massa silicea, come nel caso delle S.Z.01 e S.Z.05. I tratti precedenti e successivi alla marmitta, compresi tra i capisaldi 29 e 31, hanno la medesima linea di pendenza sul fondo e sulla volta (fig. VII.44). Nel punto di contatto tra questa zona e la successiva si assiste ad un significativo cambio di direzione nel tracciato di circa 4° (figg. VII.79, VII.80 e VII.81).

SOTTOZONA S.Z. 09

posizione	compresa tra 268,506 / 308,142 m
inclinazioni % (°)	+1,6% / +5,6% (+0,7°+2,5°)
direzione prevalente (α)	319°
elemento caratterizzante	aggiustamento direzionale, troncone dei fronti di scavo
forma base	FQ, FSR

L'acquedotto muta la direzione prevalente di circa 4° (fig. VII.82); questa variazione appare intenzionale poiché rimane costante fino all'imbocco nord (figg. VII.44, VII.45, VII.46 e VII.47). Per comprendere le motivazioni del cambiamento si sono correlate planimetria e sezione longitudinale del tratto ipogeo al profilo montuoso (fig. VII.28). Il profilo esterno si sviluppa nel seguente modo: sul versante sud exillese il pendio si sviluppa lungo i primi 80 m, con una inclinazione di circa 20° e prosegue verso la cresta, per altri 140 m, con un angolo di 40°. Giunti in cresta si incontra un breve pianoro che poi declina, per circa 70 m, fino al ciglio di un dirupo verticale alto 70 m. Alla base del declivio il profilo prosegue per altri 120 metri con una inclinazione di 25° fino all'imbocco nord (figg. VII.83 e VII.84). Prima della linea di displuvio si vede unicamente l'imbocco sud; oltre questa si può osservare l'imbocco nord: il punto di cambiamento della direzione nel condotto avviene esattamente al di sotto di quest'area. Questo confermerebbe che le operazioni di tracciamento erano verificate e corrette in corso d'opera.

Il tracciato del condotto è regolare a livello planimetrico con l'eccezione di due rettifiche a "esse" tra le sezioni trasversali 31 e 33; tra i capisaldi 34 e 36 presenta numerosi denti di scavo (figg. VII.85 e VII.86). A livello di sezione longitudinale si trovano due tipi di andamento: regolare sul fondo e irregolare sulla volta. A livello morfologico abbiamo profili quadrangolari (fig. VII.85).

SOTTOZONA S.Z. 10

posizione	compresa tra 308,142 / 326,45 m
inclinazioni % (°)	-0,2% (-0,1°)
direzione prevalente (α)	319°
elemento caratterizzante	troncone dei fronti di scavo
forma base	FQ

Sono ben leggibili i denti dei fronti di avanzamento all'inizio e alla fine del tratto che corrisponde all'ultima fase di aggiustamento del tracciato; le sezioni trasversali sono ancora quadrangolari (figg. VII.46, VII.47 e VII.87).

SOTTOZONA S.Z. 11

posizione	compresa tra 326,45 / 342,676 m
inclinazioni % (°)	+3,8% (+1,7°)
direzione prevalente (α)	319,5°
elemento caratterizzante	area di livellamento, troncone dei fronti di scavo
forma base	FSR

Al metro 335 si nota un significativo innalzamento della volta pari a circa 60 cm. In questo tratto le nicchie del sistema di illuminazione sono impostate su due livelli: il primo è la prosecuzione delle nicchie della zona precedente, il secondo è sollevato e si può ipotizzare, con le dovute cautele, che ciò sia attribuibile a operazioni di innalzamento della volta (figg. VII.88 e VII.89). Le sezioni trasversali con volta a sesto ribassato indicano una mutazione nella struttura rocciosa che inizia ad essere meno tenace. È quindi ipotizzabile come l'innalzamento corrisponda ad una rifinitura strutturale dovuta a caratteristiche di incoerenza. Non sembra verosimile che questo sia un punto di unione con un cunicolo scavato in senso opposto: l'inclinazione della volta, la collocazione dei fronti di scavo e le rifiniture risultano in linea con le precedenti. Un eventuale scavo, con lo scopo di diminuire i tempi di realizzazione, avrebbe impiegato una squadra differente che nel contratto non appare (figg. VII.46, VII.47, VII.48 e VII.49). Sul fondo si notano fenomeni di pseudo carsismo.

SOTTOZONA S.Z. 12

posizione	compresa tra 342,676 / 368,909 m
inclinazioni % (°)	+0,7% / 0,9% (+0,3° / +0,4°)
direzione prevalente (α)	320°
elemento caratterizzante	area di crollo e manutenzione, troncone dei fronti di scavo
forma base	FSR

Si nota ancora la struttura originaria dello speco, ma si assiste a fenomeni di crollo lungo le pareti del condotto tra i metri 345/353 e 361/367. La presenza di muretti a secco potrebbe essere attribuibile ai lavori di restauro del 1931 o a successive fasi manutentive (figg. VII.90, VII.91, VII.92 e VII.93). Il tracciato planimetrico e la tipologia delle sezioni laterali corrispondono a quello della S.Z. precedente (figg. VII.48, VII.49, VII.50, VII.51 e VII.94).

SOTTOZONA S.Z. 13
posizione compresa tra 368,909 / 396,967 m
inclinazioni % (°) +0,9% (+0,4°)
direzione prevalente (α) 318°
elemento caratterizzante area di manutenzione
forma base FTS

Inizio del restauro strutturale operato nel 1931, che prosegue fino all'imbocco nord nel Vallone di Touilles. Lo speco è stato oggetto d'intervento in seguito a cedimenti strutturali dovuti alla debolezza della dolomia, caratterizzata da una struttura più grossolana e meno coerente (fig. VII.95), alle infiltrazioni d'acqua nella roccia e alle formazioni di ghiaccio sulla stessa. Lo speco, il cui fondo è quello originario, è stato rivestito con materiale cementizio sulle pareti e sulla volta, ribassata di 0,53 m. L'analisi delle sezioni trasversali non può fornire indicazioni sulla roccia; l'utilizzo di una volta a tutto sesto è tuttavia indice di un sistema costruttivo preposto al contenimento e al contrasto di un materiale soggetto a forti spinte con la tendenza a disgregarsi facilmente. Il crollo e il conseguente restauro hanno cancellato segni quali nicchie, quote o bassorilievi, potenzialmente presenti anche in questa parte dell'acquedotto (figg. VII.50, VII.51 e VII. 96).

SOTTOZONA S.Z. 14
posizione compresa tra 396,967 / 410,940 m
inclinazioni % (°) +0,7% (+0,3°)
direzione prevalente (α) 310°
elemento caratterizzante aggiustamento direzionale, area di manutenzione
forma base FTS

Le caratteristiche morfologiche e strutturali sono simili a quelle della S.Z. precedente. Sulla volta sono visibili i segni delle centinature adottate in fase di manutenzione; le stesse si leggono nelle S.Z. 13 e S.Z. 15. La nota più significativa riguarda il cambio di direzione, indice di una rettifica prima dell'ultimo tratto verso l'imbocco nord (figg. VII.50, VII.51, VII.52, VII.53 e VII.97).

SOTTOZONA S.Z. 15
posizione compresa tra 410,940 / 433,239 m
inclinazioni % (°) +1,1% (+0,5°)
direzione prevalente (α) 320,5°
elemento caratterizzante aggiustamento direzionale, area di manutenzione
forma base FQ, FTS

Simile per morfologia e realizzazione alle due precedenti (figg. VII.52 e VII.53). Prima della grata metallica di accesso, dopo il metro 425, si nota come lo strato cementizio delle pareti si sia staccato in più punti mostrando la roccia sottostante (fig. VII.98). Nella parte finale del condotto è collocata la bocca di adduzione della condotta esterna, realizzata con un tubo di cemento del diametro di 0,6 m e collocata durante le opere di interro. Una parte delle pareti e della pavimentazione hanno un rivestimento in lastre di pietra per prevenire l'azione erosiva dell'acqua. La rimanente superficie parietale è rivestita in materiale cementizio, mentre la volta è realizzata con una soletta in cemento armato (fig. VII.101).

L'uscita avviene mediante una scala a pioli realizzata con tondini in ferro sagomati ad "U"; la grata di protezione, sempre in ferro, è incernierata in una cornice metallica annegata nel cemento (fig. VII.100). Dalla bocca di accesso entra nel condotto l'acqua proveniente da una piccola sorgente posta alla base del bastione roccioso soprastante (fig. VII.99). Si verifichi ad ogni visita dell'acquedotto che i detriti non ostruiscano o abbiano divelto la grata: in questo caso è necessario fare manutenzione ripulendo la zona circostante e rimettendola in sede.

VII.4.3 - *Gli indicatori presenti nel condotto*

Alcune Unità Idrauliche (U.I.) servono da "indicatori" per la comprensione dell'opera quali tracce di scavo, incisioni o nicchie. All'interno del Trou de Touilles si sono individuati: mire, nicchie e bassorilievi.

VII.4.3.1 - *Le mire: ipotesi e verifica del loro utilizzo*

Le operazioni di tracciamento del Trou de Touilles necessitavano di un sistema di mire, ovvero riferimenti fissi utilizzati per avanzare correttamente durante lo scavo. Lungo tutto l'acquedotto si trovano incisioni della roccia, generalmente cruciformi e lineari, solo in parte riconducibili a simboli scaramantici; in seguito a un'attenta analisi si sono rivelate mire.

- Il sistema di tracciamento.

Le mire erano utilizzate per stabilire le quote e verificare i livelli di avanzamento dello scavo. La conferma di questa ipotesi si è ottenuta con un approccio analitico utile per far fronte ad un'oggettiva difficoltà nel classificare i segni come mire o semplici elementi decorativi. Gli elementi individuati sono il residuo di un sistema di tracciamento più completo. I crolli, i fenomeni erosivi e il restauro dell'ultimo tratto, ne hanno restituito solo una parte, mentre le rifiniture sulla superficie dello speco hanno eliminato le tracce incise appena superficialmente.

- Le caratteristiche morfologiche.

Le mire hanno differenti caratteristiche morfologiche e dimensionali. Se ne possono contare 46 lungo il condotto le cui dimensioni variano tra i 60 e i 360 mm; mediamente sono comprese tra i 150 e i 250 mm. Nella tabella VII.8 sono stati riportati: il numero di identificazione della mira, la larghezza, l'altezza e la tipologia. Le tipologie hanno morfologie lineari, puntiformi e cruciformi.

- I segni cruciformi.

A queste mire appartengono varie tipologie:
Croce latina: ha bracci orizzontali più corti e decentrati rispetto al braccio verticale.
Croce di Sant'Andrea: ha bracci disposti in modo obliquo.
Croce ricrociata: ha bracci più corti posti perpendicolarmente alle estremità di quelli orizzontali e verticali.
Croce greca: ha bracci orizzontali e verticali uguali che si incontrano nel punto centrale.
Croce greca zoppa: ha bracci orizzontali più corti rispetto a quelli verticali; è riconducibile ad una croce greca per il punto d'incrocio tra le linee posto centralmente.
La rappresentazione morfologica delle mire è stata relazionata alla loro collocazione nell'opera in alcune tavole (figg. VII.102a, VII.102b, VII.102c, VII.102d, VII.102e, VII.102f, VII.102g, VII.102h, VII.102i, VII.102l e VII.102m).

- I dati raccolti.

Lo studio delle mire nel condotto, riferito in ogni misurazione al loro punto mediano, è stato svolto con la raccolta dei seguenti dati:
Numero: rappresenta il numero di identificazione della mira.
Sotto Zona: indica la Sotto Zona (S.Z.) di appartenenza.
Posizione: è la distanza della mira dal caposaldo 1 posto all'imbocco sud. Questo elemento permette di capire la distanza dall'inizio dello scavo.
Distanza: è la distanza dalla mira precedente. Permette di verificare le distanze reciproche.
Quota relativa:è la quota riferita alla quota 0,0 posta all'imbocco sud.
Dislivello: indica il dislivello dalla mira precedente riportandone il valore in mm (tabella VII.9)

- Identificazione delle mire e loro relazioni.

Nel grafico VII.6 si sono identificate tutte le mire rilevate per evidenziarne eventuali relazioni. Sull'asse delle ascisse si è indicata la distanza tra i centri delle mire e il caposaldo 1. Sull'asse delle ordinate sono state poste le quote. Si è ottenuto un grafico che mostra la collocazione delle mire lungo il condotto in funzione delle quote, della distanza reciproca e della Sotto Zona (S.Z,) di appartenenza. Le corrispondenze altimetriche mostrano quali siano i segni di quota: si individuano segni lineari, isolati (mire 09, 18, 32 e 39), puntiformi (mira 38) o uniti a croci (mira 17).

DESCRIZIONE DELLE MIRE			
Numero	**Larghezza (mm)**	**Altezza (mm)**	**Tipologia**
01	220	220	Croce greca
02	220	220	Croce greca
03	160	200	Croce greca (bracci orizzontali più corti)
04	200	300	Croce latina
05	271	245	Croce di Sant'Andrea (bracci diversi)
06	250	300	Croce ricrociata
07	80	160	Croce latina
08	180	240	Croce latina
09	160	300	Segno verticale con sviluppo longitudinale e allargamento nella parte centrale verso destra
10	170	220	Croce latina
11	150	200	Croce latina
12	100	120	Croce greca
13	150	260	Croce greca (bracci orizzontali più corti)
14	180	240	Croce greca (bracci orizzontali più corti)
15	120	120	Croce greca
16	180	260	Croce latina
17	220	190	Segno di quota composto da una successione di tre linee poste ad angolo retto unite al braccio sinistro di una croce greca
18	80	80	Segno di quota composto da una linea orizzontale centrata verticalmente e due linee orizzontali poste al lato sinistro e al centro
19	180	240	Croce greca riquadrata
20	190	260	Croce greca (bracci orizzontali più corti)
21	100	150	Croce latina
22	270	360	Croce greca (bracci orizzontali più corti)
23	100	130	Croce latina
24	170	200	Croce greca grossolana con i bracci orizzontali più corti e collegata alla parte inferiore di una nicchia
25	140	180	Croce ricrociata
26	270	240	Croce greca (braccio sinistro orizzontale più lungo)
27	100	120	Croce greca (bracci orizzontali più corti)
28	100	160	Croce latina
29	90	270	Croce latina con un simbolo genitale femminile inciso alla base
30	130	180	Croce di Sant'Andrea
31	120	140	Croce greca
32	60	240	Segno di quota formato da un tratto verticale e un braccio orizzontale posto centralmente e sulla destra
33	260	130	Croce greca (bracci orizzontali più lunghi)
34	130	120	Croce greca (bracci orizzontali più lunghi) posta alla sommità di una nicchia
35	120	273	Croce latina con un simbolo circolare inciso alla base
36	288	255	Croce di Sant'Andrea (bracci diversi)
37	200	200	Croce greca
38	16	16	Foro diametro 16 mm
39	134	178	Segno di quota formato da un braccio orizzontale sinistro posto centralmente al tratto verticale
40	170	270	Croce latina
41	140	200	Croce latina
42	141	160	Croce di Sant'Andrea (bracci diversi)
43	124	169	Pseudo croce di Sant'Andrea (bracci diversi)
44	180	290	Croce di Sant'Andrea: sotto la croce è inciso un foro
45	110	180	Croce latina
46	190	200	Croce di Sant'Andrea (bracci diversi)

Tab. VII.8. *Descrizione delle mire presenti nel condotto (elaborazione degli Autori).*

Le mire si presentano da sole e riunite in undici gruppi; nei gruppi, appartenenti a tratti di lunghezza inferiore a 10 m, si notano analogie di quote e dislivelli riferibili a vere e proprie stazioni di controllo. In esse si trovano mire di riferimento, collimazione e rettifica; questi gruppi sono compresi tra le mire 2/3, 4/5, 6/10, 11/12, 13/16, 17/18, 20/25, 27/31, 33/36, 37/38 e 41/46. Nella tabella VII.10 sono state evidenziate le aree in cui si individuano corrispondenze significative sui piani verticale (V1, V2 e V3) e orizzontale (O1, O2, O3, O4, O5 e O6).

L'analisi dei rapporti altimetrici tra le mire mostra precise analogie in cinque aree verticali e sei orizzontali. Nelle aree verticali si hanno variazioni di quota nei seguenti punti: V1 (mire 20/21), V2 (mire 30/31) e V3 (mire 41/42/43). Lungo i dislivelli orizzontali si trovano variazioni altimetriche riconducibili a tracciamenti; le aree orizzontali in cui i dati sono più significativi in rapporto alle distanze sono: O1 (mire 4,5/13), O2 (mire 12/14), O3 (mire 21/25), O4 (mire 31/32), O5 (mire 34/34) e O6 (mire 37/38) (figg. VII.103, VII.104, VII.105, VII.106, VII.107, VII.108, VII.109, VII.110 e VII.111). Dal caposaldo 32 al caposaldo 38, ossia tra il metro 269 e il metro 314, è tracciata con carboncino una linea di livello sulla parete sinistra recante due differenti quote. La collocazione temporale di questo indicatore non è definibile anche se il bassorilievo n. 21, posto prima del tratto restaurato, reca la scritta 1608 (figg. VII.112, VII.13 e VII.131).

VII.4.3.2 - *Le nicchie*

Nel Trou de Touilles si trova un sistema di nicchie che vennero utilizzate da Colombano Romeàn per collocarvi il lume o i lumi, come è desumibile dal contratto. Nel documento del 20 ottobre 1526 si prevede di fornire al minatore un lumignolo con olio da utilizzare durante lo scavo: «*Item teneantur providere unum crucibolum cum oleo neccessario ad illuminandum opperarios opperantes in ipso oppere, ipsorum pareriorum sumptibus*».

- Le caratteristiche morfologiche.

Nel condotto si trovano nicchie con differenti morfologie: circolari, ovoidali, quadrangolari e quadrangolari con la parte superiore voltata (figg. VII.116, VII.117, VII.118 e VII.119). Tra le morfologie delle nicchie alcune hanno decorazioni lungo il profilo esterno, riconducibili a gigli o segni di mira. Le operazioni di rifinitura indicano come tali bassorilievi siano stati effettuati contemporaneamente allo scavo del condotto (figg. VII.120 e VII.121). Le morfologie delle nicchie sono state riportate nel rilievo del condotto ipogeo e relazionate a mire e bassorilievi (figg. VII.102a, VII.102b, VII.102c, VII.102d, VII.102e, VII.102f, VII.102g, VII.102h, VII.102i, VII.102l, VII.102m, VII.114 e VII.115).

- I dati raccolti.

Le caratteristiche delle nicchie sono state raggruppate nella tabella VII.11che indica:
Numero: identifica la nicchia.
Sotto Zona: indica la Sotto Zona (S.Z.) di appartenenza.
Spalla: indica la collocazione sulla spalla del condotto. Il riferimento a destra, dx, e sinistra, sx, va fatto in considerazione del senso di scavo, ossia da sud verso nord.
Posizione: è la posizione, con riferimento al centro della nicchia, dal caposaldo 1 posto all'imbocco sud. Questo elemento permette di collocare la distanza della nicchia dall'inizio dello scavo.
Quota: indica la quota, con riferimento alla base della nicchia, dalla quota 0,0 posta all'imbocco sud.
Norfologia: indica la tipologia morfologica della nicchia.
Larghezza: è la larghezza della nicchia.
Altezza: è l'altezza della nicchia.

NUMERO MIRA	SOTTO ZONA	POSIZIONE DA CAP.1 (CENTRO MIRA) m	DISTANZA DALLA QUOTA		QUOTA RELATIVA (CENTRO MIRA) m	DISLIVELLO TRA LE MIRE	
			N.	DISTANZA m		RISPETTO ALLA N.	mm (CENTRO MIRA)
01	2	25,115	00	25,115	2,620	00	0,000
02	2	32,215	01	7,100	2,543	01	-77
03	2	33,015	02	0,800	3,063	02	520
04	4	51,239	03	18,224	3,293	03	230
05	4	51,299	04	0,060	3,295	04	2
06	4	86,642	05	35,343	4,416	05	1121
07	4	86,848	06	0,206	4,466	06	50
08	4	87,118	07	0,270	4,466	07	0
09	4	87,357	08	0,239	4,173	08	-293
10	4	87,583	09	0,226	4,083	09	-90
11	4	88,092	10	0,509	4,466	10	383
12	5	95,007	11	6,915	5,023	11	557
13	5	111,120	12	16,113	3,323	12	-1700
14	5	113,622	13	2,502	5,033	13	1710
15	5	113,772	14	0,150	4,973	14	-60
16	5	114,103	15	0,331	4,969	15	-4
17	5	122,061	16	7,958	5,888	16	919
18	5	123,411	17	1,350	6,013	17	125
19	5-6	137,656	18	14,245	7,003	18	990
20	6	143,975	19	6,319	7,587	19	584
21	6	144,060	20	0,085	7,778	20	191
22	6	147,366	21	3,306	7,493	21	-285
23	6	147,870	22	0,504	7,563	22	70
24	6	150,476	23	2,606	7,616	23	53
25	6	150,650	24	0,174	7,748	24	132
26	6	165,496	25	14,846	8,297	25	549
27	7	178,144	26	12,648	9,023	26	726
28	7	182,966	27	4,822	9,267	27	244
29	7	184,875	28	1,909	9,529	28	262
30	7	187,094	29	2,219	9,653	29	124
31	7	187,273	30	0,179	10,086	30	433
32	7	229,495	31	42,222	10,255	31	169
33	7	238,001	32	8,506	10,358	32	103
34	7	240,830	33	2,829	11,048	33	690
35	7	246,776	34	5,946	10,986	34	-62
36	8	247,631	35	0,855	11,273	35	287
37	10	308,999	36	61,368	12,453	36	1180
38	10	314,215	37	5,216	12,403	37	-50
39	10	321,796	38	7,581	12,815	38	412
40	11	331,489	39	9,693	13,210	39	395
41	12	345,096	40	13,607	13,366	40	156
42	12	345,096	41	0,000	13,727	41	361
43	12	345,256	42	0,160	13,827	42	100
44	12	346,026	43	0,770	13,810	43	-17
45	12	348,329	44	2,303	13,575	44	-235
46	12	349,609	45	1,280	14,062	45	487

Tab. VII.9. *Dati di analisi relativi alle mire (elaborazione degli Autori).*

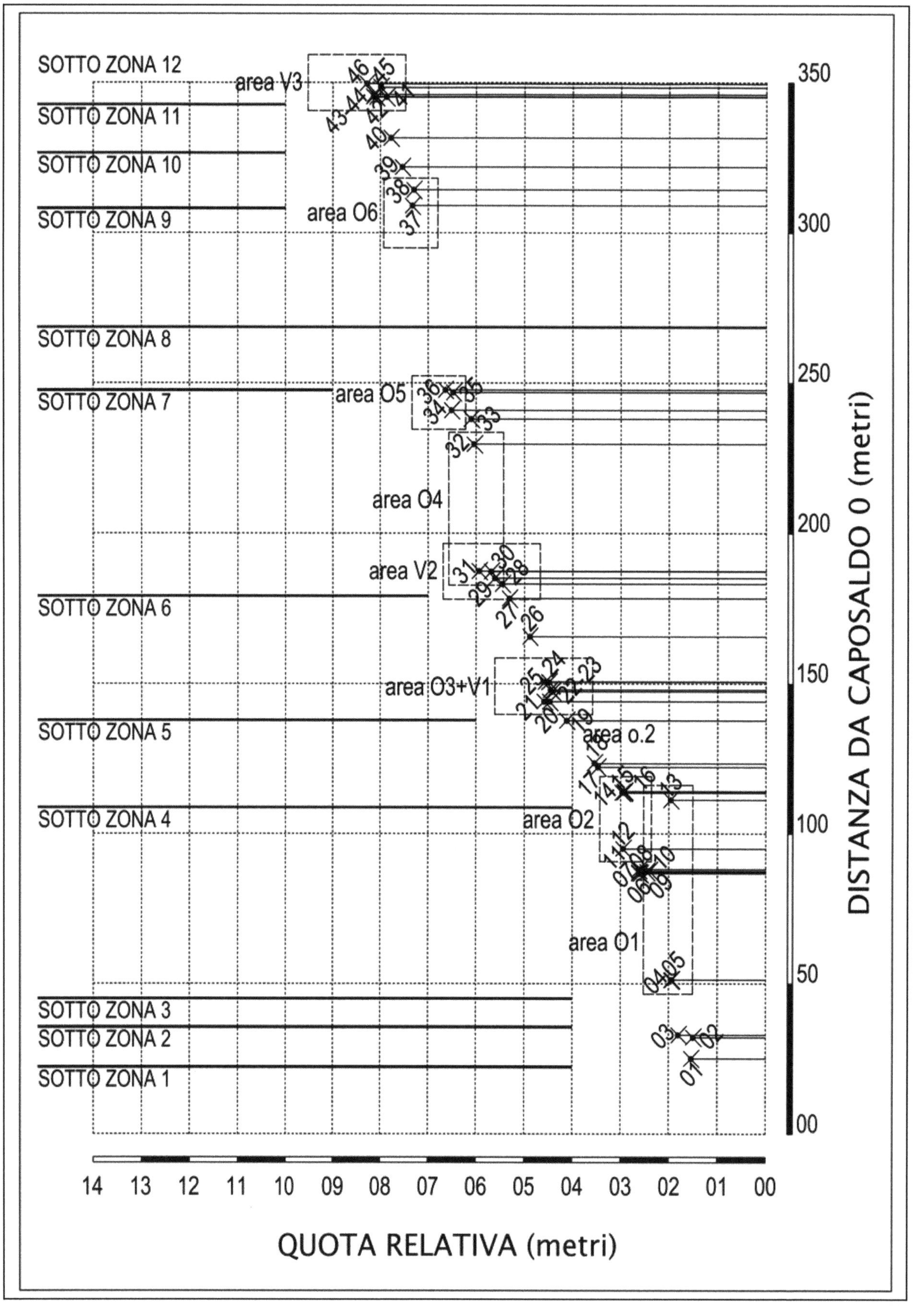

Grafico VII.6. *Collocazione delle mire lungo il condotto in funzione delle quote relative, della loro distanza dal caposaldo 1 e della Sotto Zona di appartenenza (elaborazione degli Autori).*

NUMERO MIRA	SOTTO ZONA	POSIZIONE DA CAP.1 (CENTRO MIRA) m	DISTANZA DALLA QUOTA N.	DISTANZA m	QUOTA RELATIVA (CENTRO MIRA) m	DISLIVELLO TRA LE MIRE RISPETTO ALLA N.	mm (CENTRO MIRA)
				AREE ORIZZONTALI			
				O1			
04	*4*	*51,239*			**3,293**		
05	*4*	*51,299*	*04*	**0,060**	**3,295**	*04*	**2**
13	*5*	*111,120*	*04*	**59,881**	**3,323**	*04*	**30**
				O2			
12	*5*	*95,007*			**5,023**		
14	*5*	*113,622*	*13*	**18,615**	**5,033**	*13*	**10**
				O3			
21	*6*	*144,060*			**7,778**		
25	*6*	*150,650*	*24*	**6,590**	**7,748**	*24*	**-30**
				O4			
31	*7*	*187,273*			**10,086**		
32	*7*	*229,495*	*31*	**42,222**	**10,255**	*31*	**169**
				O5			
34	*7*	*240,830*			**11,048**		
35	*7*	*246,776*	*34*	**5,946**	**10,986**	*34*	**-62**
				O6			
37	*10*	*308,999*			**12,453**		
38	*10*	*314,215*	*37*	**5,216**	**12,403**	*37*	**-50**
				AREE VERTICALI			
				V1			
20	*6*	*143,975*			**7,587**		**7587**
21	*6*	*144,060*	*20*	**0,085**	**7,778**	*20*	**191**
				V2			
30	*7*	*187,094*			**9,653**		**9653**
31	*7*	*187,273*	*30*	**0,179**	**10,086**	*30*	**433**
				V3			
41	*12*	*345,096*			**13,366**		
42	*12*	*345,096*	*41*	**0,000**	**13,727**	*41*	**361**
43	*12*	*345,256*	*42*	**0,160**	**13,827**	*42*	**100**

Tab. VII.10. *Dati di analisi relativi alle mire (elaborazione degli Autori).*

NUMERO NICCHIA	SOTTO ZONA	SPALLA	POSIZIONE DA CAP.1 (centro) m	QUOTA (base cap.1) m	MORFOLOGIA	LARGHEZZA mm	ALTEZZA mm
N01	1	SX	4,296	1,040	QUADRANGOLARE	150	140
N02	1	SX	7,081	1,540	VOLTATA	150	200
N03	1	SX	8,326	1,390	QUADRANGOLARE	110	190
N04	1	SX	8,821	1,390	VOLTATA	150	190
N05	1	DX	9,395	1,060	VOLTATA	130	160
N06	1	SX	10,211	1,030	OVOIDALE	130	160
N07	1	SX	13,378	0,950	VOLTATA	180	240
N08	2	SX	24,072	3,299	VOLTATA	170	190
N09	2	SX	24,735	4,463	VOLTATA	260	330
N10	2	DX	25,274	2,862	OVOIDALE	220	220
N11	2	SX	32,309	2,683	QUADRANGOLARE	120	180
N12	2	SX	32,785	2,683	OVOIDALE	200	350
N13	3	DX	45,156	3,143	VOLTATA	250	320
N14	4	DX	52,640	3,593	VOLTATA	170	250
N15	4	DX	59,845	3,733	OVOIDALE	180	220
N16	4	DX	63,285	3,733	VOLTATA	160	260
N17	4	DX	64,380	2,703	QUADRANGOLARE	110	200
N18	4	DX	68,561	2,933	VOLTATA	120	140
N19	4	DX	70,635	3,593	VOLTATA	170	250
N20	4	SX	78,060	3,963	VOLTATA	150	200
N21	4	DX	87,113	3,763	OVOIDALE	170	90
N22	4	SX	90,404	4,283	OVOIDALE	290	270
N23	4	DX	95,487	4,563	OVOIDALE	180	180
N24	4	SX	102,226	4,533	VOLTATA	130	210
N25	5	DX	111,408	4,763	VOLTATA	150	100
N26	5	SX	122,447	5,813	QUADRANGOLARE	150	150
N27	5	SX	131,380	5,413	OVOIDALE	100	50
N28	5	DX	137,799	6,313	OVOIDALE	150	200
N29	6	SX	138,395	7,743	VOLTATA	100	200
N30	6	DX	147,311	7,783	OVOIDALE	150	260
N31	6	DX	150,243	7,643	VOLTATA	200	300
N32	6	SX	154,732	8,543	VOLTATA	150	300
N33	6	DX	164,532	8,343	VOLTATA	300	200
N34	6	DX	177,878	9,023	OVOIDALE	220	170
N35	7	DX	187,084	9,953	VOLTATA	110	150
N36	7	SX	187,185	9,543	VOLTATA	200	300
N37	7	SX	196,284	9,593	VOLTATA	120	250
N38	7	DX	200,349	9,943	VOLTATA	170	200
N39	7	SX	203,521	9,743	QUADRANGOLARE	200	170
N40	7	SX	204,565	9,983	OVOIDALE	200	230
N41	7	DX	211,276	9,758	VOLTATA	130	270
N42	7	DX	212,475	10,463	VOLTATA	170	270
N43	7	SX	217,255	9,843	VOLTATA	390	300
N44	7	DX	228,764	10,233	QUADRANGOLARE	210	200
N45	7	SX	237,177	10,643	QUADRANGOLARE	200	230
N46	7	SX	240,376	10,713	VOLTATA	180	260
N47	7	DX	240,830	10,653	QUADRANGOLARE	340	270
N48	8	SX	247,476	10,713	QUADRANGOLARE	170	270
N49	8	DX	250,291	11,013	OVOIDALE	100	190
N50	8	SX	250,985	10,823	QUADRANGOLARE	130	180
N51	8	DX	254,478	11,613	VOLTATA	160	290
N52	8	SX	255,995	11,103	VOLTATA	150	180
N53	8	SX	258,789	11,326	VOLTATA	160	250
N54	8	DX	263,834	11,613	VOLTATA	160	290
N55	8	DX	268,145	10,713	VOLTATA	170	390
N56	9	SX	269,616	11,973	OVOIDALE	160	170
N57	9	DX	270,440	11,883	OVOIDALE	200	230
N58	9	DX	271,562	12,473	VOLTATA	130	160
N59	9	SX	273,202	12,403	OVOIDALE	170	240
N60	9	DX	276,396	12,433	VOLTATA	170	280
N61	9	DX	278,630	11,943	OVOIDALE	170	170
N62	9	SX	280,236	12,217	OVOIDALE	199	220
N63	9	SX	280,593	11,963	QUADRANGOLARE	300	150

Tab. VII.11. *Dati di analisi relativi alle nicchie (elaborazione degli Autori).*

NUMERO NICCHIA	SOTTO ZONA	SPALLA	POSIZIONE DA CAP.1	QUOTA	MORFOLOGIA	LARGHEZZA	ALTEZZA
			(centro) m	(base cap.1) m		mm	mm
N64	9	DX	283,682	12,513	OVOIDALE	170	250
N65	9	DX	286,874	12,553	OVOIDALE	160	220
N66	9	SX	292,535	12,113	VOLTATA	190	220
N67	9	DX	295,656	12,483	VOLTATA	150	230
N68	9	DX	298,833	12,443	VOLTATA	160	200
N69	9	DX	303,132	12,413	OVOIDALE	160	260
N70	9	SX	307,316	12,413	VOLTATA	200	220
N71	10	DX	309,257	12,713	VOLTATA	230	200
N72	10	DX	314,215	12,113	VOLTATA	160	190
N73	10	DX	317,021	12,595	VOLTATA	190	240
N74	10	DX	320,308	12,755	VOLTATA	140	260
N75	10	SX	322,308	12,675	VOLTATA	140	150
N76	10	DX	324,723	12,835	VOLTATA	180	200
N77	10	DX	326,875	12,765	QUADRANGOLARE	240	270
N78	11	DX	331,799	12,835	QUADRANGOLARE	220	320
N79	11	SX	333,304	12,835	OVOIDALE	160	260
N80	11	SX	334,179	12,835	OVOIDALE	210	300
N81	11	DX	338,275	13,285	VOLTATA	200	300
N82	11	SX	340,815	13,465	OVOIDALE	150	240
N83	11	DX	341,641	13,185	OVOIDALE	140	60
N84	12	SX	344,610	13,675	QUADRANGOLARE	150	200
N85	12	DX	345,836	12,872	OVOIDALE	220	160
N86	12	SX	347,708	13,385	VOLTATA	160	320
N87	12	SX	348,667	13,285	OVOIDALE	150	120
N88	12	SX	349,643	13,635	VOLTATA	130	300
N89	12	DX	350,459	13,755	VOLTATA	140	230
N90	12	SX	356,419	12,985	VOLTATA	160	250
N91	12	SX	356,898	12,985	QUADRANGOLARE	160	290
N92	12	DX	358,333	13,665	OVOIDALE	110	130
N93	12	SX	359,586	13,855	VOLTATA	160	240
N94	12	DX	360,626	13,645	VOLTATA	110	130
N95	12	SX	361,478	13,758	VOLTATA	150	220
N96	12	DX	363,288	13,700	VOLTATA	160	150
N97	12	SX	364,888	13,735	VOLTATA	130	320
N98	12	SX	365,715	13,945	VOLTATA	100	120
N99	12	DX	366,637	13,965	OVOIDALE	100	120
N100	12	DX	368,853	13,855	VOLTATA	140	260

Tab. VII.11. *Dati di analisi relativi alle nicchie (elaborazione degli Autori).*

VII.4.3.3 - I *bassorilievi*

Nel condotto si trovano bassorilievi scalpellati sulle pareti dello speco; è probabile che questi indicatori siano in fase con la realizzazione del condotto stesso. Vi sono elementi ricorrenti, quali il giglio di Francia, il tipo di fattura, riconducibili allo stesso esecutore delle opere di rifinitura dello speco, nonché la loro integrazione con gli altri indicatori, nicchie e mire. Si può desumere che lo stesso minatore li abbia realizzati durante lo scavo.

- Le caratteristiche morfologiche.

I bassorilievi rappresentano:
Volti (figg. VII.122, VII.123, VII.124 e VII.125).
Figure umane complete (fig. VII.126).
Simboli (figg. VII.127, VII.128, VII.129 e VII.130).
Scritte (fig. VII.131).
I bassorilievi sono stati inseriti nel rilievo dell'opera (figg. VII.102a, VII.102b, VII.102c, VII.102d, VII.102e, VII.102f, VII.102g, VII.102h, VII.102i, VII.102l e VII.102m).

I dati raccolti.
Le caratteristiche dei bassorilievi sono state identificate nella tabella VII.12:
Numero: identifica il bassorilievo.
Sotto Zona: indica la Sotto Zona (S.Z.) di appartenenza.
Posizione: è la posizione dal caposaldo 1 posto all'imbocco sud. Questo elemento permette di collocare la distanza del bassorillievo dall'inizio dello scavo.
Tipologia: indica la tipologia (figura umana completa, volto, simbolo o scritta).
Larghezza: è la larghezza del bassorilievo.
Altezza: è l'altezza del bassorilievo.

NUMERO BASSORILIEVO	SOTTO ZONA	POSIZIONE DA CAP.1 (centro) m	TIPOLOGIA	DIMENSIONI	
				LARGHEZZA (mm)	ALTEZZA (mm)
01	*5*	*136,715*	***SCRITTA: P***	*70*	*140*
02	*7*	*191,297*	***FIGURA UMANA INTERA***	*150*	*700*
03	*7*	*201,679*	***VOLTO UMANO***	*220*	*340*
04	*7*	*201,960*	***VOLTO UMANO***	*150*	*270*
05	*7*	*204,565*	***VOLTO UMANO***	*100*	*190*
06	*7*	*204,861*	***FIGURA UMANA INTERA***	*190*	*700*
07	*7*	*206,680*	***VOLTO UMANO***	*91*	*134*
08	*7*	*206,845*	***VOLTO UMANO***	*240*	*290*
09	*7*	*207,048*	***VOLTO UMANO***	*180*	*189*
10	*7*	*210,506*	***VOLTO UMANO***	*110*	*250*
11	*7*	*228,570*	***GIGLIO***	*190*	*210*
12	*7*	*228,785*	***GIGLIO***	*259*	*704*
13	*7*	*237,566*	***CUORI (?)***	*210*	*170*
14	*8*	*266,867*	***GIGLIO***	*220*	*350*
15	*10*	*308,507*	***FIOCCO DI NEVE (?)***	*300*	*250*
16	*12*	*344,010*	***VOLTO UMANO***	*180*	*240*
17	*12*	*345,733*	***VOLTO UMANO***	*384*	*607*
18	*12*	*350,854*	***GIGLIO***	*190*	*230*
19	*12*	*363,368*	***GIGLIO***	*160*	*150*
20	*12*	*364,405*	***GIGLIO***	*240*	*270*
21	*12*	*364,615*	***SCRITTA: 1608***	*420*	*160*
22	*12*	*368,246*	***SCRITTA: RA***	*320*	*220*

Tab. VII.12. *Dati di analisi relativi ai bassorilievi (elaborazione degli autori).*

VII.4.4 - *La portata*

Tra i metodi utilizzabili per stimare la portata del Trou de Touilles si è scelta la velocità media di percorrenza di un galleggiante. Il sistema prevede di scegliere uno o più tratti del condotto, di stabilire una distanza precisa, solitamente 10 m, e di cronometrare il tempo che un galleggiante impiega a percorrerla. La formula fisica della velocità misurata (V=S/t, m/s), moltiplicata per l'area media del condotto [(A1+A2+A3+An)/n, m^2], indica la portata (Q, m^3/s). Nel caso di misure effettuate in un ambiente particolare, quale quello ipogeo, bisogna identificare i tratti più omogenei che hanno sezioni regolari e pareti dello speco con rugosità minime. La presenza di disomogeneità e rugosità sulle pareti, dovute ad un fondo sconnesso o ad una sezione del canale fortemente irregolare, porta alla creazione di moti turbolenti che influenzano la velocità del galleggiante. Alla velocità misurata si applica un correttivo con valori compresi tra lo 0,7 e lo 0,9, utilizzando i valori più alti quando le condizioni sono migliori.

- Criteri utilizzati.

Si sono identificate le zone più consone alla raccolta dei dati, ovvero quelle con superfici e fondo omogenei, in differenti zone del condotto. In questi tratti si rilevate, ogni metro, le aree in cui scorre l'acqua, e si è

segnato il tratto preso in esame per poter ripetere la misurazione ai fini di ottenere una media attendibile. I tratti in cui si sono effetuate le prove sono quattro:
Primo tratto: nella Sotto Zona (S.Z.) 4 tra i metri 85/95.
Secondo tratto: nella Sotto Zona (S.Z.) 6 tra i metri 210/220.
Terzo tratto: nella Sotto Zona (S.Z.) 10/11 tra i metri 325/335.
Quarto tratto: nella Sotto Zona (S.Z.) 13 tra i metri 375/385.
Quest'ultimo tratto, collocato nella zona restaurata, possiede la sezione più regolare; l'omogeneità delle pareti nelle altre tre zone indagate, lisce e con tracce di scavo minime non ha fornito dati difformi. Il correttivo introdotto è stato pari a 0,85.

- *I dati* raccolti.

Si sono indagati i dati di portata relativi al periodo tardo primaverile e di inizio estate, quando le acque di fusione e le piogge torrenziali assumono un aspetto significativo. I risultati conseguiti hanno fornito i valori Q medi: primo tratto :2,71 m^3/s, secondo tratto: 2,39 m^3/s, terzo tratto: 1,9 m^3/s, quarto tratto: 1,94 m^3/s. Il valore Q medio ottenuto è pari a 2,23 m^3/s ovvero 2.233,34 litri/secondo. Questi valori, già considerati con il fattore di correzione, oscillano considerevolmente nell'arco dell'anno arrivando a portate esigue nel periodo invernale. Le variazioni avvengono in funzione del carattere torrentizio del Rio Touilles, della stagione, dell'apporto dovuto alle acque di fusione e del grado di siccità annuale.

VII.5- *Zona 3: Il sistema di raccolta dell'acqua*

All'uscita dell'imbocco sud si trova una vasca che raccoglie l'acqua e la ripartisce in due *bealere* dirette verso i territori exillesi e chiomontini. Fin dalla realizzazione del Trou de Touilles la divisione delle acque fu motivo di controversie e di puntualizzazioni che si protrassero negli anni fino alla "Transaction" del 15 giugno 1553 a seguito della quale venne realizzato un sistema di suddivisione dell'acqua in parti uguali: «sera icelle dividée et partyè à la bouche dudict pertuys en y mectant ung esclosailh aux despens desdictes partyes, bien et loyaulment selon leur contience». Prima dell'attuale sistema di raccolta esistevano due muri in pietra che si estendevano oltre l'imbocco (Righi 2003, pp. 102-103) e, in prossimità dello sbocco dell'acquedotto, sono visibili i resti di una vecchia chiusa metallica; una chiusa simile si osserva nel vallone di Touilles, nei pressi della presa (figg. VII.5 e VII.145).

La vasca attuale ha una pianta rettangolare con una struttura di contenimento interna in conglomerato cementizio armato e una parte esterna rivestita in pietra; il piano di calpestìo è in grigliato metallico, suddiviso in 5 ripartizioni e appoggiato sul muro interno. Le dimensioni massime del muro in pietra sono pari a 5,6 x 2,63 m, mentre quelle del muro in conglomerato cementizio armato sono di 5,8 x 2,12 m; gli spessori delle murature variano, rispettivamente, tra 0,3 e 0,46 m e 0,19 e 0,28 m. Il muro esterno in pietra ha altezze variabili tra 0,87 e 1,6 m e si innesta nel terreno e nelle rocce circostanti. Alla base delle pareti longitudinali si trovano due aperture quadrangolari che convogliano l'acqua in canali laterali con direzioni opposte verso est ed ovest (figg. VII.132, VII.133 e VII.134). L'analisi si è svolta mediante un rilievo architettonico unito a georeferenziazione, associando la vasca alla vista dell'imbocco sud dell'acquedotto e alla targa commemorativa posta sopra quest'ultimo.

La targa, donata dal socio del Club Alpino Italiano di Napoli Beniamino Caso, venne posta in opera dalla sezione di Susa del Club Alpino Italiano nel 1879. Il testo riportato sulla targa era il seguente: «*COLOMBANO ROMEAN / OPERAIO CHIOMONTESE / NELLA PRIMA META' DEL SECOLO XVI IDEAVA E COMPIVA DA SOLO IN / OTTO ANNI / QUESTO TRAFORO-ACQUEDOTTO / PEL QUALE CONDUCENDO A CHIOMONTE E AD EXILLES LE ACQUE DI / TOULLIES / QUESTE BALZE PRIMA STERILI E DESERTE / IN CONTRADE FERTILI E POPOLOSE TRASFORMAVA / ------------ / A GRATO RICORDO / IL POPOLO DI CHIOMONTE E DI EXILLES / LA SEZIONE DEL CLUB ALPINO DI SUSA / E BENIAMINO CASO SOCIO DELLA SEZIONE DI NAPOLI / ADDI VI LUGLIO POSERO / 1879*». Quella attuale, in bronzo, risale al 1911 e riporta nella prima parte il testo della lapide originaria: «*COLOMBANO ROMEAN / OPERAIO CHIOMONTESE / NELLA PRIMA META' DEL SECOLO XVI IDEAVA E COMPIVA DA SOLO IN / OTTO ANNI / QUESTO TRAFORO-ACQUEDOTTO / PEL QUALE CONDUCENDO A CHIOMONTE E AD EXILLES LE ACQUE DI / TOULLIES / QUESTE BALZE PRIMA STERILI E DESERTE / IN CONTRADE FERTILI E POPOLOSE TRASFORMAVA / ------------ / DOVE GIA' NEL 1879 / COMUNI BENIFICATI SEZIONE DI SUSA BENIAMINO CASO / AVEVANO POSTO MEMORE RICORDO / A NOVELLO TRIBUTO DI RICONOSCENZA / I MUNICIPI DI CHIOMONTE DI*

EXILLES DI SUSA / LA SEZIONE DI TORINO DEL CLUB ALPINO ITALIANO / RICOLLOCAVANO / 1911». La targa è collocata su un muro in pietra posto sopra la volta dell'imbocco sud (figg. VII.135, VII.136, VII.137 e VII.138).

VII.6 - *Zona 4: il sistema di distribuzione sul territorio*

Il rilievo di questa zona è stato effettuato mediante cartografia, GPS e attrezzature topografiche. Dal ripartitore si diramano due corsi d'acqua il cui tracciato si divide in tre aree con sviluppo simmetrico e con identiche caratteristiche rispetto al Trou de Touilles: il primo tratto è formato da due *bealere*, il secondo è costituito da rivi che scendono verso valle e il terzo distribuisce l'acqua ai campi.

Il primo tratto è composto da due brevi *bealere* che assumono direzioni opposte, est e ovest, verso le frazioni di Cels e delle Ramats. Le *bealere* nascono dai fianchi della vasca di ripartizione e sono tracciati artificiali che seguono la linea orografica delle isoipse del fianco della montagna scorrendo trasversalmente con pendenza crescente, fino a congiungersi al tratto successivo (figg. VII.139, VII.140, VII.141, VII.142, VII.143, VII.147 e VII.148).

Il secondo tratto segue l'orografia del terreno e forma due rivi molto ripidi che portano l'acqua da una quota di poco inferiore a 2000 m s.l.m., al corso della Dora, anche confluendo in altri torrenti, con un dislivello superiore ai 1200 m. La sede di scorrimento dell'acqua segue le linee di compluvio; molti tratti del percorso sono totalmente inaccessibili (figg. VII.139, VII.140, VII.141, VII.144, VII.146, VII.148 e VII.149).

Il terzo tratto si diparte dal secondo; è il sistema linfatico dei canali di derivazione che distribuiscono l'acqua ai campi. Molti di essi, soprattutto nell'area a servizio dell'abitato di Cels, non sono più funzionanti a causa della mancanza di manutenzione (fig. VII.150).

VII.7 - *La tutela dell'opera*

Chi si trova ad osservare la cresta situata tra Cima del Vallone e Cima Quattro Denti non percepisce la presenza del Trou de Touilles. Osservando il versante si notano scendere due torrenti da un punto posto sotto la sommità della montagna: «La percezione di un paese avviene attraverso una serie di elementi costitutivi del territorio che impressionano per la loro evidenza, bellezza, grandiosità, singolarità, o perché magari si ripetono, come leitmotiv caratteristici e inconfondibili. Questi elementi visivi, rilevabili nel paesaggio (...), parte integrante della storia e della cultura degli abitanti, possono essere chiamati con il termine di iconemi» (Turri 2001, p. 20). Il Trou de Touilles è quindi un iconema che scaturisce dalla visione sul territorio del suo elemento più vitale: l'acqua. Dobbiamo considerare il paesaggio come «una dimensione in cui è possibile cogliere l'integrazione tra pensiero logico e analogico, conscio e inconscio» (Zerbi 2007, p. 337). Il manufatto è caratterizzato da una continuità funzionale nel tempo e da una sensibilità ambientale che si pone discretamente nel paesaggio e si integra in esso a tal punto da costituirne un carattere fondamentale.

L'acquedotto, grazie alle manutenzioni, funziona da più di 470 anni e gli eredi dei personaggi che lo fecero realizzare continuano a tutelarlo con lo stesso spirito dei loro avi. Il rispetto che induce questo luogo è quello dovuto alla Montagna, a chi la vive e a chi ha realizzato un'opera così faticosamente; in quest'ottica si è deciso di condurre le operazioni di studio del Trou de Touilles. Lo stesso rispetto deve essere tenuto da chi visita il Pertus. Gli studi effettuati hanno evidenziato dei caratteri di unicità dell'opera a più livelli: storico, culturale, documentale e utilitaristico in rapporto a un ambito territoriale che prevarica quello locale o regionale. Quest'acquedotto dimostra come il passato e le opere realizzate dall'uomo non siano da relegare ad un'idea di storia trascorsa e immutabile, ma debbano essere contestualizzate compiutamente nell'ambito socio-culturale contemporaneo. Il manufatto è un'importante risorsa storica, culturale e turistica, che merita una corretta tutela da parte degli enti di natura locale o sovra-locale; ciò permetterebbe agli abitanti dell'Alta Val di Susa di godere, a più livelli, dei privilegi derivanti da una conoscenza nazionale ed internazionale dell'opera. Si auspica quindi che i comitati locali si attivino per presentare un progetto di tutela e che l'opera venga annoverata nel Patrimonio dell'Umanità dell'Unesco.

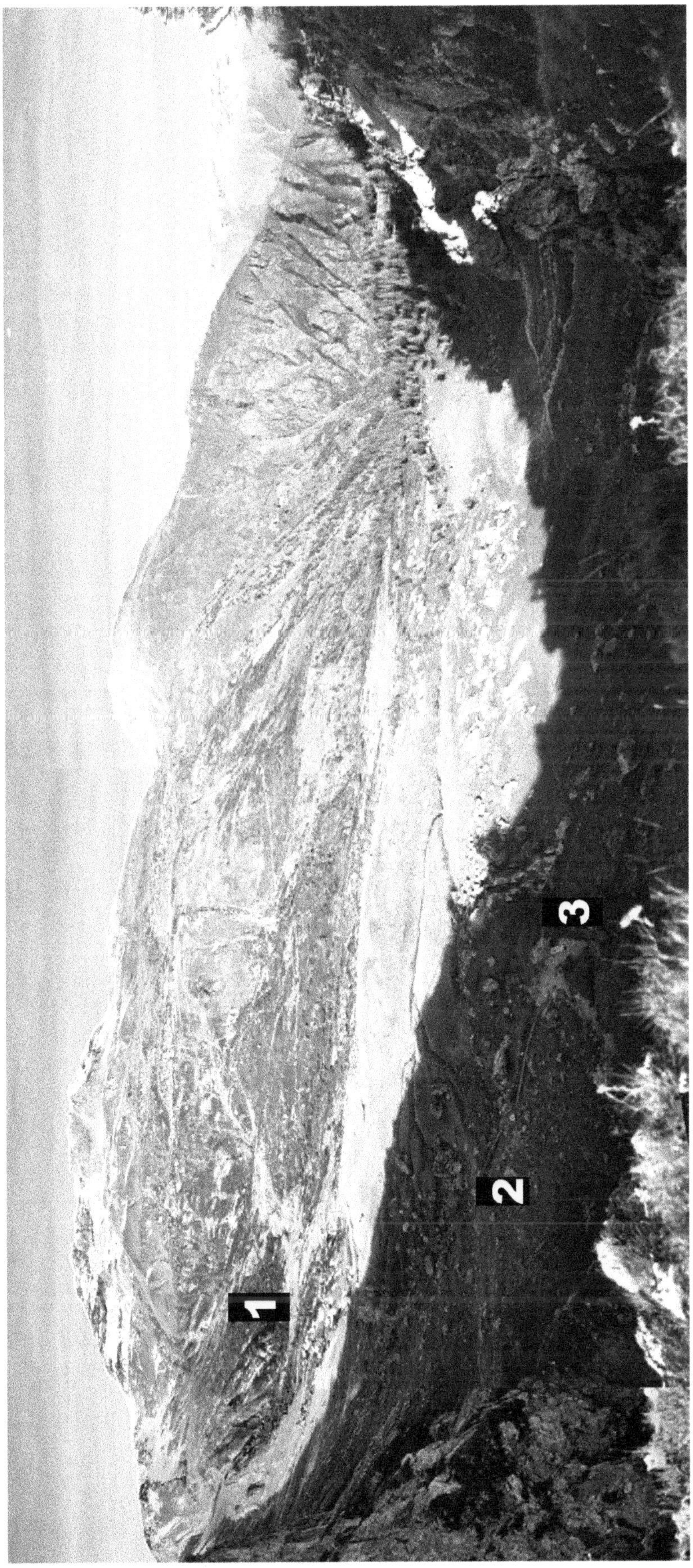

Fig. VII.1. *Zona 1. Vallone di Touilles. (1) presa posta ai piedi del Massiccio d'Ambin; (2) condotta esterna che insiste sull'antico tracciato; (3) imbocco sud del Trou de Touilles, parte ipogea dell'acquedotto (foto R. Basilico).*

Fig. VII.2. *Zona 1. Presa: si notino i due setti murari che convogliano l'acqua nella vasca (foto R. Basilico).*

Fig. VII.3. *Zona 1. Presa: vista della vasca e del sistema di tracimazione a sfioro, che avviene dal braccio posto a valle nei momenti di maggior apporto idrico (foto D. Padovan).*

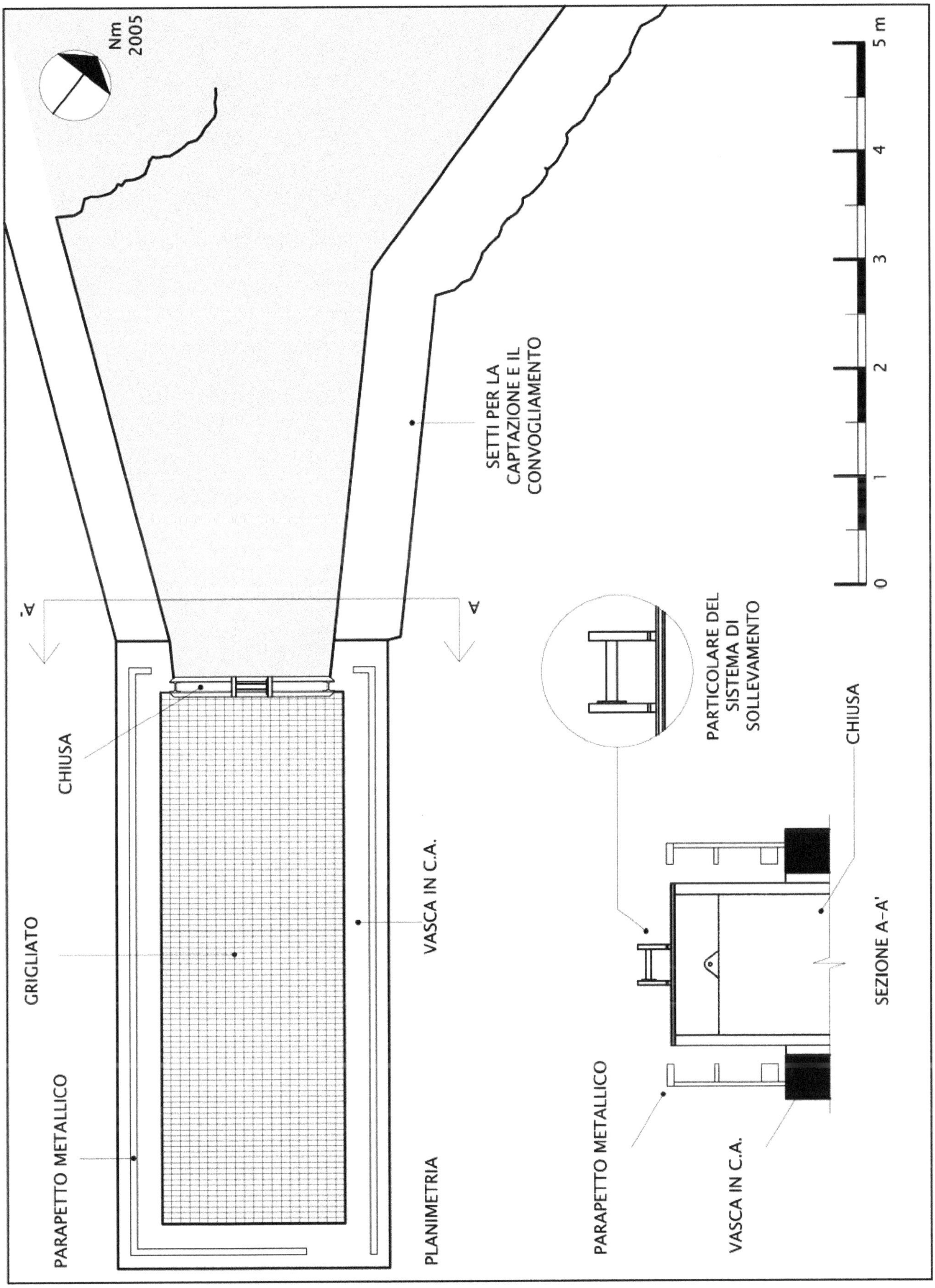

Fig. VII.4. *Zona 1. Presa: rilievo planimetrico e sezione (elaborazione degli Autori).*

Fig. VII.5. *Zona 1. Presa: vecchia paratia metallica abbandonata tra la vegetazione. Ne esiste una simile nei pressi dell'imbocco sud (foto D. Padovan).*

Fig. VII.6. *Zona 1. Presa: più immagini del prospetto sono state sottoposte a un processo di mosaicizzazione. Prima di effettuare le fotografie sono state collocate delle mire sulla vasca per le successive operazioni di raddrizzamento prospettico, georeferenziazione e vettorializzazione (foto D. Padovan, elaborazione R. Basilico).*

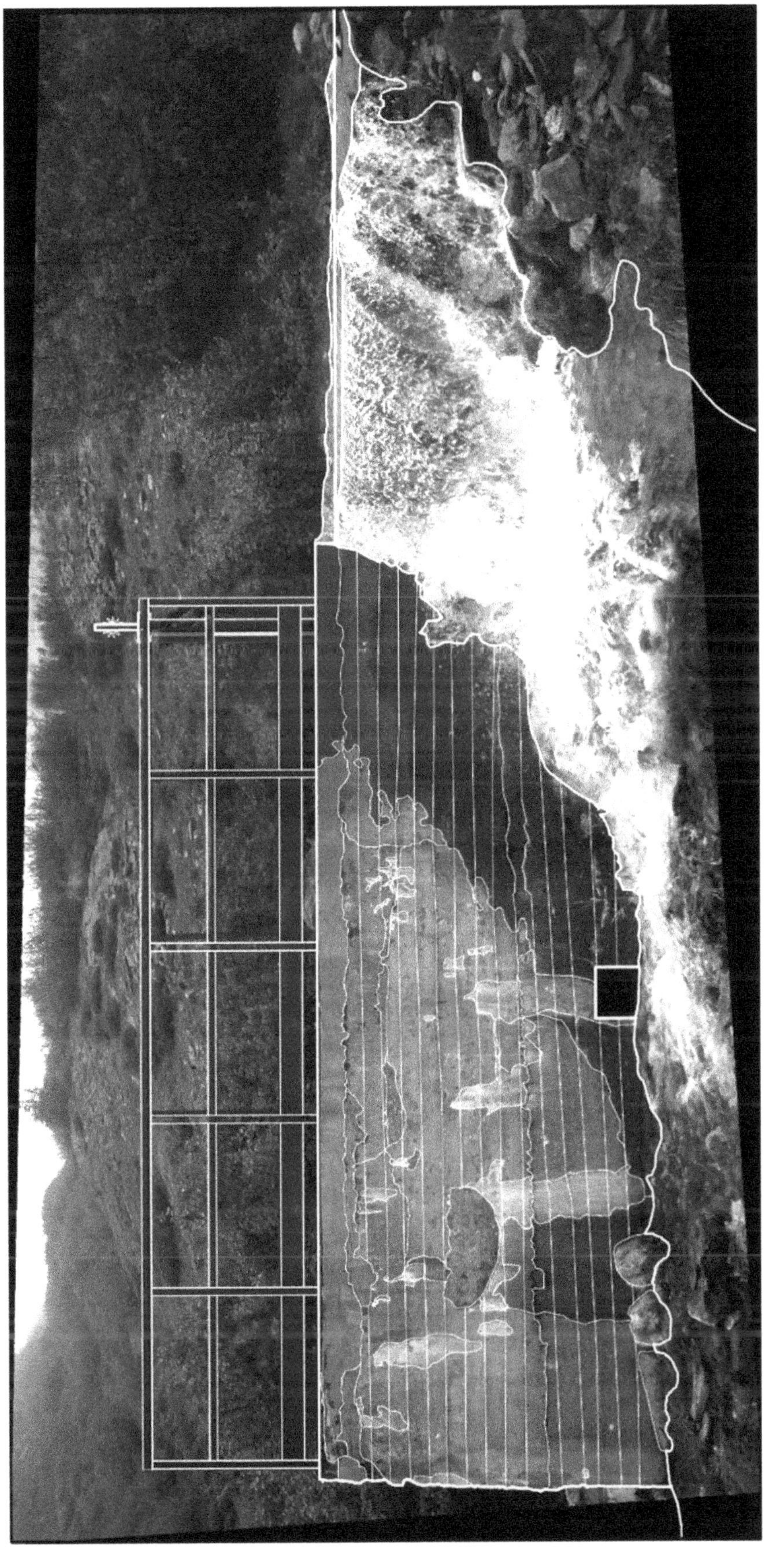

Fig. VII.7. *Zona 1. Immagine raddrizzata, georeferenziata e vettorializzata (foto D. Padovan, elaborazione R. Basilico).*

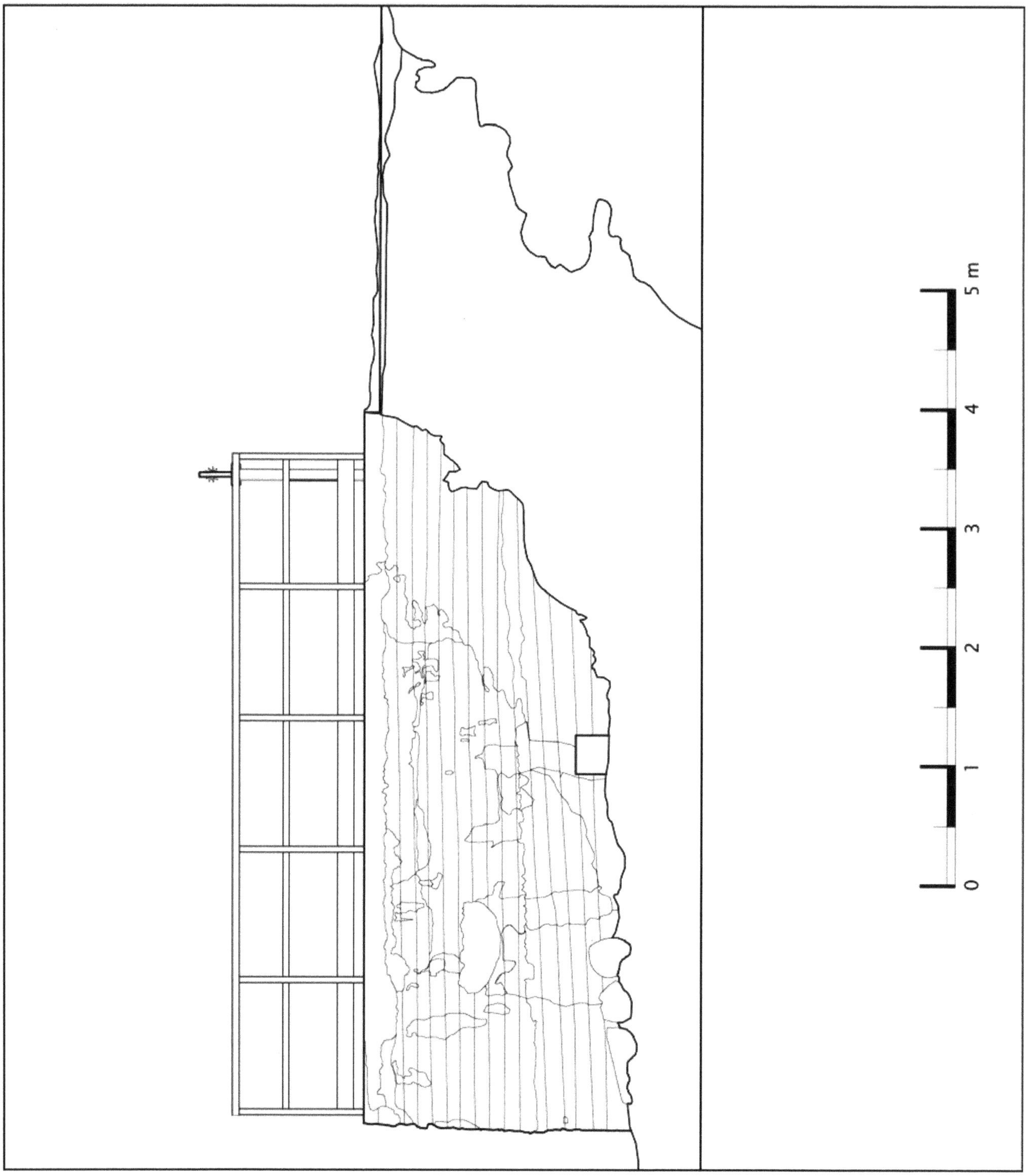

Fig. VII.8. *Zona 1. Immagine vettorializzata: il grado di precisione del sistema permette di analizzare l'opera nel dettaglio (elaborazione R. Basilico).*

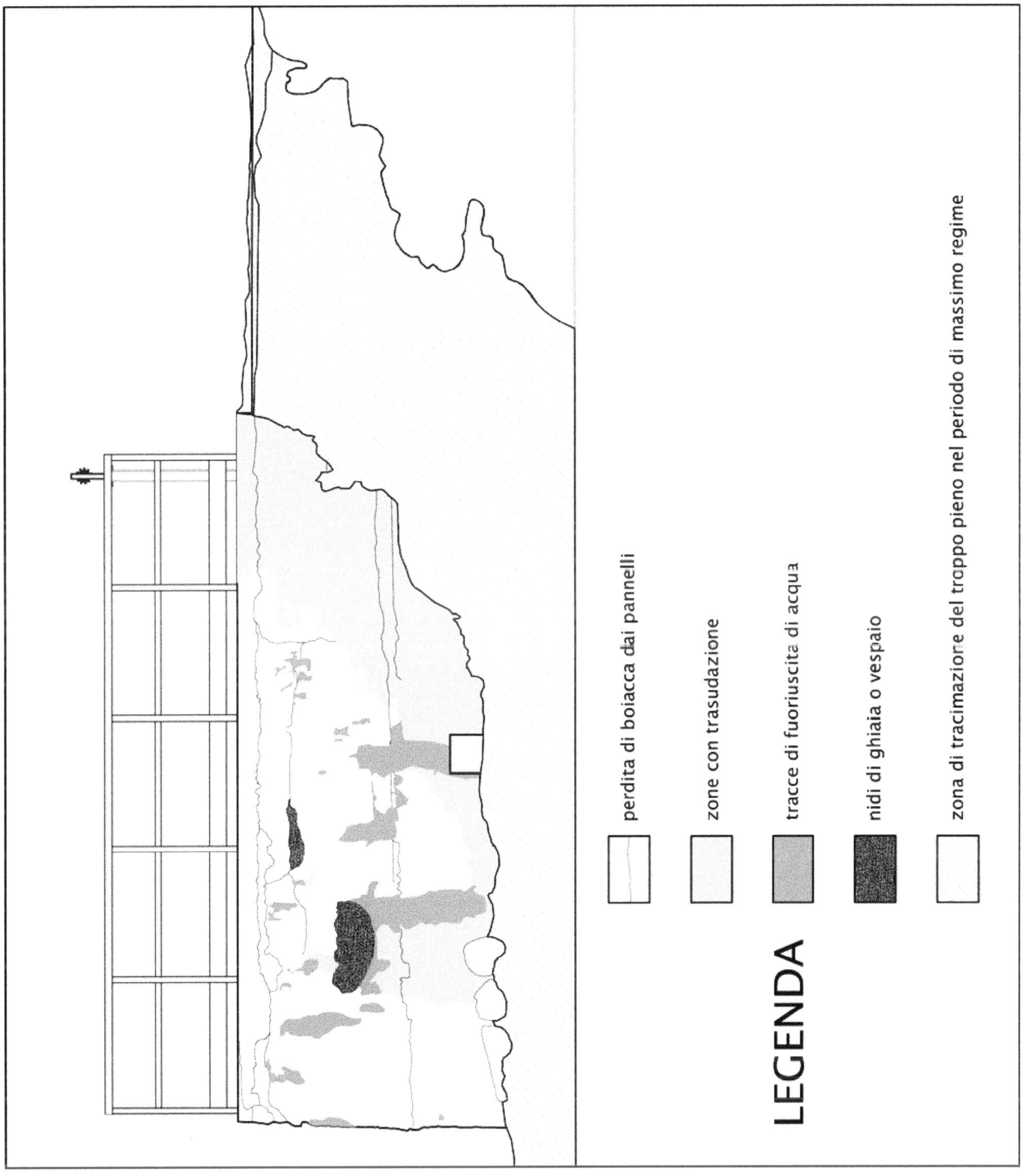

Fig. VII.9. *Zona 1. Analisi approfondita della vasca: mappatura del degrado superficiale delle pareti in conglomerato cementizio armato dovuto all'azione congiunta di acqua e agenti atmosferici (elaborazione R. Basilico).*

Fig. VII.10. *Zona 1. Condotta interrata che trasporta l'acqua dalla presa al Trou de Touilles (foto R. Basilico).*

Fig. VII.11. *Zona 1. Uno dei pozzetti di ispezione collocati lungo il tracciato esterno (foto R. Basilico).*

Fig. VII.12. *Zona 1. Vista del tracciato esterno (foto R. Basilico).*

Fig. VII.13. *Zona 1. Parte terminale della condotta esterna. È visibile, in basso a destra, l'imbocco nord del tratto ipogeo (foto R. Basilico).*

Fig. VII.14. *Zona 1. Vista della presa (1) dall'imbocco nord del tratto ipogeo (foto R. Basilico).*

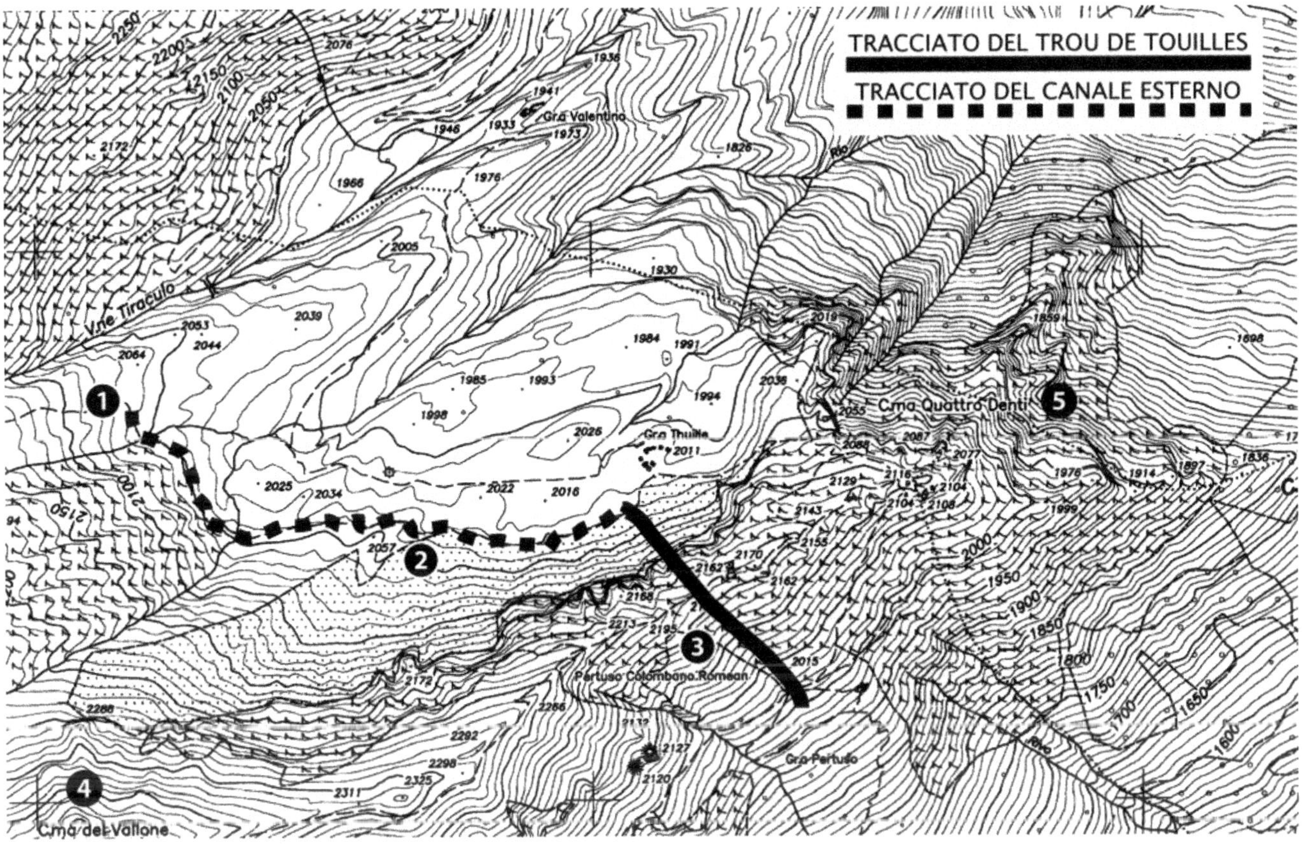

Fig. VII.15. *Collocazione territoriale delle prime due zone di studio. (1) Zona 1: presa; (2) Zona 1: condotta esterna; (3) Zona 2: tracciato del condotto ipogeo; (4) Cima del Vallone; (5) Cima Quattro Denti (elaborazione degli Autori).*

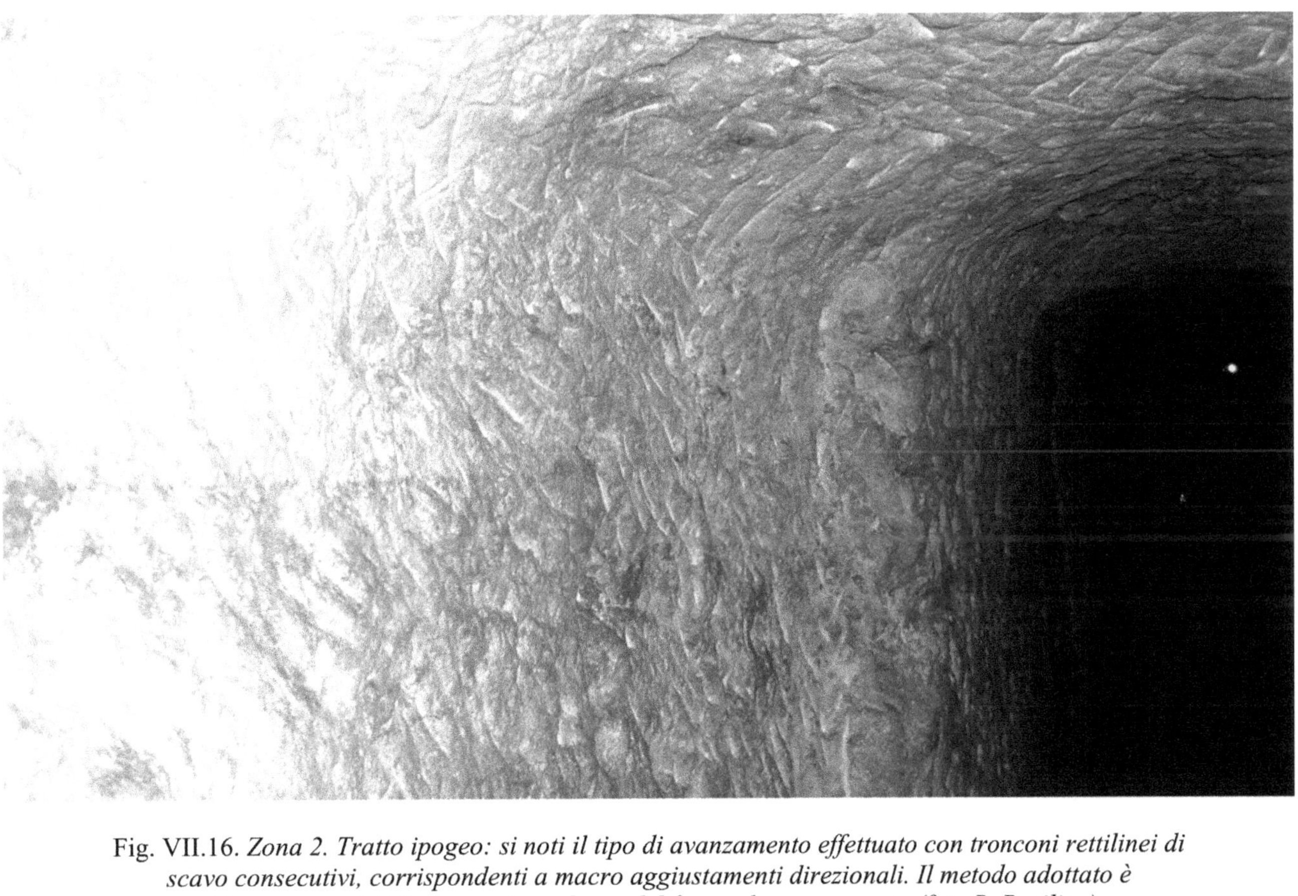

Fig. VII.16. *Zona 2. Tratto ipogeo: si noti il tipo di avanzamento effettuato con tronconi rettilinei di scavo consecutivi, corrispondenti a macro aggiustamenti direzionali. Il metodo adottato è chiaramente visibile in corrispondenza del fronte di avanzamento (foto R. Basilico).*

Fig. VII.17. *Zona 2. Tratto ipogeo: micro correzioni direzionali ottenute con curvature ad "Esse" realizzate in sequenza (foto R. Basilico).*

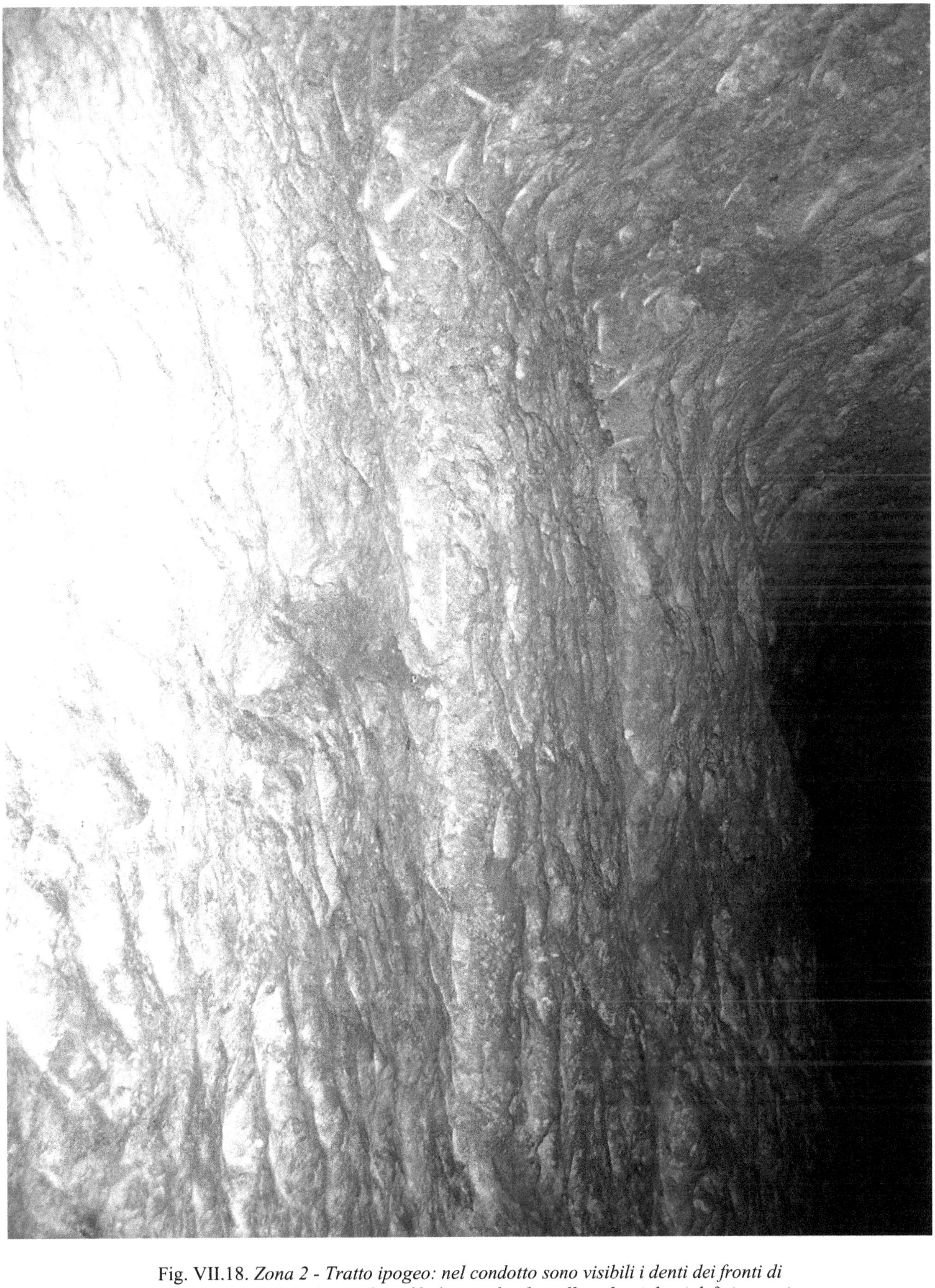

Fig. VII.18. *Zona 2 - Tratto ipogeo: nel condotto sono visibili i denti dei fronti di scavo, sulle spalle, e lungo il profilo longitudinale, sulla volta; i denti definiscono i tronconi di avanzamento e le rettifiche per la correzione del dislivello (foto R. Basilico).*

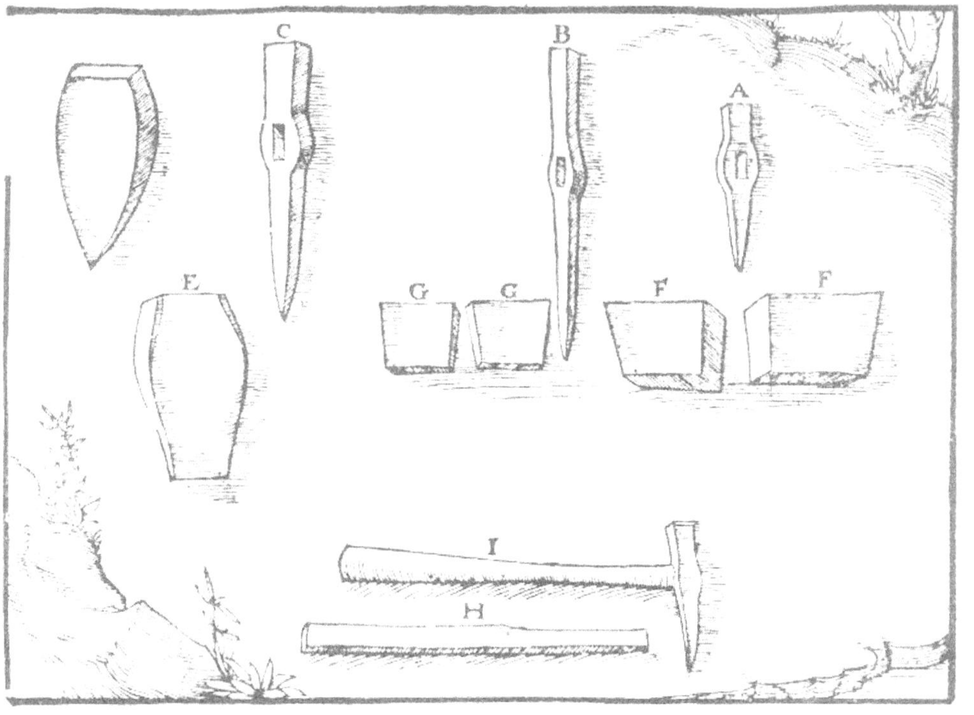

Fig. VII.19. *Alcuni attrezzi di scavo utilizzati per la realizzazione del condotto. Nello specifico si osserva: «Ferramentum primum A. Secundum B. Tertium C. Quartum D. Cuneus E. Lamina F. Bractea G. Manubrium Ligneum H. Manubrium in primo ferramento inclusum I.»* (Agricola 1621, *Libro VI, p. 108).*

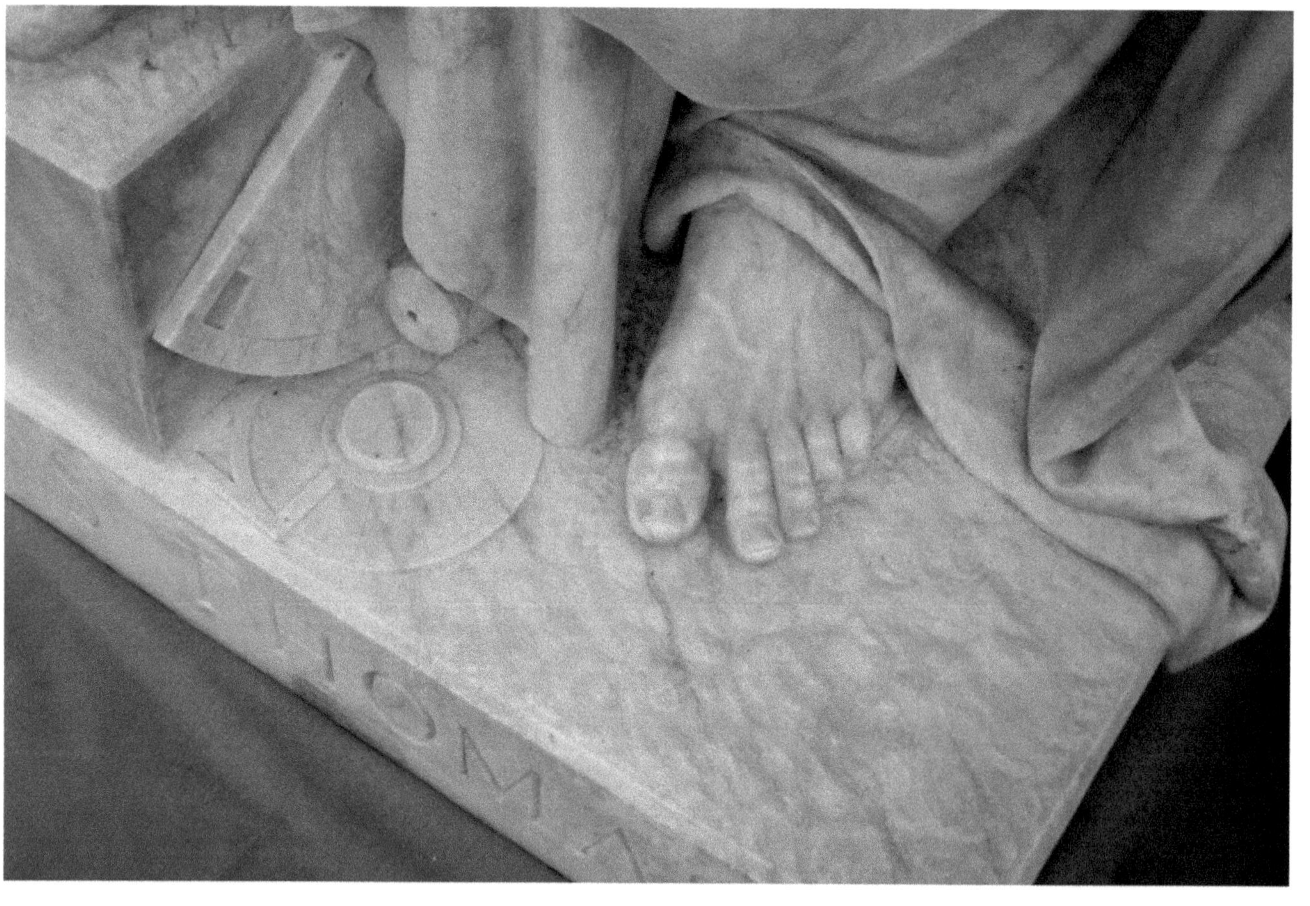

Fig. VII.20. *Particolare della statua di San Tommaso a Orvieto dell'architetto Ippolito Scalza. Nell'autoritratto dell'artista compaiono un teodolite e un quadrante d'altezza (foto R. Basilico).*

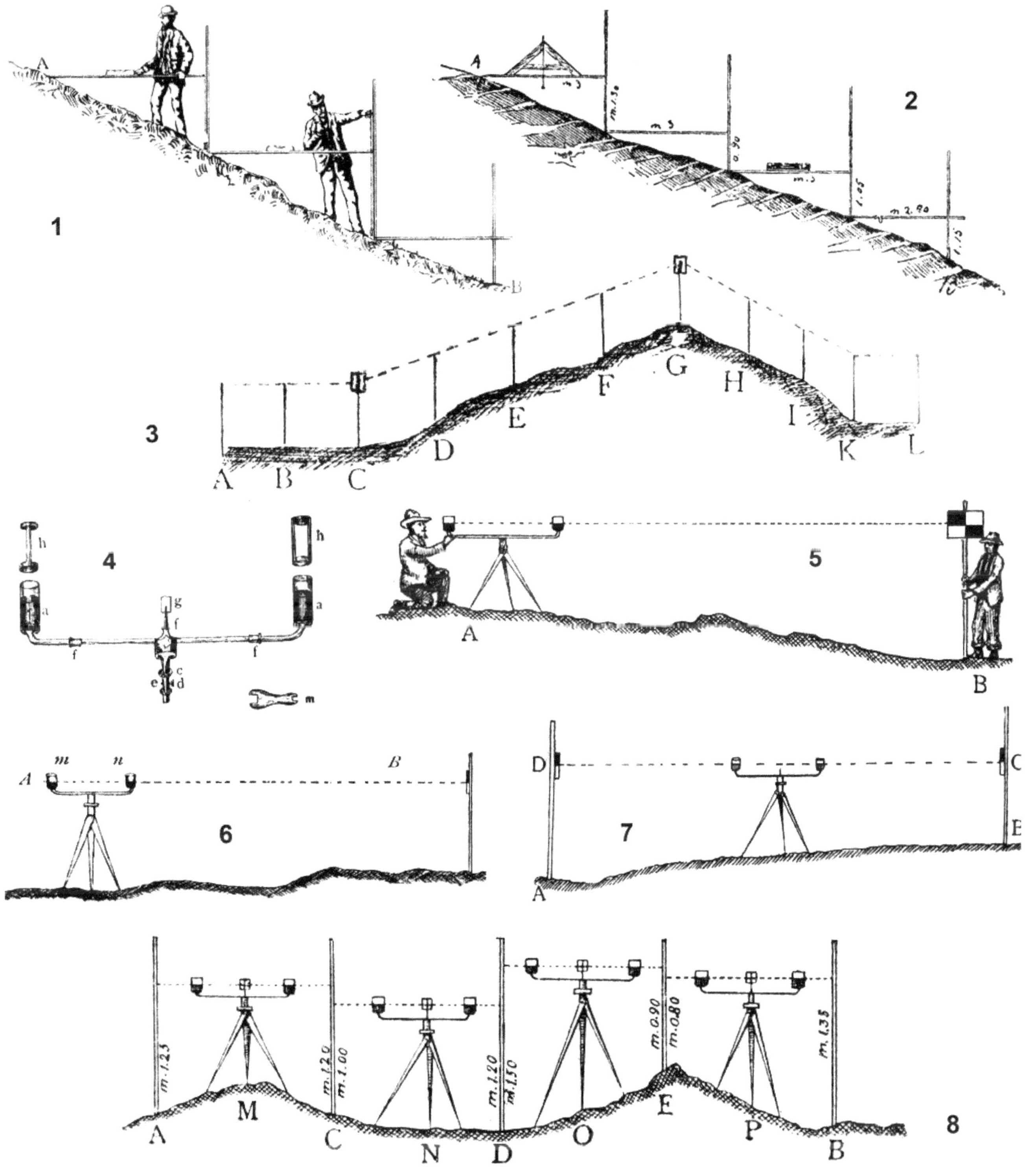

1 - coltellazione con livella;
2 - coltellazione con livella e archipendolo;
3 - tracciamento per superare un ostacolo effettuato mediante squadro agrimensorio;
4 - livella a traguardo;
5 - livellazione diretta;
6 - livellazione semplice;
7, 8 - livellazione composta.

Fig. VII.21. *Indicazioni delle modalità di tracciamento e livellazione (elaborazione degli Autori da: Ferreri Mitoldi 1914, pp. 124-125, 177, 180, 187-190, 199.).*

Fig. VII.22. *Imbocco sud: all'esterno del condotto* si *trova il cono di scarico del materiale di risulta (foto R. Basilico).*

Fig. VII.23. *Imbocco sud: vista del versante exillese con il cono di scarico del materiale di risulta (foto R. Basilico).*

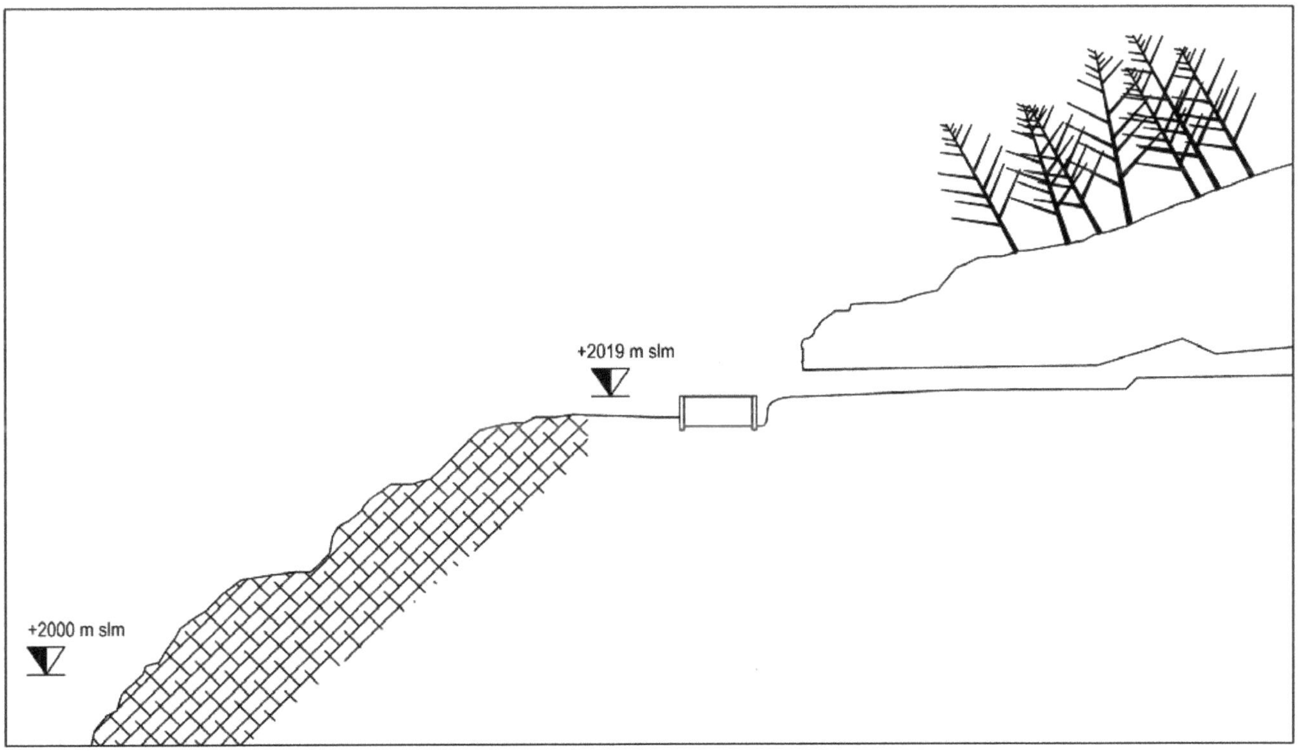

Fig. VII.24. *Imbocco sud: collocazione del cono di scarico (elaborazone degli Autori).*

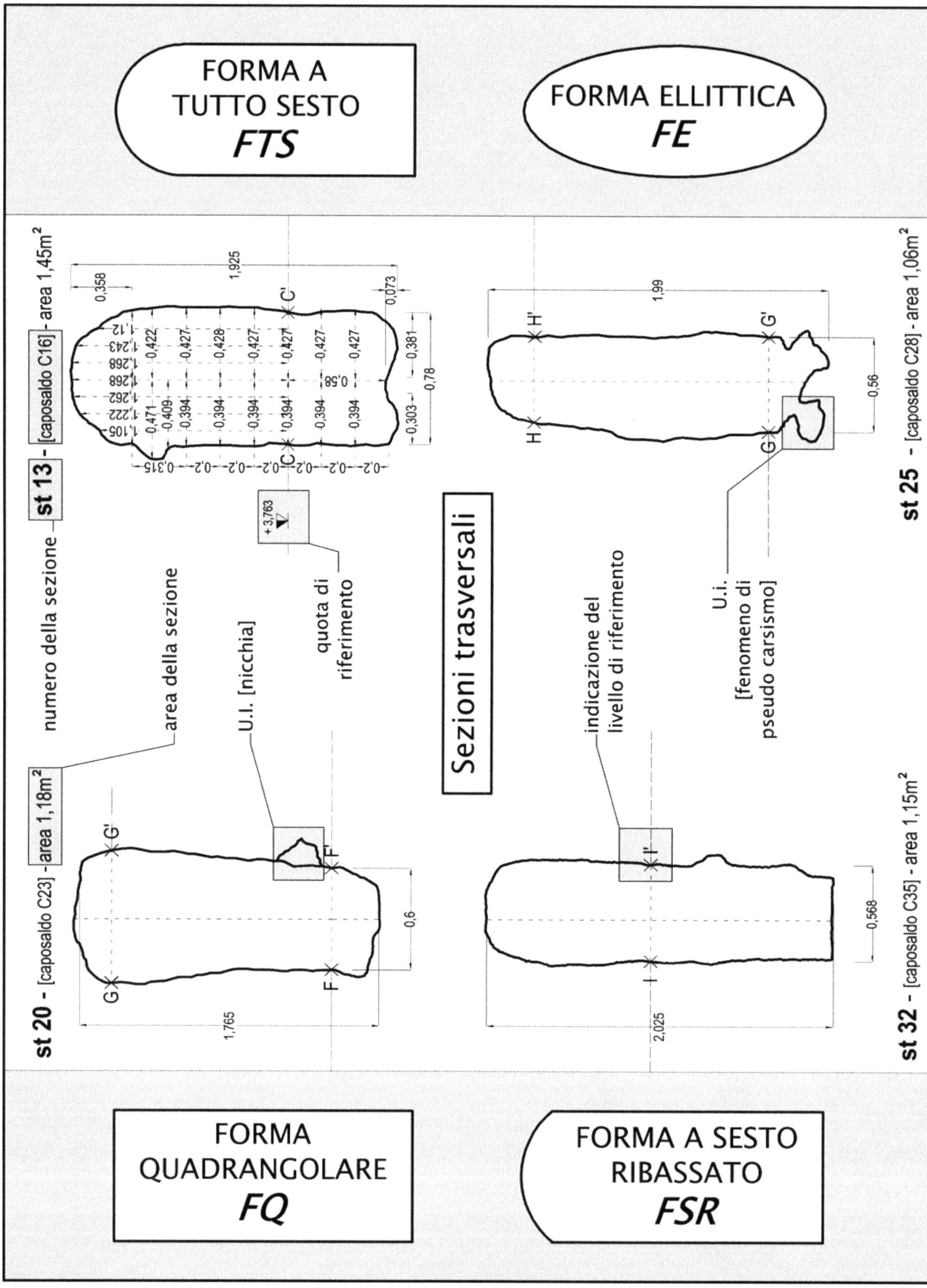

Fig. VII.25. *Schema di rappresentazione dei legami tra sezioni trasversali e forme base, o primitive, e legenda degli elementi di analisi morfo-strutturali che appariranno nelle successive tavole morfologiche (elaborazone degli Autori).*

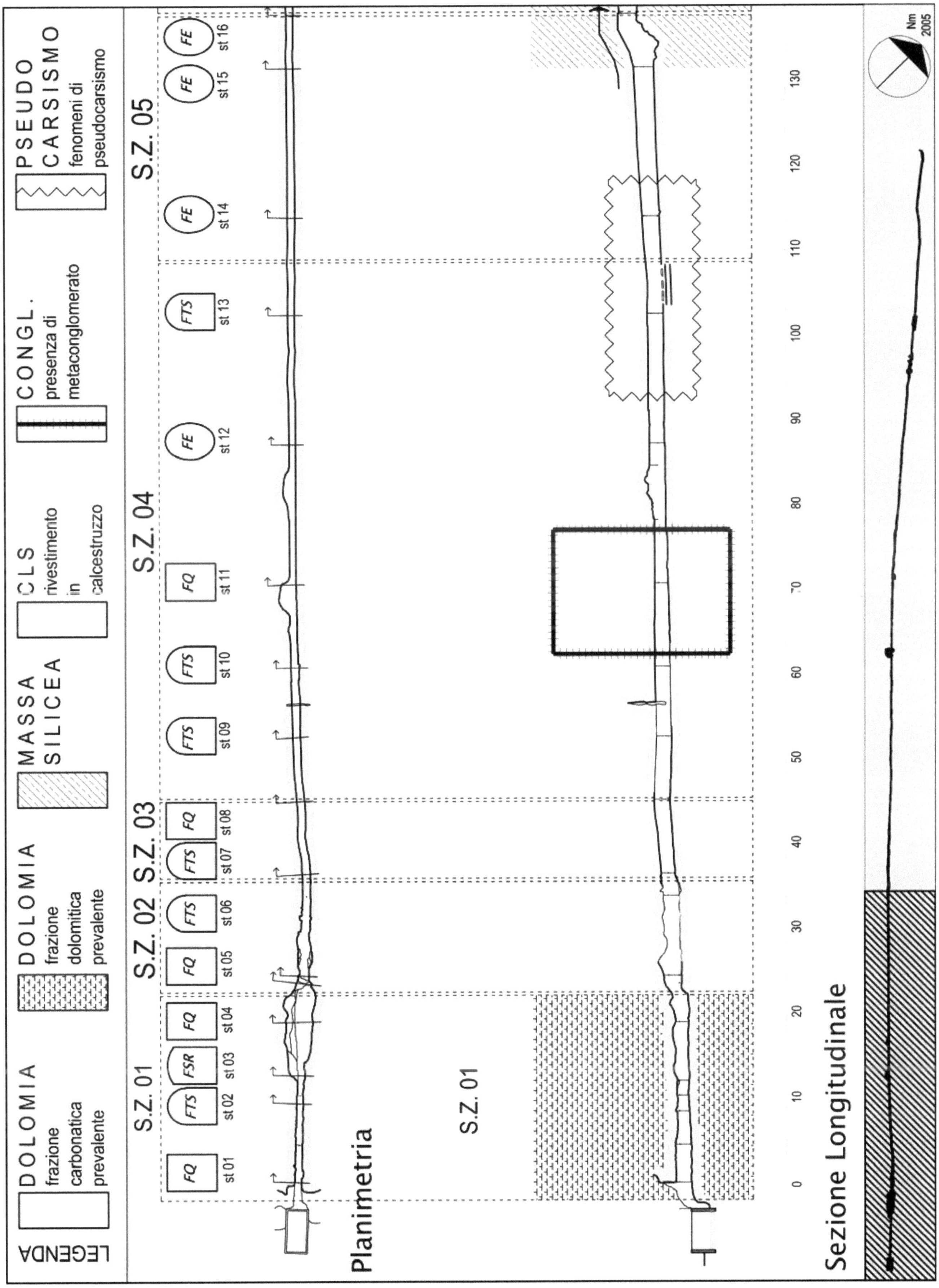

Fig. VII.26a. *Raffronto tra i dati relativi alle osservazioni geologiche e le forme base dei profili morfo-strutturali (FQ, FSR, FTS e FE), nelle Sotto Zone di avanzamento comprese tra la SZ1 e la SZ5 (elaborazone degli Autori).*

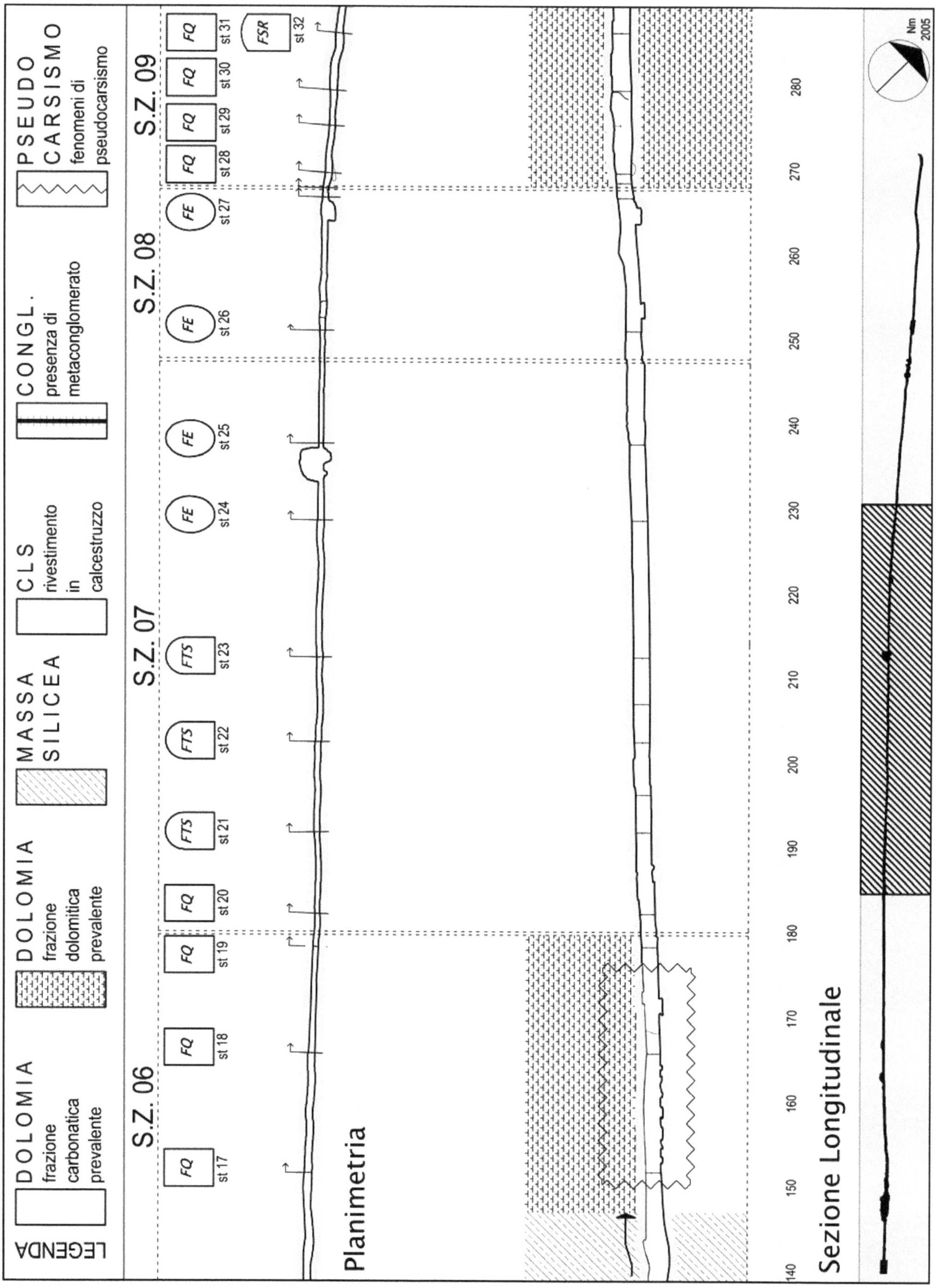

Fig. VI.26b. *Raffronto tra i dati relativi alle osservazioni geologiche e le forme base dei profili morfo-strutturali (FQ, FSR, FTS e FE), nelle Sotto Zone di avanzamento comprese tra la SZ6 e la SZ9 (elaborazone degli Autori).*

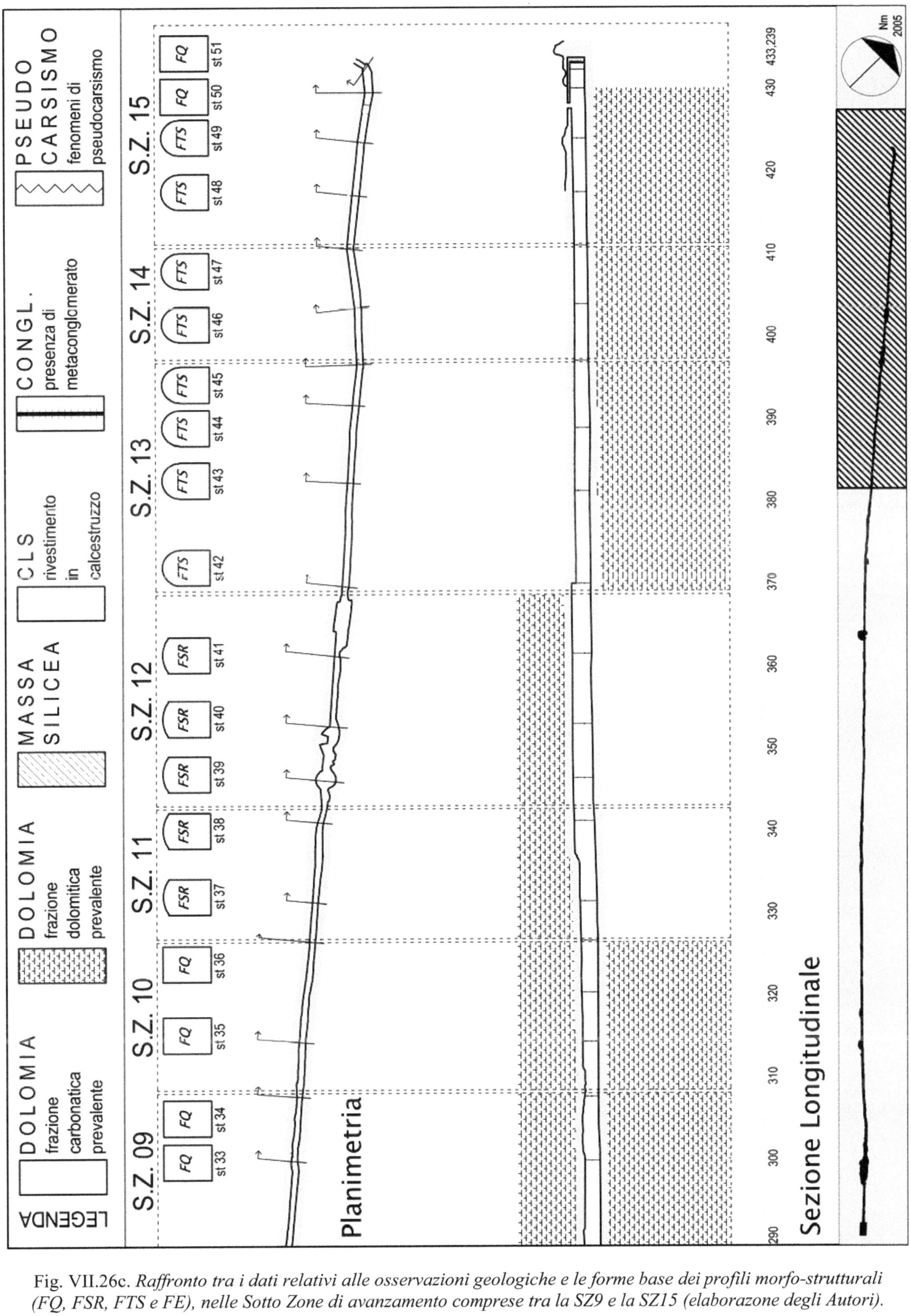

Fig. VII.26c. *Raffronto tra i dati relativi alle osservazioni geologiche e le forme base dei profili morfo-strutturali (FQ, FSR, FTS e FE), nelle Sotto Zone di avanzamento comprese tra la SZ9 e la SZ15 (elaborazone degli Autori).*

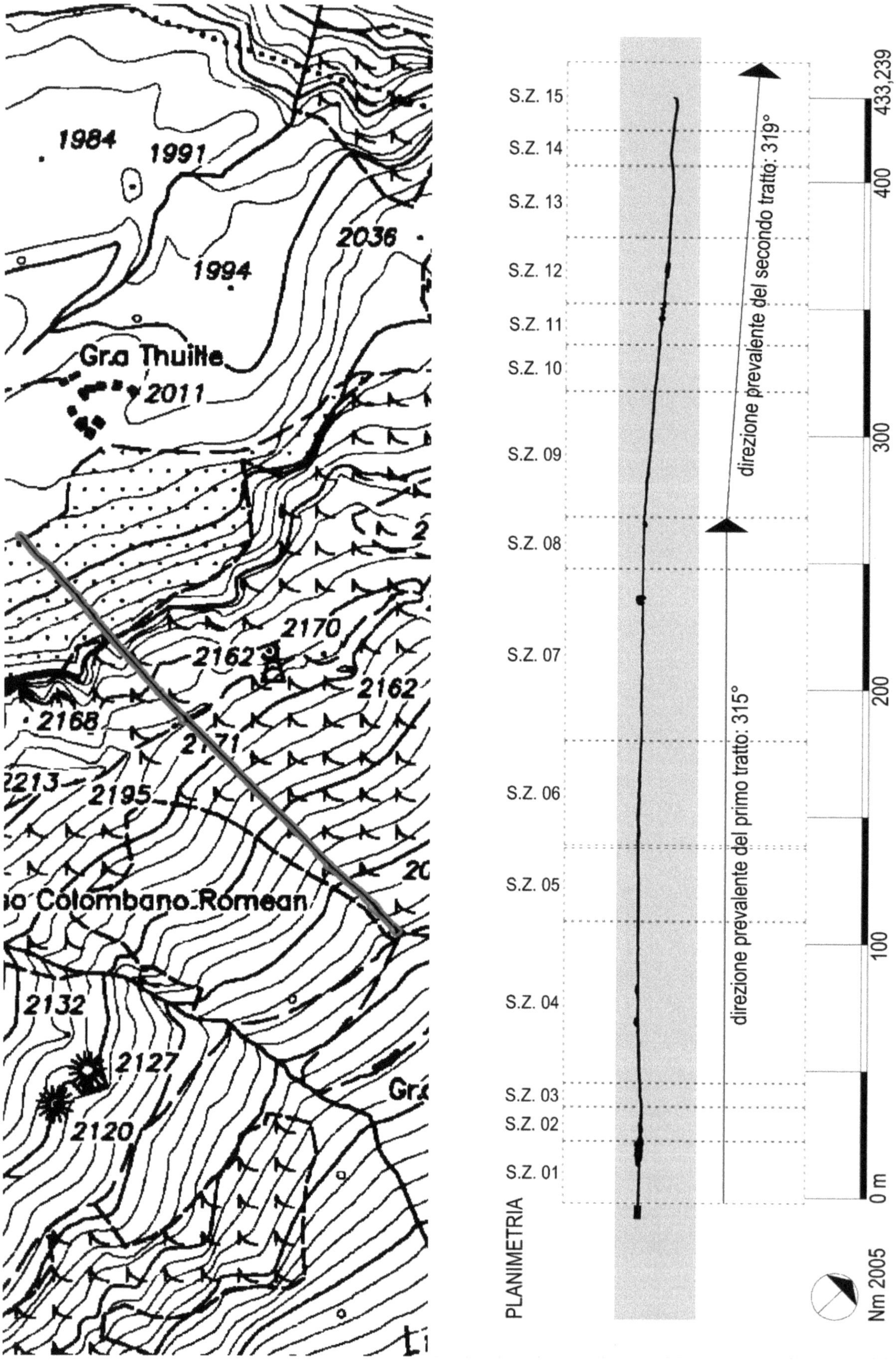

Fig. VII.27. *Sulla sinistra: il tratto ipogeo dell'acquedotto è stato sovrapposto alla Carta Tecnica Regionale per evidenziarne il tracciato e l'orientamento nel territorio. Sulla destra: planimetria generale con indicazione delle Sotto Zone (SZ) e delle due direzioni di scavo prevalenti S-E e N-O (elaborazone degli Autori).*

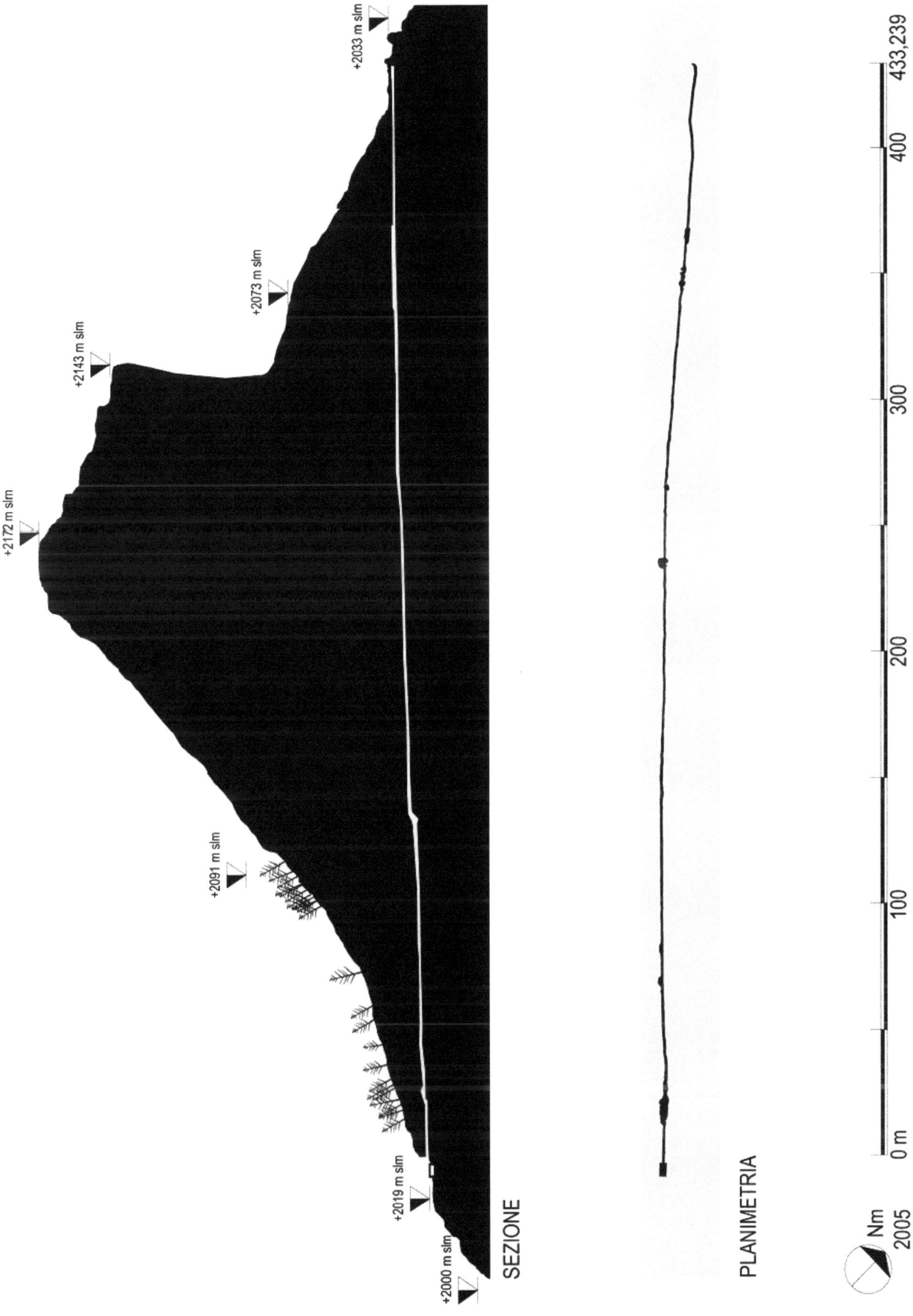

Fig. VII.28. *Sezione longitudinale e planimetria del Trou de Touilles contestualizzata nel profilo altimetrico del tratto che collega Cima Quattro Denti a Cima del Vallone (elaborazone degli Autori).*

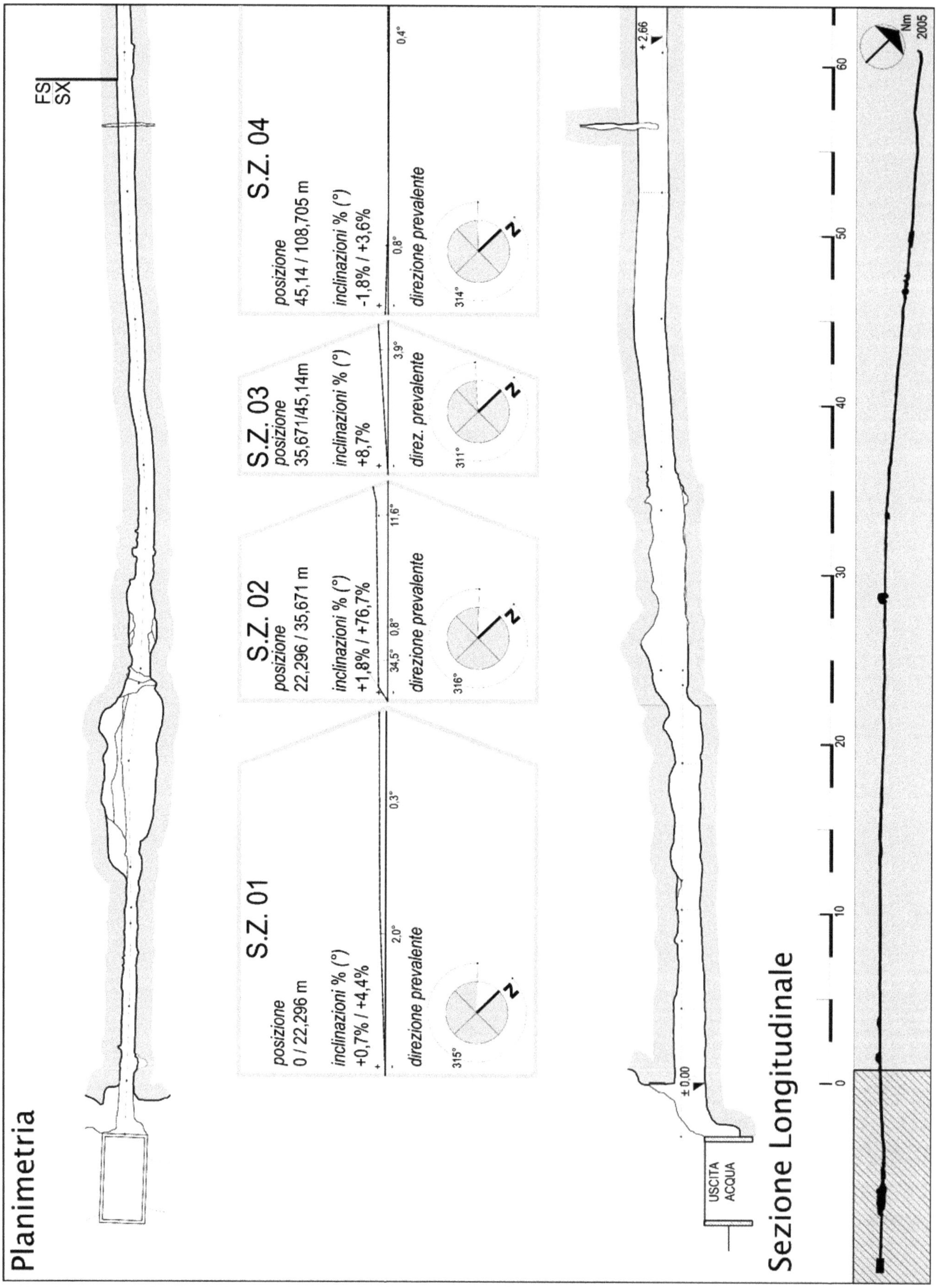

Fig. VII.29a. *Indicazione di posizioni, inclinazioni e direzioni delle Sotto Zone comprese tra la 01 e la 04. Si notino i fronti di scavo (FX) presenti sulle spalle (SX sinistra, DX destra) e sulla volta (elaborazone degli Autori).*

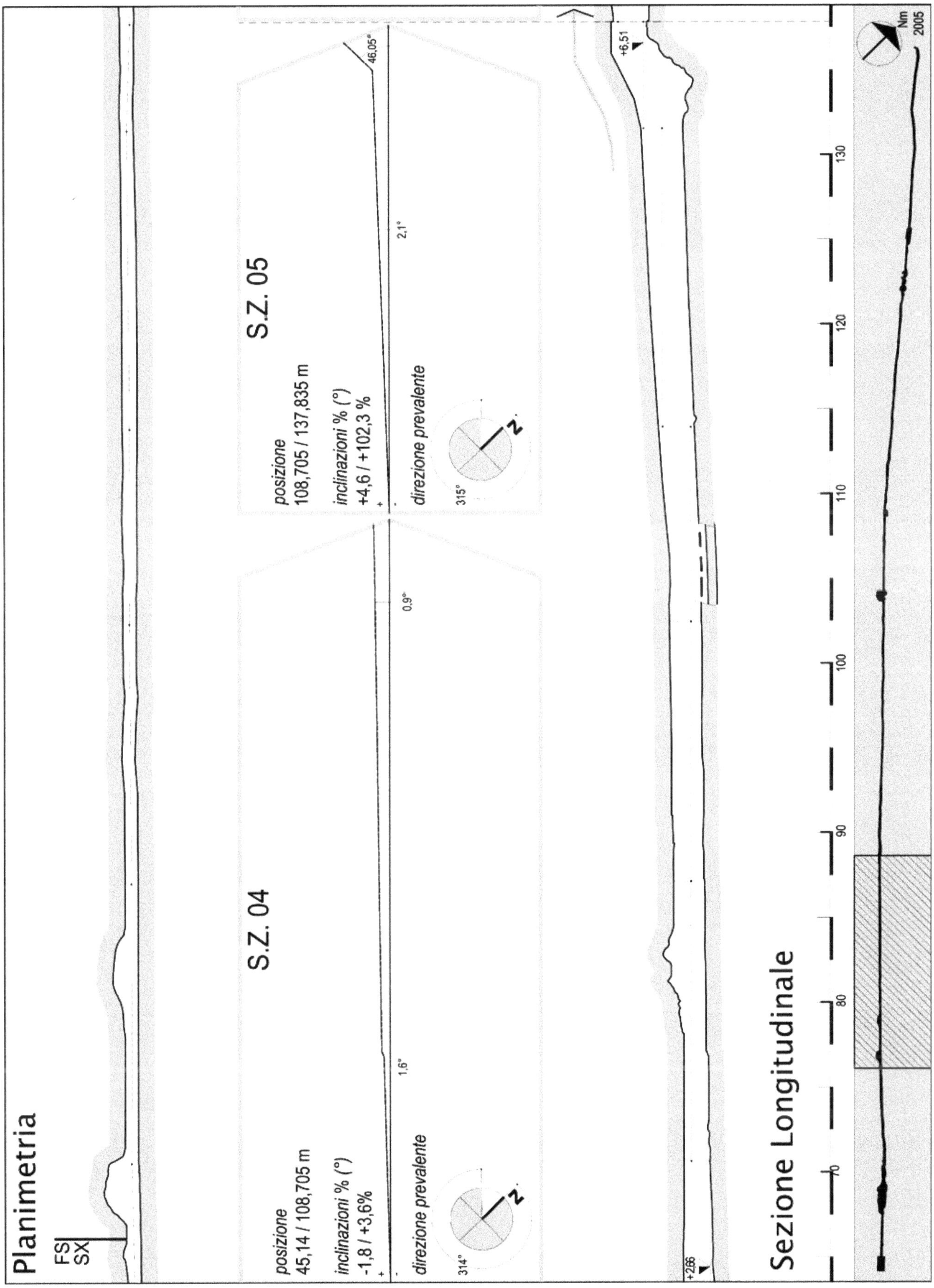

Fig. VII.29b. *Indicazione di posizioni, inclinazioni e direzioni delle sotto zone comprese tra la 01 e la 04. Si notino i fronti di scavo (FX) presenti sulle spalle (SX sinistra, DX destra) e sulla volta (elaborazone degli Autori).*

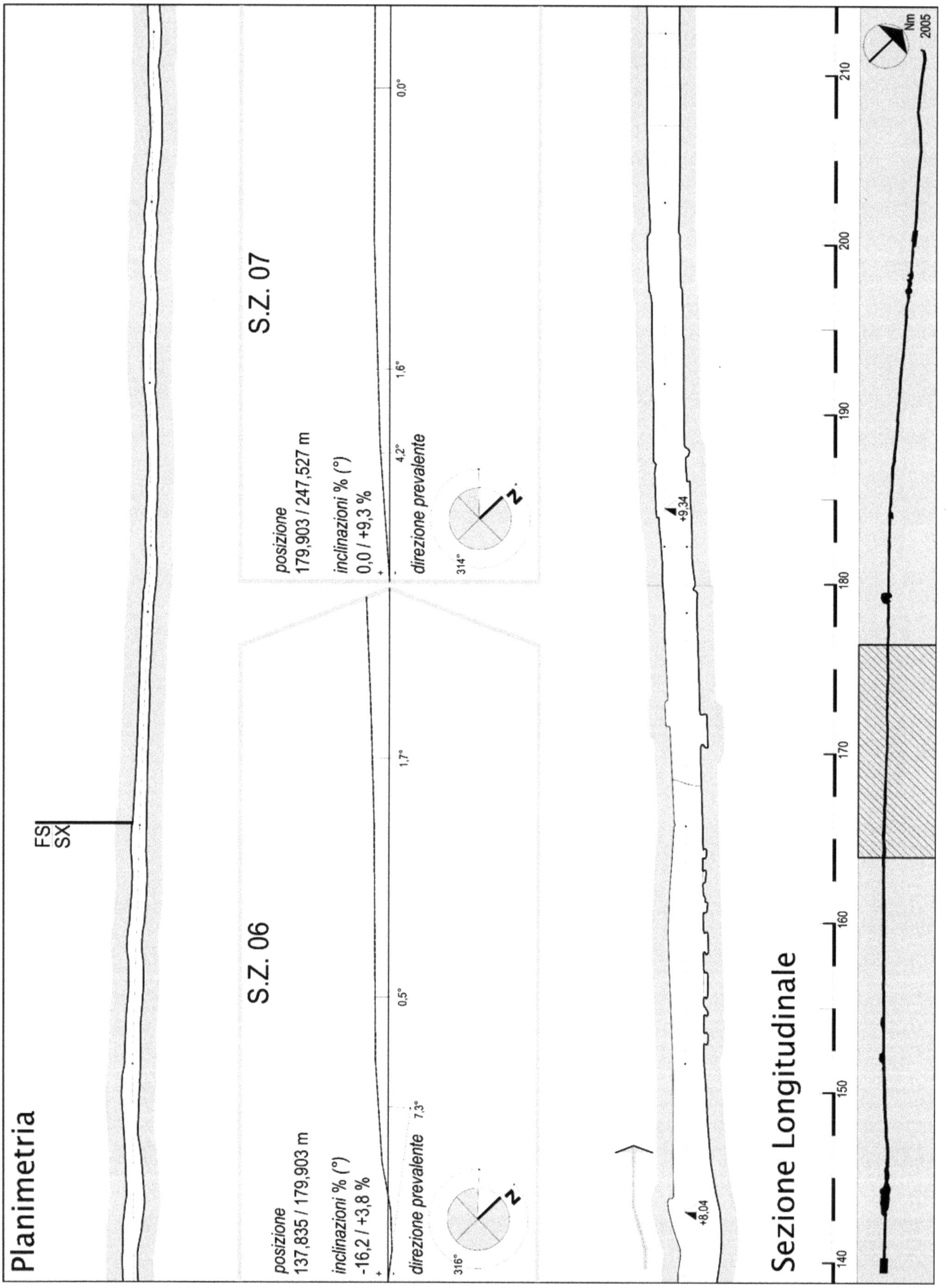

Fig. VII.29c. *Indicazione di posizioni, inclinazioni e direzioni delle sotto zone comprese tra la 01 e la 04. Si notino i fronti di scavo (FX) presenti sulle spalle (SX sinistra, DX destra) e sulla volta (elaborazone degli Autori).*

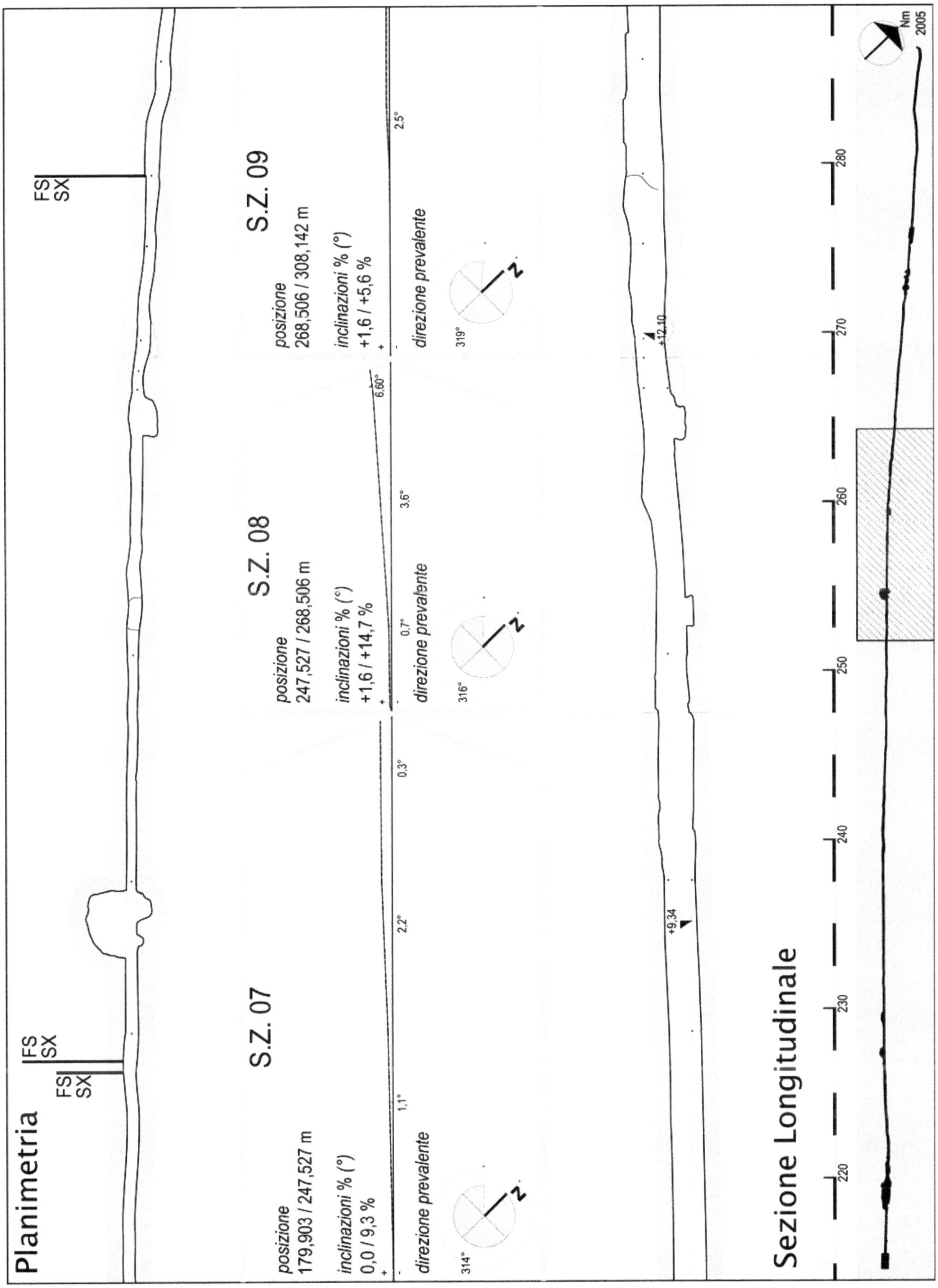

Fig. VII.29d. *Indicazione di posizioni, inclinazioni e direzioni delle sotto zone comprese tra la 01 e la 04. Si notino i fronti di scavo (FX) presenti sulle spalle (SX sinistra, DX destra) e sulla volta (elaborazone degli Autori).*

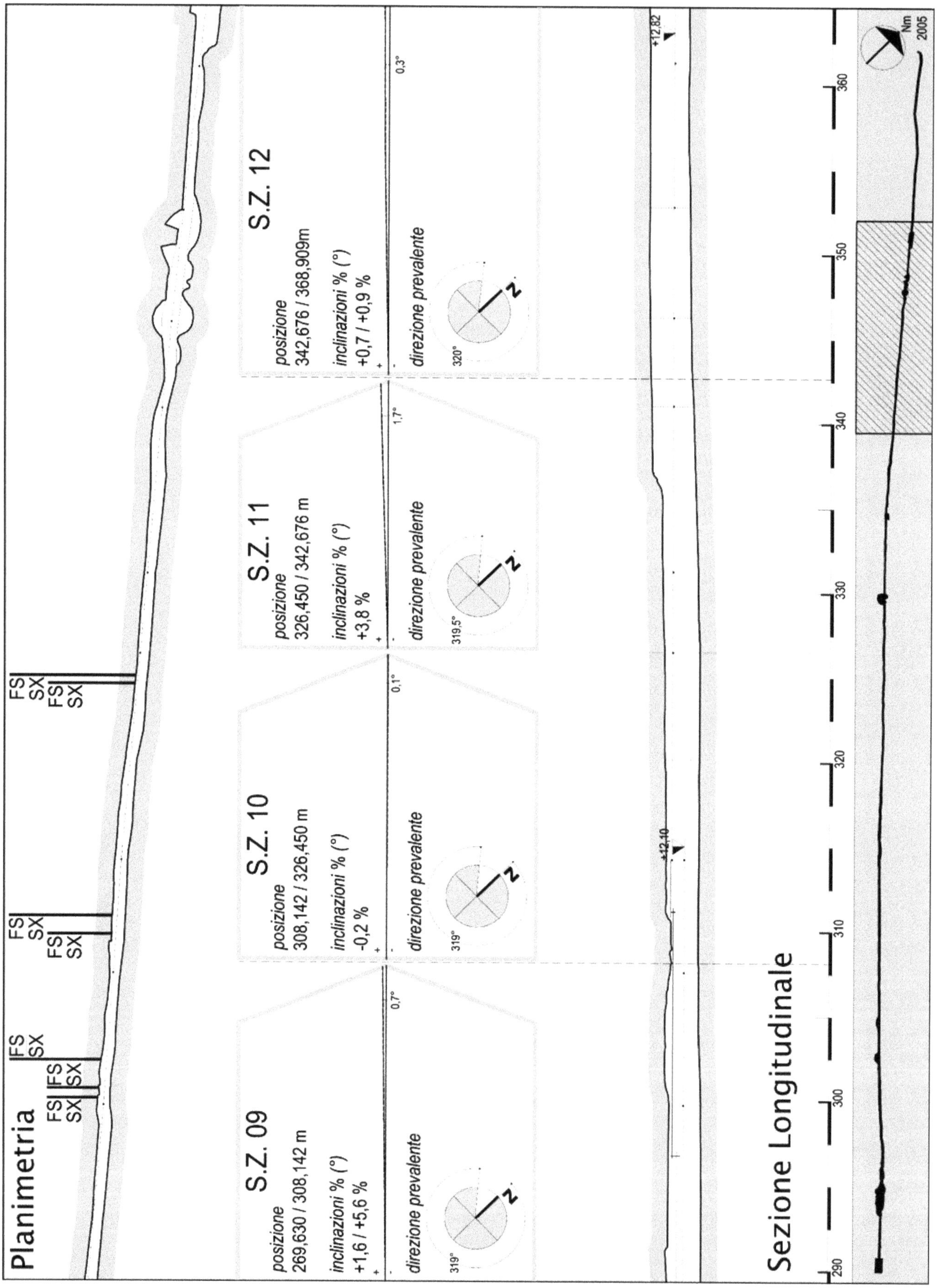

Fig. VII.29e. *Indicazione di posizioni, inclinazioni e direzioni delle sotto zone comprese tra la 01 e la 04. Si notino i fronti di scavo (FX) presenti sulle spalle (SX sinistra, DX destra) e sulla volta (elaborazone degli Autori).*

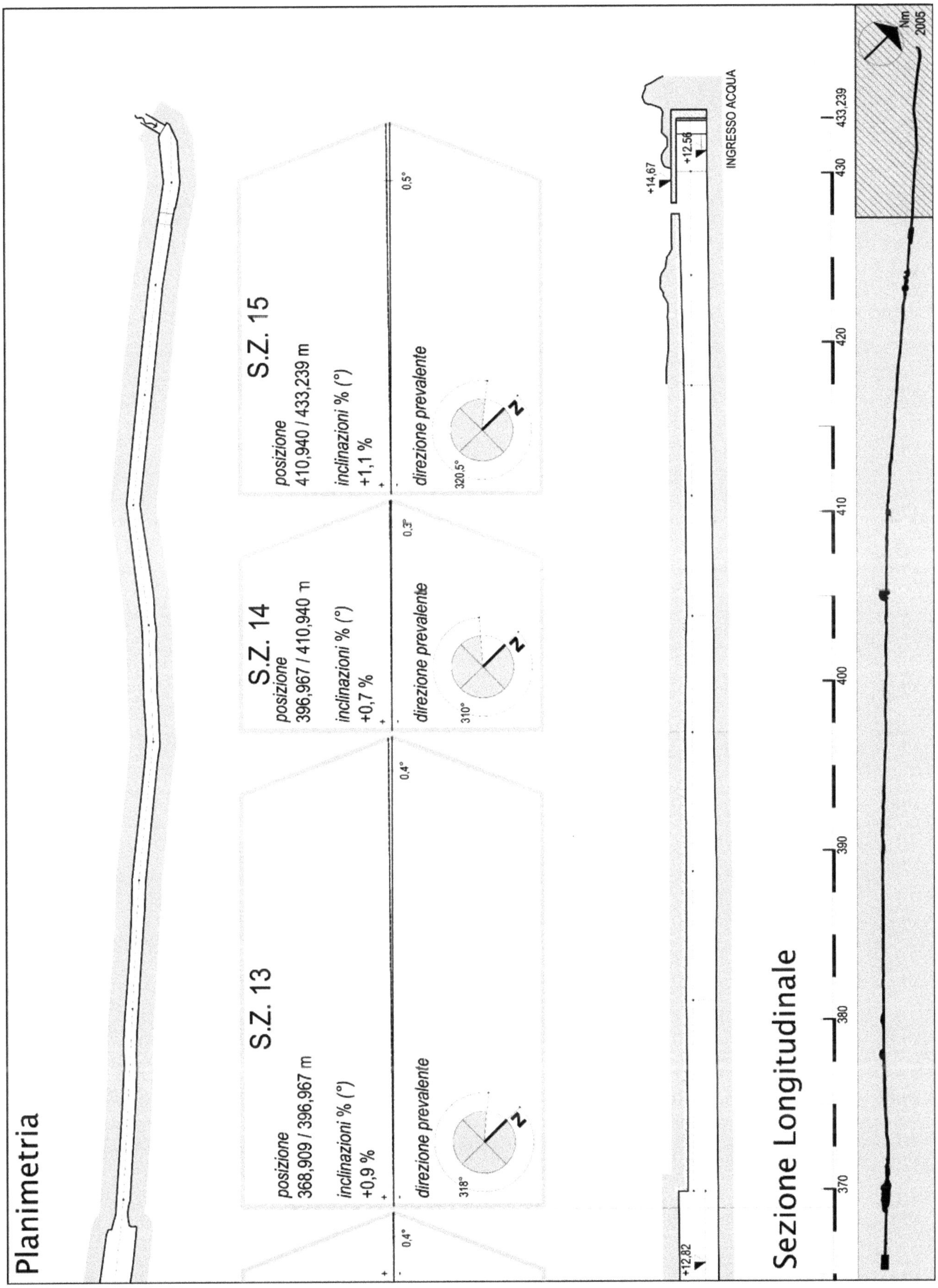

Fig. VII.29f. *Indicazione di posizioni, inclinazioni e direzioni delle sotto zone comprese tra la 01 e la 04. Si notino i fronti di scavo (FX) presenti sulle spalle (SX sinistra, DX destra) e sulla volta (elaborazone degli Autori).*

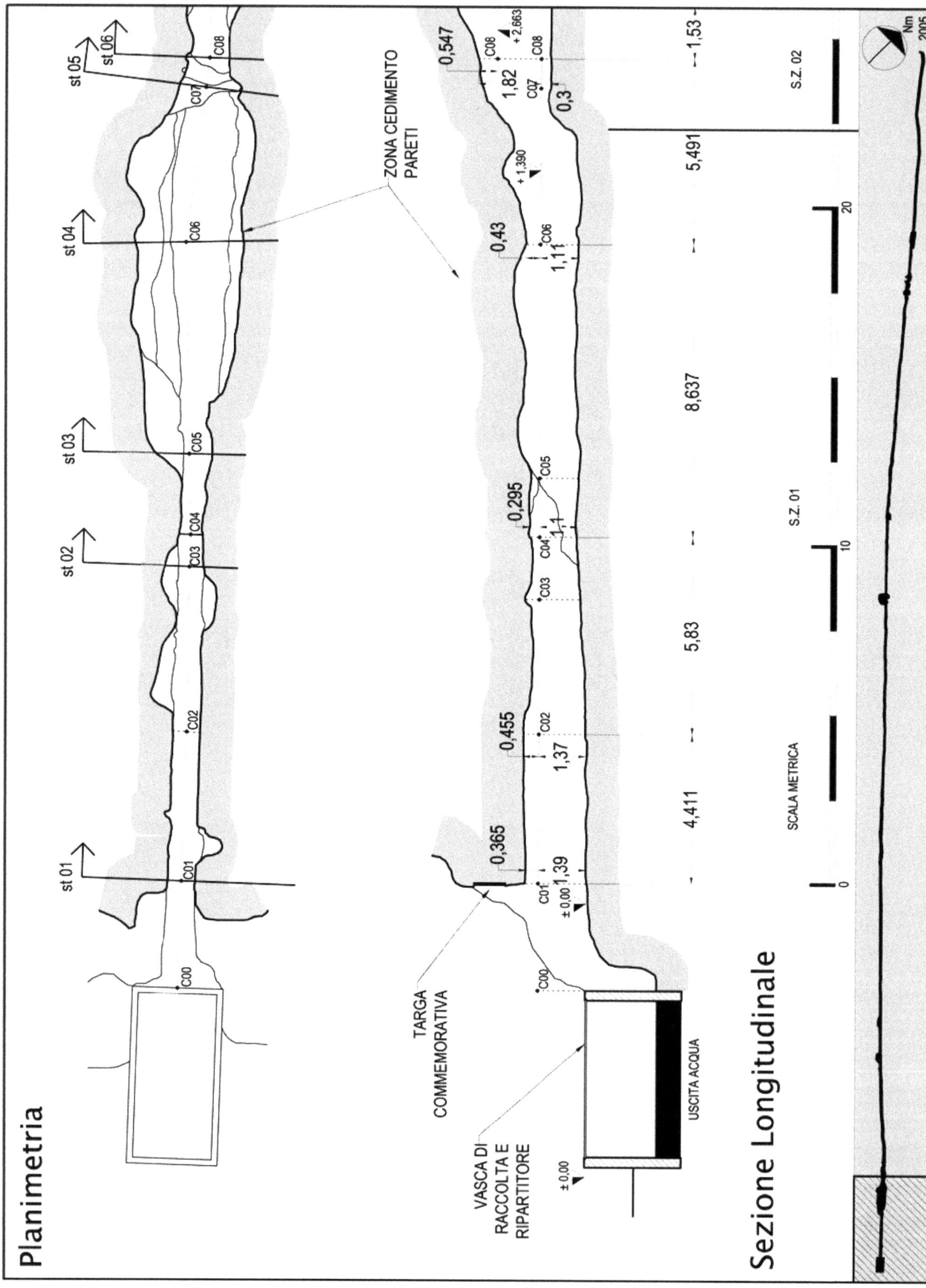

Fig. VII.30. *Analisi morfologica: planimetria e sezione longitudinale del tratto compreso tra le sottozone SZ 1 e SZ 2 -metri 0/ 25,3- (elaborazione degli Autori).*

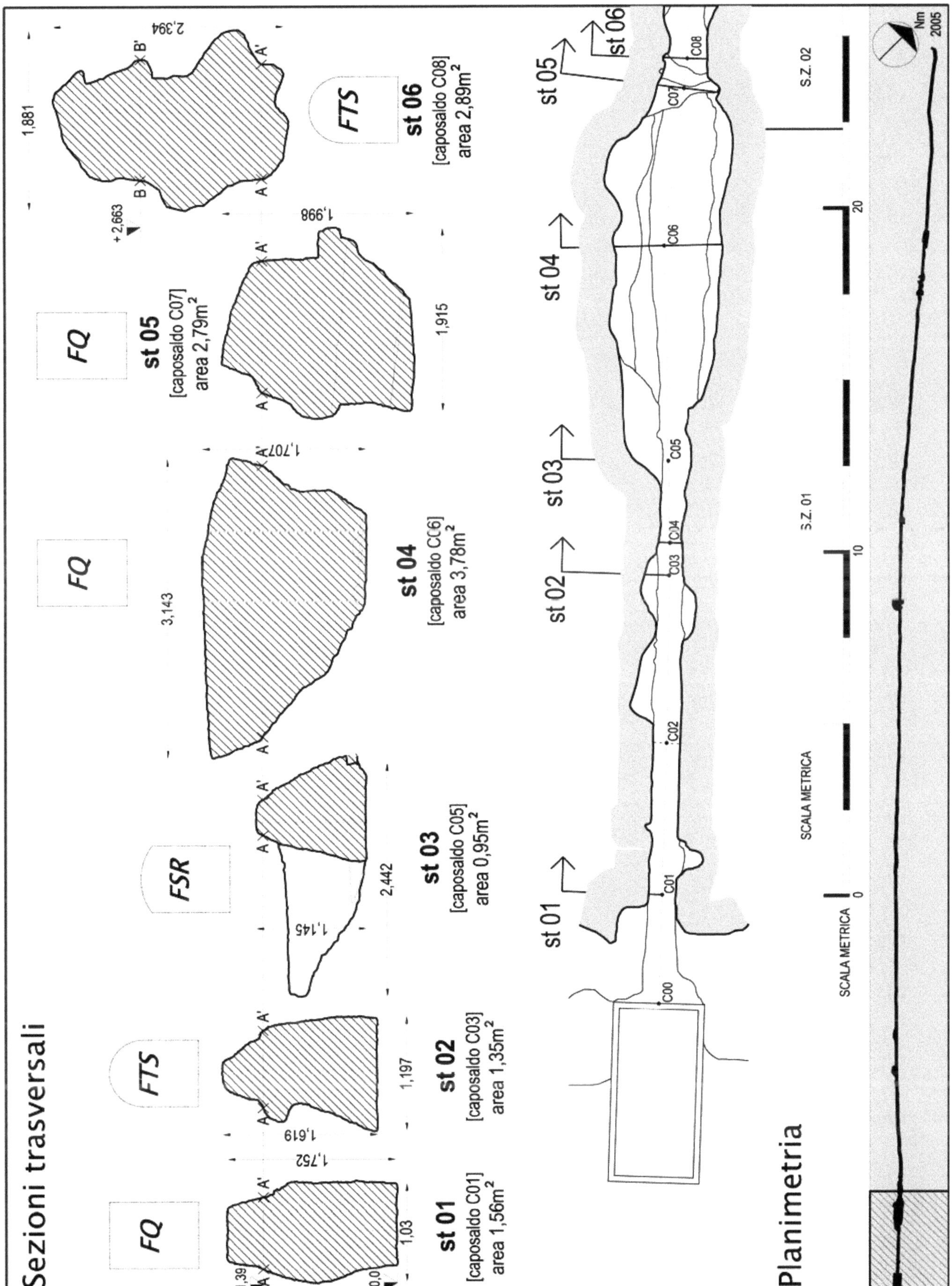

Fig. VII.31. *Analisi morfo-strutturale: planimetria del tratto compreso tra le Sotto Zone SZ 1 e SZ 2 -metri 0/ 25,3-, rappresentazione delle sezioni trasversali e indicazione delle forme base (elaborazione degli Autori).*

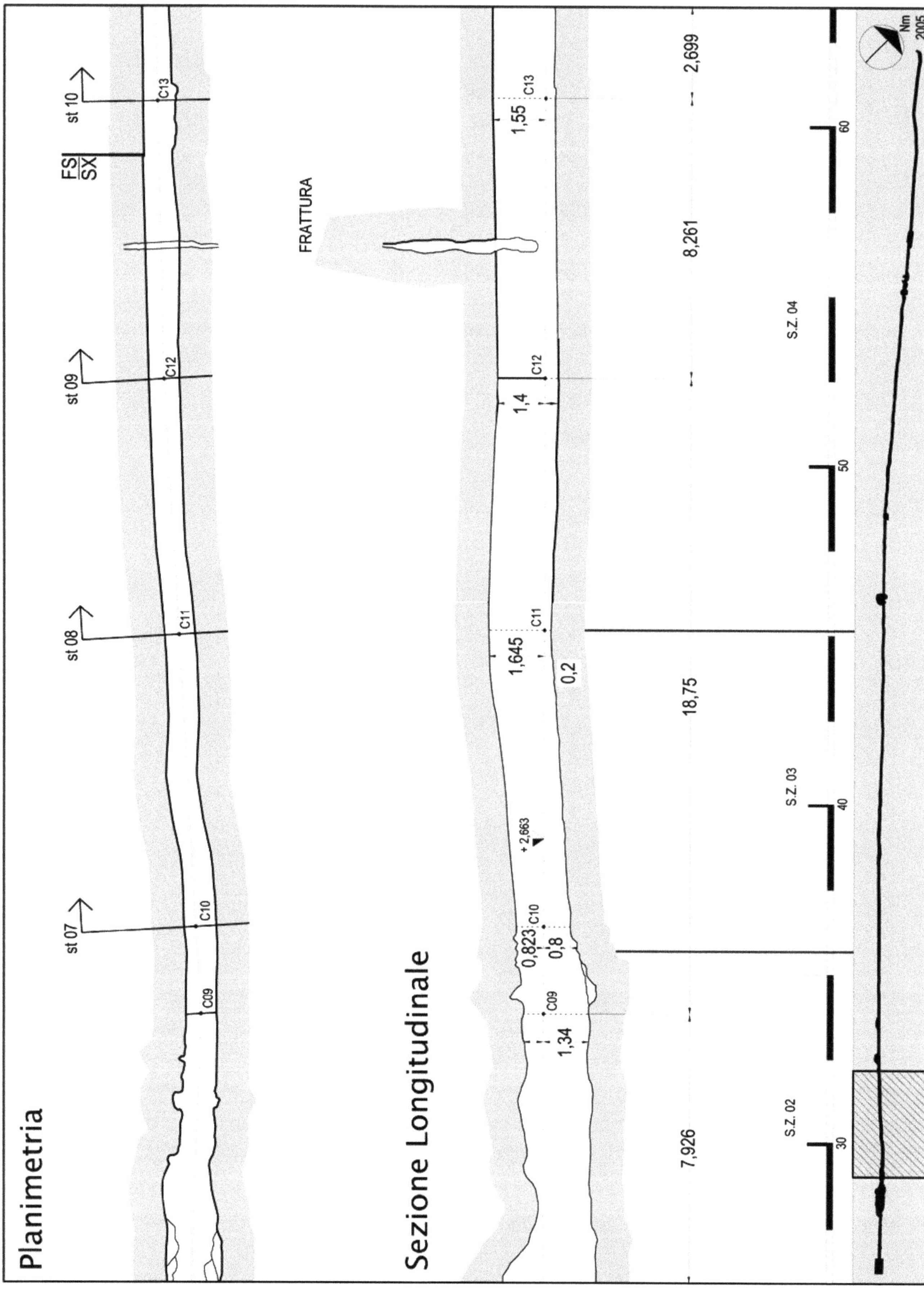

Fig. VII.32. *Analisi morfologica: planimetria e sezione longitudinale del tratto compreso tra le Sotto Zone SZ 2 e SZ 4 -metri 25,3/63,18- (elaborazione degli Autori).*

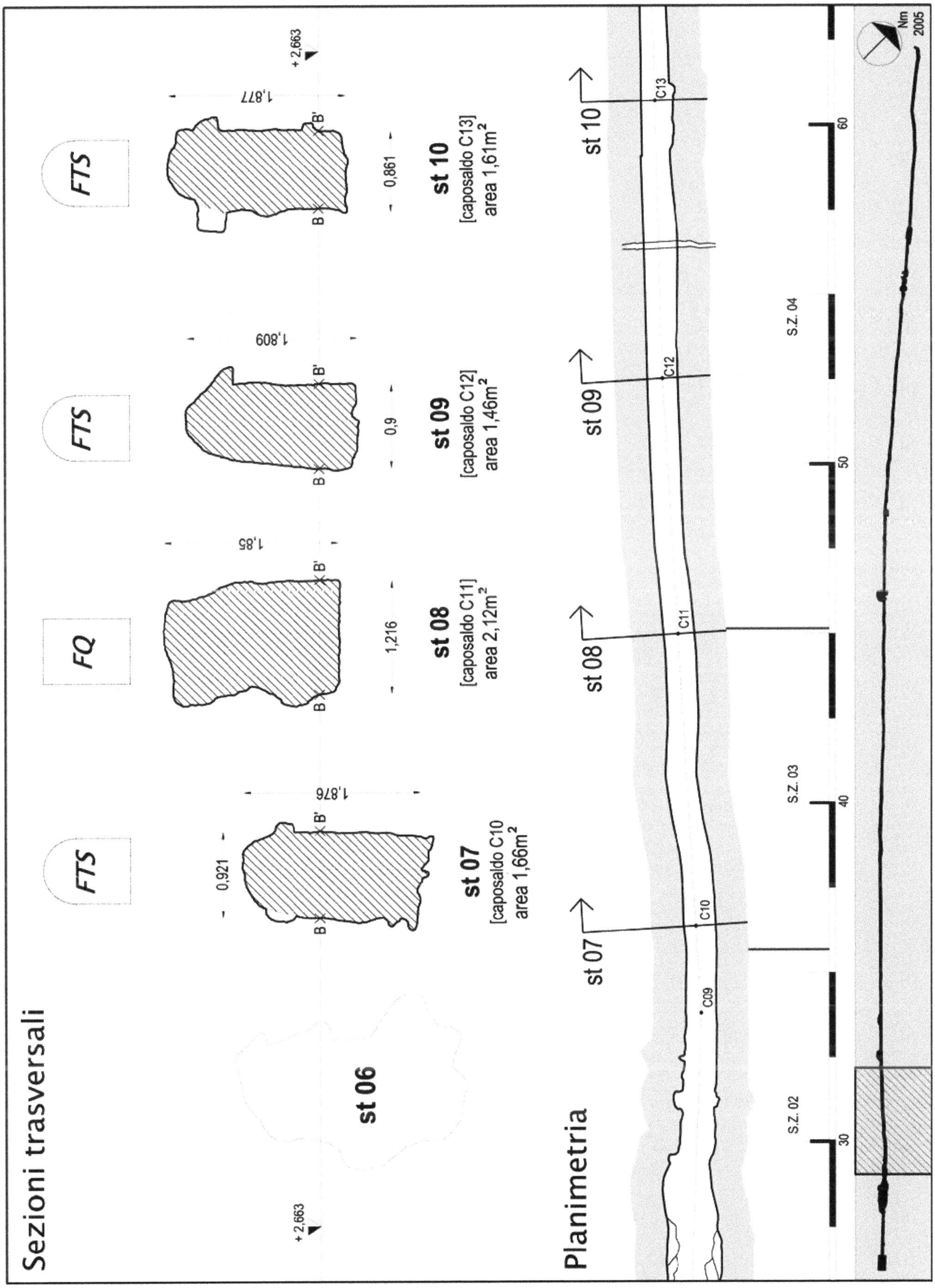

Fig. VII.33. *Analisi morfo-strutturale: planimetria del tratto compreso tra le Sotto Zone SZ 2 e SZ 4 -metri 25,3/63,18-, rappresentazione delle sezioni trasversali e indicazione delle forme base (elaborazione degli Autori).*

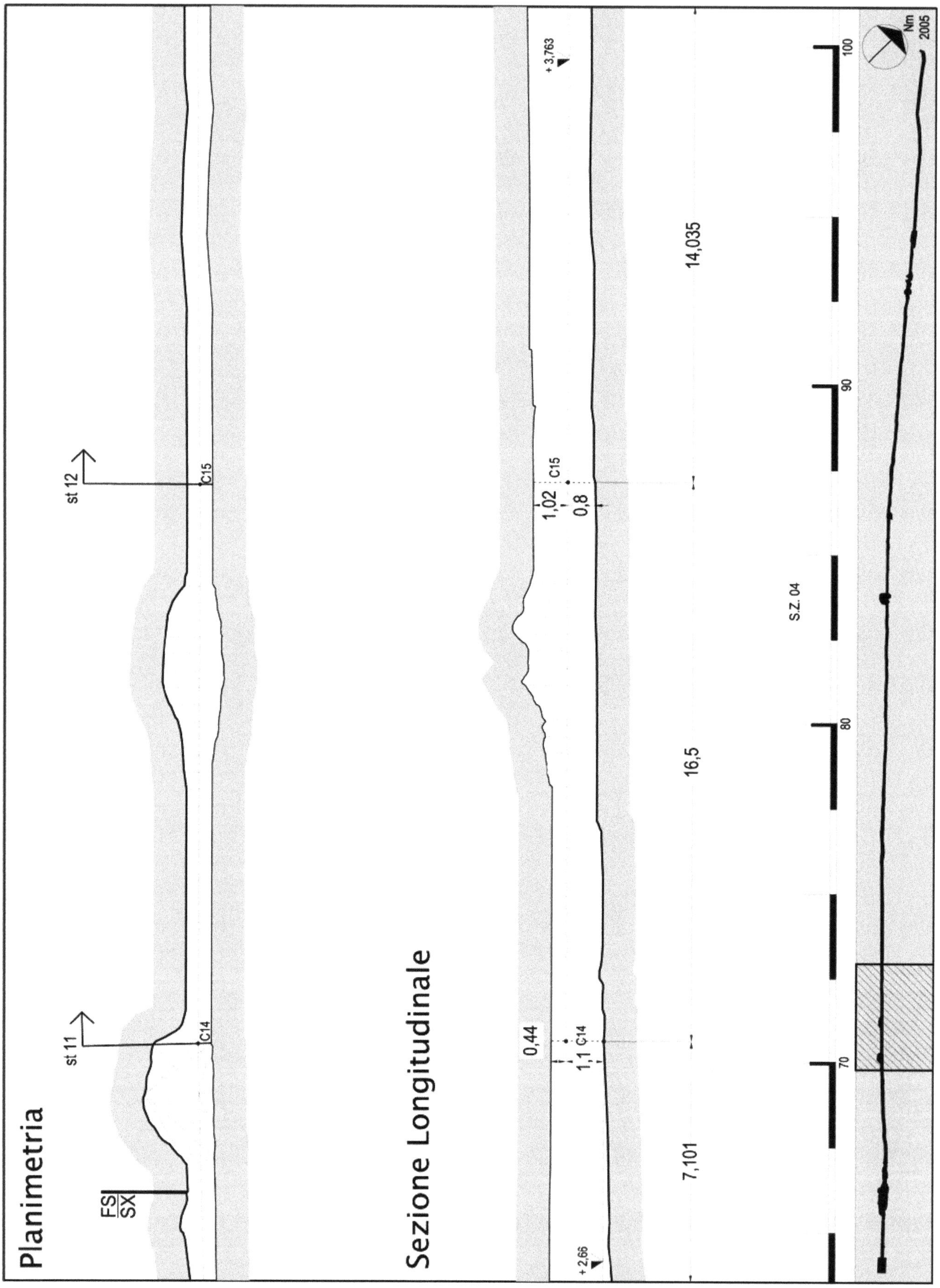

Fig. VII.34. *Analisi morfologica: planimetria e sezione longitudinale del tratto compreso nella Sotto Zona SZ 4 -metri 63,18/101,71- (elaborazione degli Autori).*

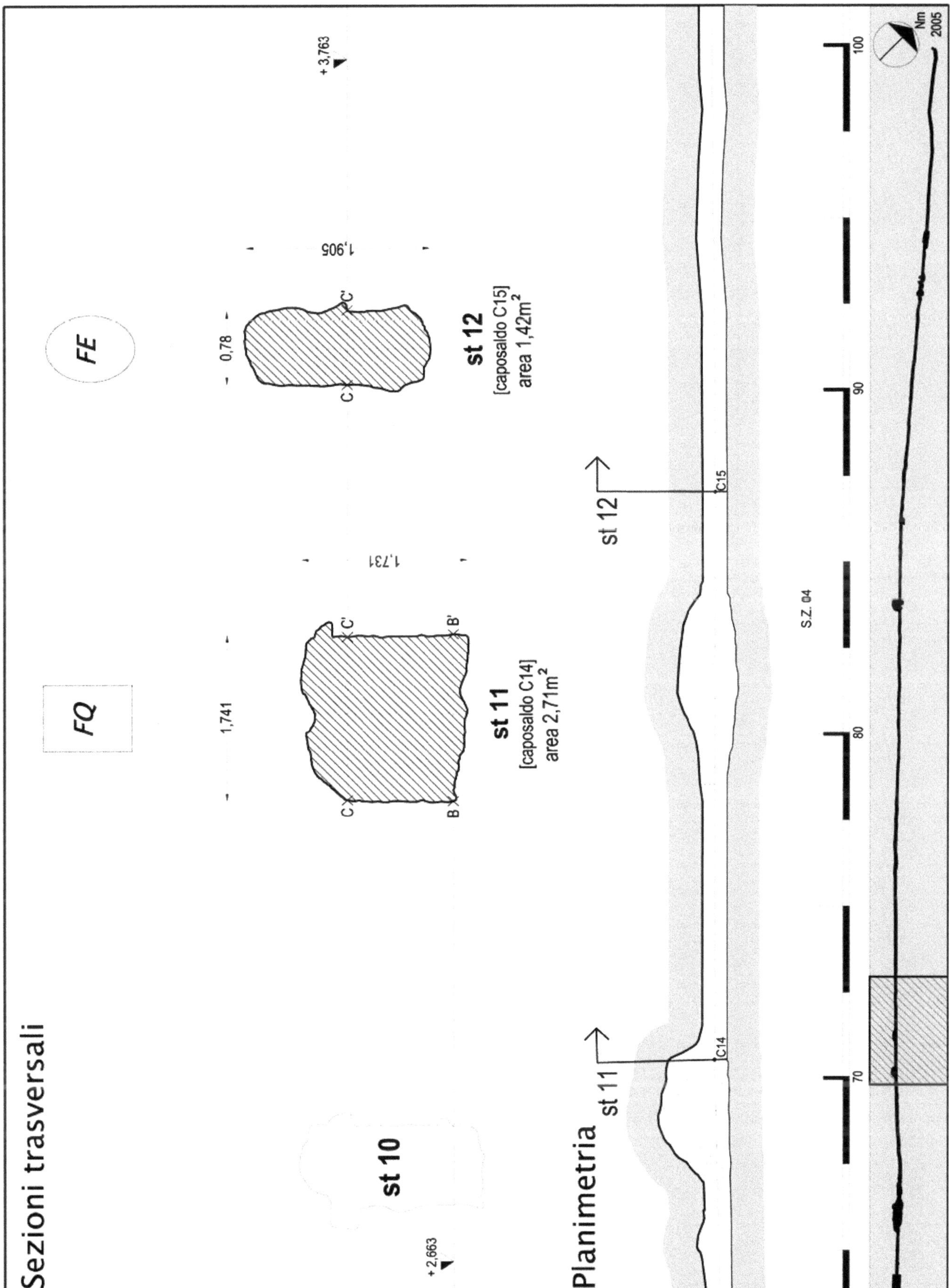

Fig. VII.35. *Analisi morfo-strutturale: planimetria del tratto compreso nella Sotto Zona SZ 4 -metri 63,18/101,71-, rappresentazione delle sezioni trasversali e indicazione delle forme base (elaborazione degli Autori).*

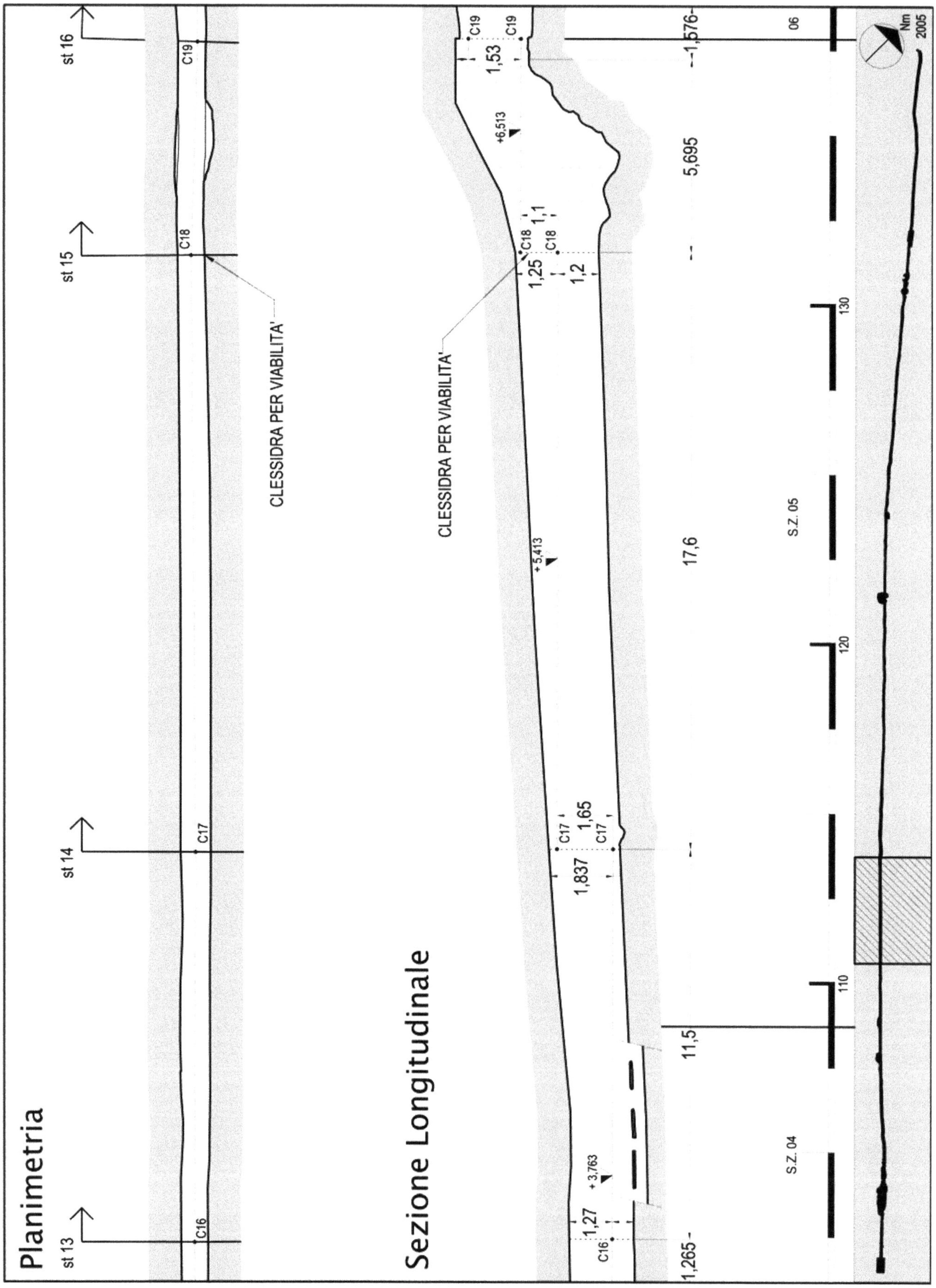

Fig. VII.36. *Analisi morfologica: planimetria e sezione longitudinale del tratto compreso tra le Sotto Zone SZ 4 e SZ 6 -metri 101,71/138,8- (elaborazione degli Autori).*

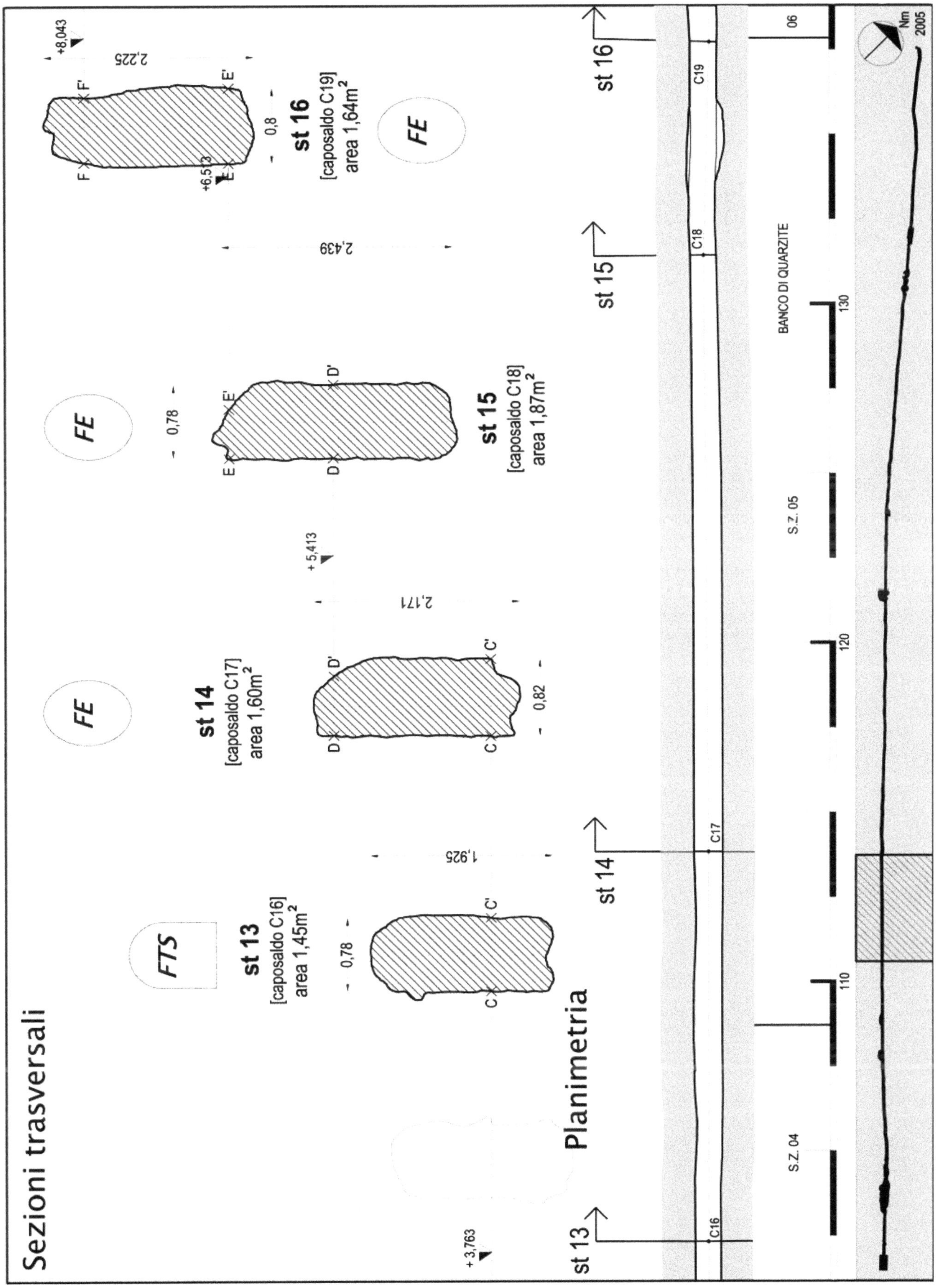

Fig. VII.37. *Analisi morfo-strutturale: planimetria del tratto compreso tra le Sotto Zone SZ 4 e SZ 6 -metri 101,71/138,8-, rappresentazione delle sezioni trasversali e indicazione delle forme base (elaborazione degli Autori).*

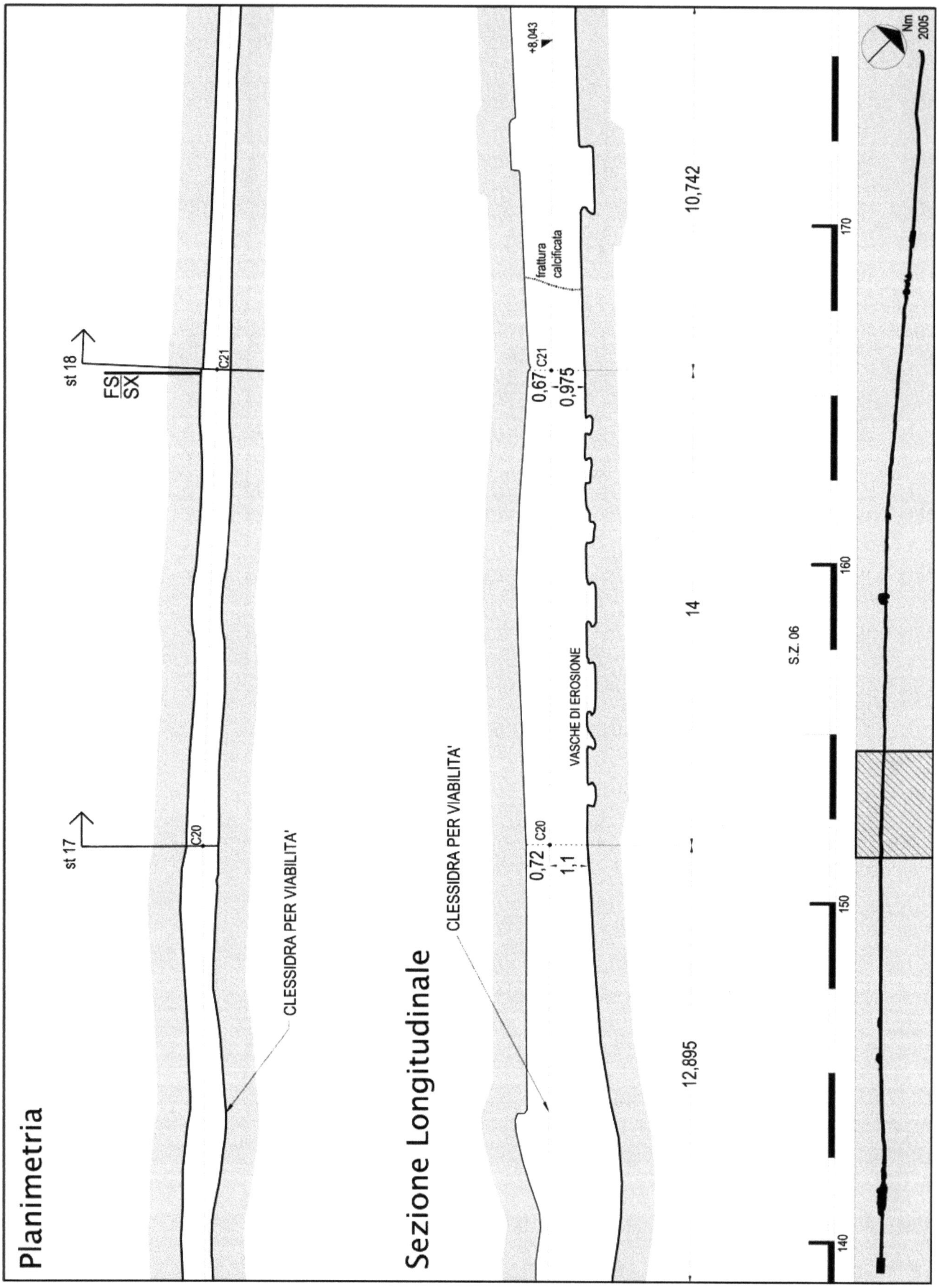

Fig. VII.38. *Analisi morfologica: planimetria e sezione longitudinale del tratto compreso nella Sotto Zona SZ 6 -metri 138,8/176,44- (elaborazione degli Autori).*

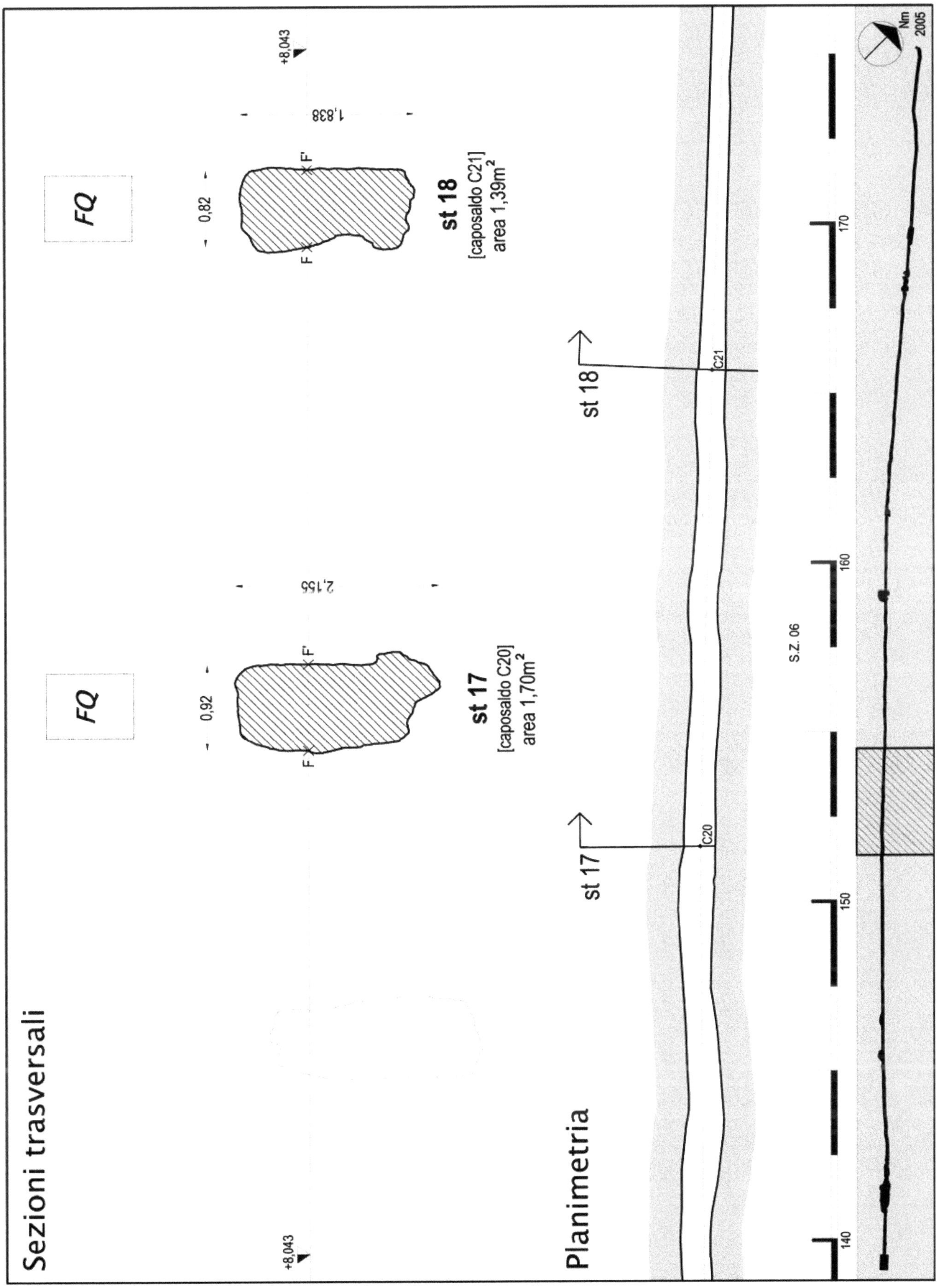

Fig. VII.39. *Analisi morfo-strutturale: planimetria del tratto compreso nella Sotto Zona SZ 6 -metri 138,8/176,44-, rappresentazione delle sezioni trasversali e indicazione delle forme base (elaborazione degli Autori).*

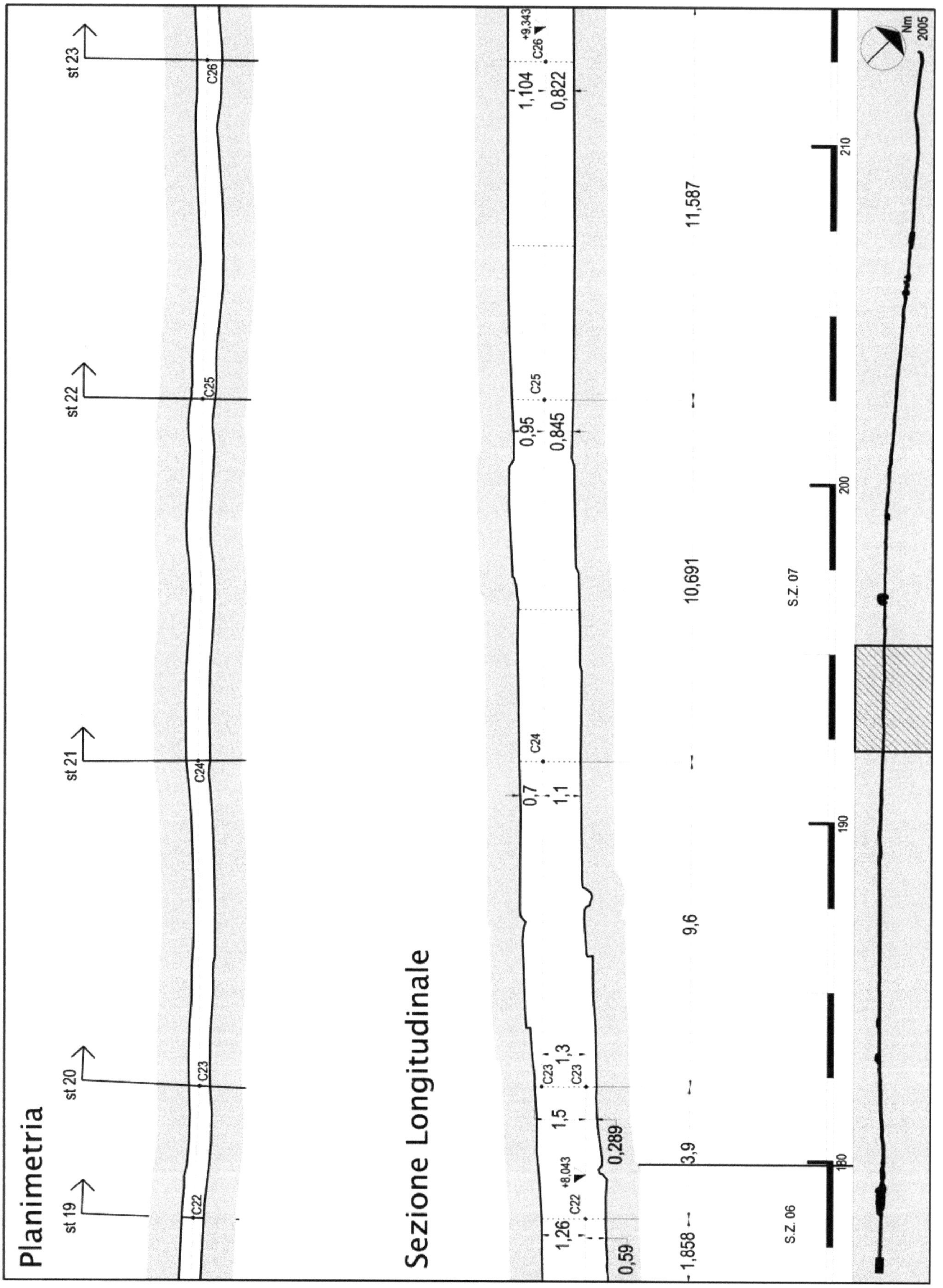

Fig. VII.40. *Analisi morfologica: planimetria e sezione longitudinale del tratto compreso tra le Sotto Zone SZ 6 e SZ 7 -metri 176,44/214,07- (elaborazione degli Autori).*

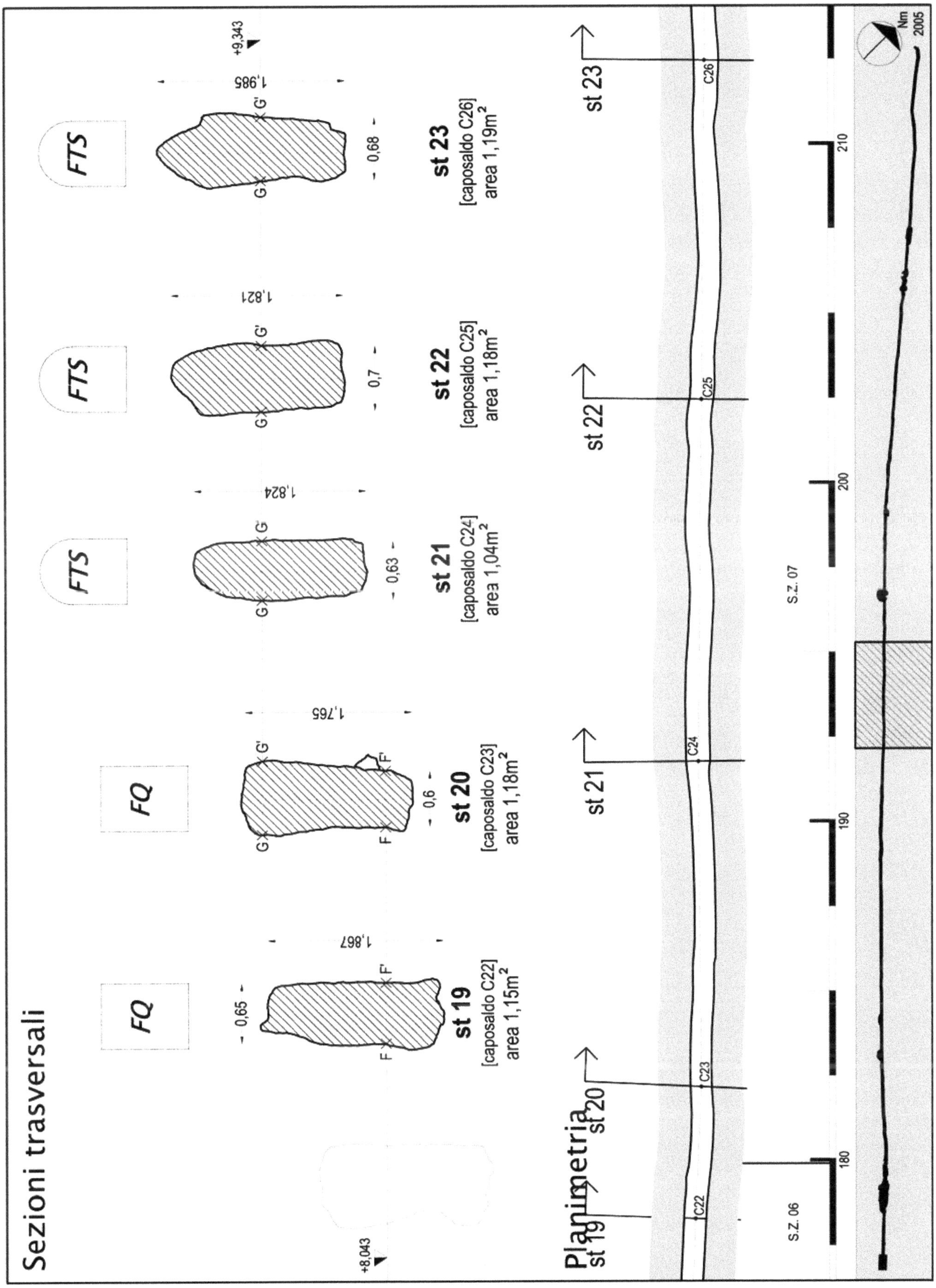

Fig. VII.41. *Analisi morfo-strutturale: planimetria del tratto compreso tra le Sotto Zone SZ 6 e SZ 7 -metri 176,44/214,07- rappresentazione delle sezioni trasversali e indicazione delle forme base (elaborazione degli Autori).*

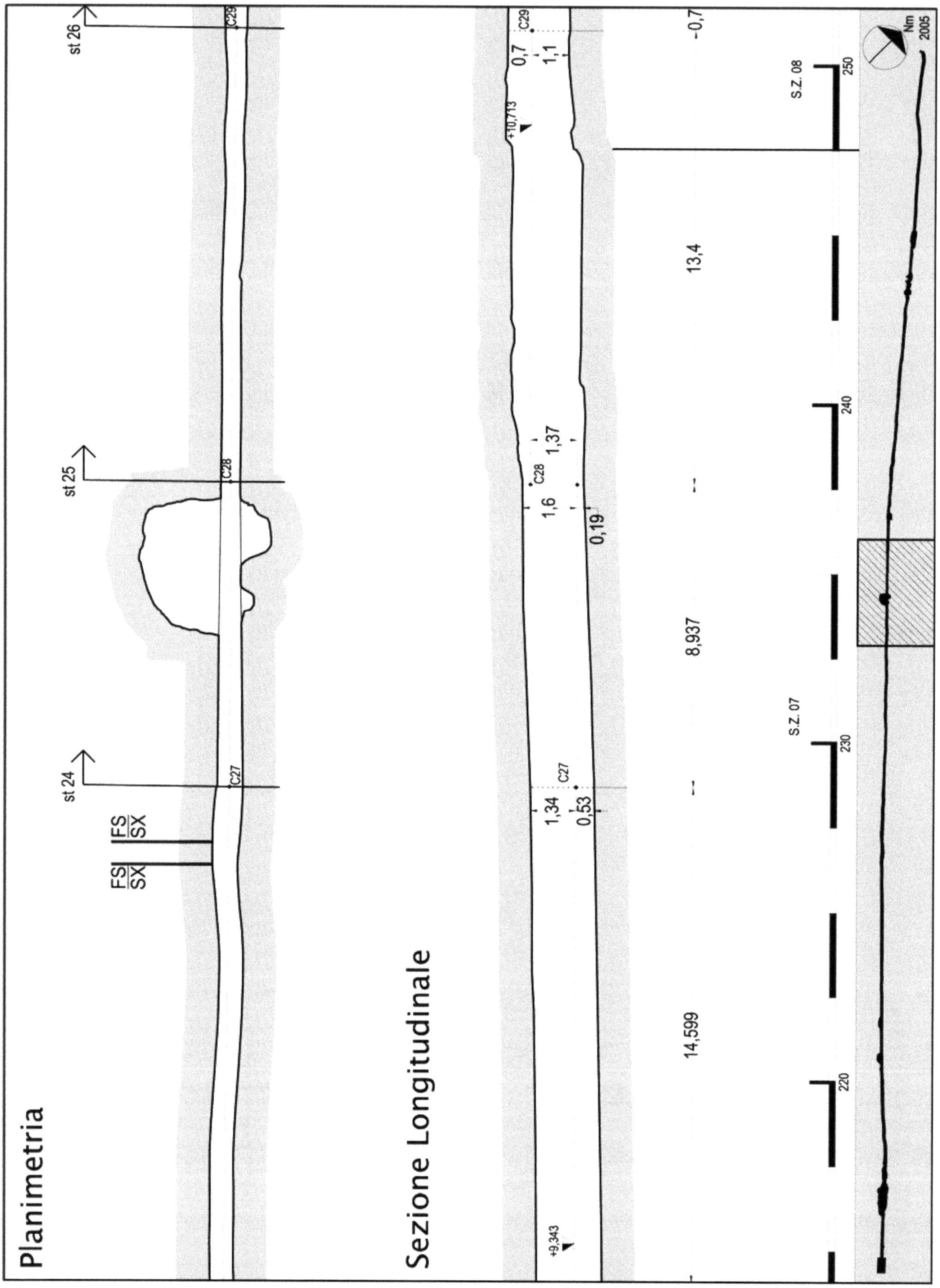

Fig. VII.42. *Analisi morfologica: planimetria e sezione longitudinale del tratto compreso tra le Sotto Zone SZ 7 e SZ 8 -metri 214,07/251,71- (elaborazione degli Autori).*

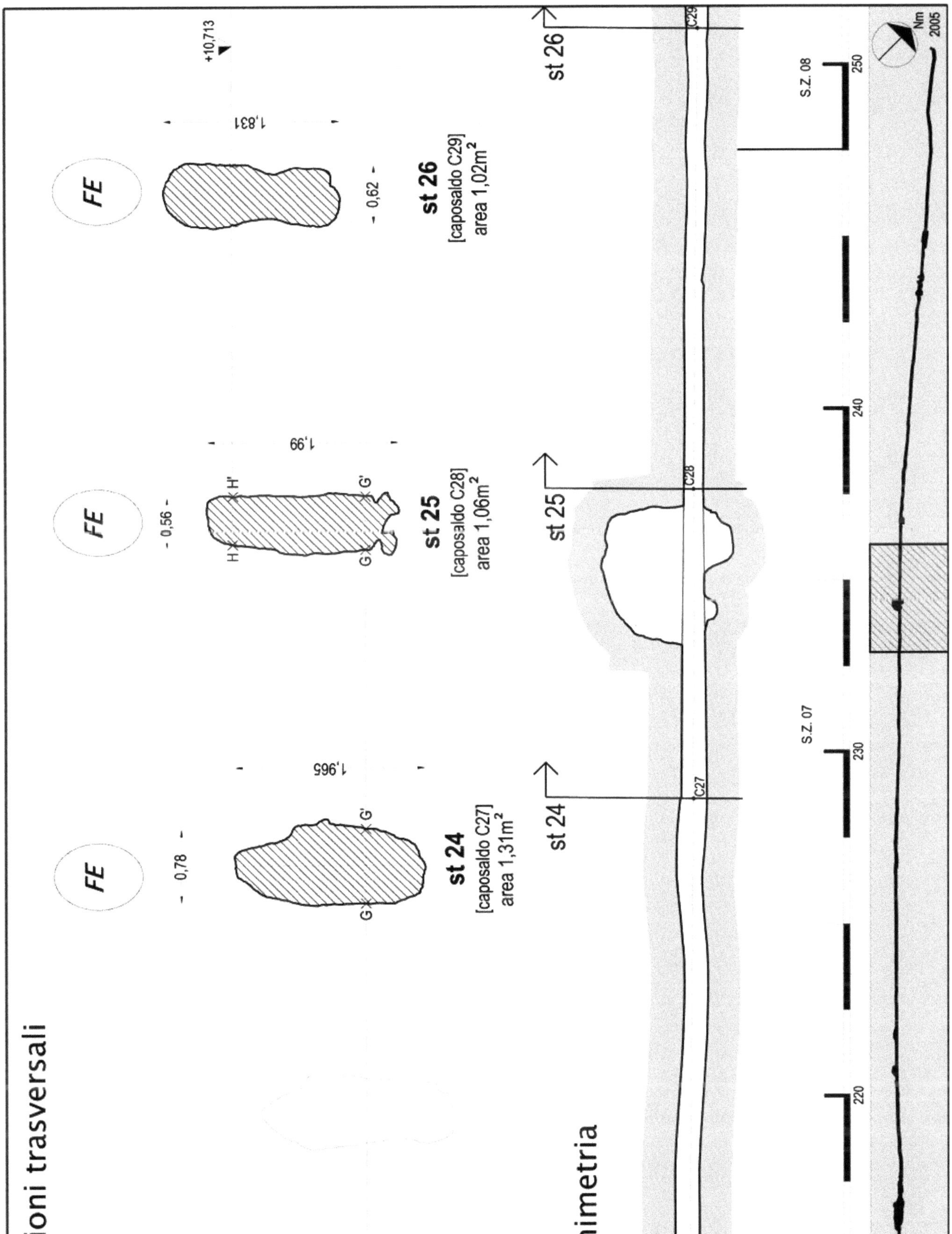

Fig. VII.43. *Analisi morfo-strutturale: planimetria del tratto compreso tra le Sotto Zone SZ 7 e SZ 8 -metri 214,07/251,71- rappresentazione delle sezioni trasversali e indicazione delle forme base (elaborazione degli Autori).*

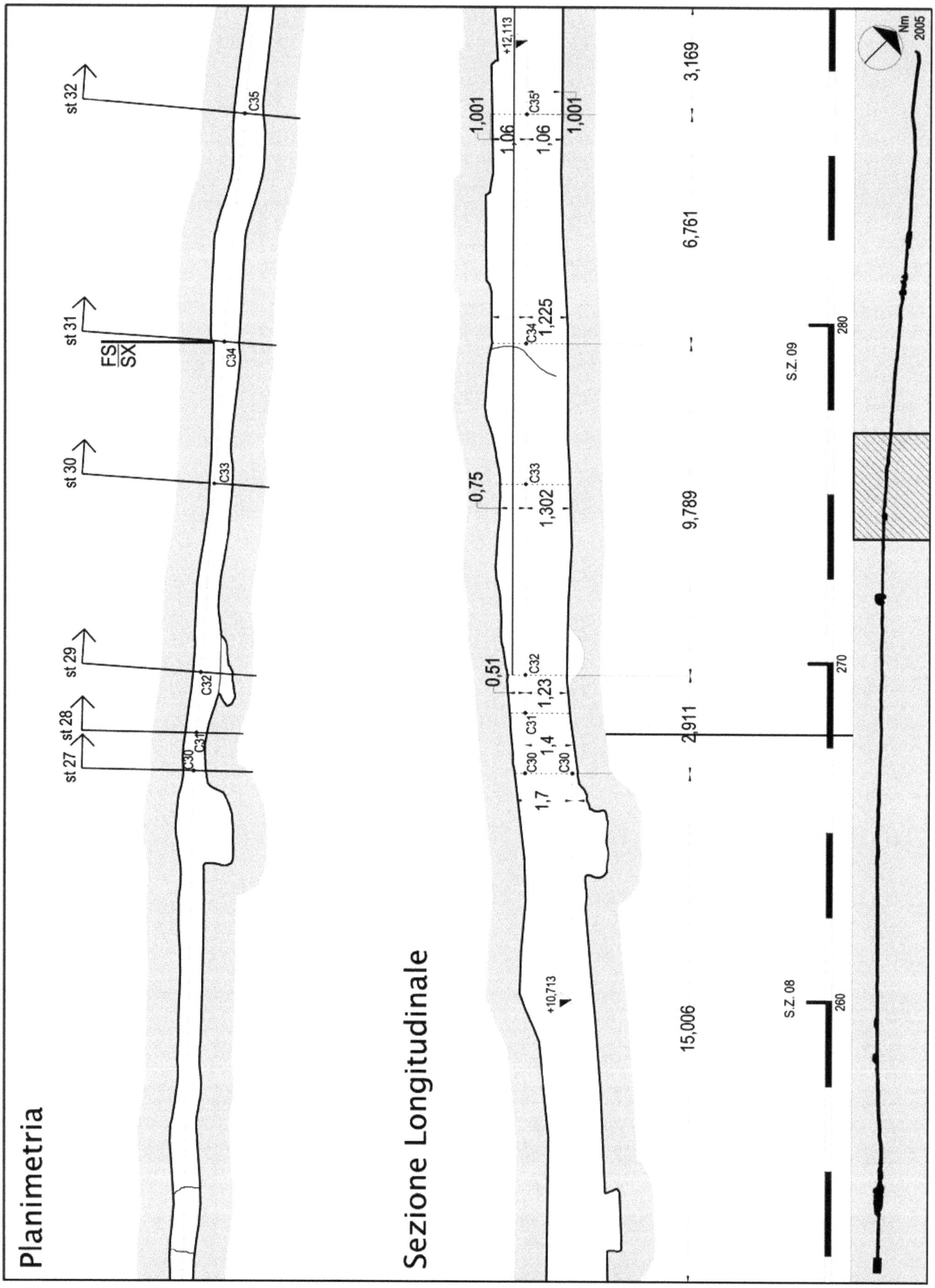

Fig. VII.44. *Analisi morfologica: planimetria e sezione longitudinale del tratto compreso tra le Sotto Zone SZ 8 e SZ 9 -metri 251,71/289,35- (elaborazione degli Autori).*

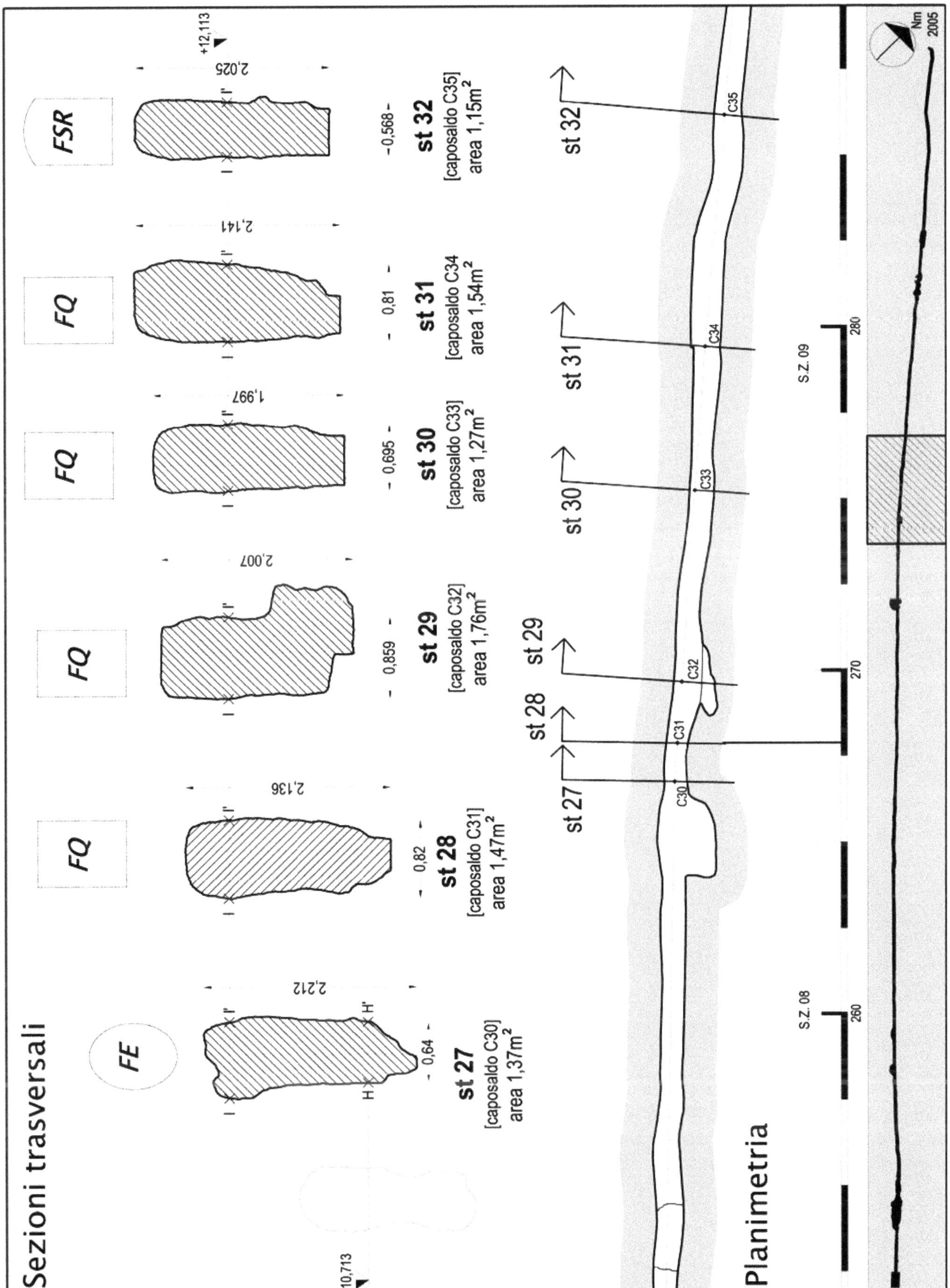

Fig. VII.45. *Analisi morfo-strutturale: planimetria del tratto compreso tra le Sotto Zone SZ 8 e SZ 9 -metri 251,71/289,35-, rappresentazione delle sezioni trasversali e indicazione delle forme base (elaborazione degli Autori).*

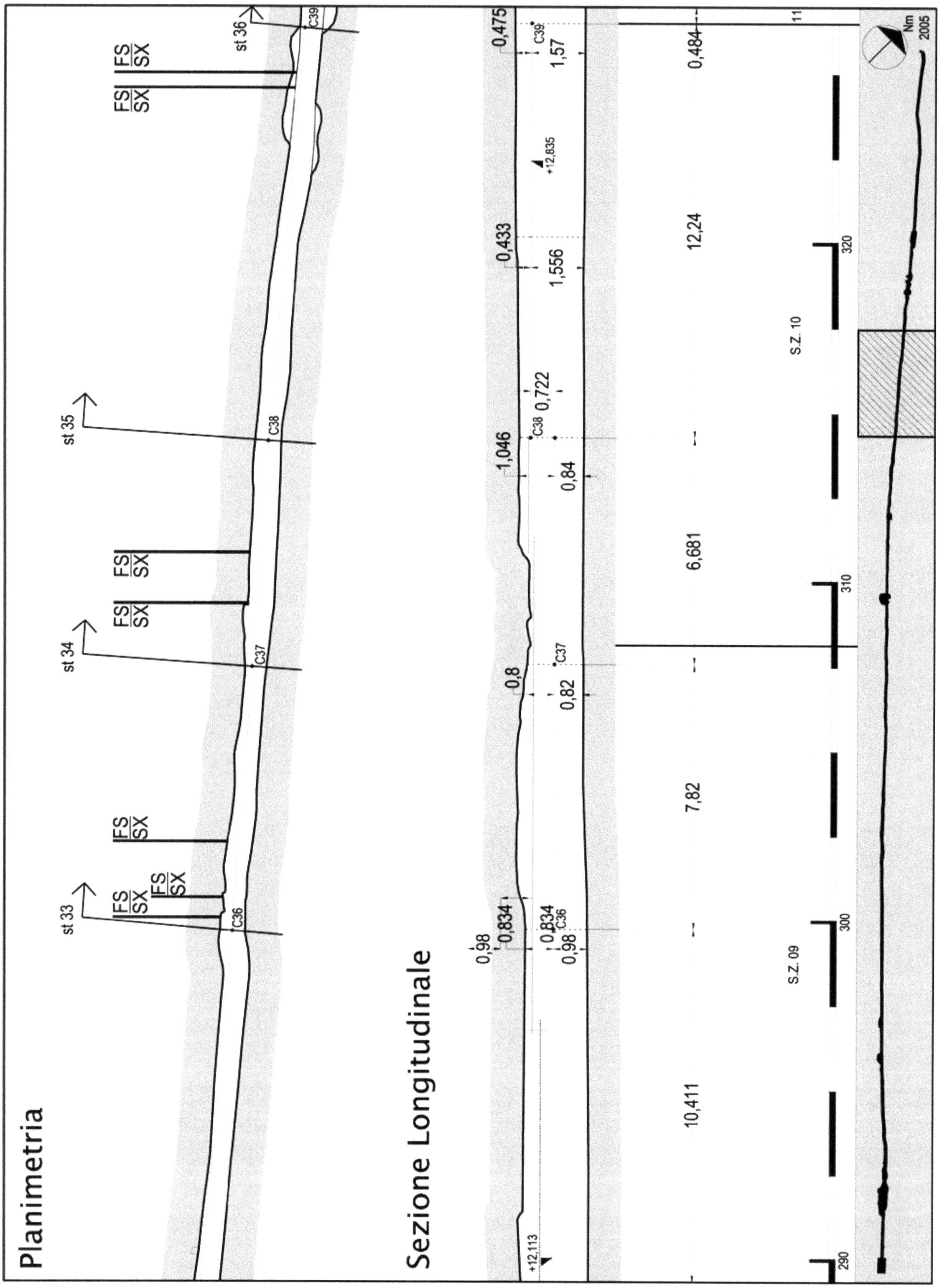

Fig. VII.46. *Analisi morfologica: planimetria e sezione longitudinale del tratto compreso tra le Sotto Zone SZ 9 e SZ 11 -metri 289,35/326,98- (elaborazione degli Autori).*

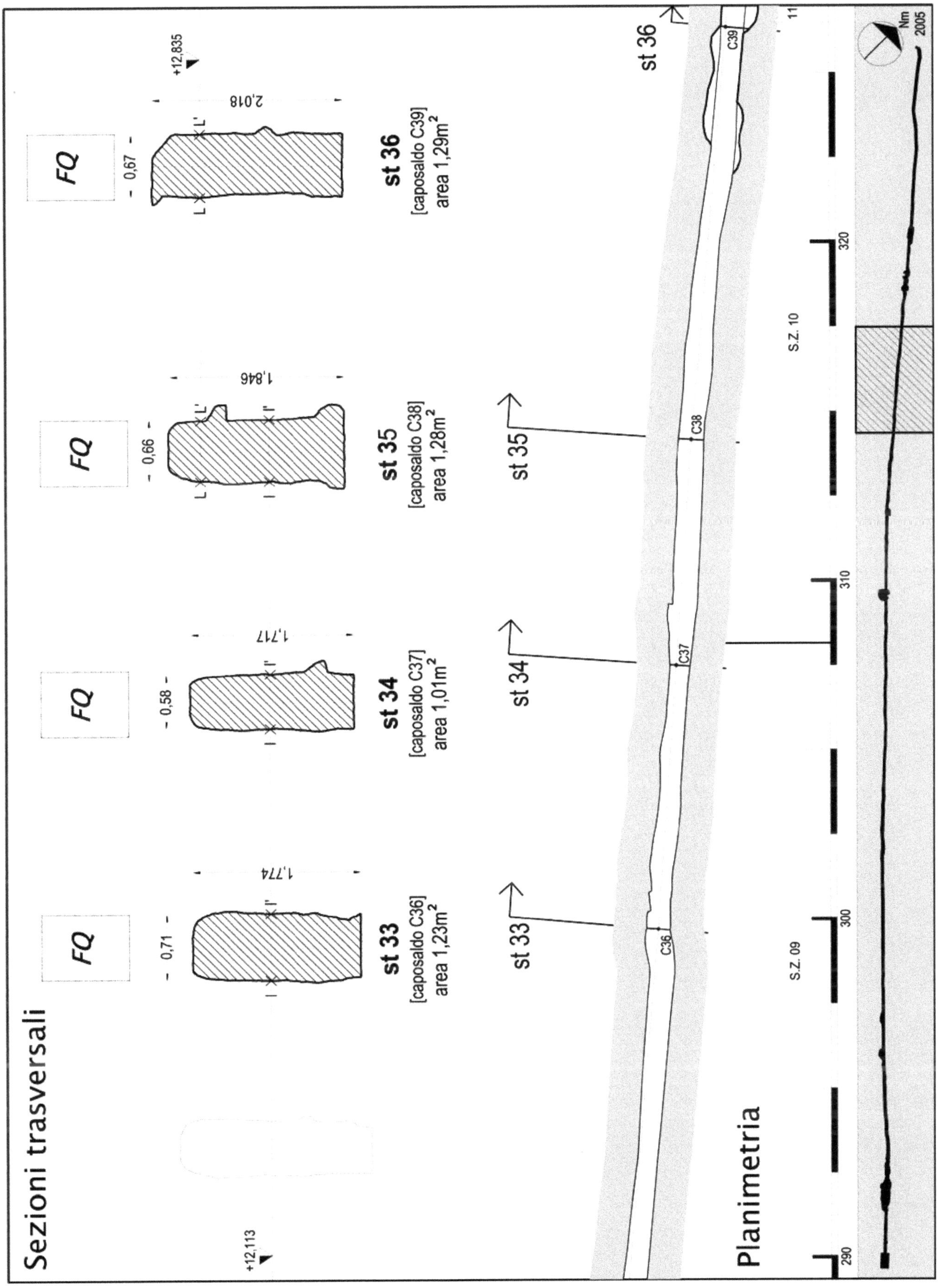

Fig. VII.47. *Analisi morfo-strutturale: planimetria del tratto compreso tra le Sotto Zone SZ 9 e SZ 11 -metri 289,35/326,98-, rappresentazione delle sezioni trasversali e indicazione delle forme base (elaborazione degli Autori).*

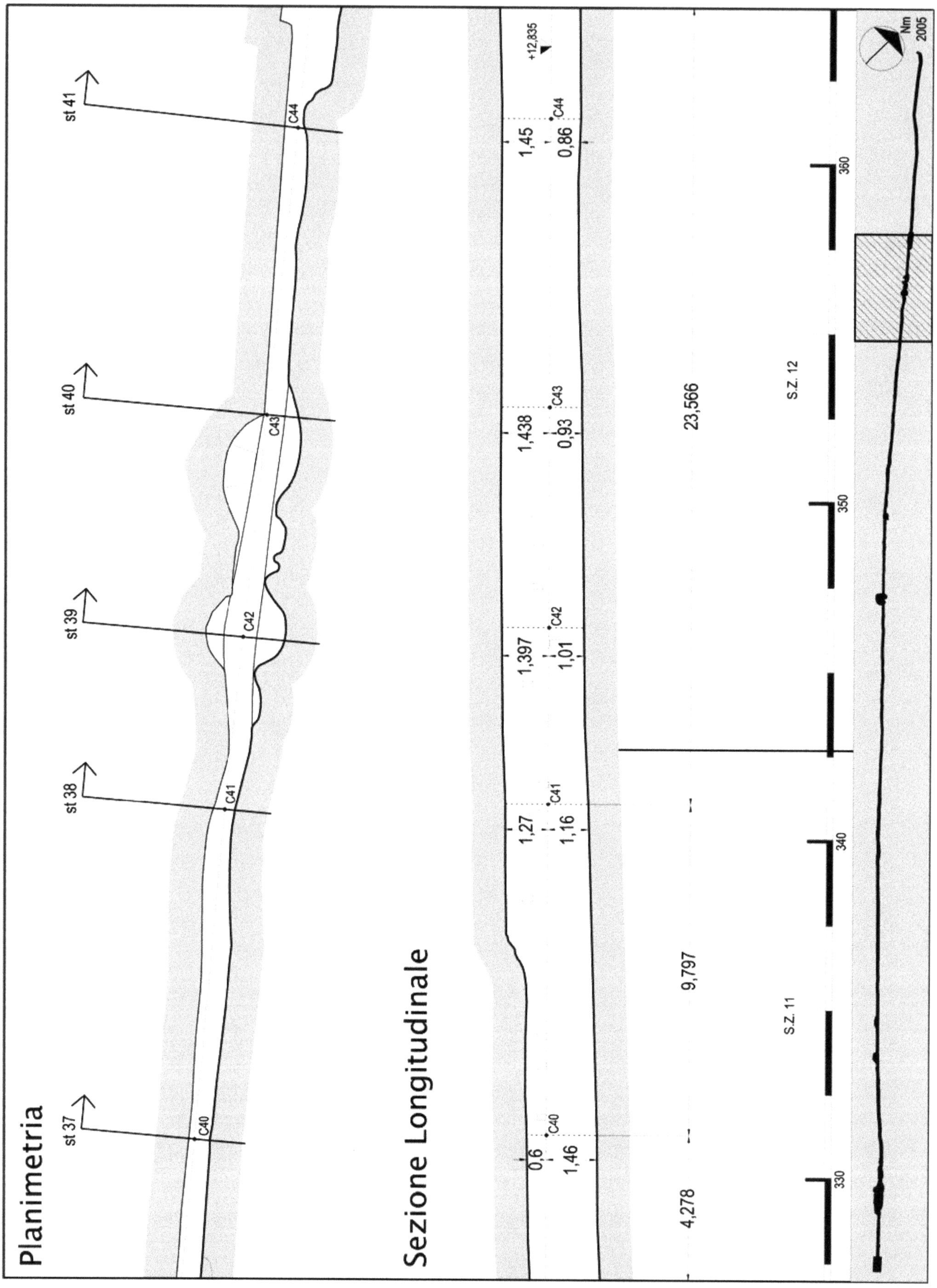

Fig. VII.48. *Analisi morfologica: planimetria e sezione longitudinale del tratto compreso tra le Sotto Zone SZ 11 e SZ 12 -metri 326,98/364,62- (elaborazione degli Autori).*

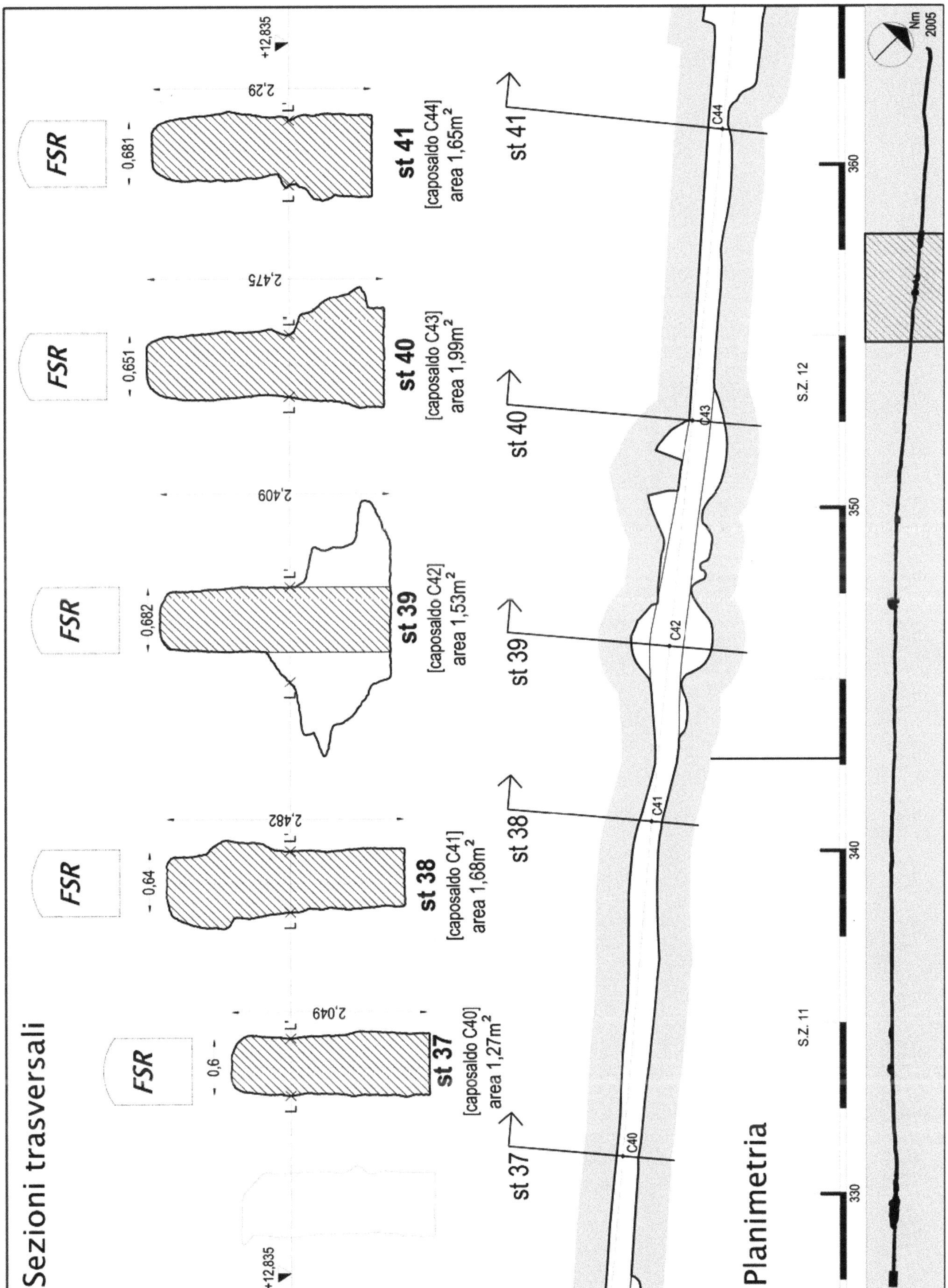

Fig. VII.49. *Analisi morfo-strutturale: planimetria del tratto compreso tra le Sotto Zone SZ 11 e SZ 12 -metri 326,98/364,62-, rappresentazione delle sezioni trasversali e indicazione delle forme base (elaborazione degli Autori).*

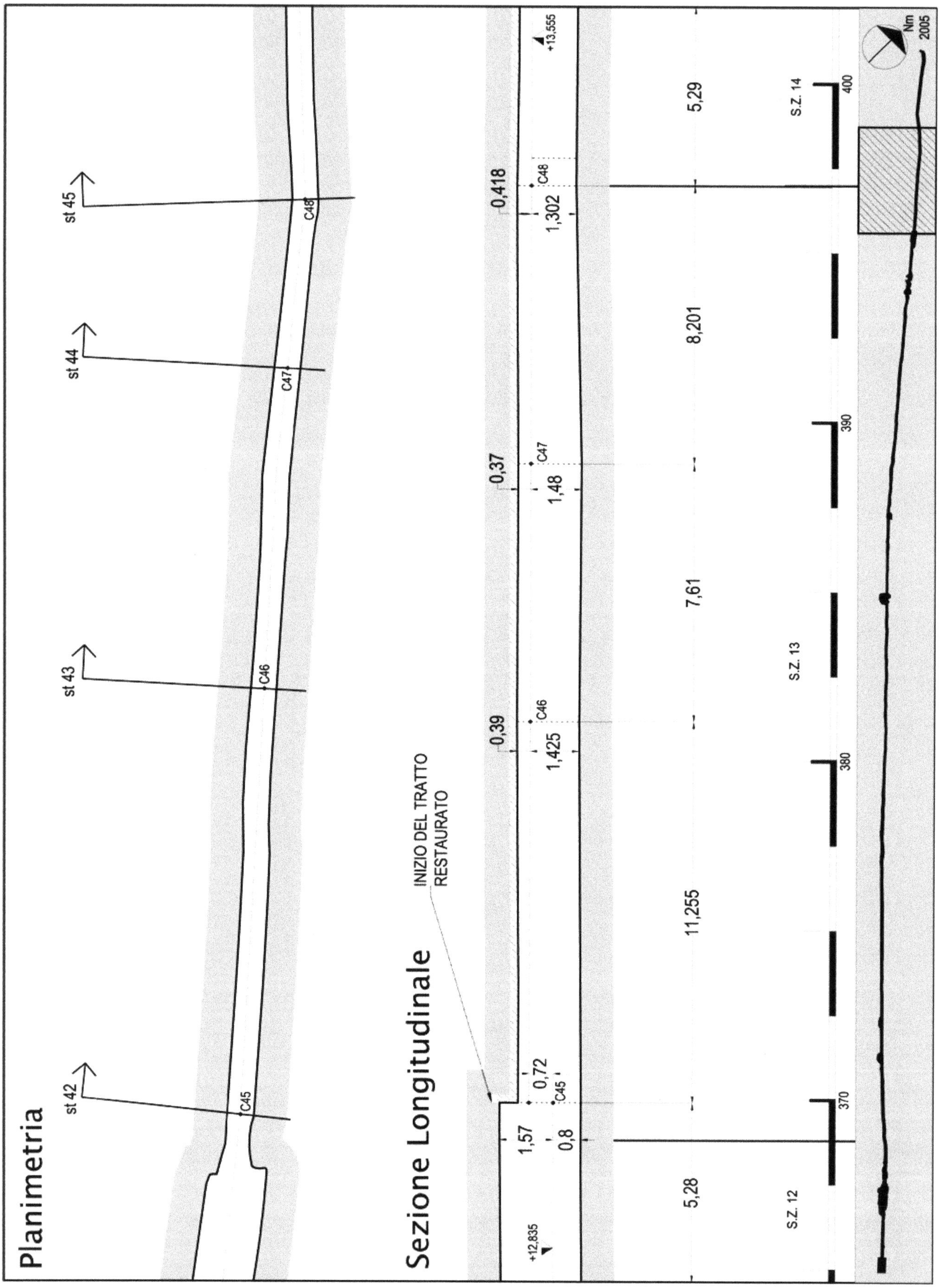

Fig. VII.50. *Analisi morfologica: planimetria e sezione longitudinale del tratto compreso tra le Sotto Zone SZ 12 e SZ 14 -metri 364,62/402,25- (elaborazione degli Autori).*

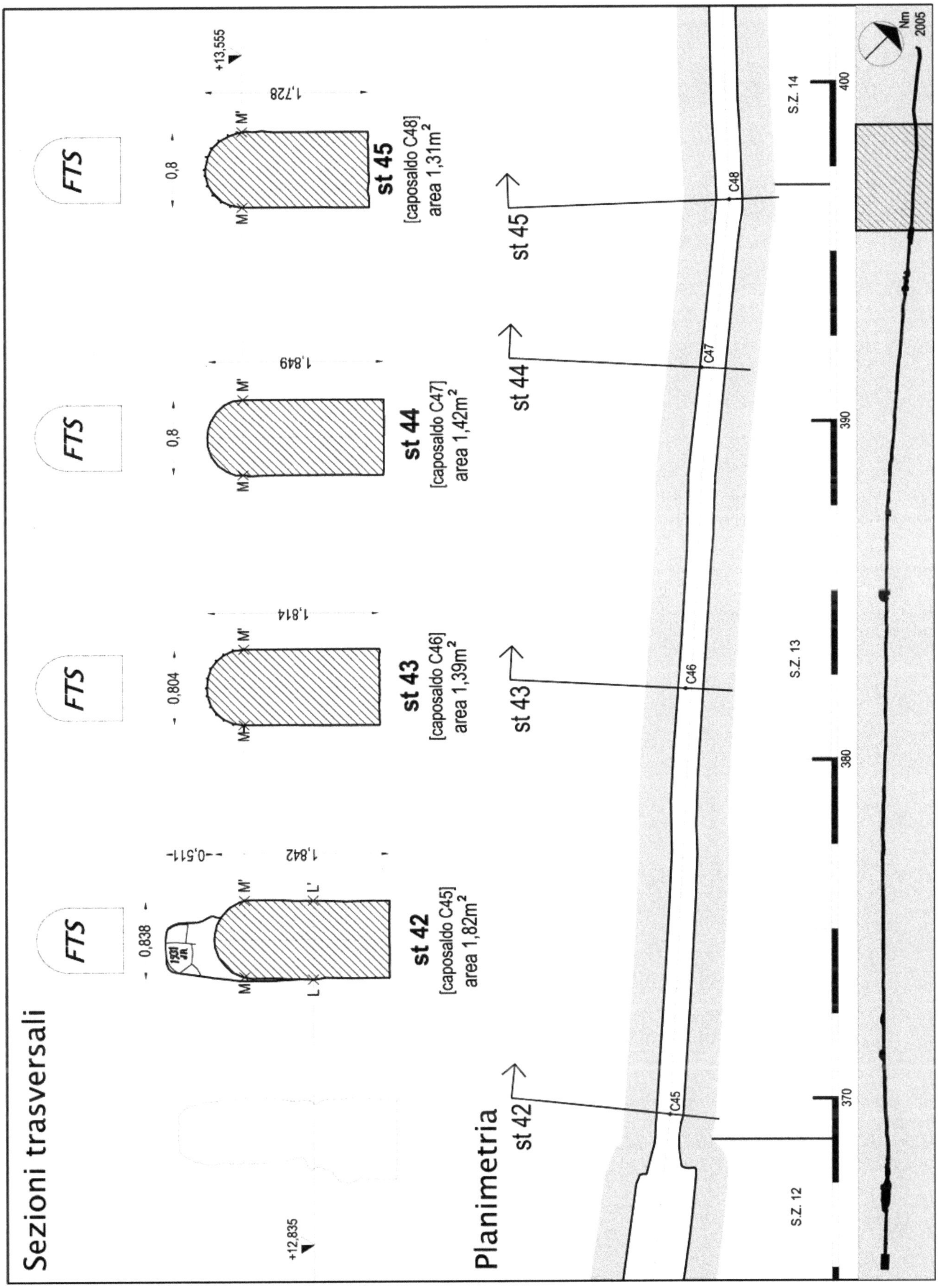

Fig. VII.51. *Analisi morfo-strutturale: planimetria del tratto compreso tra le Sotto Zone SZ 12 e SZ 14 -metri 364,62/402,25-, rappresentazione delle sezioni trasversali e indicazione delle forme base (elaborazione degli Autori).*

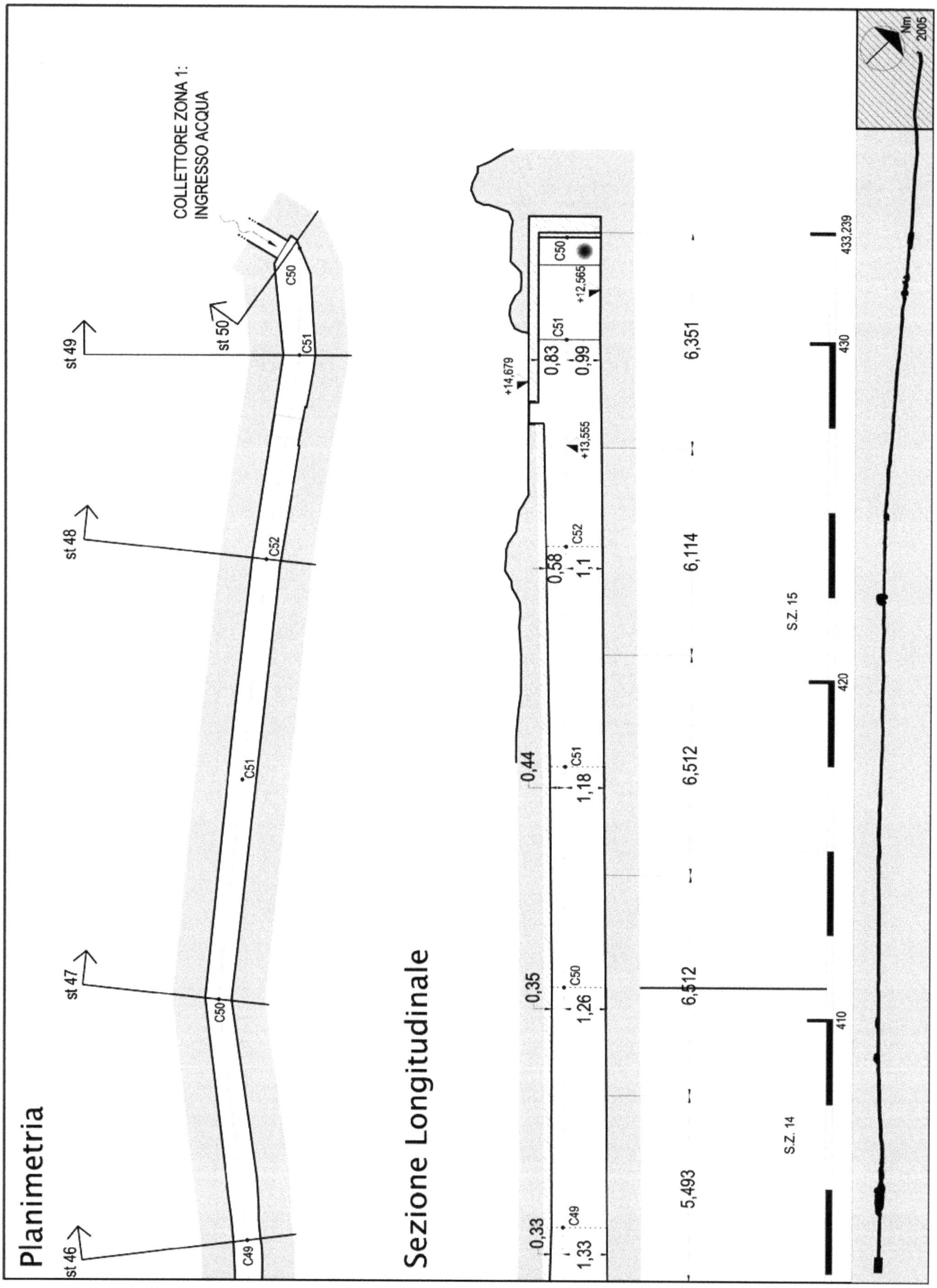

Fig. VII.52. *Analisi morfologica: planimetria e sezione longitudinale del tratto compreso tra le Sotto Zone SZ 14 e SZ 15 -metri 402,25/433,24- (elaborazione degli Autori).*

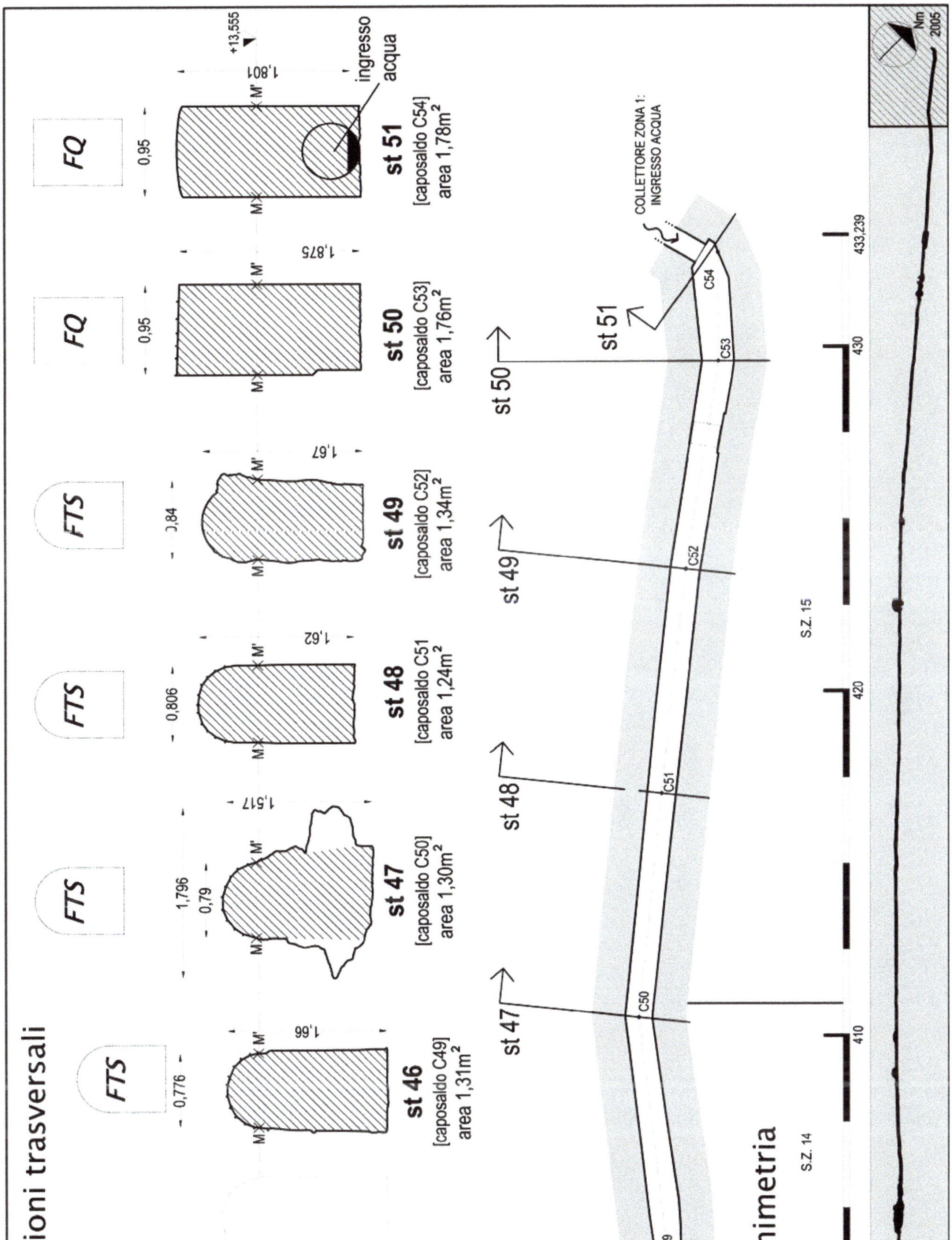

Fig. VII.53. *Analisi morfo-strutturale: planimetria del tratto compreso tra le Sotto Zone SZ 14 e SZ 15 -metri 402,25/433,24-, rappresentazione delle sezioni trasversali e indicazione delle forme base (elaborazione degli Autori).*

Fig. VII.54. *Sotto Zona 1. Vista del punto di inizio dello scavo (cap. 1), con la vasca di raccolta dell'acqua (zona 3) posta all'imbocco sud del condotto (foto R. Basilico).*

Fig. VII.55. *Sotto Zona 1. Il primo tratto dell'acquedotto potrebbe corrispondere a un precedente tentativo di perforazione della montagna. Si noti l'irregolarità della volta verso la parte finale (foto R. Basilico).*

Fig. VII.56. *Sotto Zona 1. L'abbassamento della volta rende difficoltoso l'accesso alla sala iniziale (foto R. Basilico)*

Fig. VII.57. *Sotto Zona 1. Vista dell'imbocco sud, uscita dell'acquedotto, dalla saletta di crollo iniziale. Si noti l'abbassamento della volta prima dell'ambiente (foto R. Basilico).*

Fig. VII.58. *Sotto Zona 1. Vista del primo salto di quota dovuto alla presenza di una massa silicea (foto R. Basilico).*

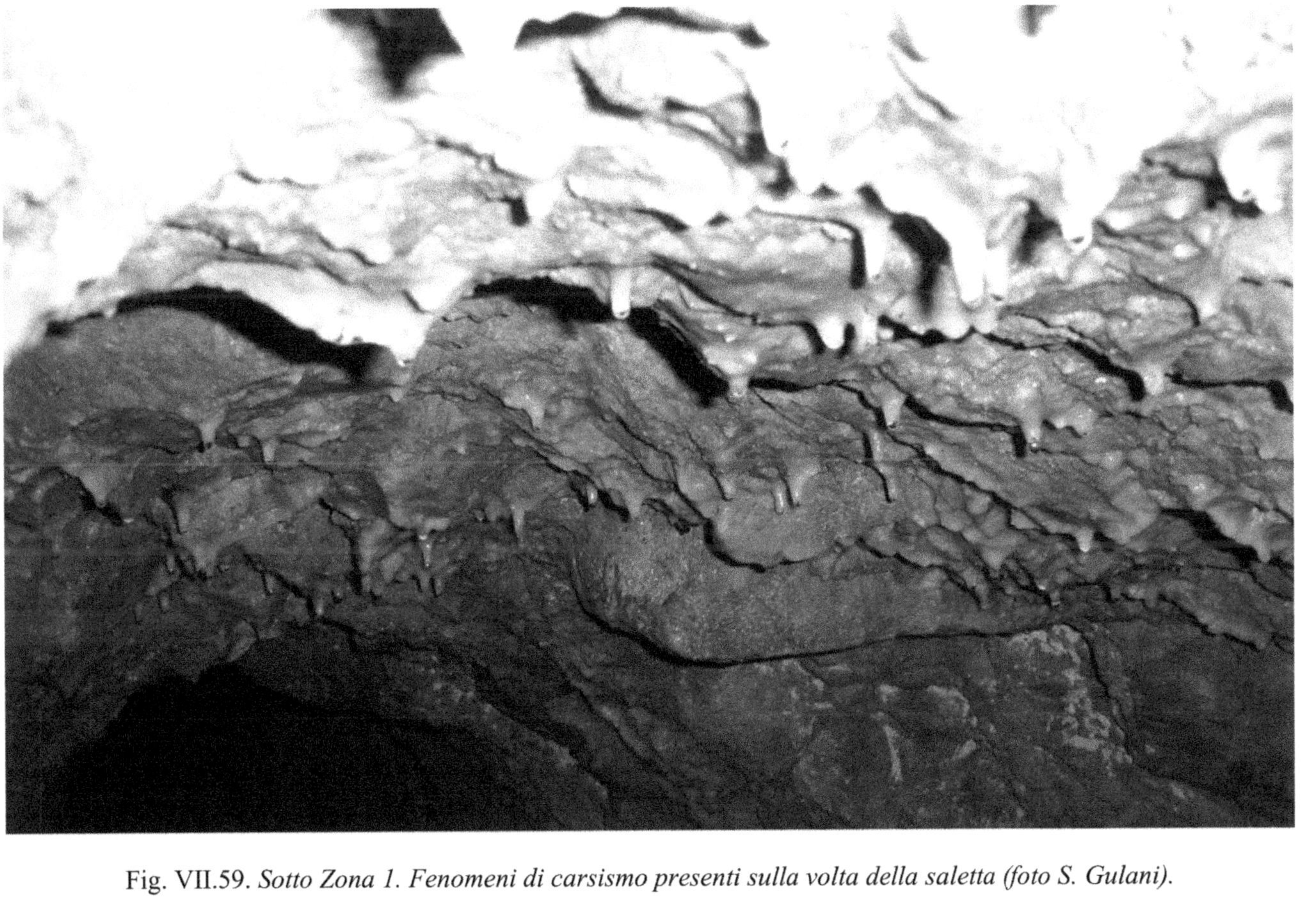

Fig. VII.59. *Sotto Zona 1. Fenomeni di carsismo presenti sulla volta della saletta (foto S. Gulani).*

Fig. VII.60. *Sotto Zone 1 e 2. Punto di contatto tra le prime due zone dove una massa silicea compatta sul fondo, ha obbligato il minatore ad un primo salto di quota per proseguire lo scavo nella più tenera dolomia. Lo speleologo Alessandro Verdiani indica i fenomeni di crollo sulle spalle (foto R. Basilico).*

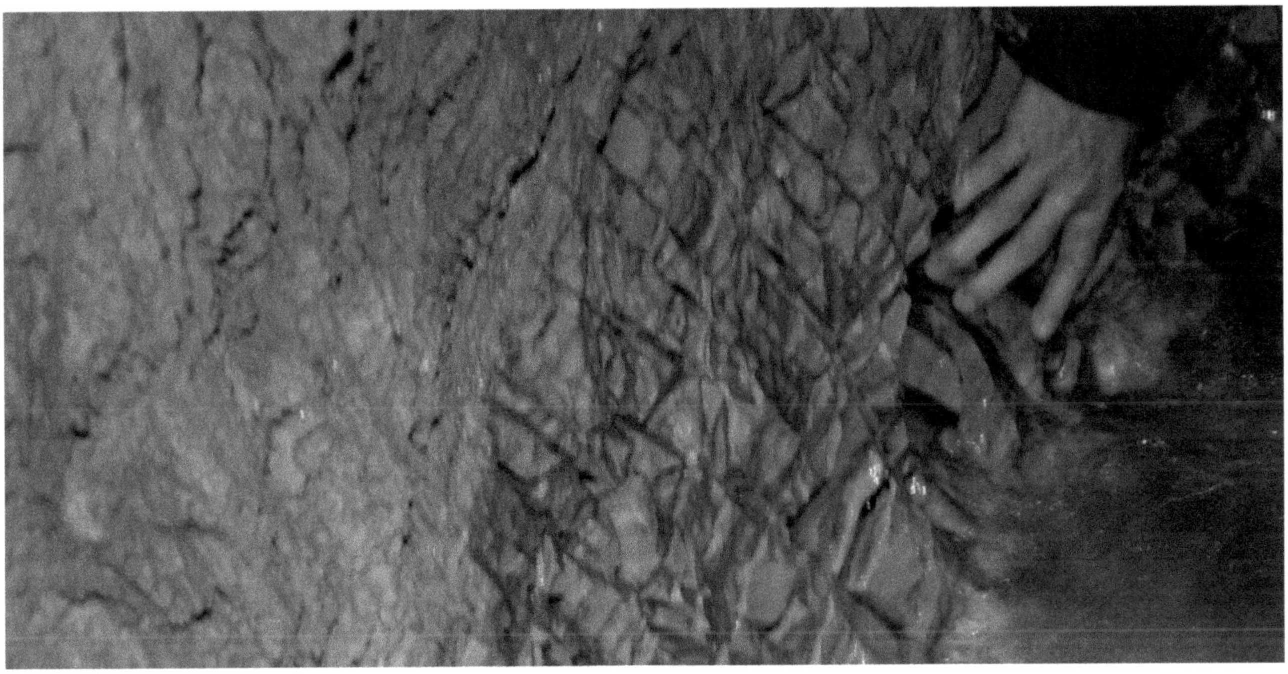

Fig. VII.61. *Sotto Zona 2. Fenomeni erosivi al piede del condotto (foto R. Basilico).*

Fig. VII.62. *Sotto Zona 2. Vista del fondo del condotto (foto D. Padovan).*

Fig. VII.63. *Sotto Zona 3. Vista, verso l'imbocco sud, dei micro aggiustamenti direzionali ad "Esse" utilizzati come correttivi a livello planimetrico e altimetrico. Si notino le forme a tutto sesto e quadrangolari dello speco (foto R. Basilico).*

Fig. VII.64. *Sotto Zona 4. Sulla spalla sinistra si osservi un dente di scavo. Lo speleologo Gianluca Padovan esamina i segni di scavo presenti sulla volta (foto R. Basilico).*

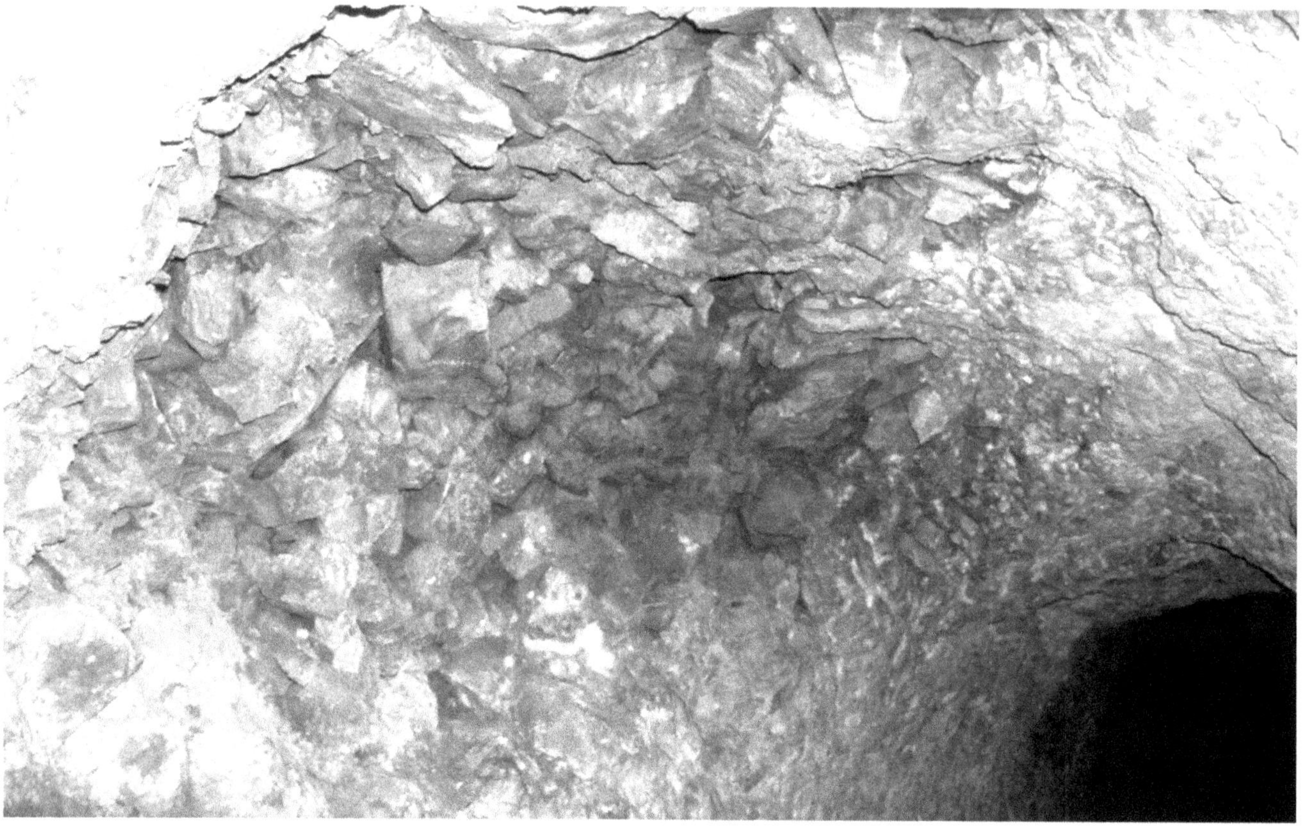

Fig. VII.65. *Sotto Zona 4. Presenza di metaconglomerato (foto R. Basilico).*

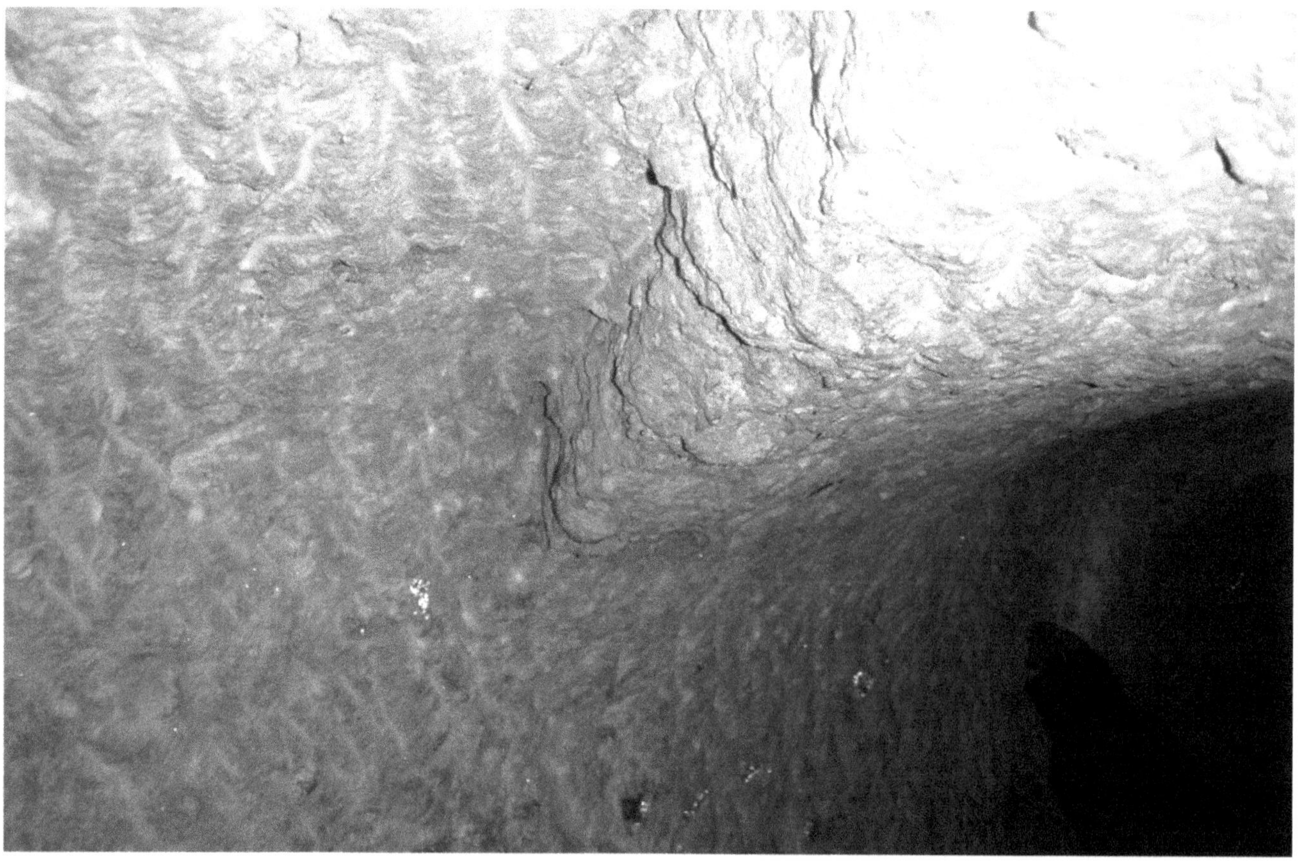

Fig. VII.66. *Sotto Zona 4. Raccordo, realizzato in fase di scavo, tra la volta del condotto e il vuoto di crollo (foto R. Basilico).*

Fig. VII.67. *Sotto Zona 5. Tipologia morfo-strutturale ellittica: particolare della volta (foto R. Basilico).*

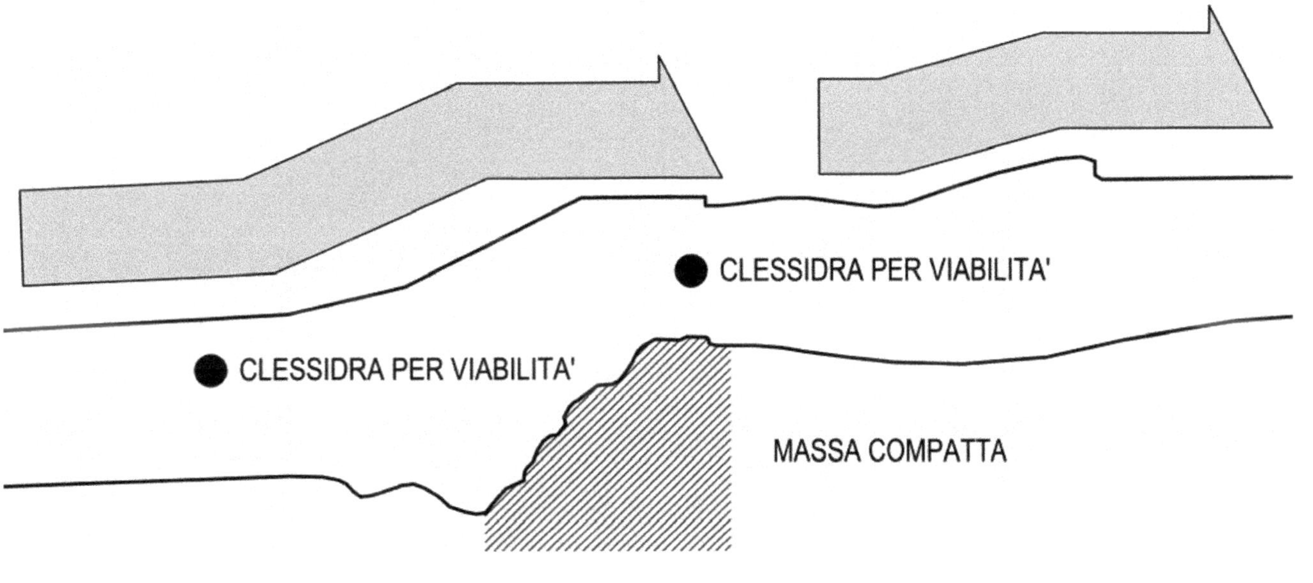

Fig. VII.68. *Sotto Zona 5. Innalzamento di quota dovuta a una massa silicea compatta. Il minatore ha variato lo scavo con registri finalizzati a ricondurre l'abbattimento nella dolomia. Al piede del dislivello si noti la marmitta formata dai fenomeni erosivi; gli stessi si notano alla base delle spalle (elaborazione degli Autori).*

Fig. VII.69. *Sotto Zona 5. Risalita del dislivello. La corda è stata posizionata tra le due clessidre ricavate sulla parete prima e dopo il salto; le stesse, sulle quali si osservano segni di usura, servivano per la progressione durante il trasporto del materiale di risulta (foto A. Verdiani).*

Fig. VII.70. *Sotto Zona 5. Vista della volta con i segni di avanzamento dello scavo (foto R. Basilico).*

Fig. VII.71. *Sotto Zona 5. Nei momenti di maggiore portata è utile una fune per superare il dislivello che, in condizioni normali, è facilmente percorribile (foto A. Verdiani).*

Fig. VII.72. *Sotto Zona 6. Vista della volta con i segni di correzione dello scavo (foto R. Basilico).*

Fig. VII.73. *Sotto Zona 6. Fenomeni di erosione al piede del condotto (foto R. Basilico).*

Fig. VII.74. *Sotto Zona 7. Aggiustamenti della direzione di scavo effettuati con correzioni ad "esse" in corrispondenza del caposaldo 27 (foto R. Basilico).*

Fig. VII.75. *Sotto Zona 7. Vista della volta con i segni di correzione dello scavo (foto R. Basilico).*

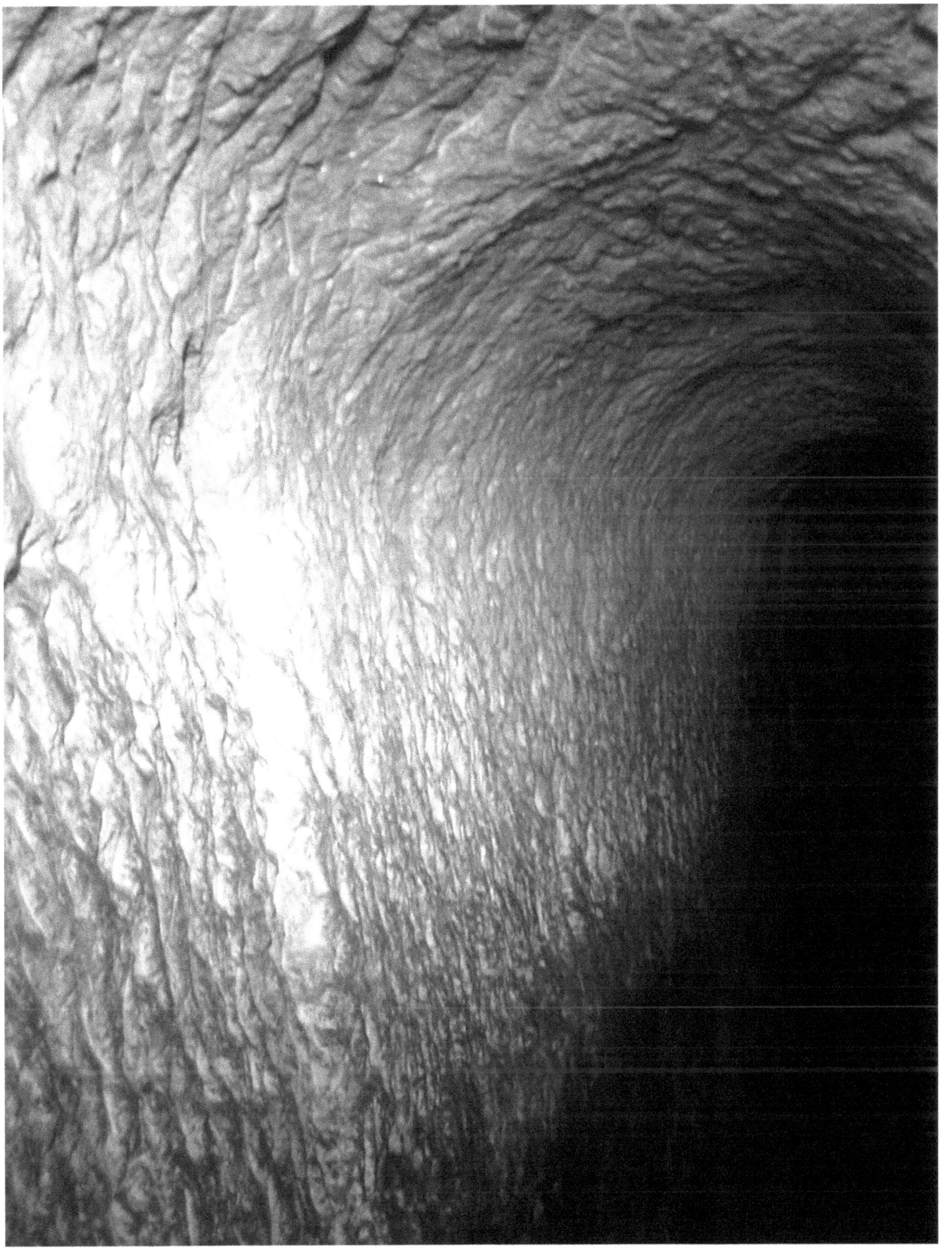

Fig. VII.76. *Sotto Zona 7. Dente di scavo situato sulla spalla sinistra del condotto (foto R. Basilico).*

Fig. VII.77. *Sotto Zona 7. Zona di crollo: la saletta si è formata in seguito a fenomeni erosivi e di crollo come si nota dai resti delle spalle dell'acquedotto (foto R. Basilico).*

Fig. VII.78. *Sotto Zona 8. Tratto in cui si notano i numerosi registri sulla volta e le formazioni erosive al piede e sul fondo del condotto; lo speleologo è parzialmente immerso in una vaschetta sul fondo (foto R. Basilico).*

Fig. VII.79. *Sotto Zona 8. Vasca formatasi per fenomeni erosivi e di crollo; la continuità di piano lungo le linee di pendenza del fondo e della volta prima e dopo la vasca conferma questa ipotesi (foto R. Basilico).*

Fig. VII.80. *Sotto Zona 8. Vista della volta con i segni di lavorazione e correzione dello scavo (foto R. Basilico).*

Fig. VII.81. *Sotto Zona 8. Lo speleologo Matteo Grimoldi durante le operazioni di rilievo. Si osservi la quota posizionata per effettuare le misurazioni (foto R. Basilico).*

Fig. VII.82. *Sotto Zona 8. Zona in cui muta di circa 4° la direzione prevalente di scavo dell'acquedotto. La variazione va letta come aggiustamento direzionale dovuto alla possibilità di traguardare, dall'esterno, il punto di arrivo dello scavo (foto R. Basilico).*

Fig. VII.83. *Vista dal Vallone di Touilles del tratto montuoso in cui si trova l'opera. Sotto la cresta si trova il punto (1) da cui è visibile direttamente l'imbocco nord (2) (foto R. Basilico).*

Fig. VII.84. *Vista del bastione roccioso da cui si poteva traguardare direttamente l'imbocco nord (1) (foto R. Basilico).*

Fig. VII.85. *Sotto Zona 9. Rettifica sulla volta; si notino i sistemi fissi di quote adottate per lo studio dell'opera (foto R. Basilico).*

Fig. VII.86. *Sotto Zona 9. Denti di scavo presenti sulla spalla del condotto. Sempre sulla spalla si nota una quota in carboncino non collocabile temporalmente (foto R. Basilico).*

Fig. VII.87. *Sotto Zona 10. Zona in cui si notano i denti di scavo e gli aggiustamenti effettuati per riprendere la regolarità dell'andamento dopo la correzione direzionale (foto R. Basilico).*

Fig. VII.88. *Sotto Zona 11. Punto in cui si assiste ad un significativo innalzamento della volta (foto R. Basilico).*

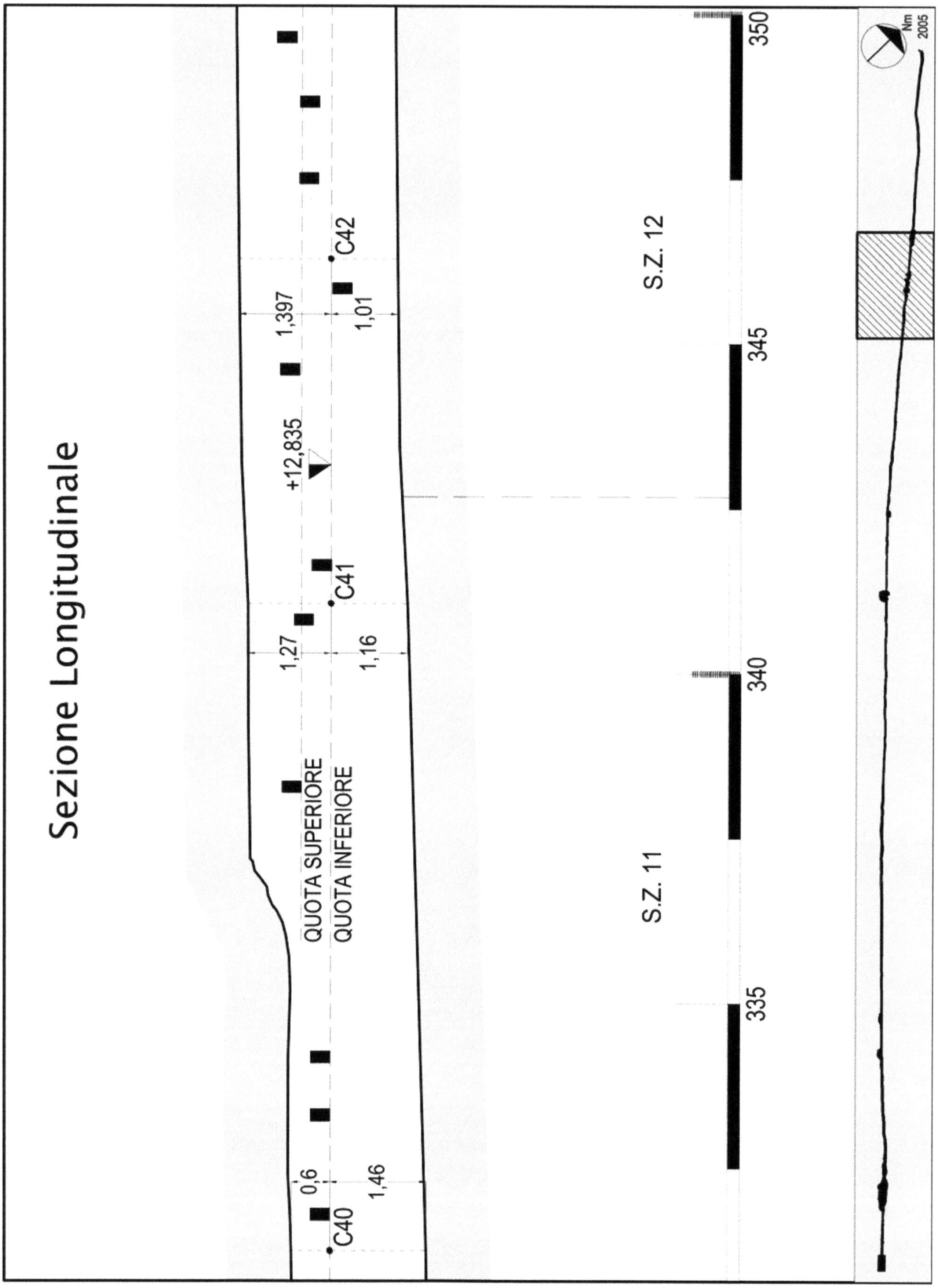

Fig. VII.89. *Sotto Zona 11. Sezione longitudinale con le nicchie per l'illuminazione. Si notino i due livelli: il primo è posto sulla stessa quota delle nicchie precedenti, il secondo si trova più in alto. Quest'ultimo potrebbe corrispondere a operazioni di innalzamento della volta stessa (foto R. Basilico).*

Fig. VII.90. *Sotto Zona 12. Ultimo tratto che mostra la struttura originaria dello speco (foto R. Basilico).*

Fig. VII.91. *Sotto Zona 12. Sulle spalle si notano fenomeni di crollo (foto R. Basilico).*

Fig. VII.92. *Sotto Zona 12. Tratto antecedente i restauri effettuati nel 1931. In questo punto i fenomeni di crollo hanno formato un ambiente più vasto in cui sono stati posizionati dei muretti a secco (foto R. Basilico).*

Fig. VII.93. *Sotto Zona 12. Particolare dei muretti a secco posti nell'ultima zona di crollo. I muretti sono stati probabilmente realizzati in occasione dei lavori di restauro del 1931 o successivamente (foto R. Basilico).*

Fig. VII.94. *Sotto Zona 12. Vista del fondo dello speco (foto R. Basilico).*

Fig. VII.95. *Sotto Zona 13. Inizio del tratto restaurato nel 1931 sulla cui volta si legge l'anno dei lavori. Si noti come la volta sia ribassata, rispetto a quella del tratto immediatamente precedente a causa dell'incoerenza della roccia (foto R. Basilico).*

Fig. VII.96. *Sotto Zona 13. Tratto restaurato in cui si notano il rivestimento cementizio e il tipo di centinatura effettuati. L'utilizzo di una volta a tutto sesto è indice di un sistema costruttivo preposto la contenimento e al contrasto di un materiale soggetto a forti spinte o con la tendenza a disgregarsi facilmente (foto R. Basilico).*

Fig. VII.97. *Sotto Zona 14. Tratto restaurato con un cambio direzionale dovuto ad un'ultima rettifica (foto R. Basilico).*

Fig. VII.98. *SZ 15. Imbocco nord: si noti sui fianchi dello speco la roccia sottostante (foto D. Padovan).*

Fig. VII.99. *Sotto Zona 15. Vista della bastionata rocciosa dall'interno del condotto (foto D. Padovan).*

Fig. VII.100. *Sotto Zona 15. Imbocco nord: dalla grata si accede all'ipogeo con scalini metallici (foto R.Basilico).*

Fig. VII.101. *Sotto Zona 15 Bocca di adduzione che immette l'acqua dalla condotta esterna al condotto ipogeo. In questa zona è stata realizzata una protezione dai fenomeni erosivi mediante la posa di una pavimentazione e una zoccolatura in lastre di pietra (foto R.Basilico).*

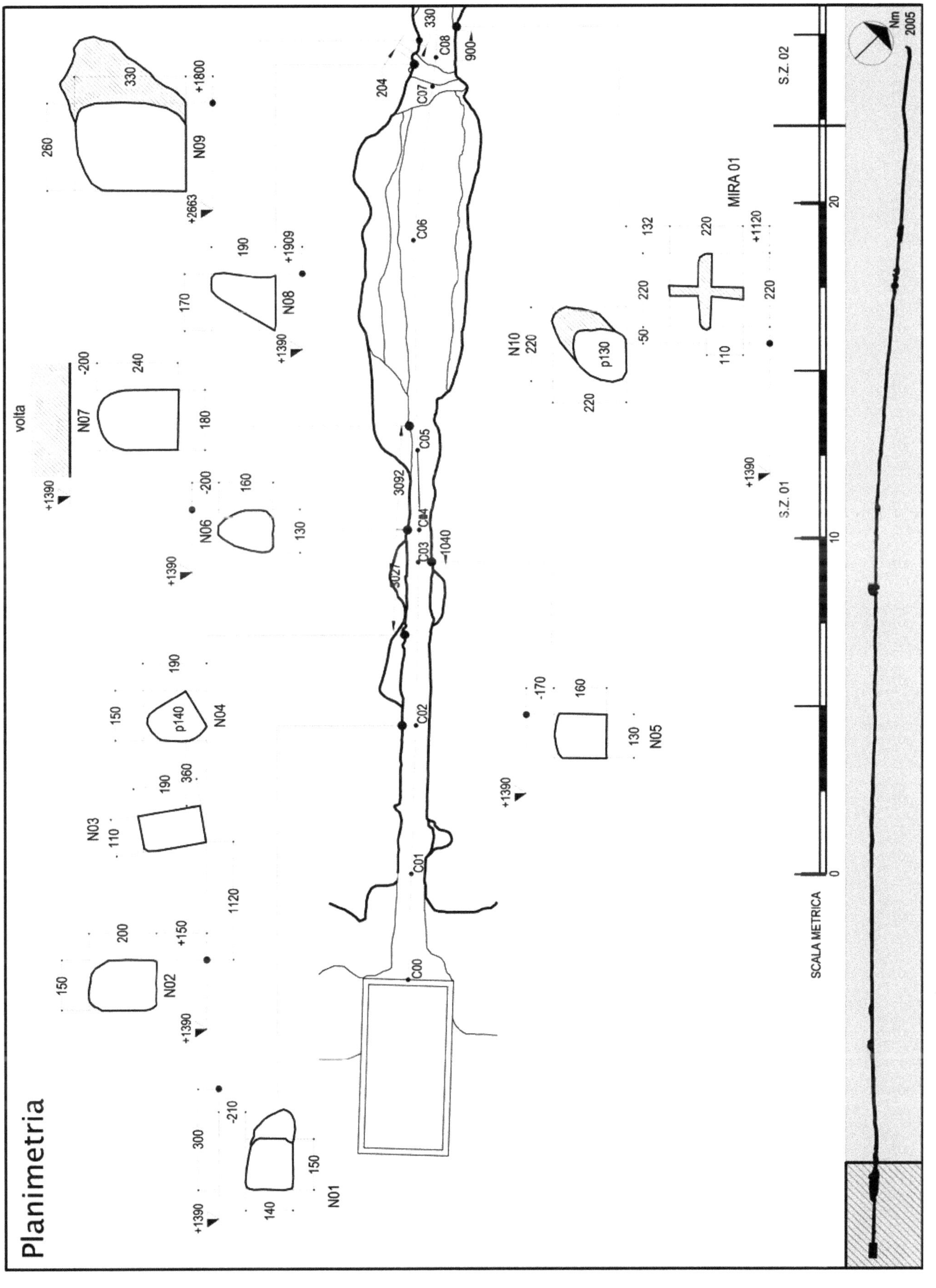

Fig. VII.102a. *Analisi morfologica e distributiva degli indicatori presenti nel condotto ipogeo: mire, nicchie e bassorilievi - SZ 1 e SZ 2, metri 0/ 25,3 (elaborazione degli Autori).*

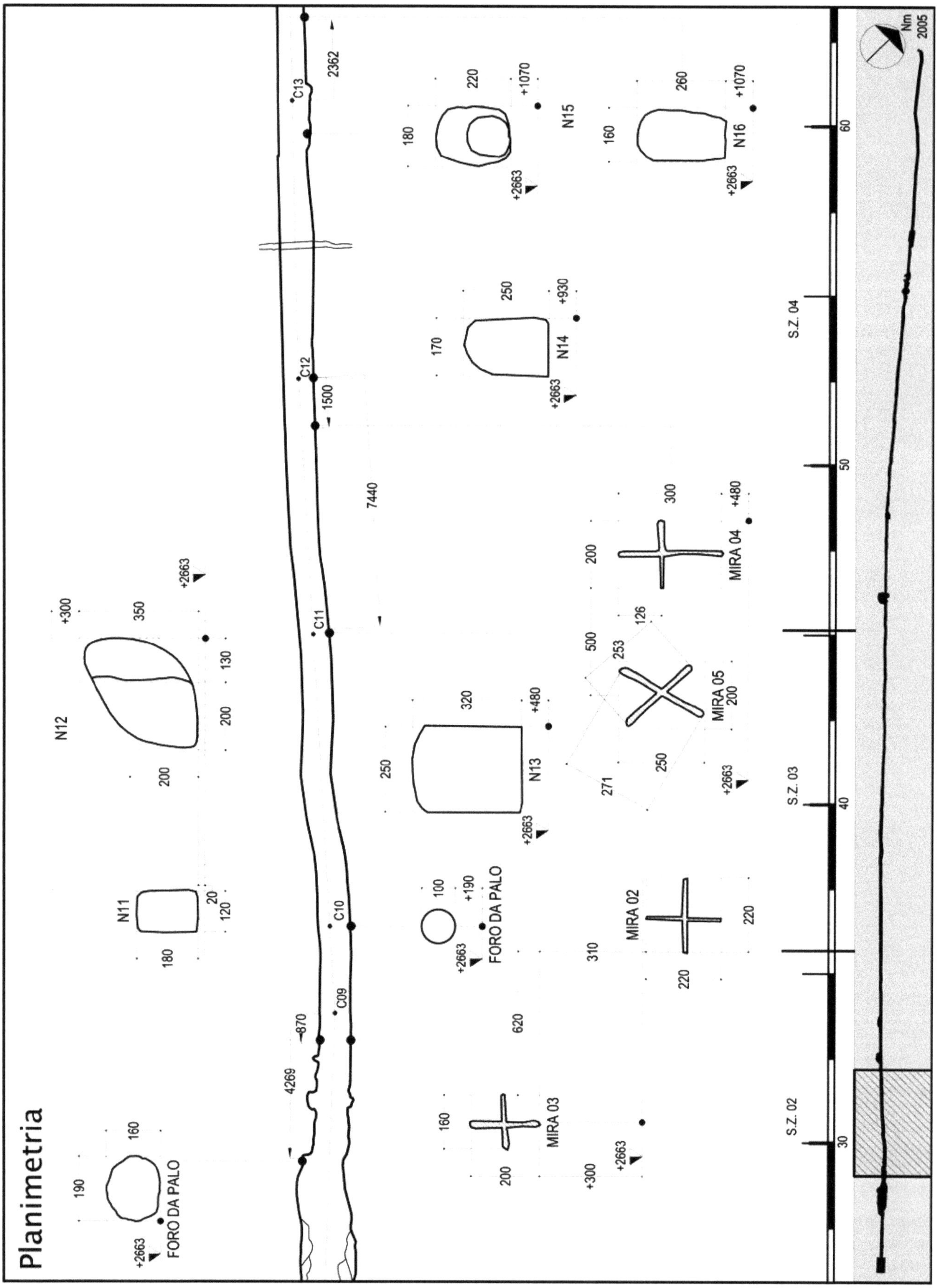

Fig. VII.102b. *Analisi morfologica e distributiva degli indicatori presenti nel condotto ipogeo: mire, nicchie e bassorilievi - SZ 2 e SZ 4, metri 25,3/63,18 (elaborazione degli Autori).*

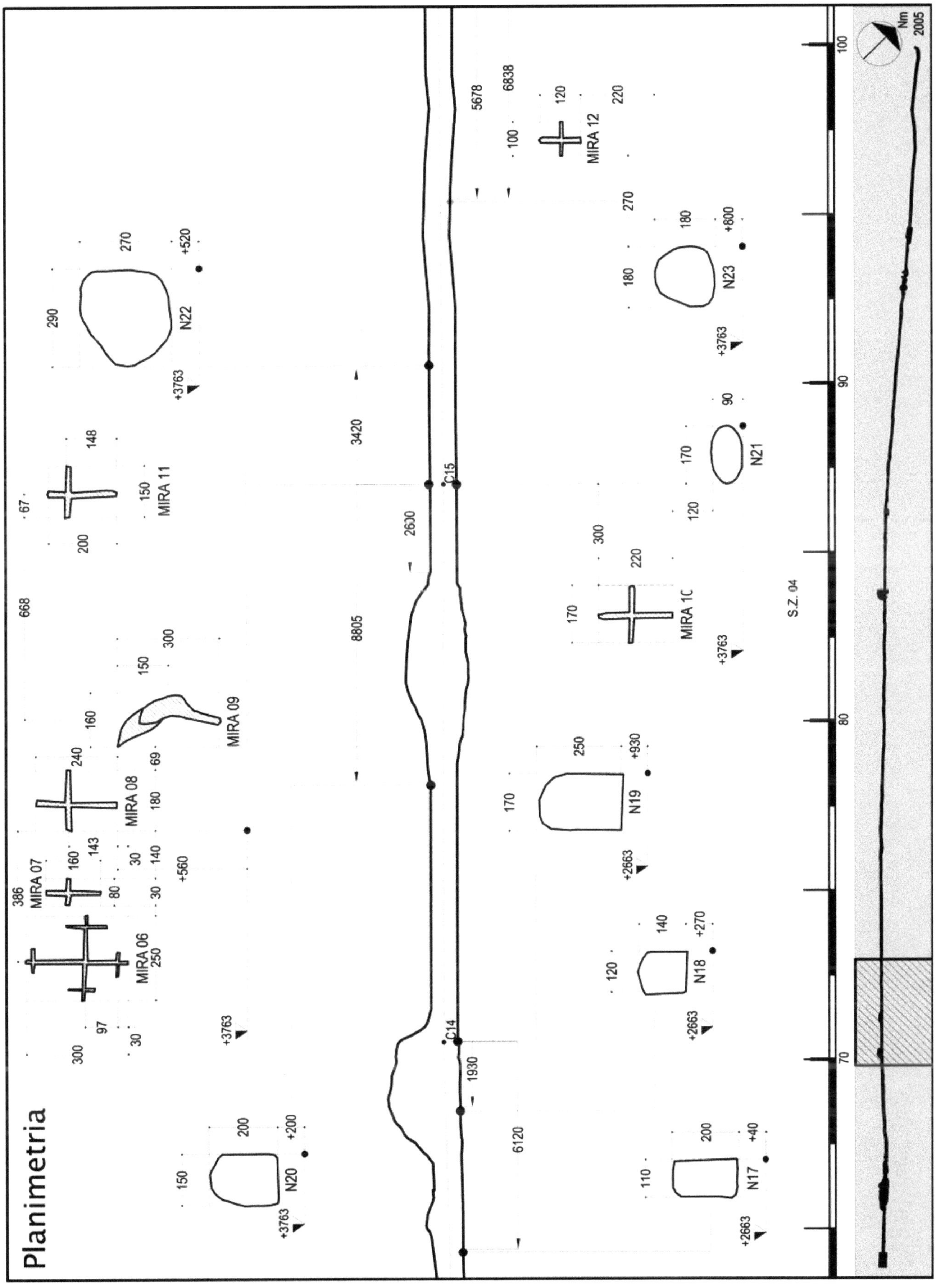

Fig. VII.102c. *Analisi morfologica e distributiva degli indicatori presenti nel condotto ipogeo: mire, nicchie e bassorilievi - SZ 4, metri 63,18/101,71 (elaborazione degli Autori).*

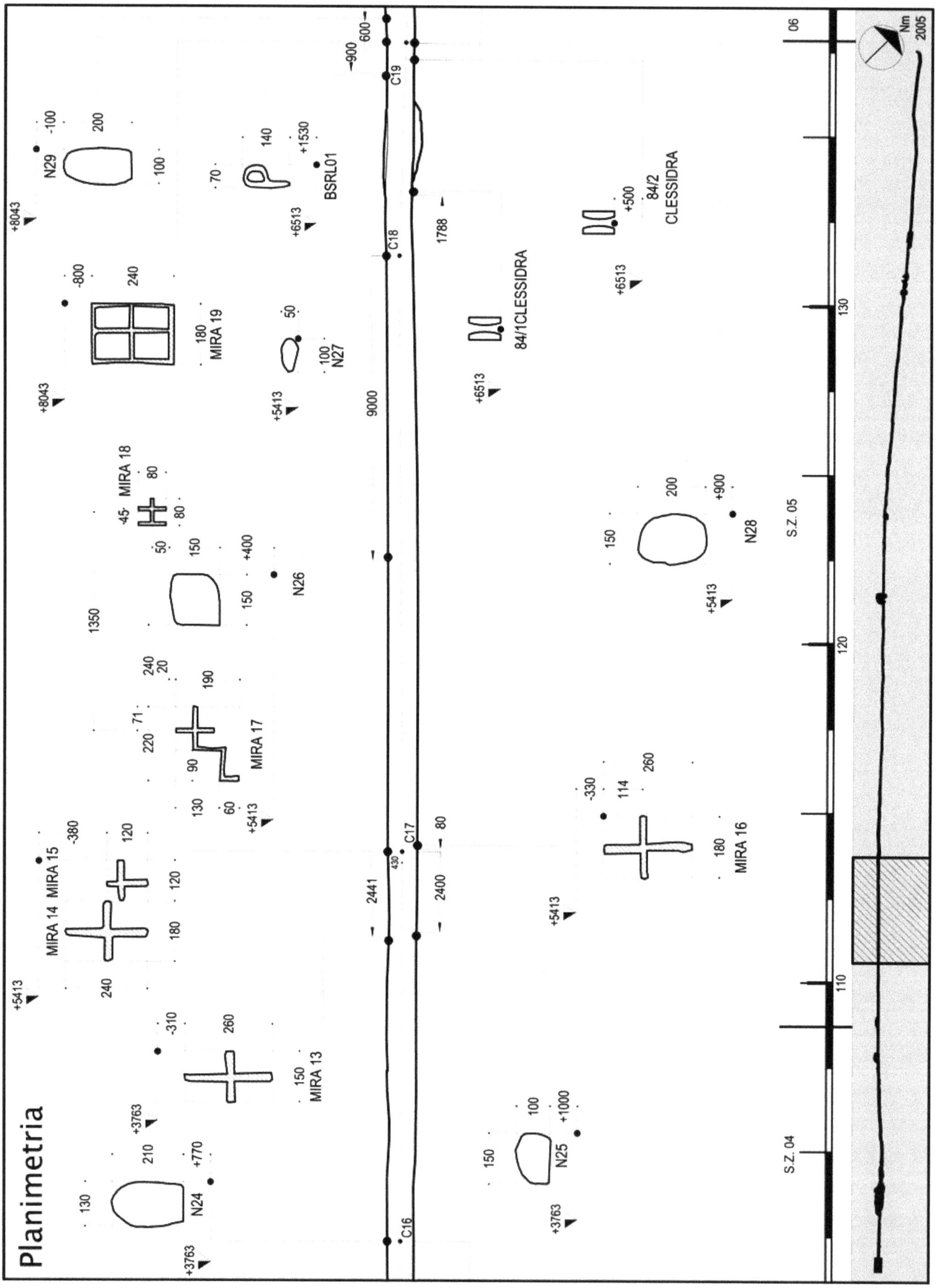

Fig. VII.102d. *Analisi morfologica e distributiva degli indicatori presenti nel condotto ipogeo: mire, nicchie e bassorilievi - SZ 4 e SZ 6, metri 101,71/138,8 (elaborazione degli Autori).*

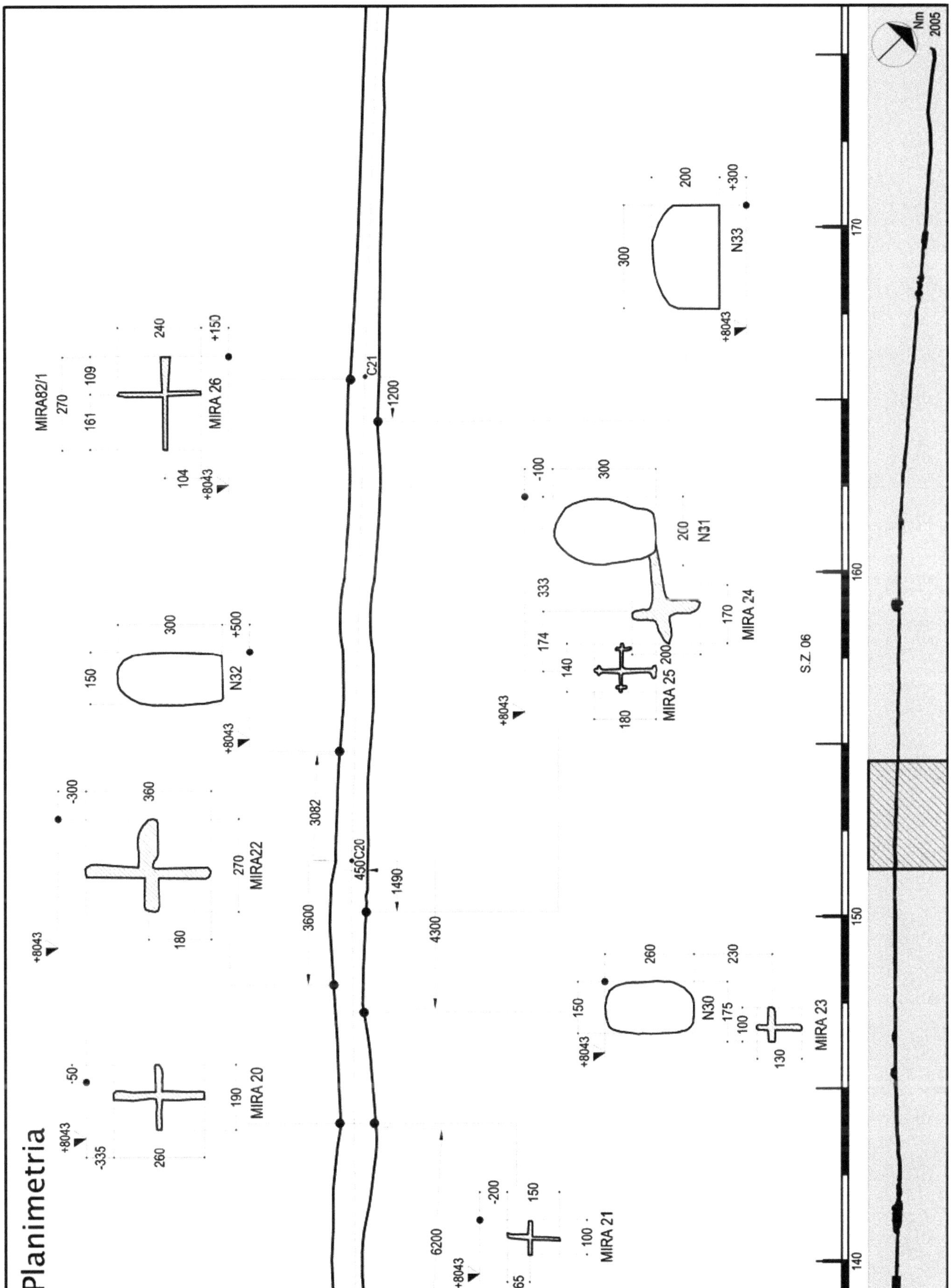

Fig. VII.102e. *Analisi morfologica e distributiva degli indicatori presenti nel condotto ipogeo: mire, nicchie e bassorilievi - SZ 6, metri 138,8/176,44 (elaborazione degli Autori).*

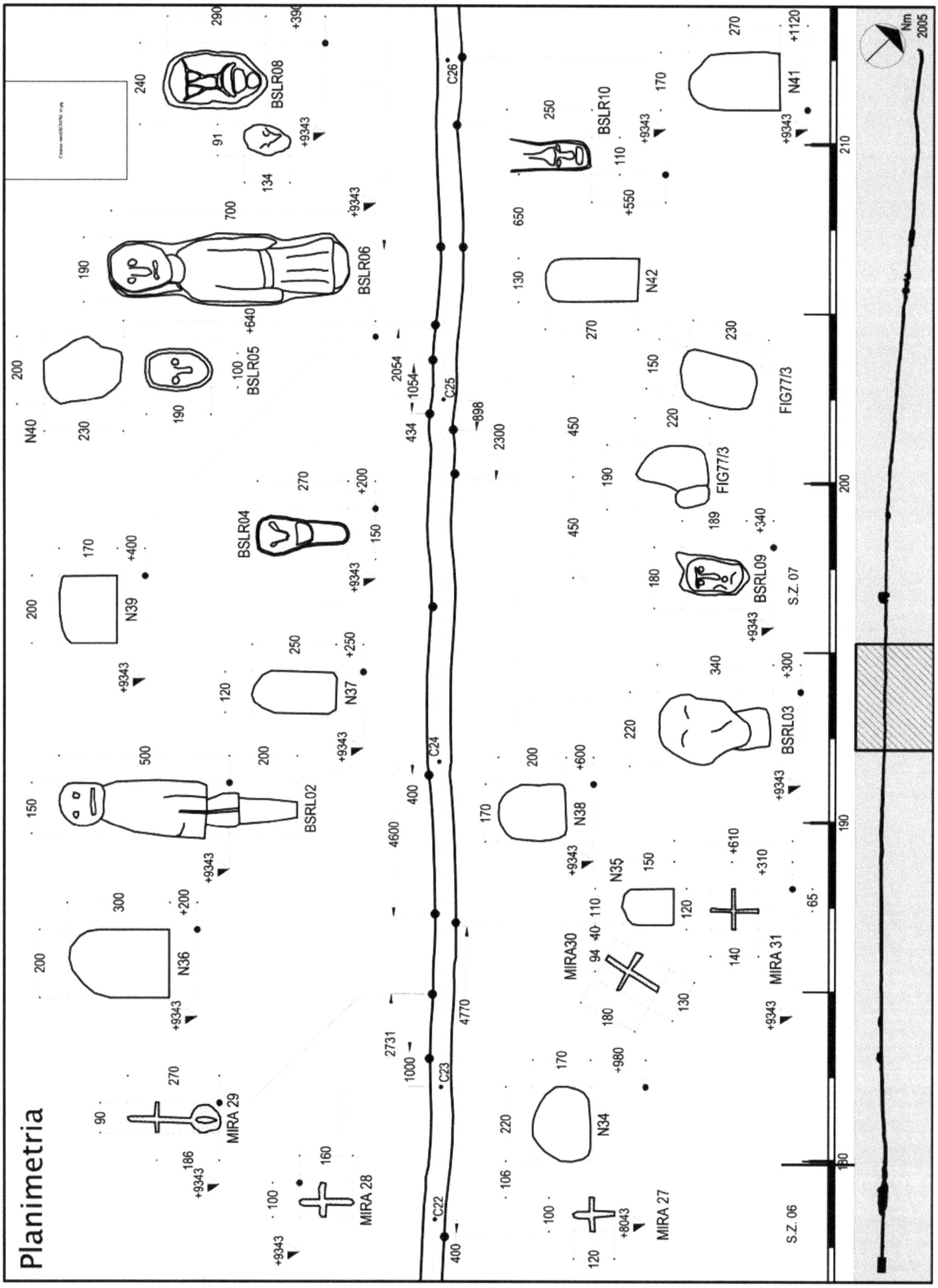

Fig. VII.102f. *Analisi morfologica e distributiva degli indicatori presenti nel condotto ipogeo: mire, nicchie e bassorilievi - SZ 6 e SZ 7, metri 176,44/214,07 (elaborazione degli Autori).*

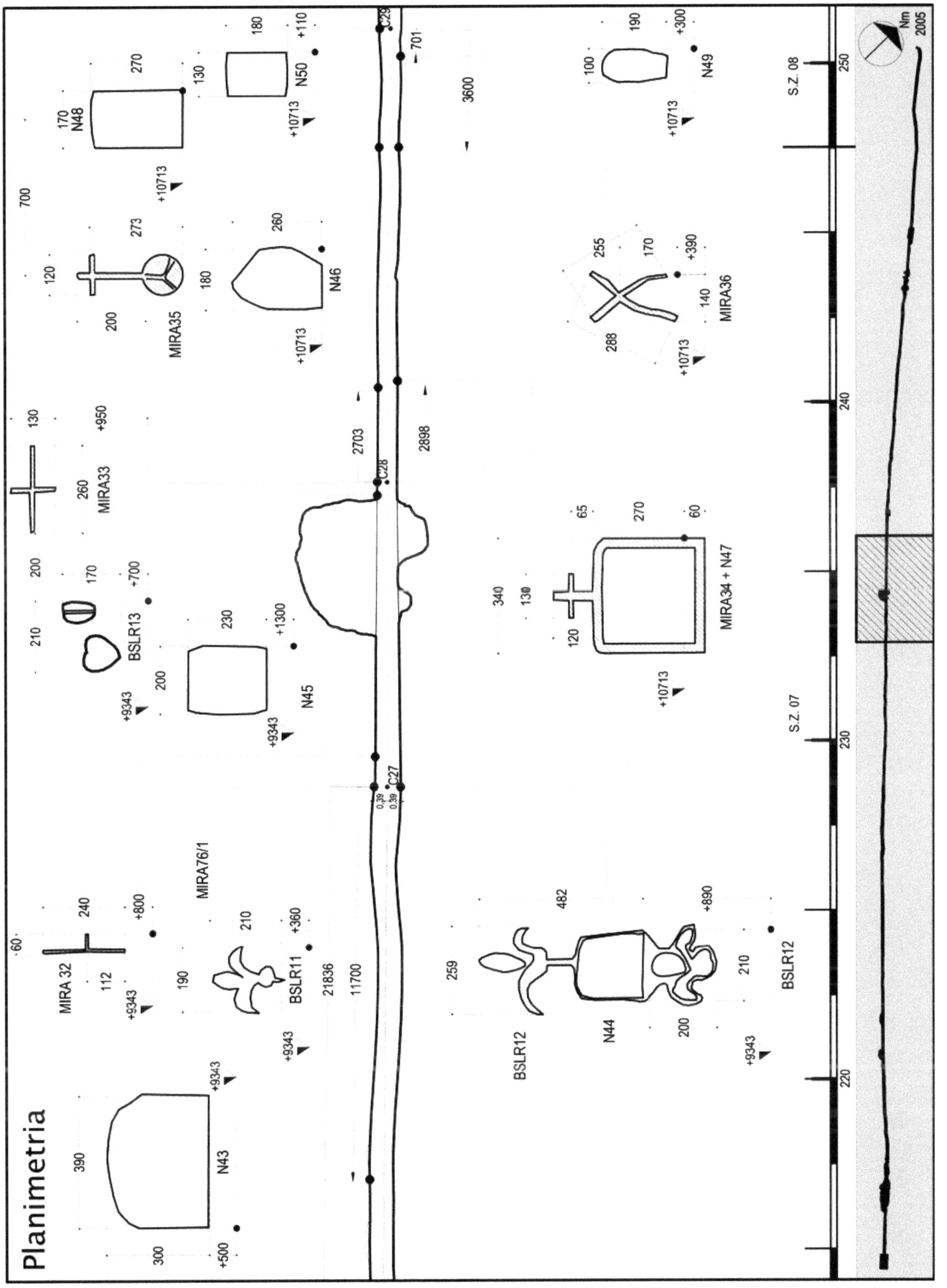

Fig. VII.102g. *Analisi morfologica e distributiva degli indicatori presenti nel condotto ipogeo: mire, nicchie e bassorilievi - SZ 7 e SZ 8, metri 214,07/251,71 (elaborazione degli Autori).*

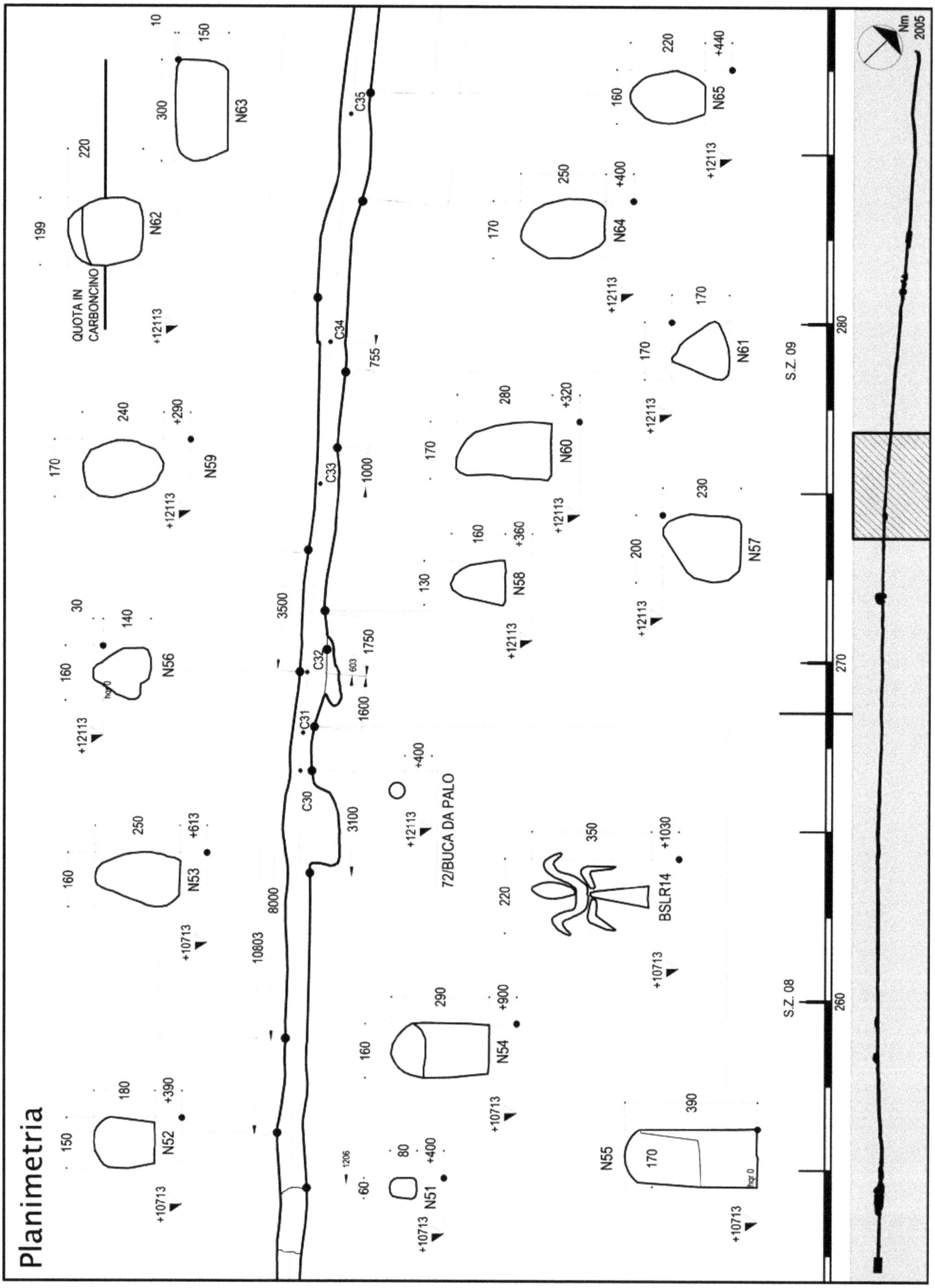

Fig. VII.102h. *Analisi morfologica e distributiva degli indicatori presenti nel condotto ipogeo: mire, nicchie e bassorilievi - SZ 8 e SZ 9, metri 251,71/289,35 (elaborazione degli Autori).*

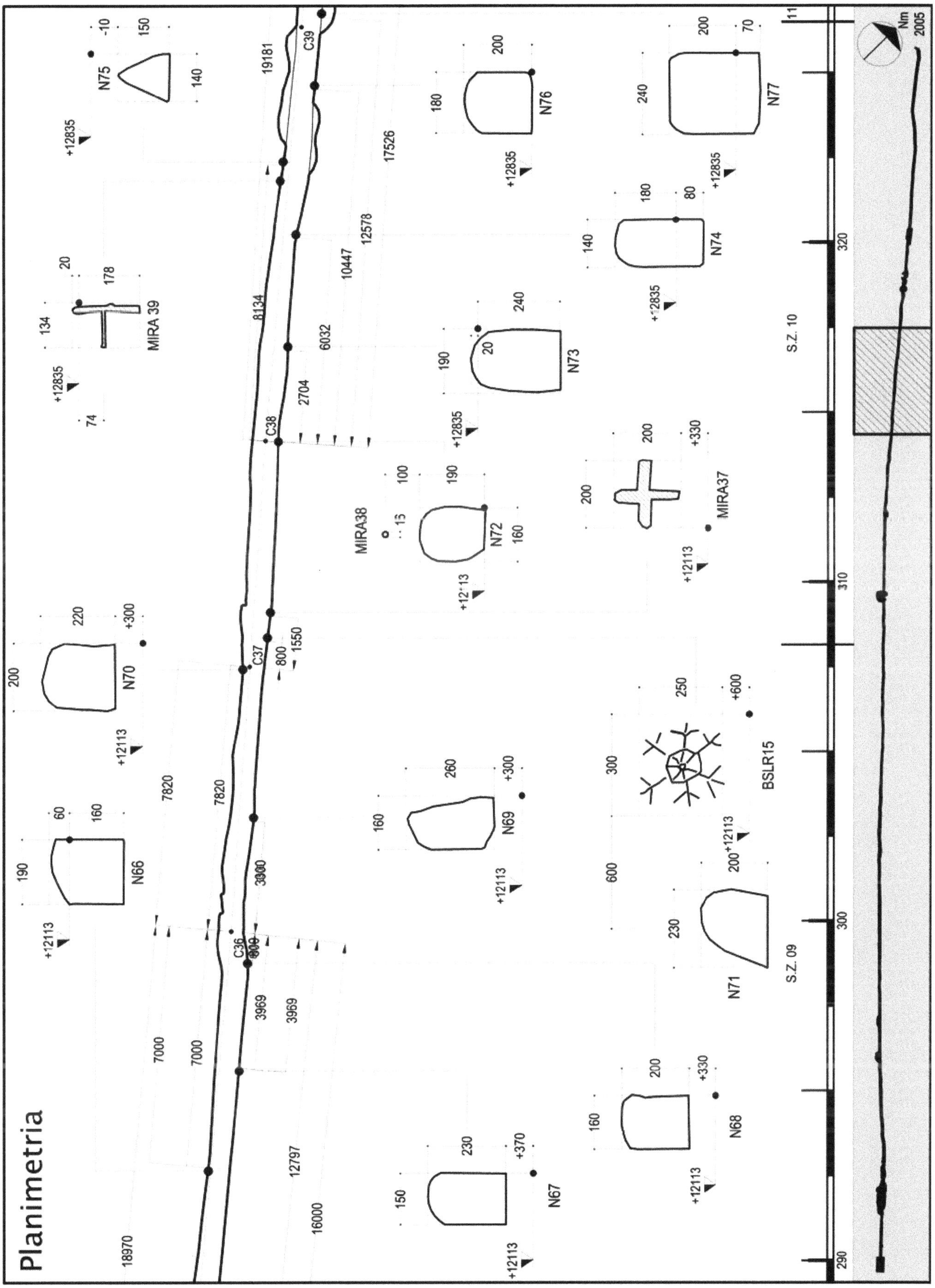

Fig. VII.102i. *Analisi morfologica e distributiva degli indicatori presenti nel condotto ipogeo: mire, nicchie e bassorilievi - SZ 9 e SZ 11, metri 289,35/326,98 (elaborazione degli Autori).*

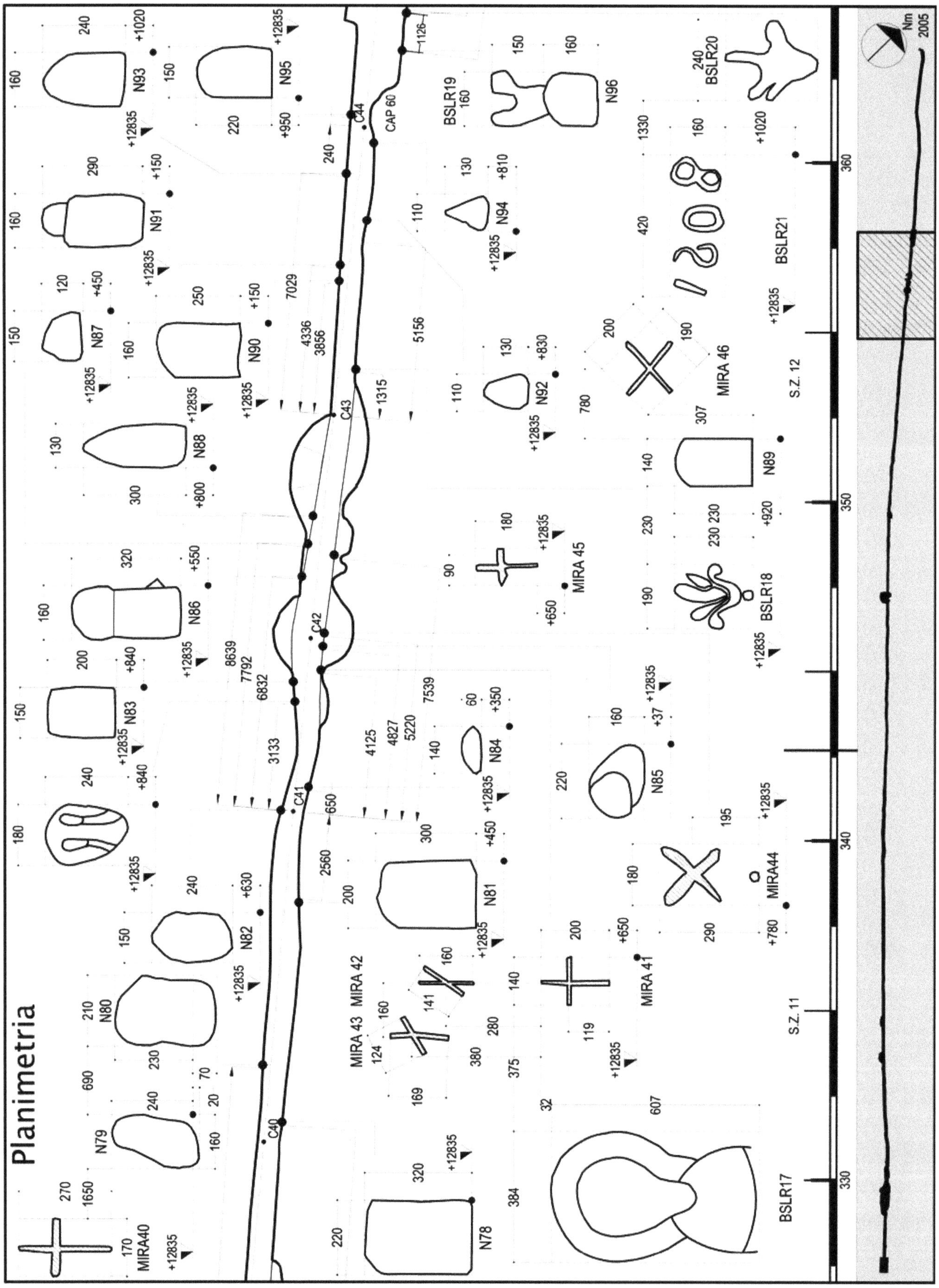

Fig. VII.102l. *Analisi morfologica e distributiva degli indicatori presenti nel condotto ipogeo: mire, nicchie e bassorilievi - SZ 11 e SZ 12, metri 326,98/364,62 (elaborazione degli Autori).*

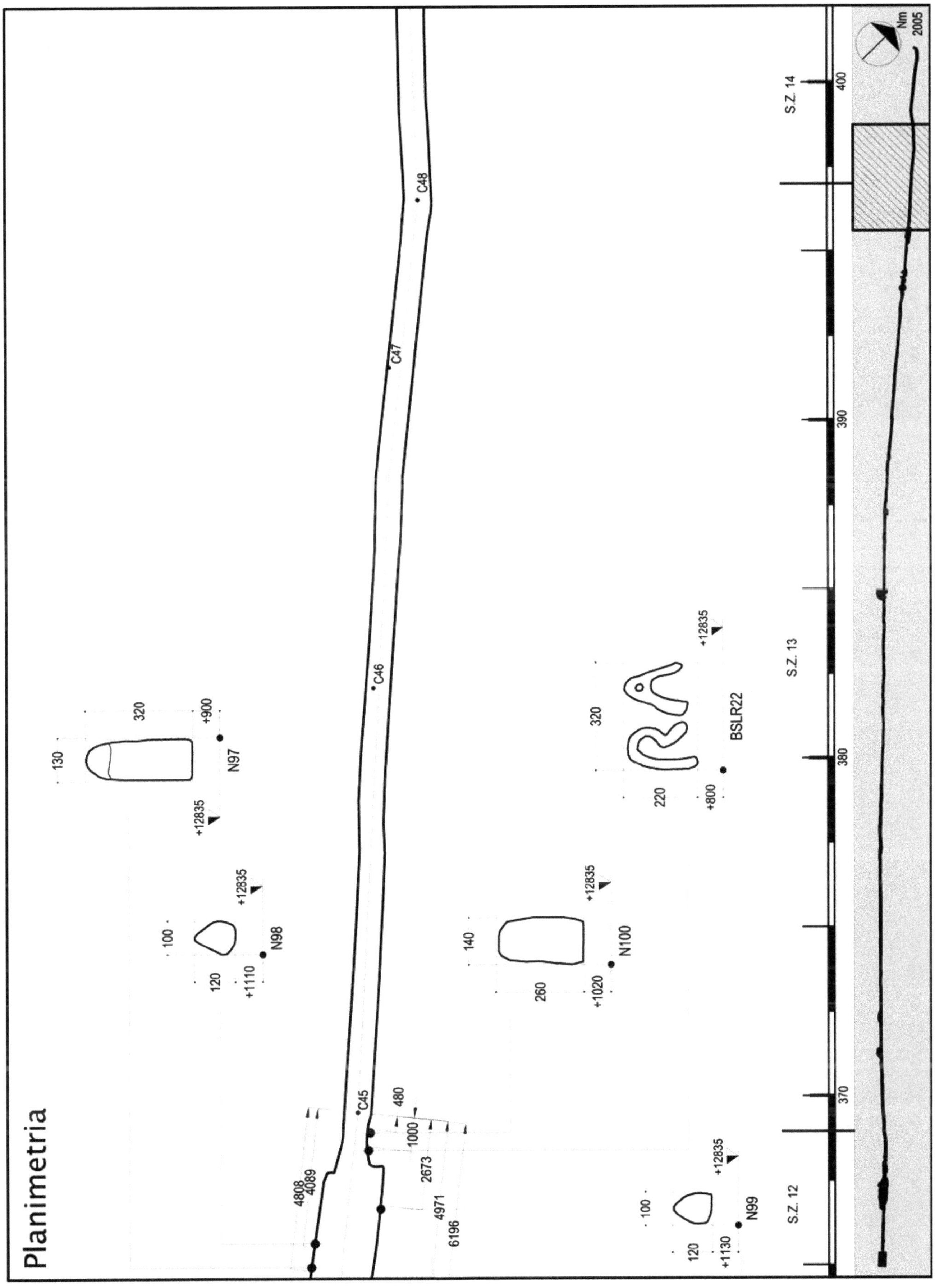

Fig. VII.102m. *Analisi morfologica e distributiva degli indicatori presenti nel condotto ipogeo: mire, nicchie e bassorilievi - SZ 12 e SZ 14, metri 364,62/402,25 (elaborazione degli Autori).*

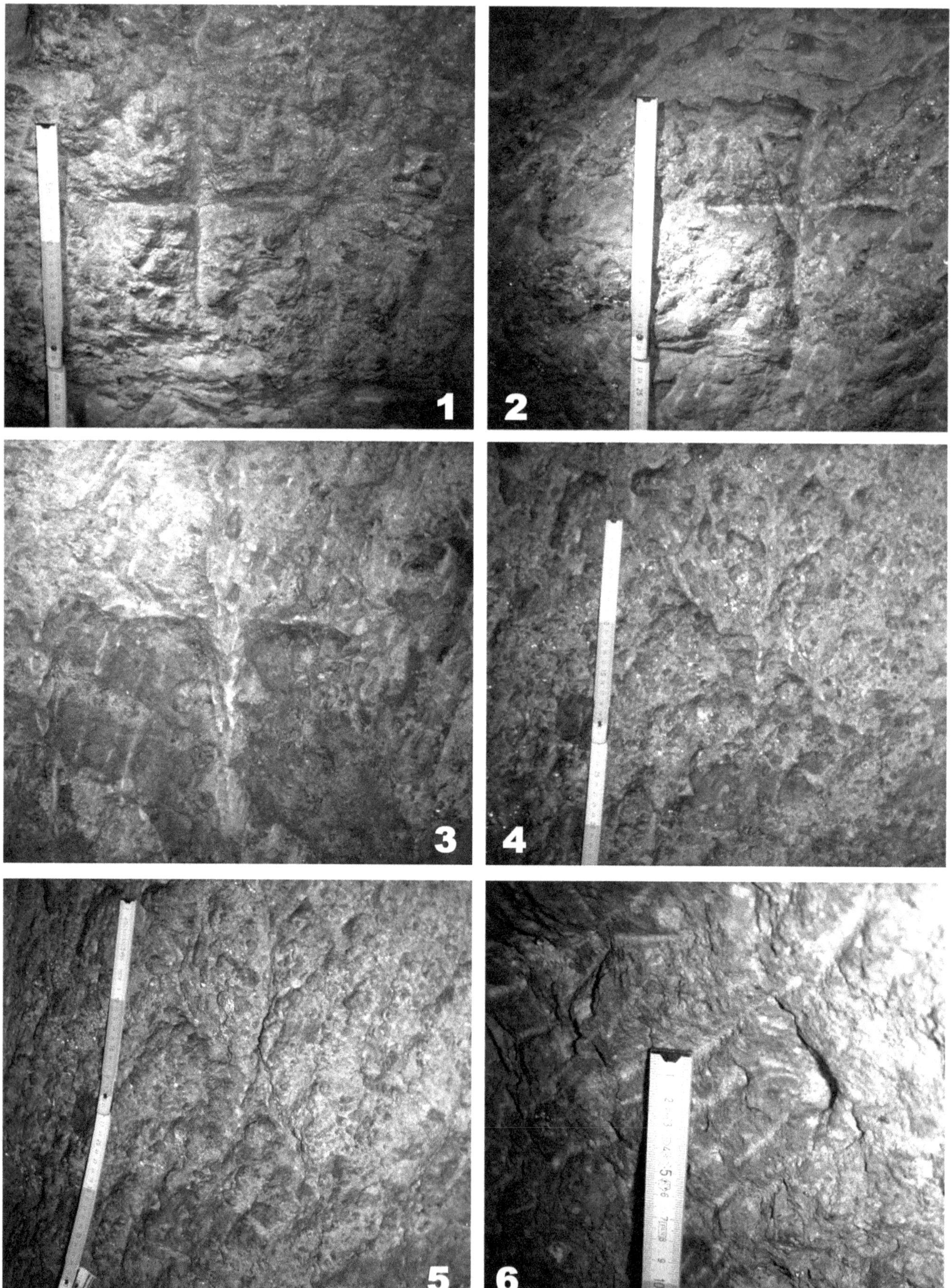

Fig. VII.103. *Mire appartenenti a varie tipologie. Se ne trovano a croce: greca (mire 1 e 2), greca con bracci orizzontali più corti (mira 3), latina (mira 4) di Sant'Andrea (mira 5) e di tipo puntiforme (mira 6) (foto D. Padovan).*

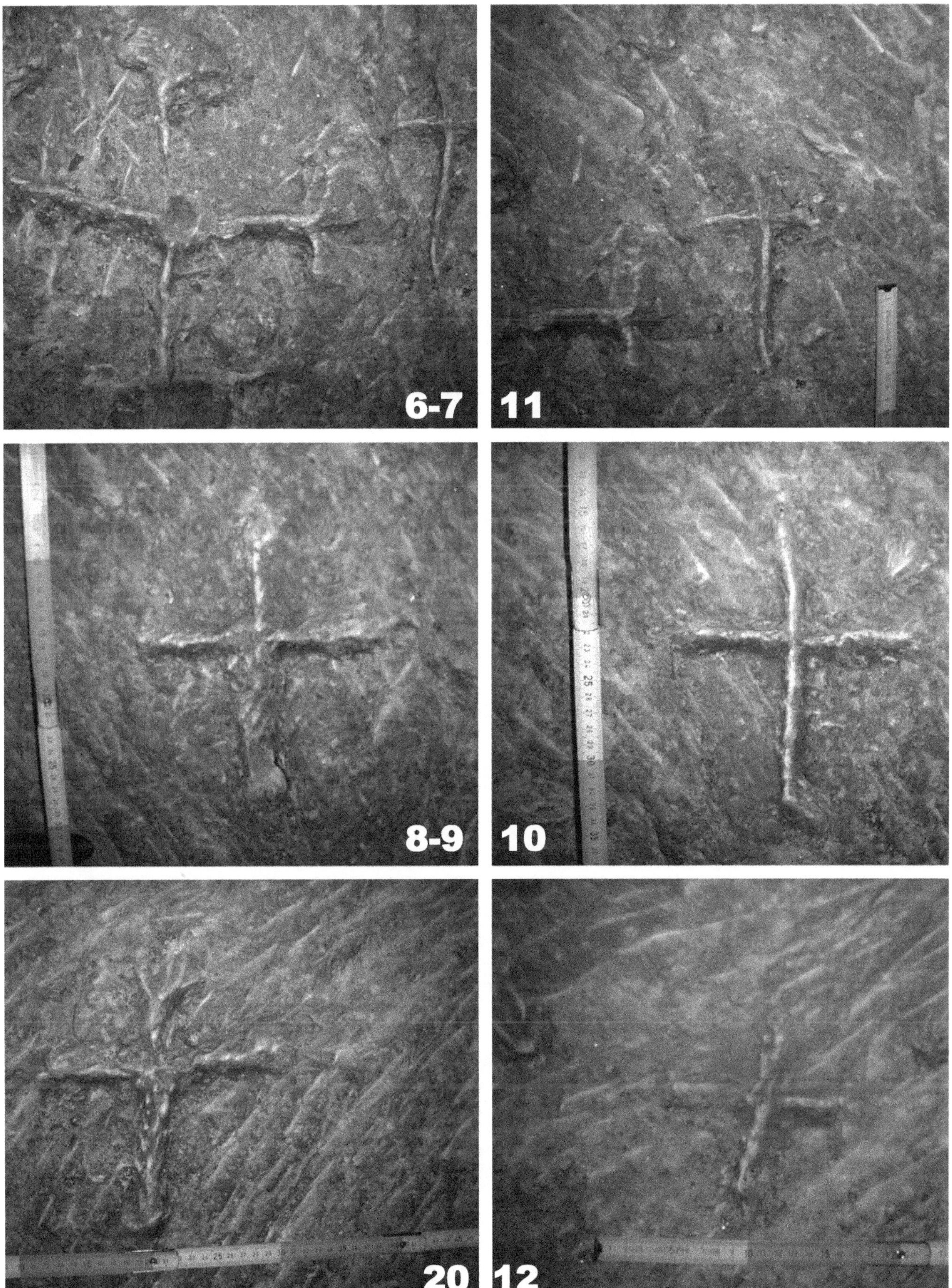

Fig. VII.104. *Le mire presenti appartengono a varie tipologie. Se ne trovano a croce: ricrociata (mira 6), latina (mire 7, 8, 10 e 11), greca (mire 12 e20) e un segno verticale (mira 9) (foto D. Padovan).*

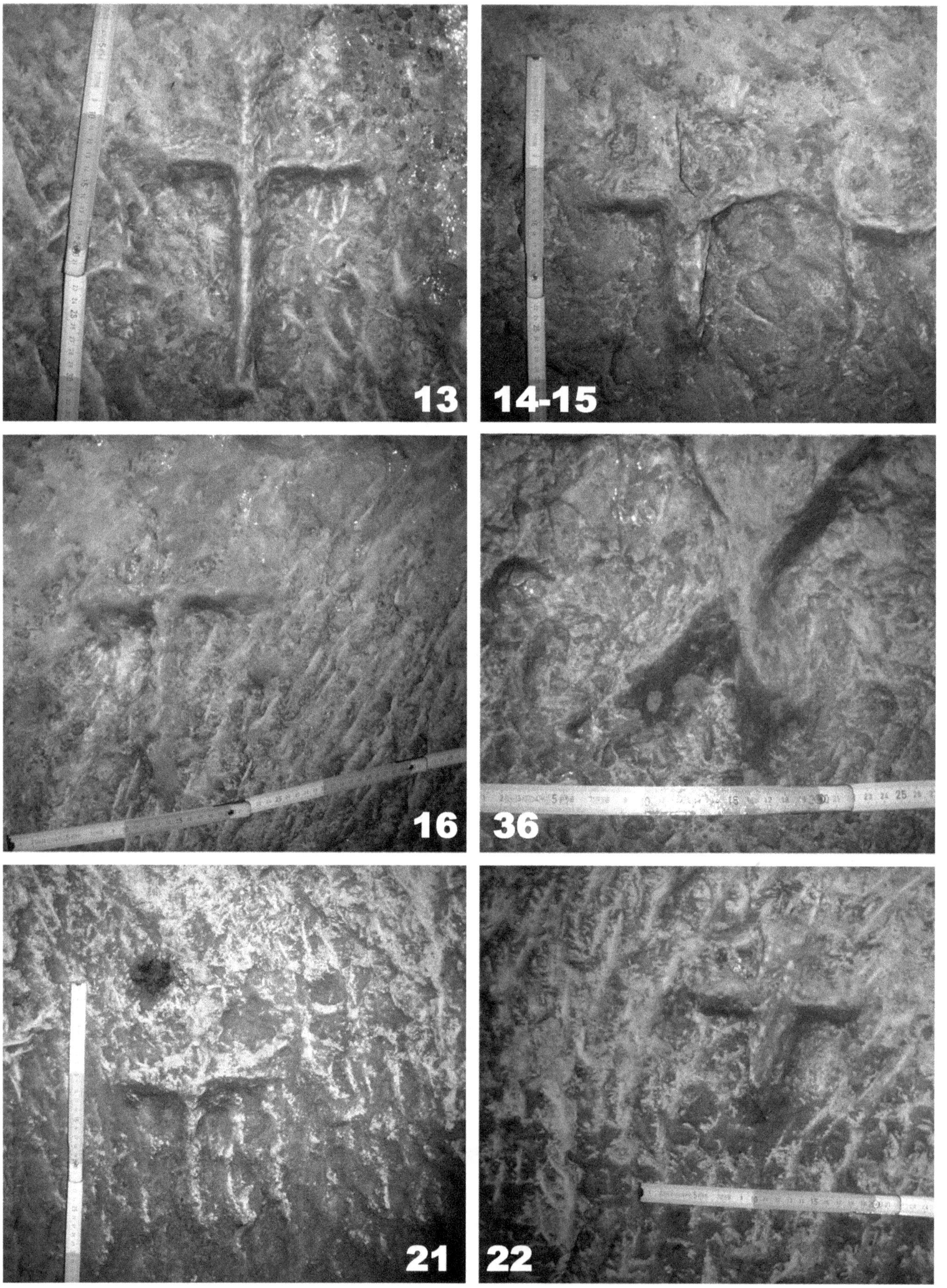

Fig. VII.105. *Le mire presenti appartengono a varie tipologie. Se ne trovano a croce: greca (mire 13, 14, 15 e 22), latina (mire 16 e 21), di Sant'Andrea (mira 36) (foto D. Padovan).*

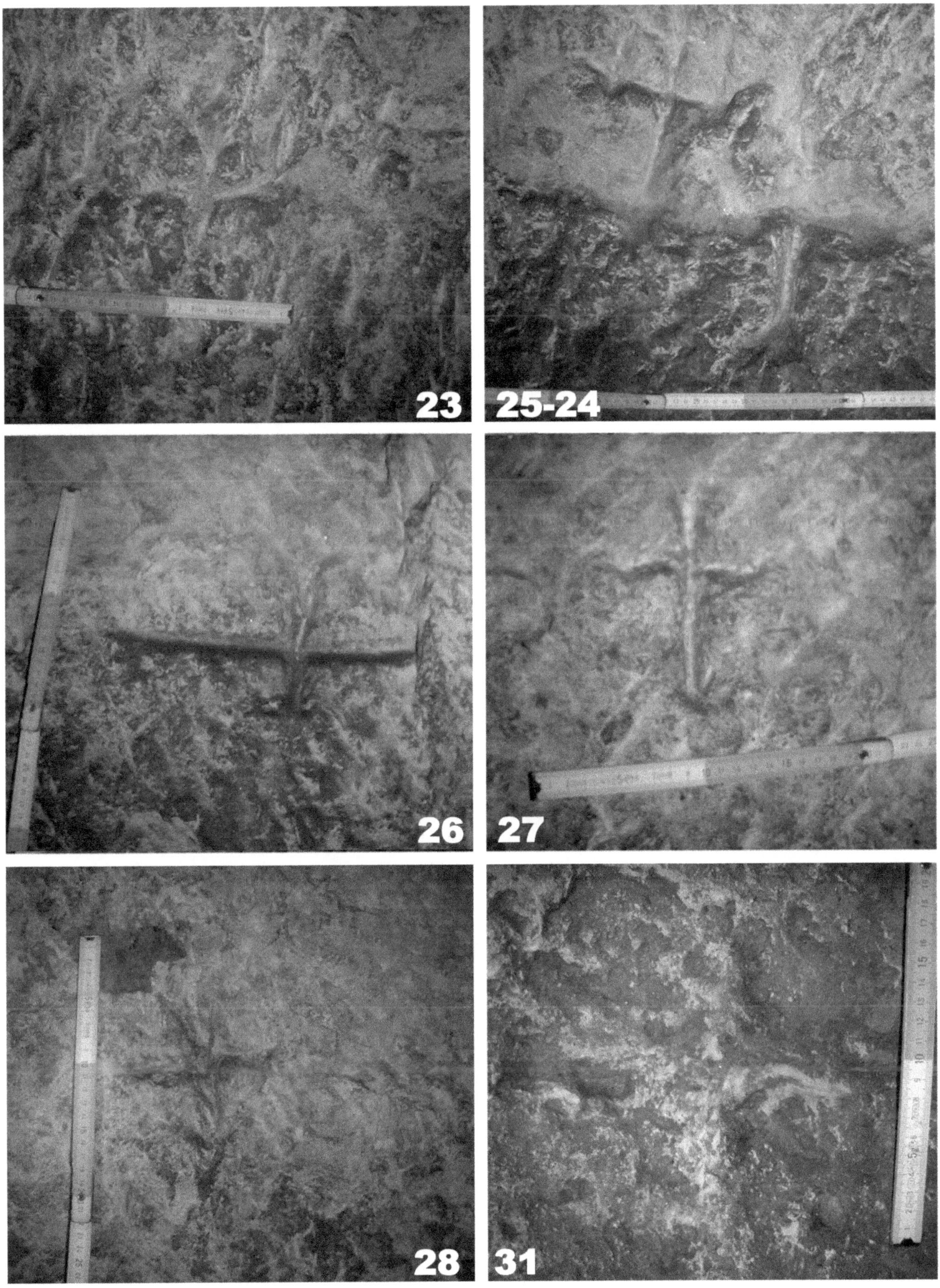

Fig. VII.106. *Mire di tipo a croce: latina (mire 23 e 28), greca con bracci orizzontali corti (mire 24 e 27), ricrociata (mira 25), greca con bracci orizzontali lunghi (mira 26), greca (mira 31) (foto D. Padovan).*

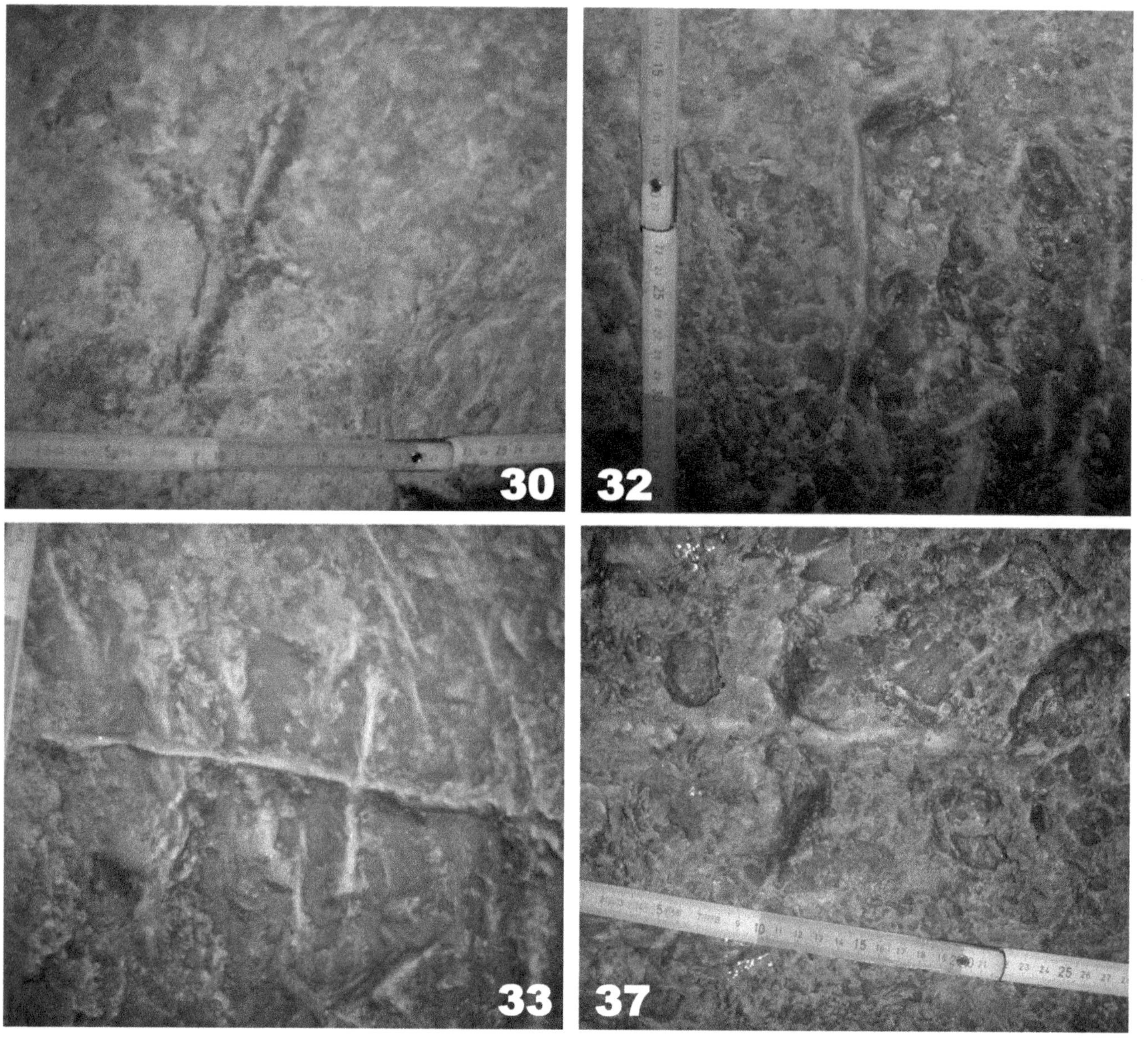

Fig. VII.107. *Le mire presenti appartengono a differenti tipologie. Se ne trovano a croce: di Sant'Andrea (mire 30 e 36), greca con bracci orizzontali più lunghi (mira 33) e segni di quota orizzontale con braccio centrale verticale (mira 32), (foto D. Padovan).*

Fig. VII.108. *La mira 17 è un segno di quota composto da una successione di tre linee poste ad angolo retto e unite al braccio sinistro di una croce greca (foto D. Padovan).*

Fig. VII.109. *La mira 18 è un segno di quota composto da una linea orizzontale con due linee verticali poste all'estremità sinistra e al centro (foto D. Padovan).*

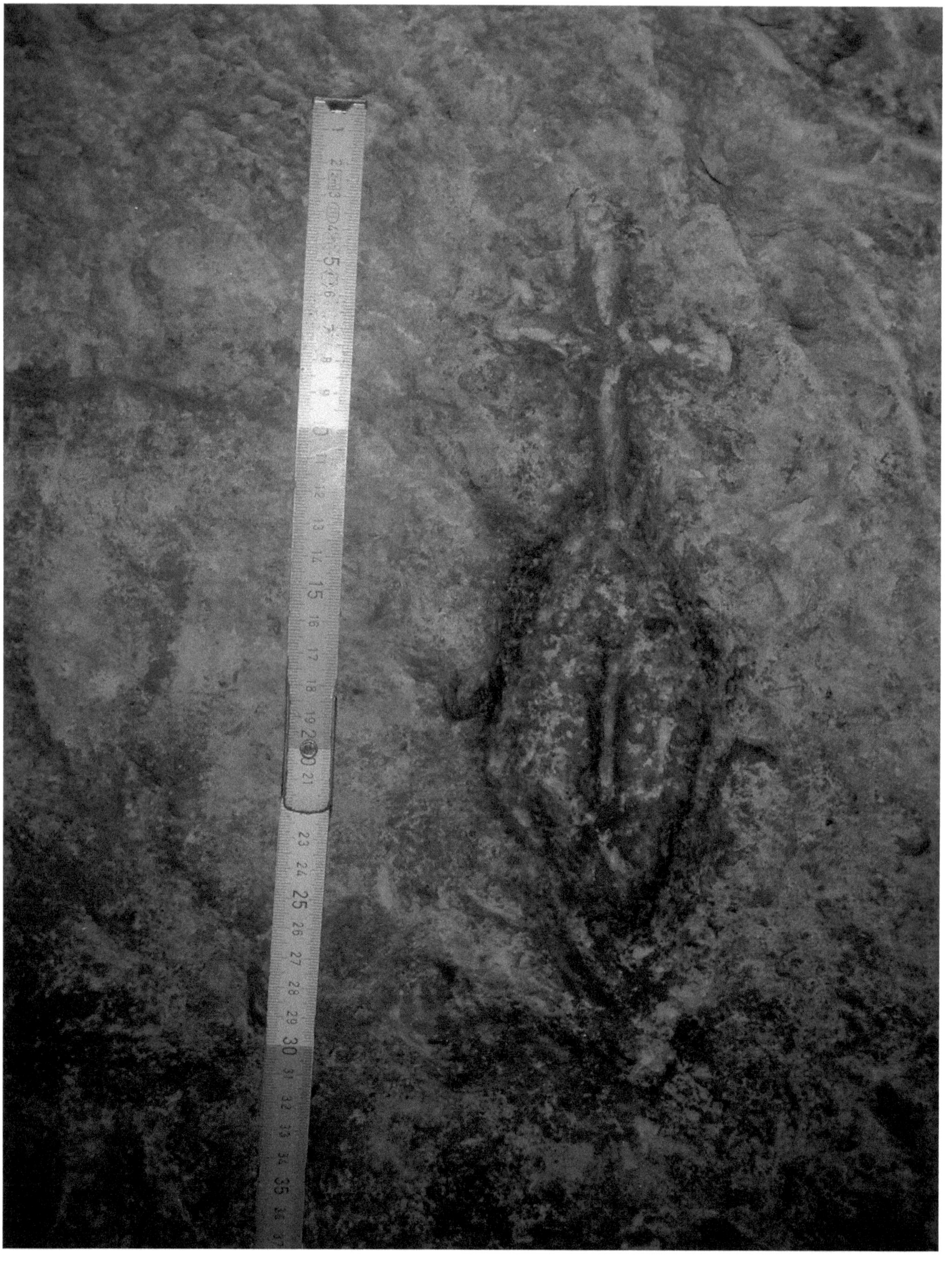

Fig. VII.110. *La mira 29 è una croce latina con un probabile simbolo genitale femminile inciso alla base (foto D. Padovan).*

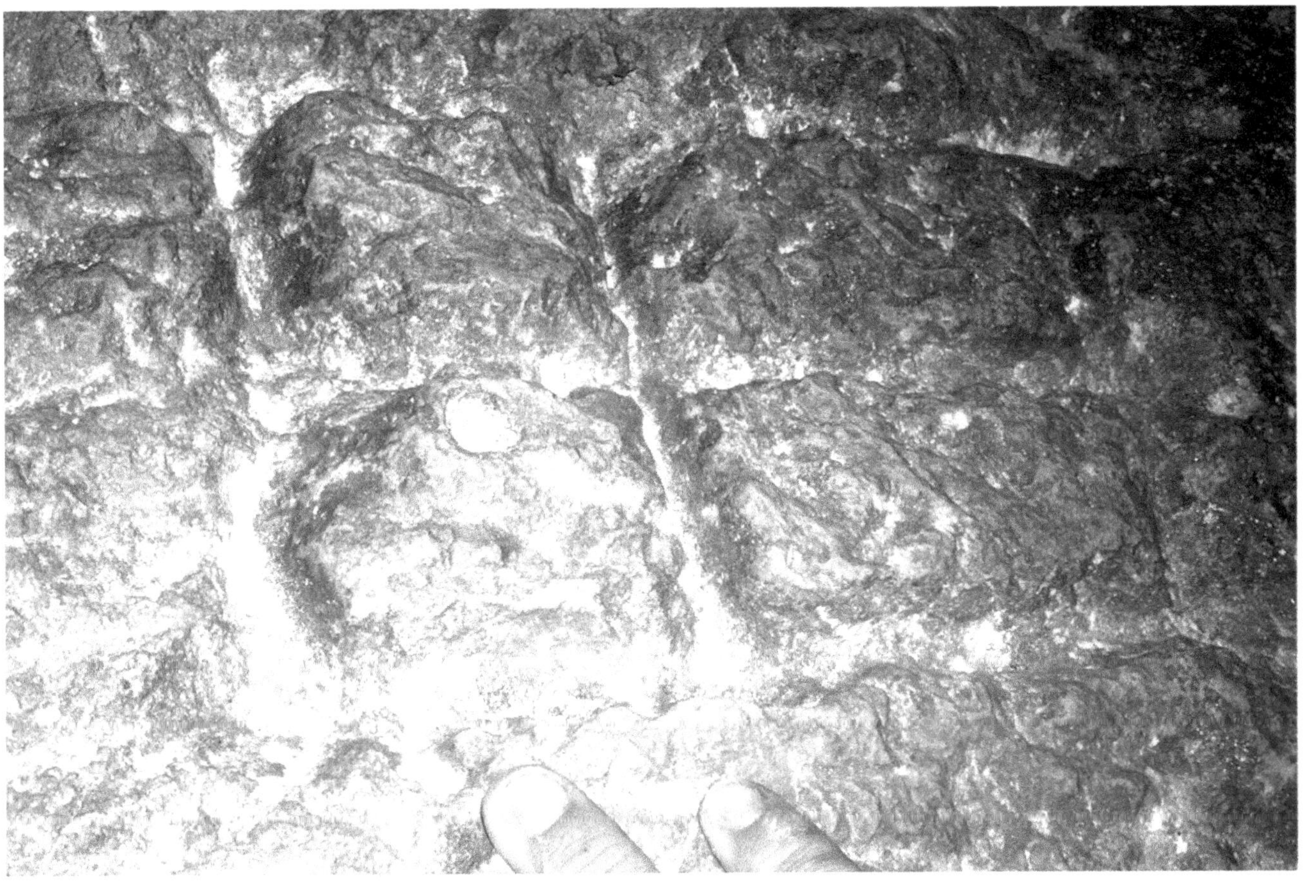

Fig. VII.111. *La mira 19 è una croce greca inscritta in un quadrato (foto R. Basilico).*

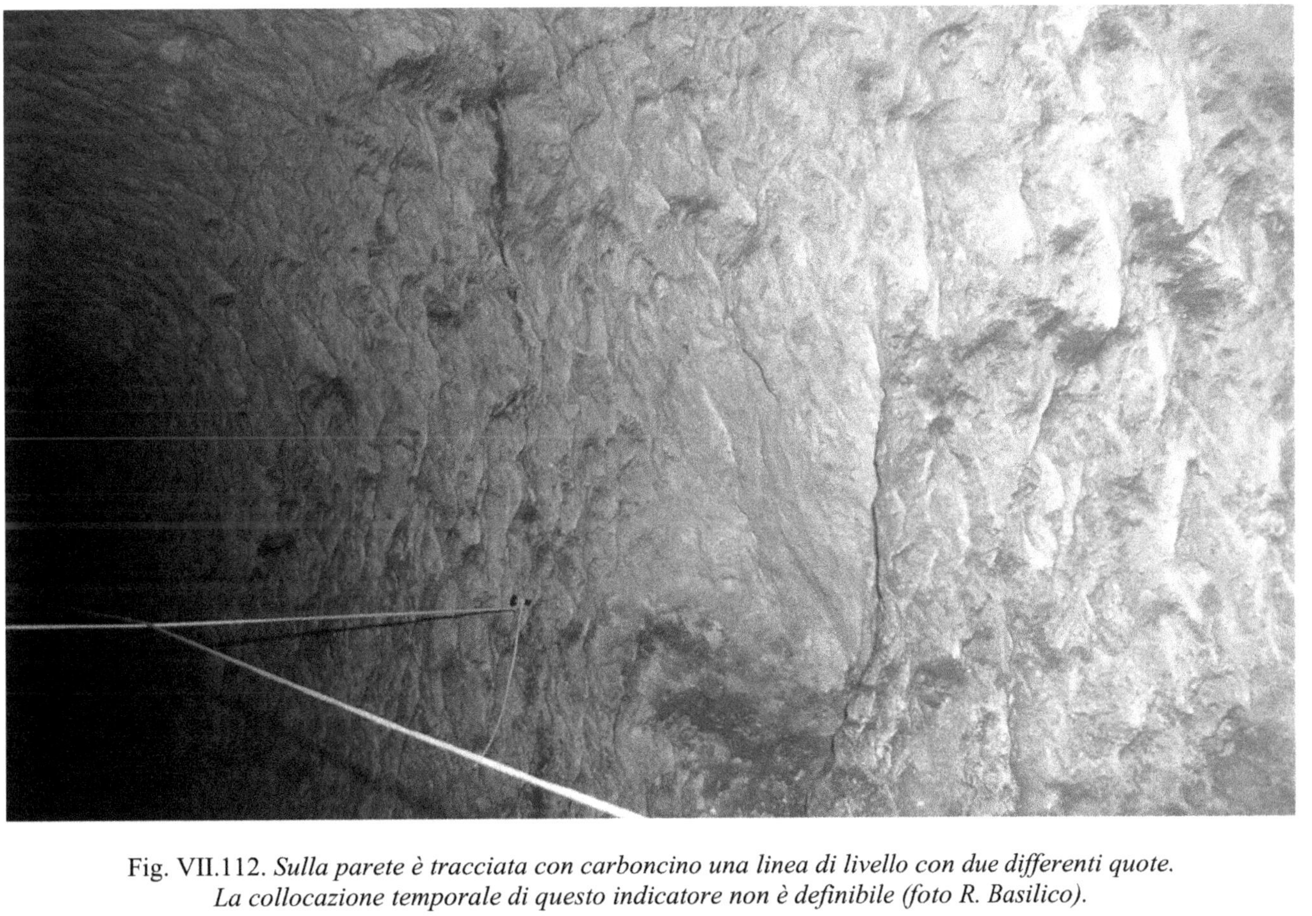

Fig. VII.112. *Sulla parete è tracciata con carboncino una linea di livello con due differenti quote. La collocazione temporale di questo indicatore non è definibile (foto R. Basilico).*

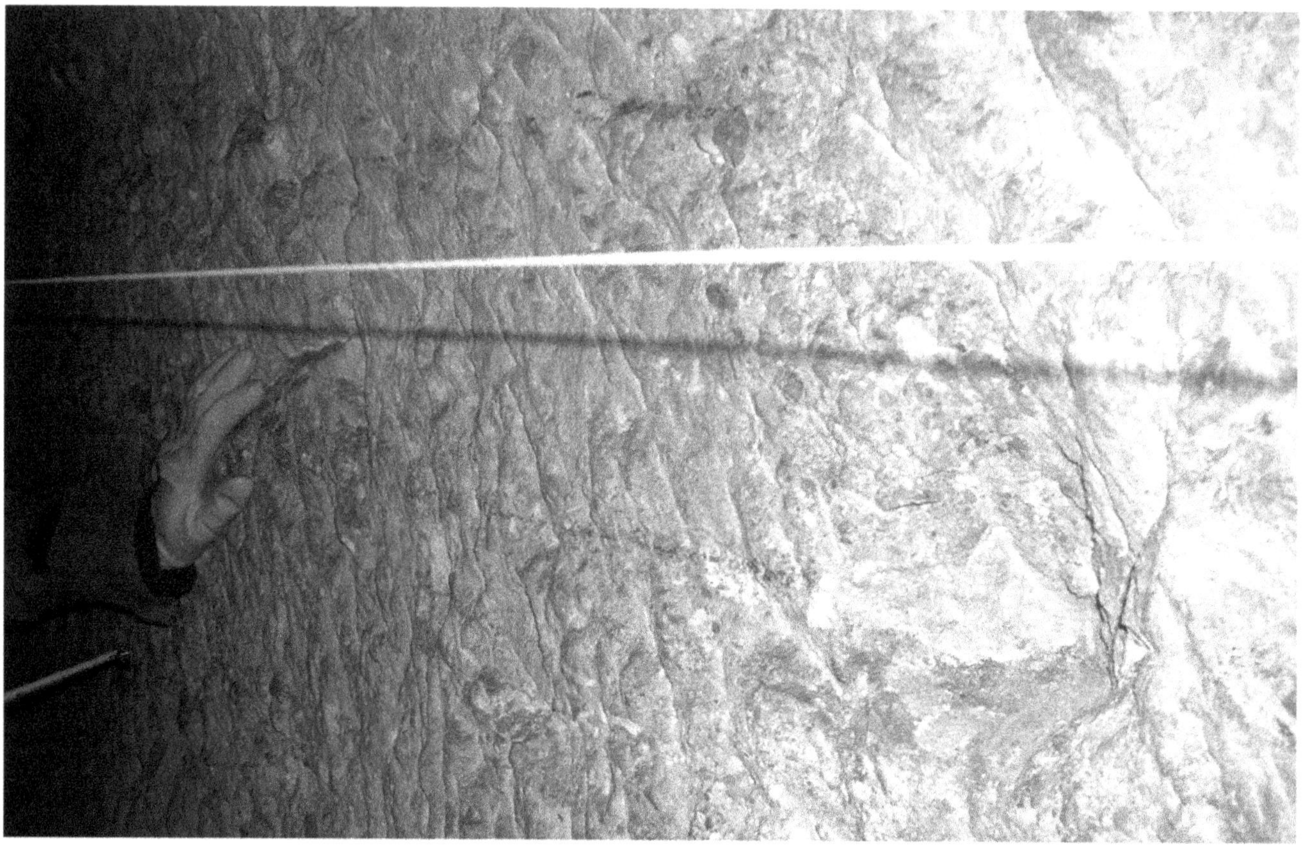

Fig. VII.113. *Segno di livello a carboncino (foto R. Basilico).*

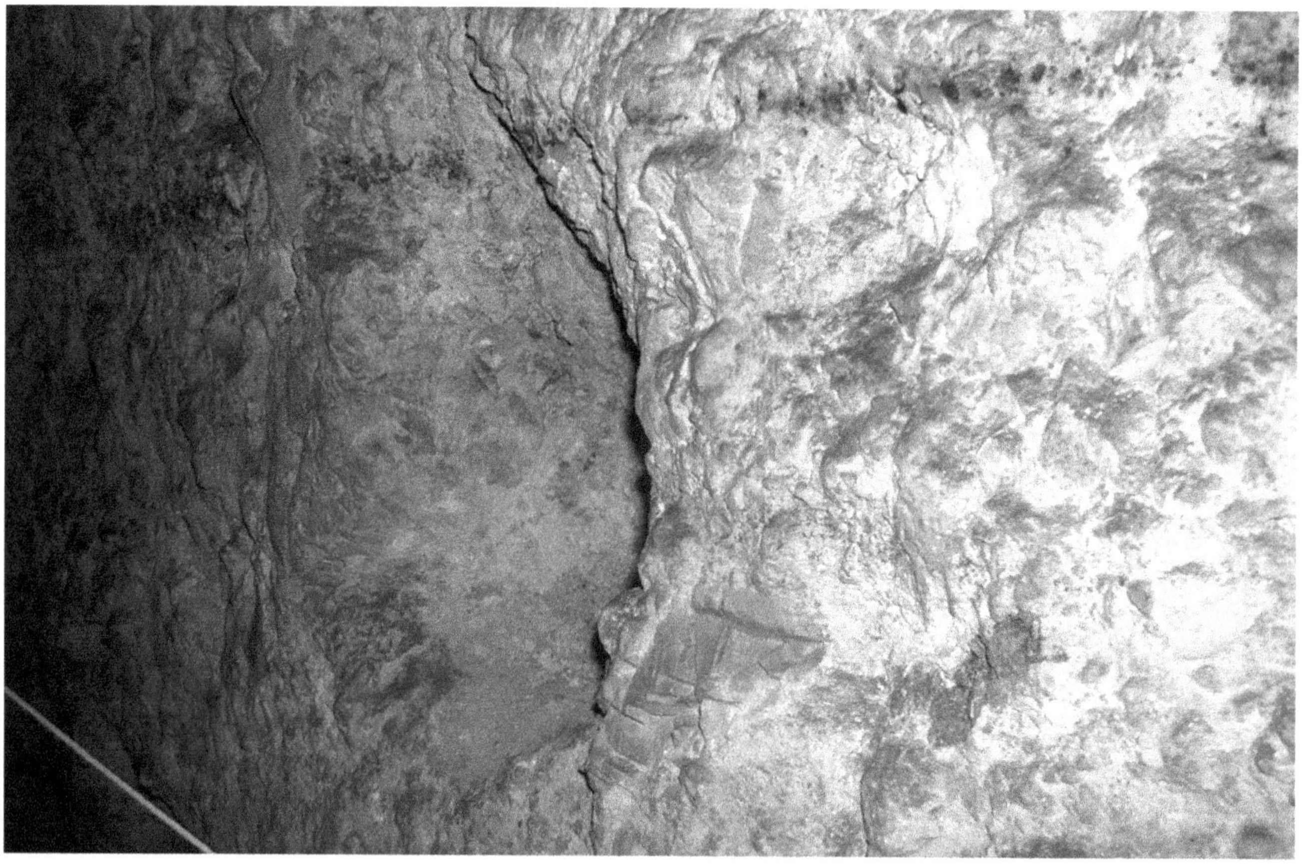

Fig. VII.114. *Linea di quota posta in prossimità di una nicchia: nelle operazioni di rilievo le quote fisse sono anche servite a posizionare gli indicatori presenti nel condotto ipogeo (foto R. Basilico).*

Fig. VII.115. *Posizionamento di una nicchia rispetto ad una quota di studio (foto R. Basilico).*

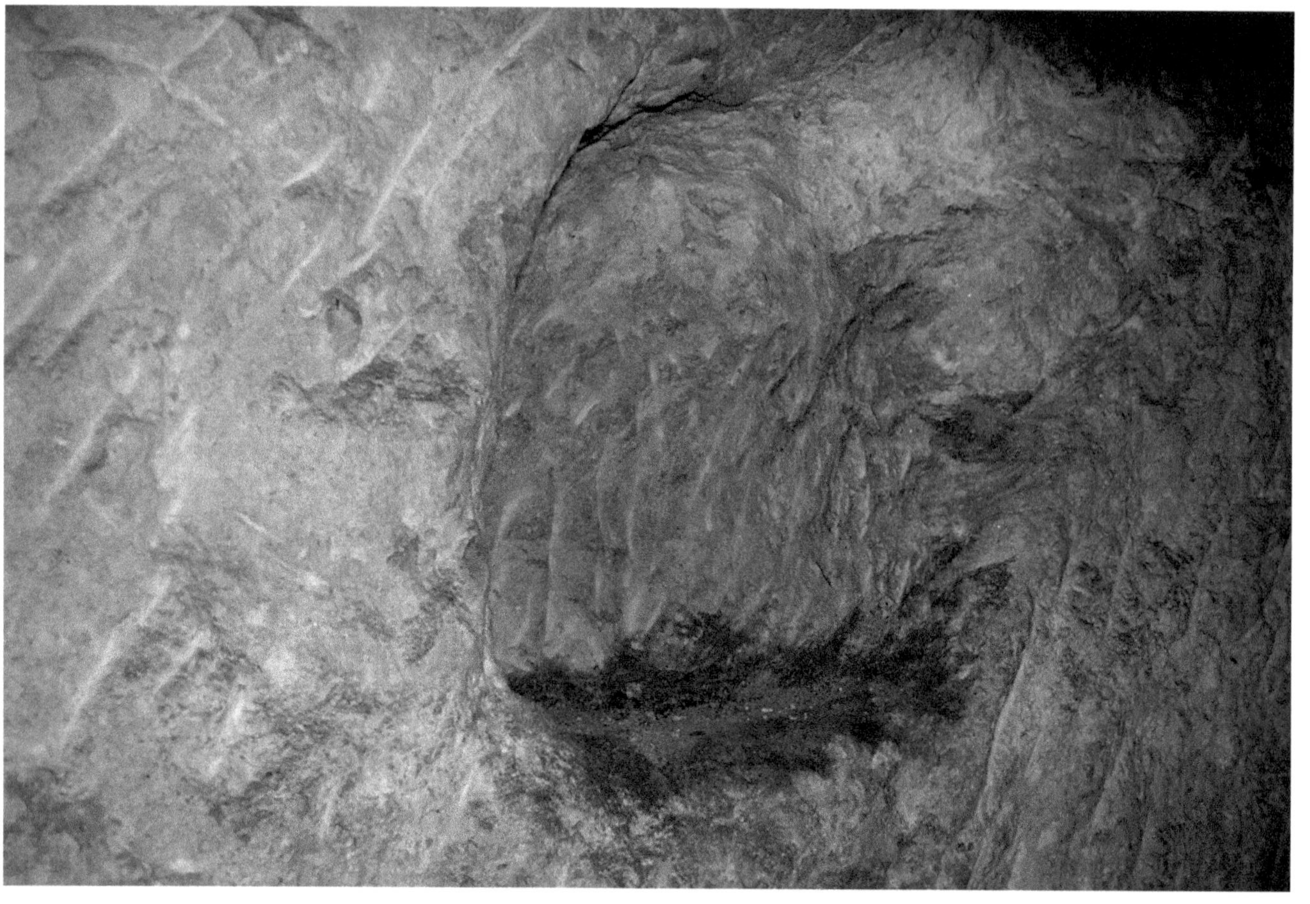

Fig. VII.116. *Nicchia per il sistema di illuminazione svasata alla sommità (foto R. Basilico).*

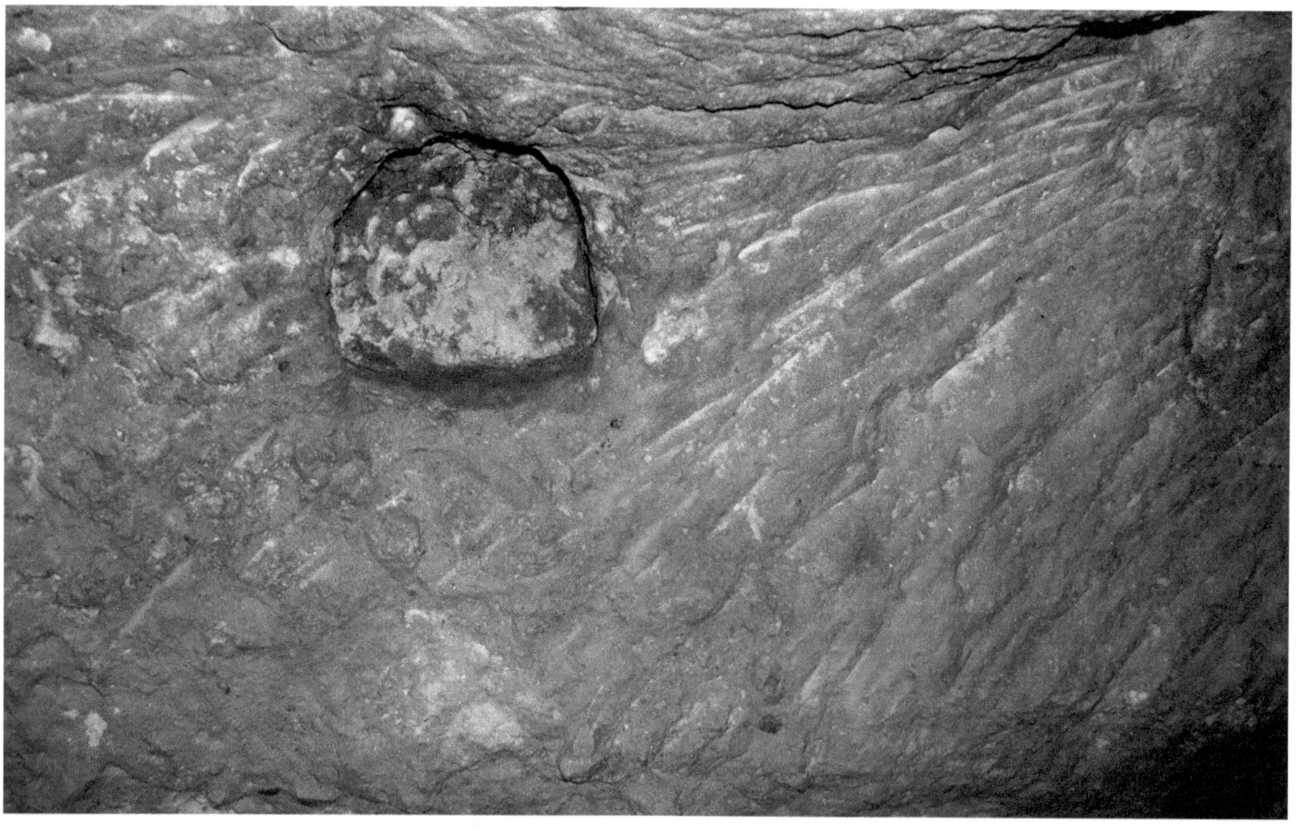

Fig. VII.117. *Nicchia voltata ben rifinita (foto R. Basilico).*

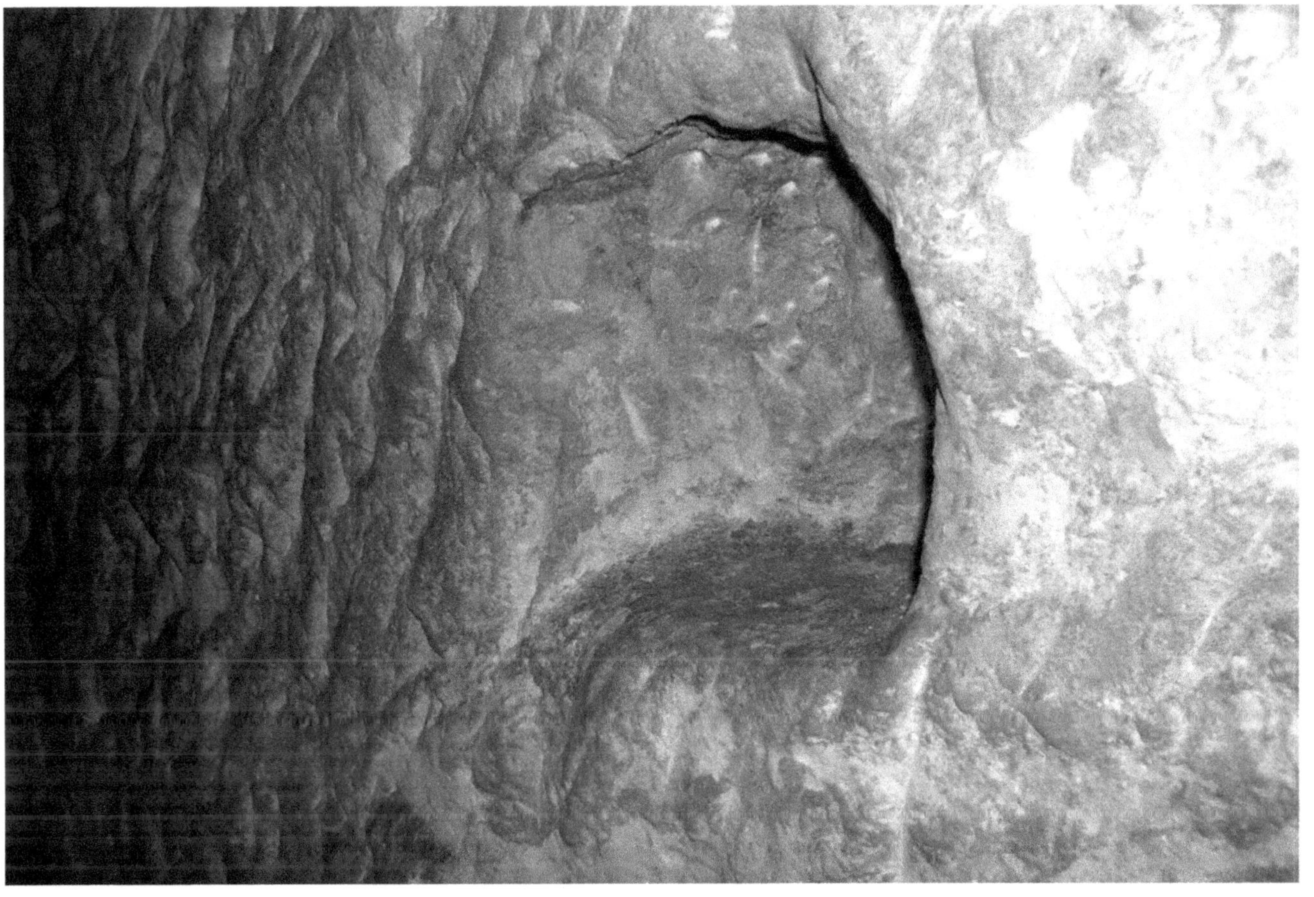

Fig. VII.118. *Nicchia per il sistema di illuminazione quadrangolare e con la parte alta voltata (foto R. Basilico).*

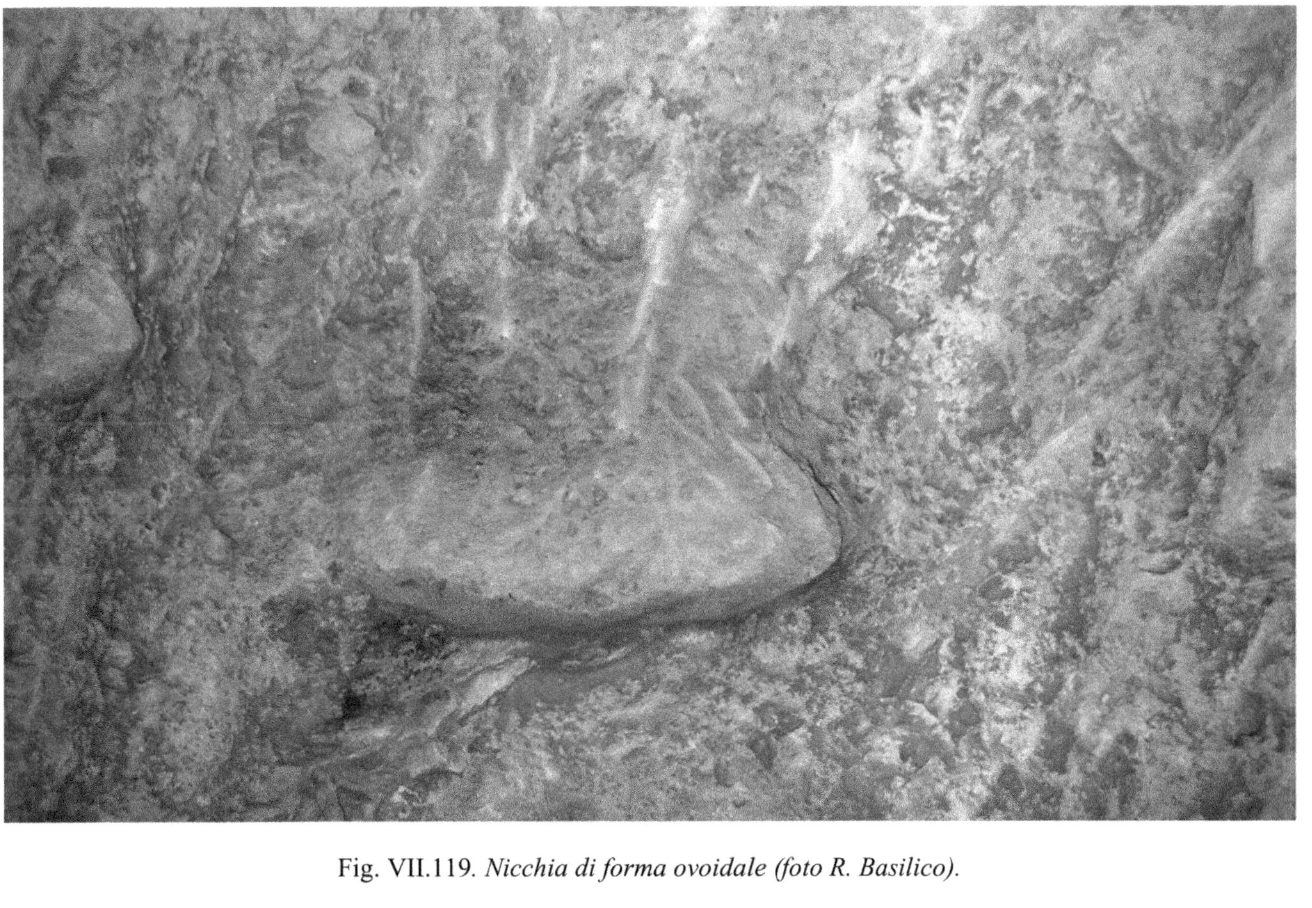

Fig. VII.119. *Nicchia di forma ovoidale (foto R. Basilico).*

Fig. VII.120. *Nicchia quadrangolare con lavorazioni lungo il profilo esterno e un bassorilievo a forma di giglio di Francia nella parte sommitale; ciò indica una realizzazione simultanea dei due elementi (foto R. Basilico).*

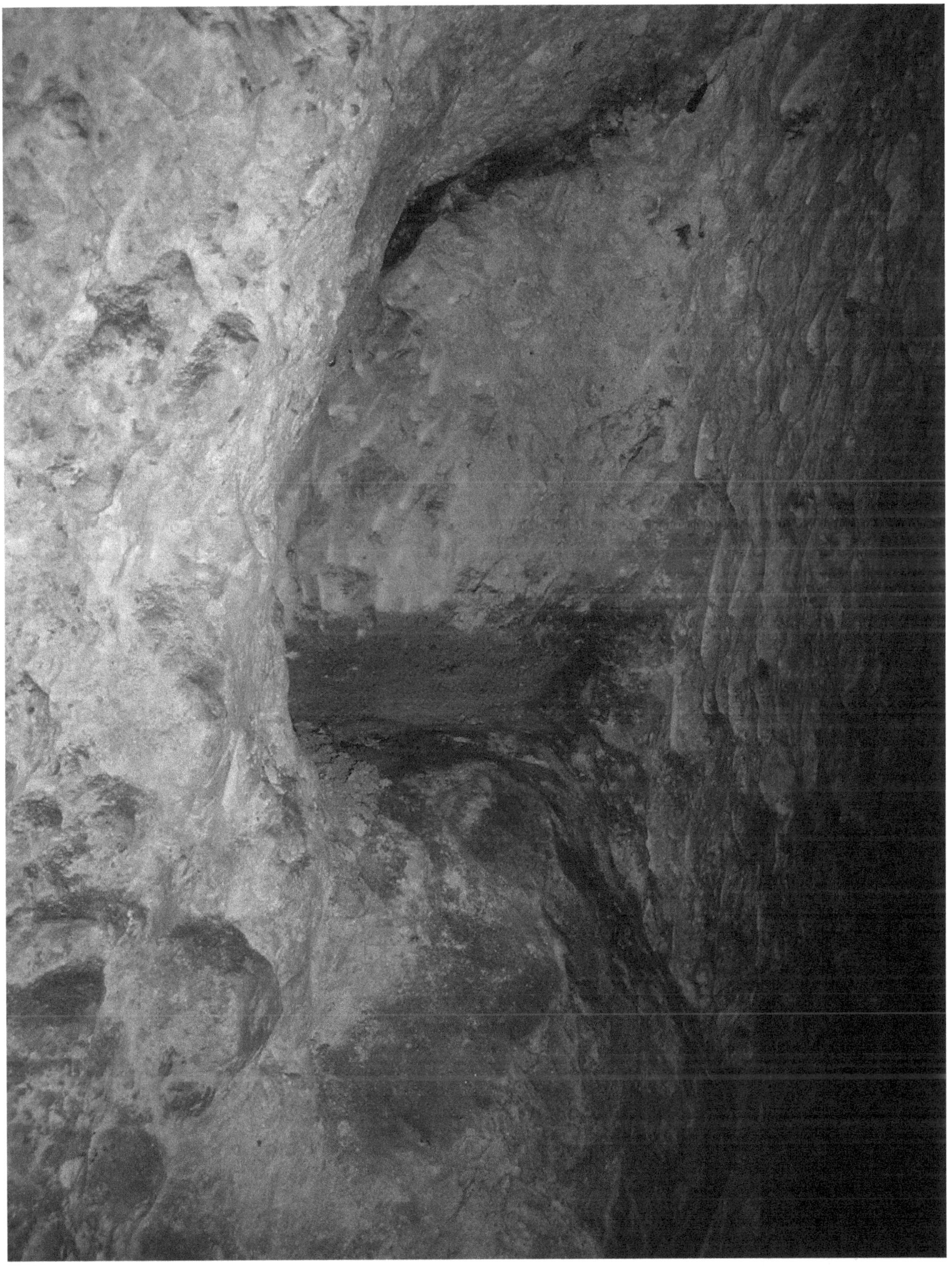

Fig. VII.121. *Nicchia con la stessa tipologia di rifinitura presente sulla superficie del condotto ipogeo; ciò indica la realizzazione delle nicchie in fase con l'esecuzione dell'opera (foto R. Basilico).*

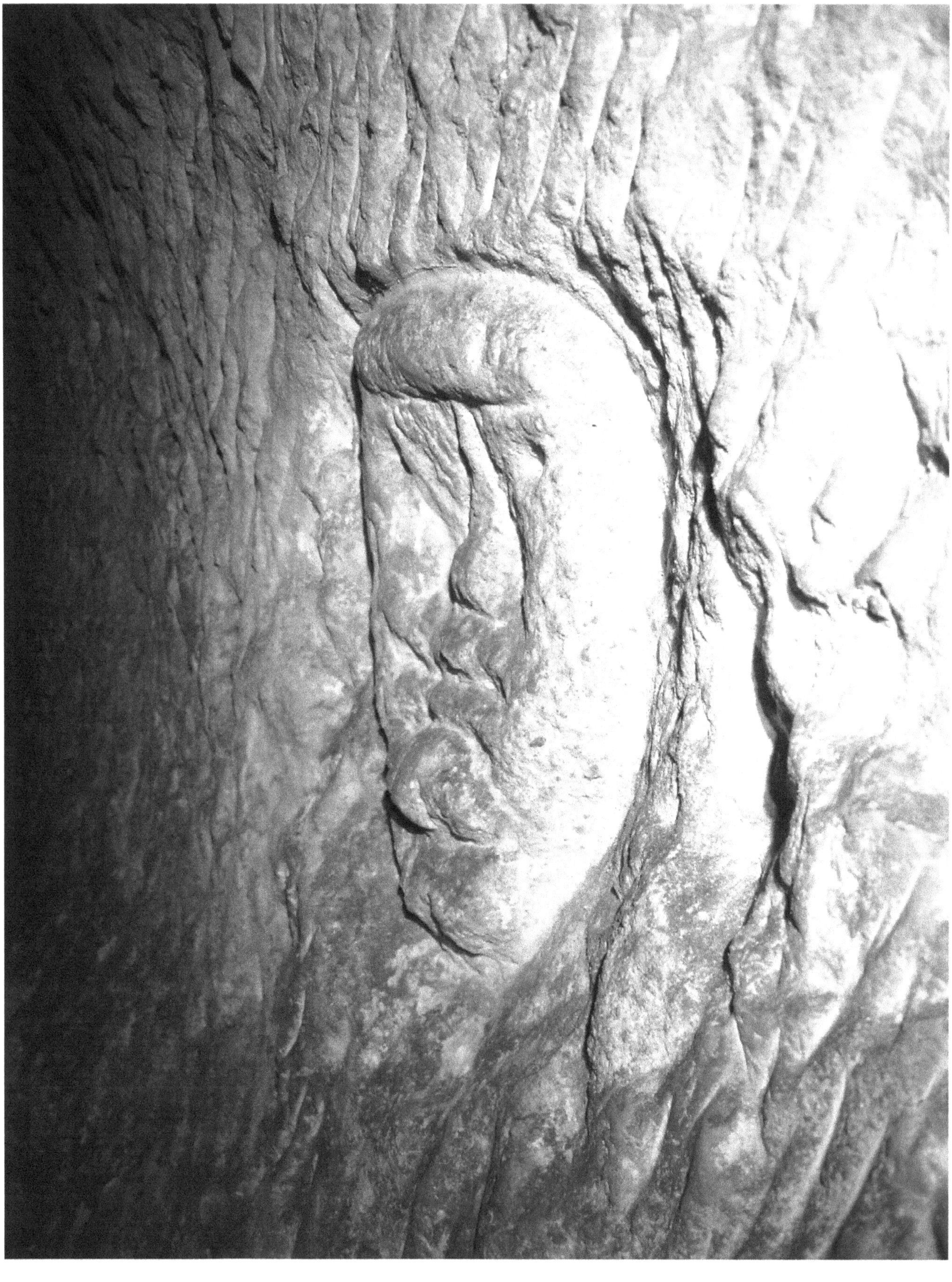

Fig. VII.122. *Bassorilievo BSLR08. Volto le cui modalità di esecuzione e rifinitura ne evidenziano la realizzazione in fase con lo scavo del condotto ipogeo (foto R. Basilico).*

Fig. VII.123. *Bassorilievo BSLR09. Uno dei volti scolpiti sulle pareti (foto R. Basilico).*

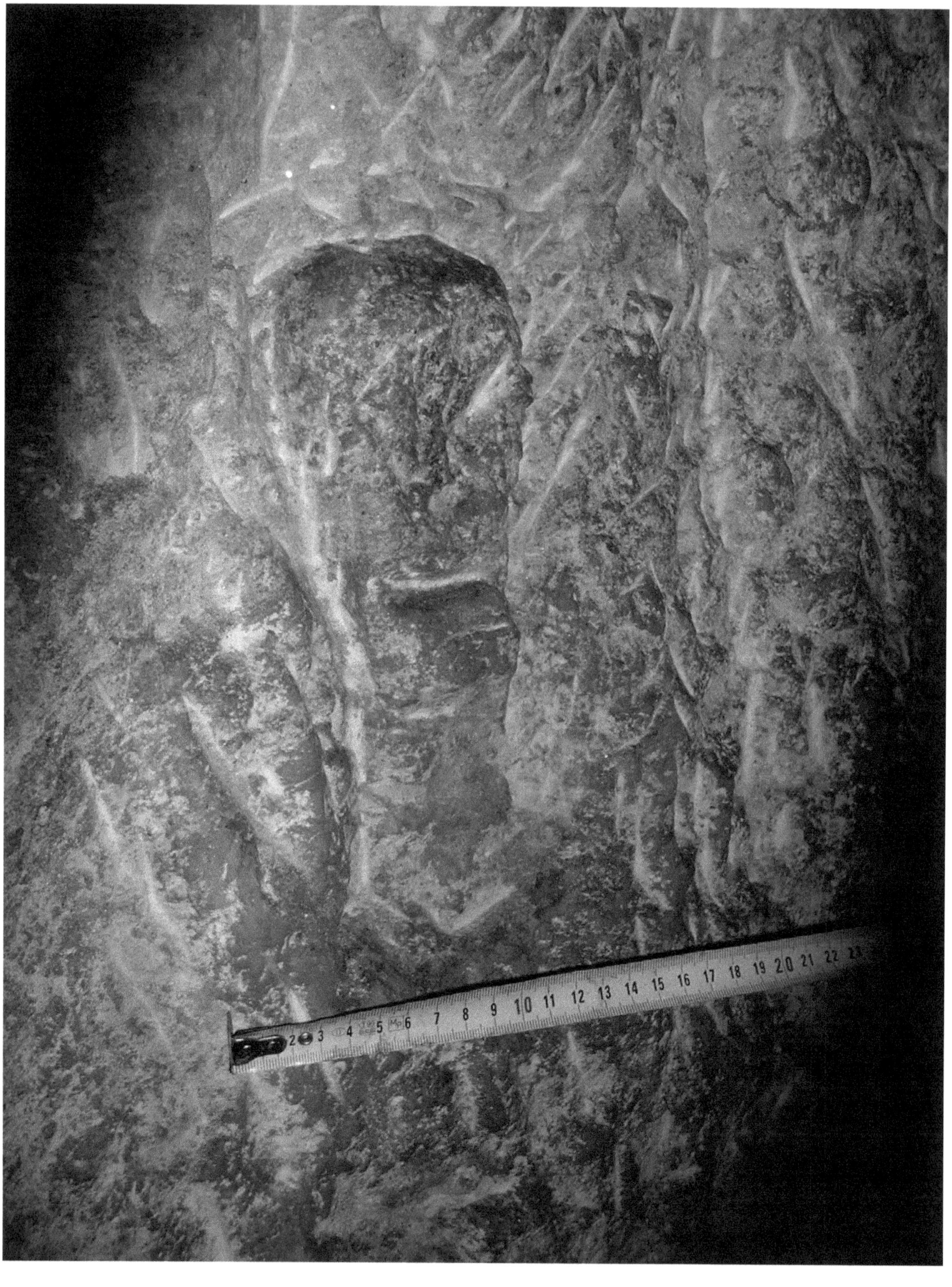

Fig. VII.124. *Bassorilievo BSLR04. Volto stilizzato su cui vi sono accenni delle orbite oculari, di naso e bocca (foto R. Basilico).*

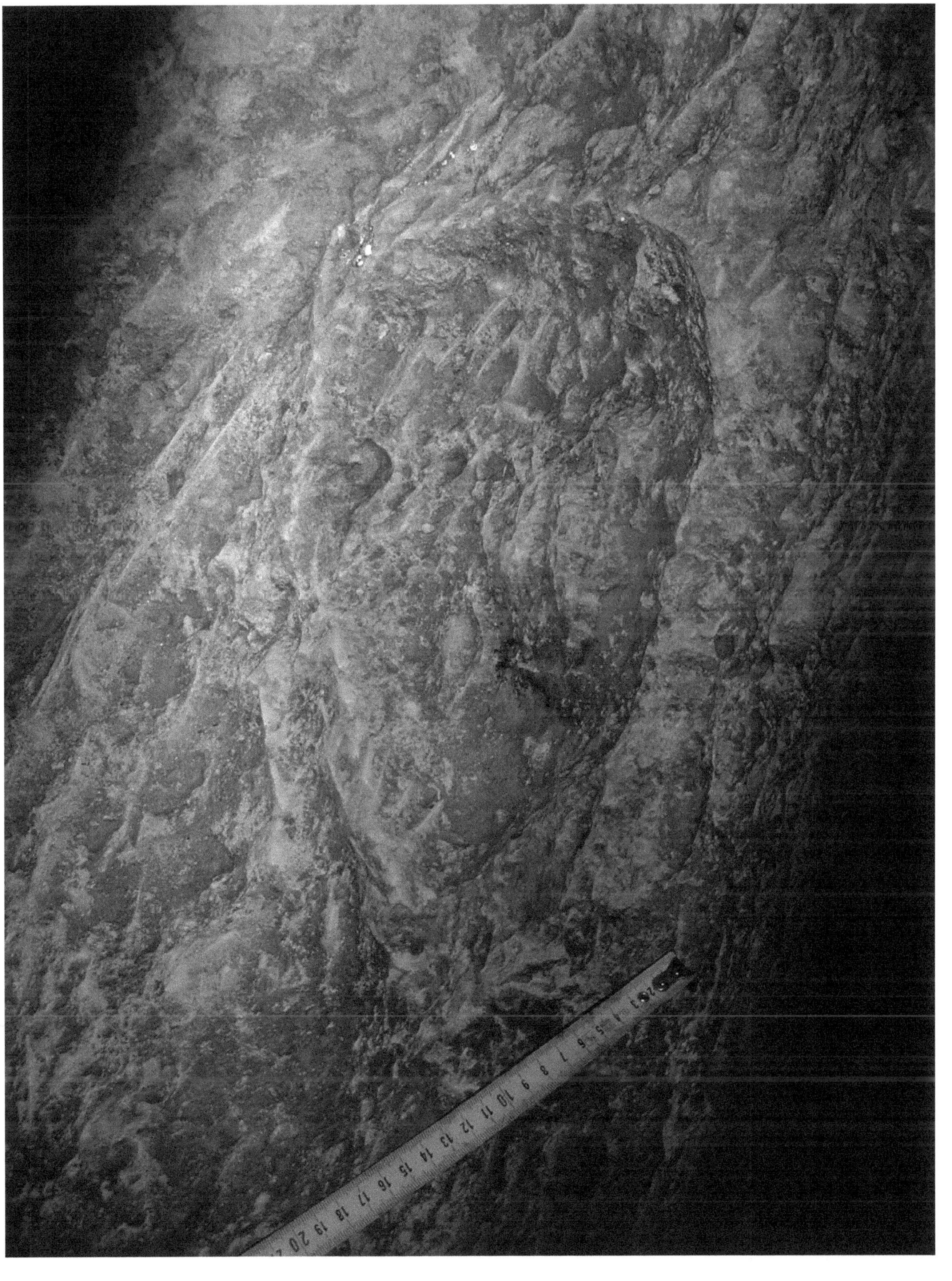

Fig. VII.125. *Bassorilievo BSLR05. Volto abbozzato (foto R. Basilico).*

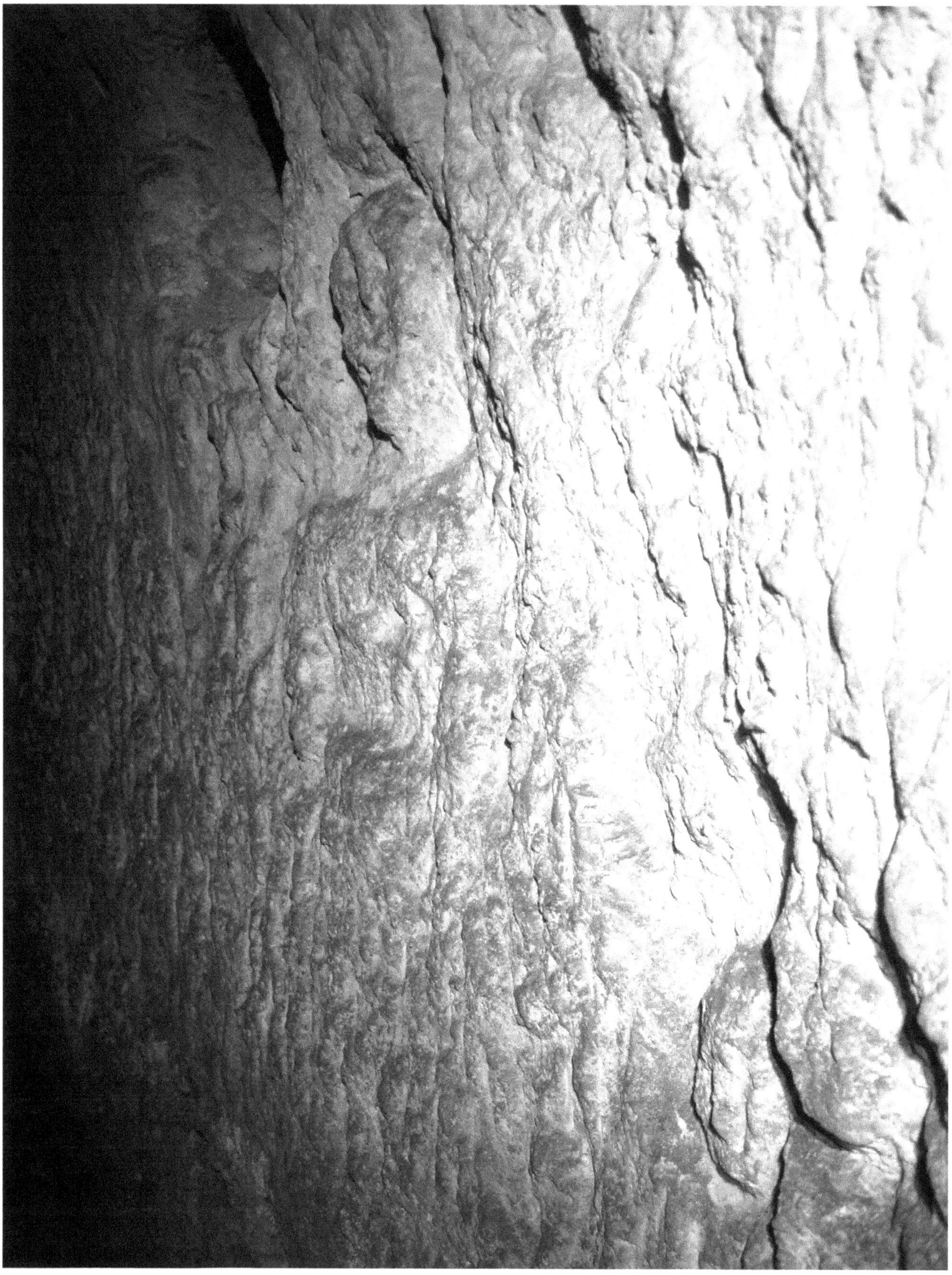

Fig. VII.126. *Bassorilievi BSLR05 e BSLR06. A destra si osservi un volto; a sinistra un corpo umano intero (foto R. Basilico).*

Fig. VII.127. *Bassorilievo BSLR18. Raffigurazione di un giglio rientrante nella categoria dei simboli (foto R. Basilico).*

Fig. VII.128. *Bassorilievo BSLR13. Questi segni sembrano raffigurare dei cuori (foto R. Basilico).*

Fig. VII.129. *Bassorilievo BSLR11. Rappresentazione di un giglio (foto R. Basilico).*

Fig. VII.130. *Bassorilievo BSLR15. La figura incisa somiglia ad un fiocco di neve (foto A. Verdiani).*

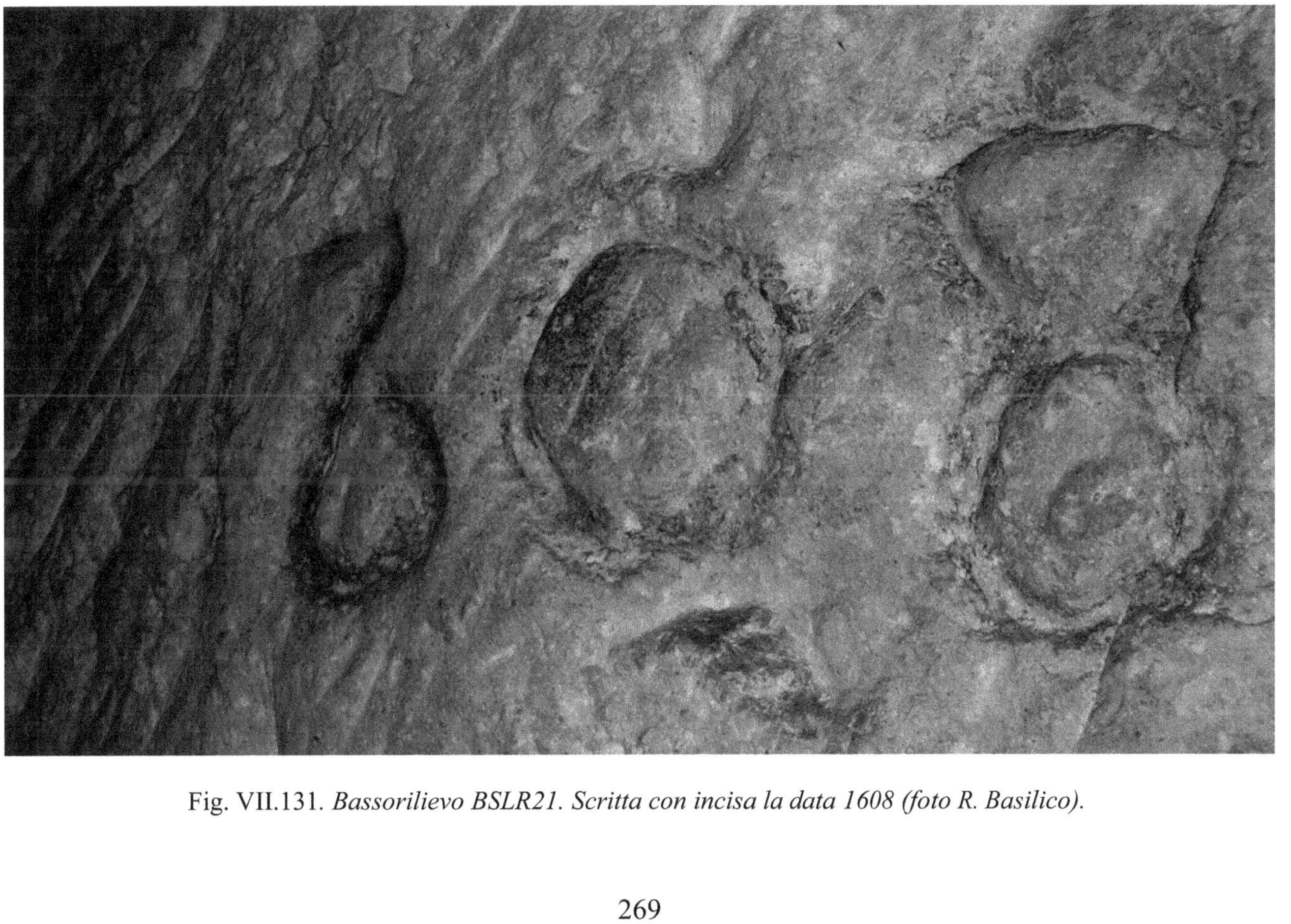

Fig. VII.131. *Bassorilievo BSLR21. Scritta con incisa la data 1608 (foto R. Basilico).*

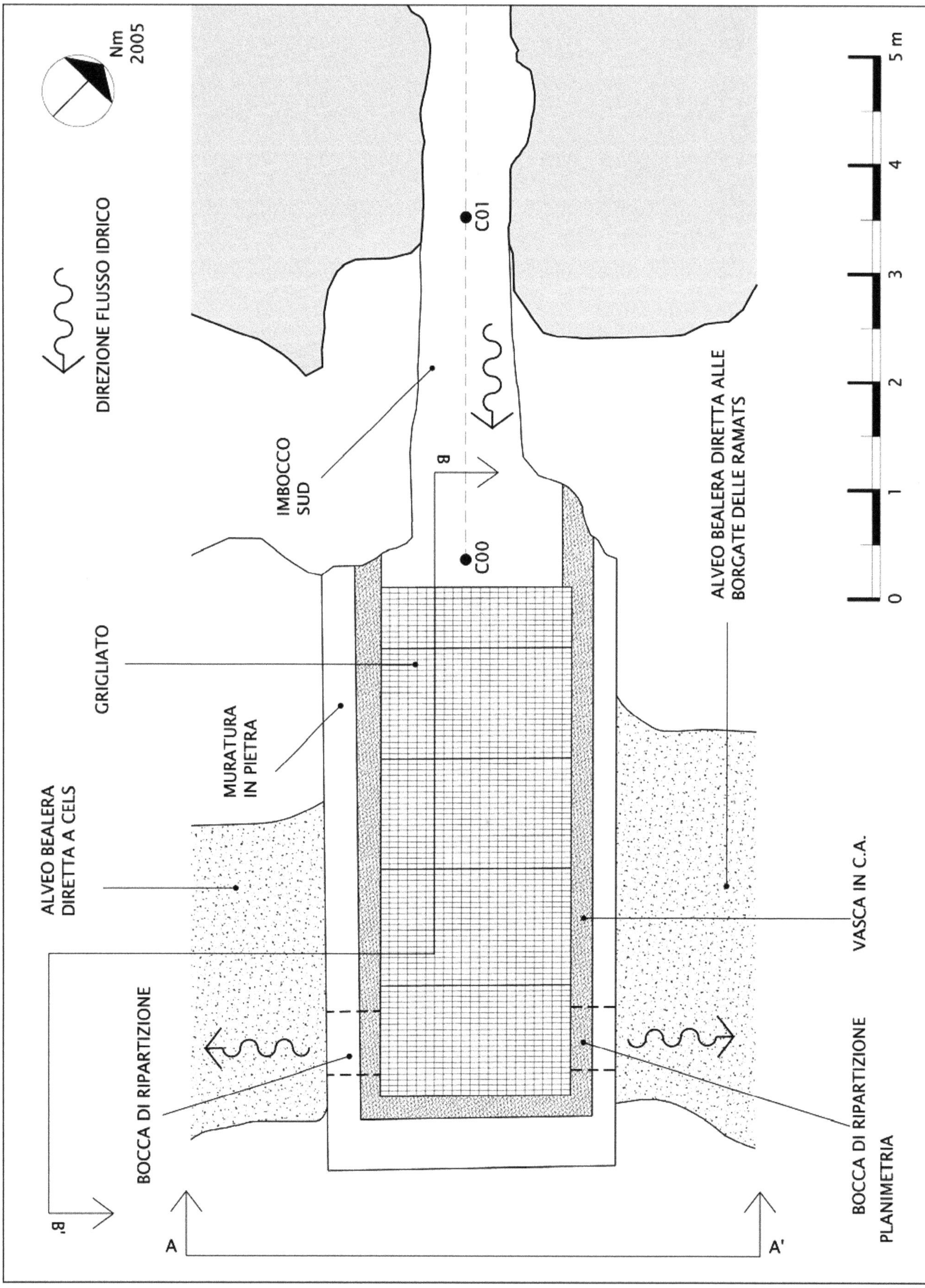

Fig. VII.132. *Zona 3: planimetria della vasca di raccolta posta all'imbocco sud (elaborazione degli Autori).*

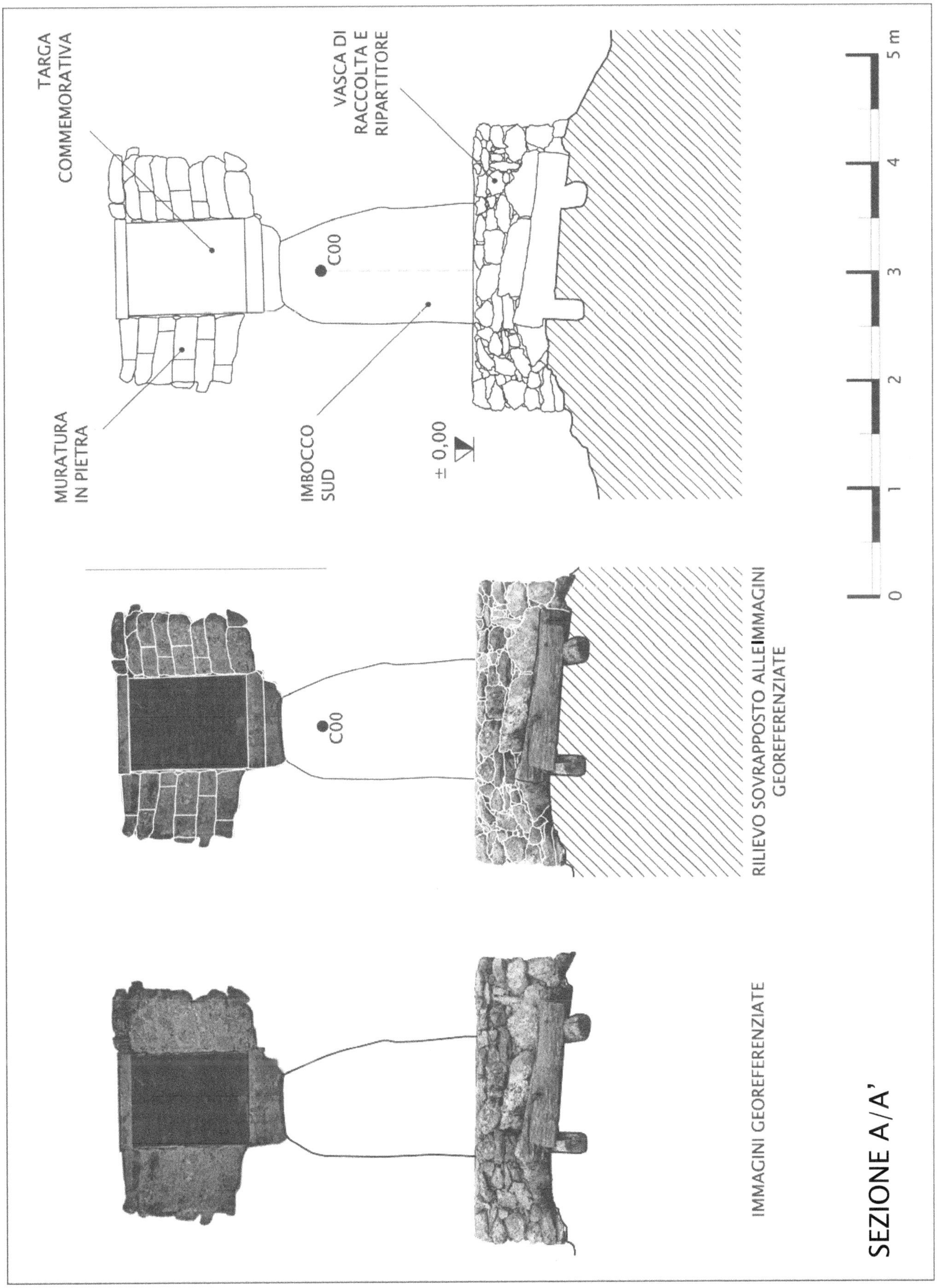

Fig. VII.133. *Zona 3: sezione A/A' e prospetto ottenuto mediante georeferenziazione (elaborazione degli Autori).*

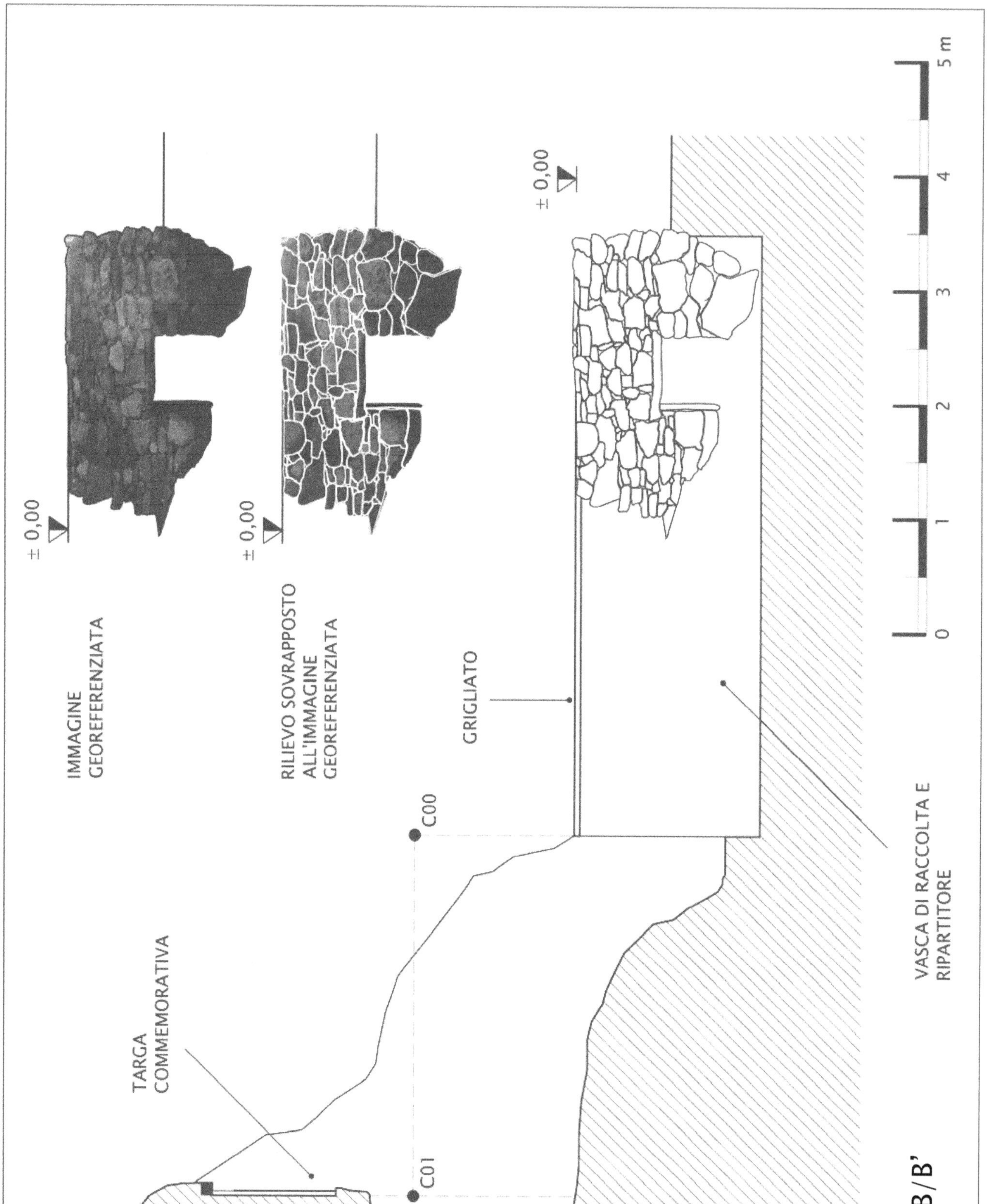

Fig. VII.134. *Zona 3: sezione longitudinale B/B' e prospetto con le bocche di ripartizione (elaborazione degli Autori).*

Fig. VII.135. *Zona 3. Imbocco sud del Trou de Touilles con la soprastante targa commemorativa (foto A. Thum).*

Fig. VII.136. *Zona 3. Imbocco sud del Trou de Touilles con la bandiera dell'Occitania (foto A. Thum).*

Fig. VII.137. *Zona 3. Area antistante il ripartitore: preparativi per le operazioni di rilievo (foto R. Basilico).*

Fig. VII.138. *Zona 3. Vista laterale del ripartitore e della zona antistante (foto R. Basilico).*

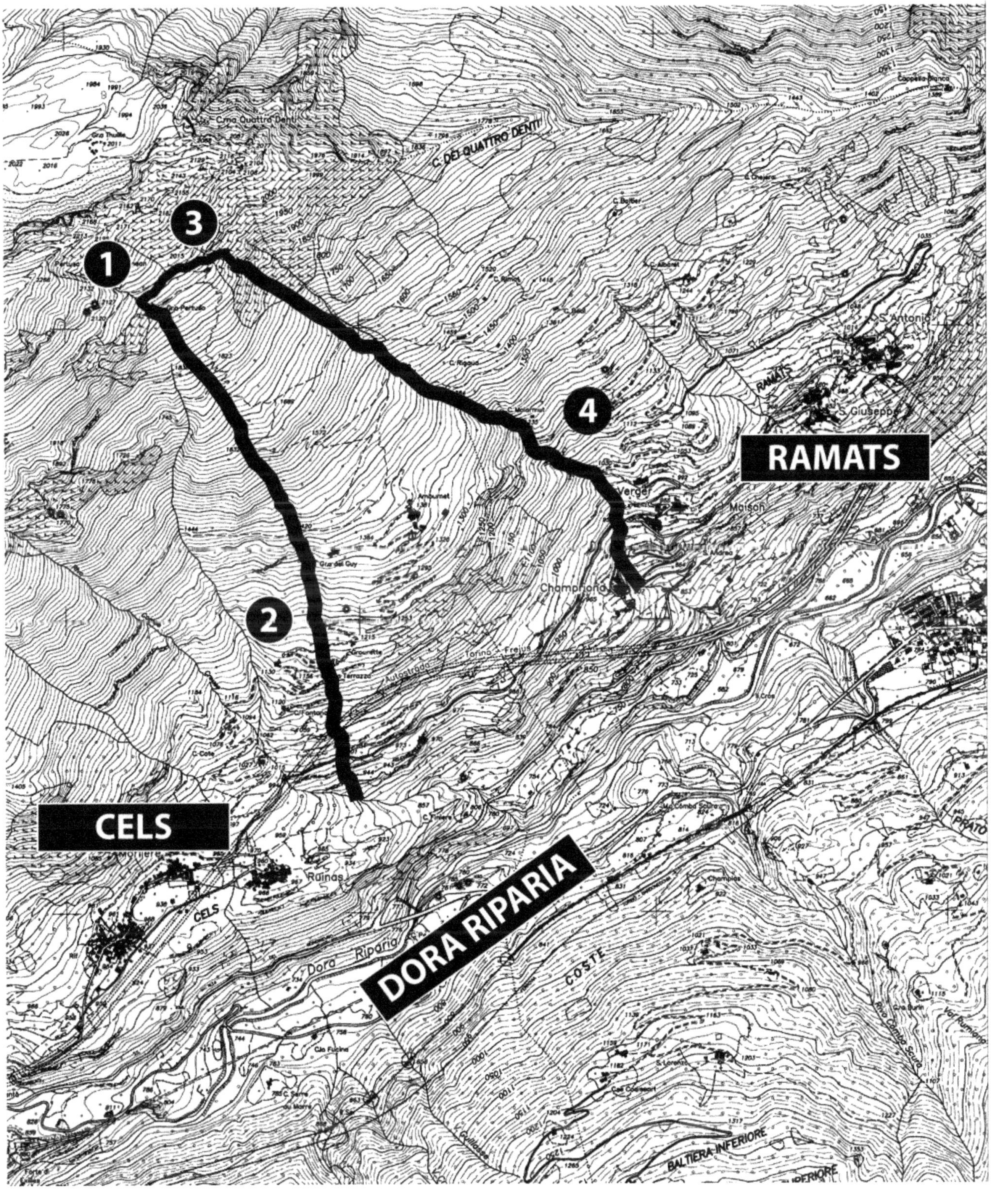

Fig. VII.139. *Zona 4: tracciato delle due* bealere *e dei due rispettivi rivi che distribuiscono l'acqua ai territori di Cels e alle borgate delle Ramats (elaborazione degli Autori).*

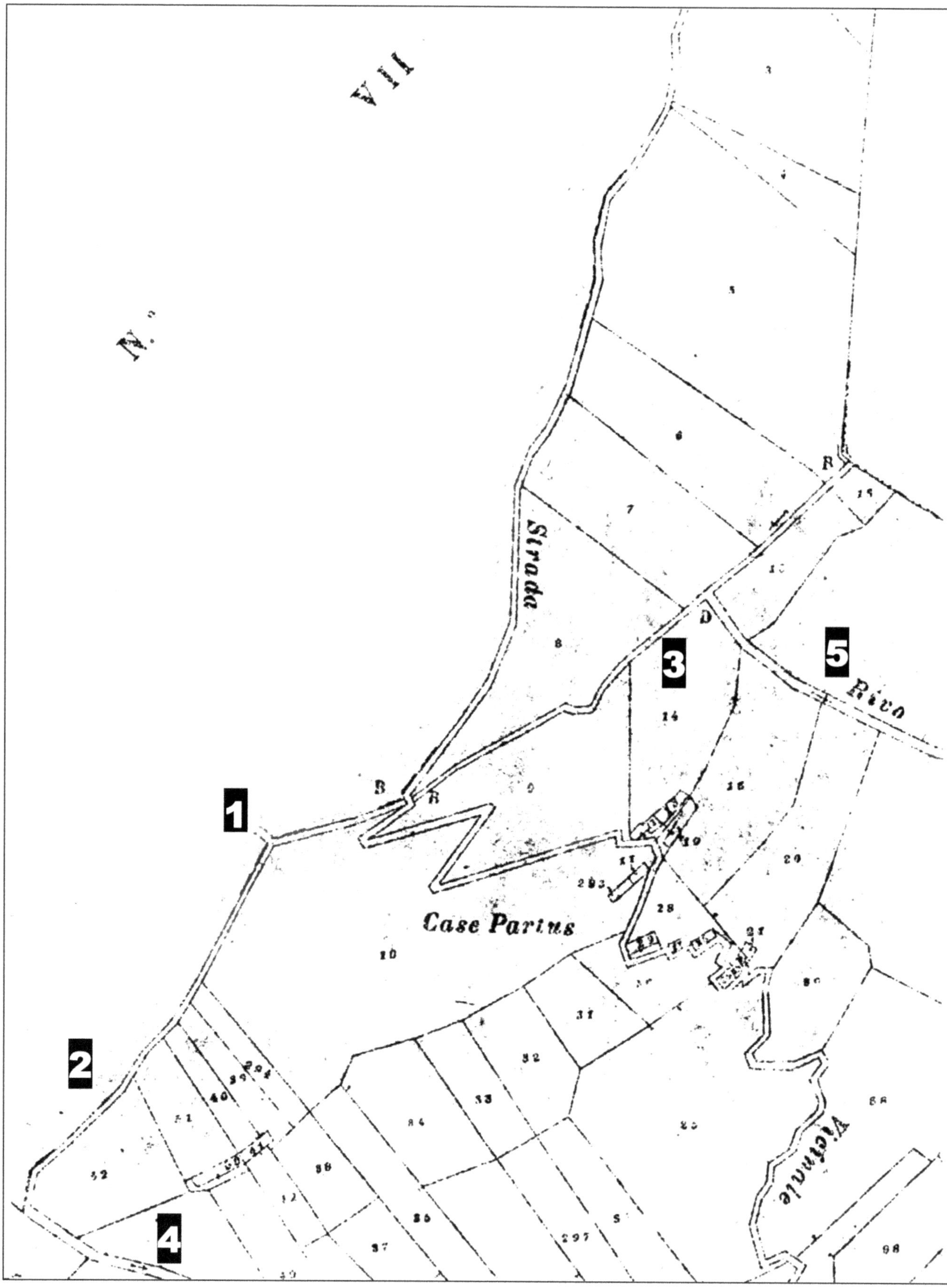

Fig. VII.140. *Zona 4: foglio catastale con l'ubicazione del Trou de Touilles (1), delle due* bealere, *dirette ai territori di Cels (2) e a quelli delle borgate delle Ramats (3), e dei rispettivi corsi di distribuzione delle acque (4 e 5) (elaborazione degli Autori)*

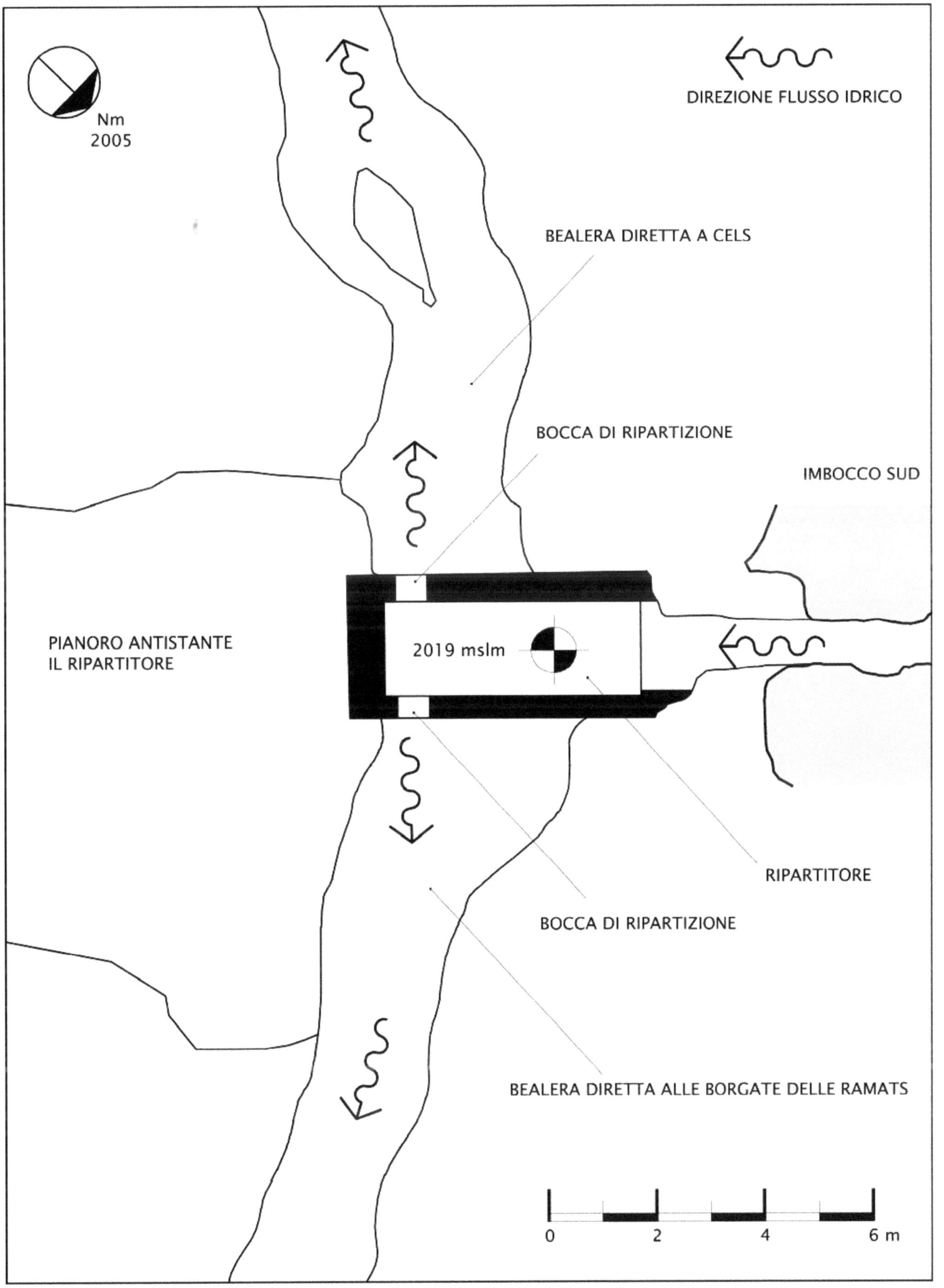

Fig. VII.141. *Zona 4: il ripartitore con le due* bealere *dirette a Cels e alle Ramats (elaborazione degli Autori).*

Fig. VII.142. Bealera *diretta a Cels. Il canale si dirama dal ripartitore posto all'uscita dell'imbocco sud (foto D. Padovan).*

Fig. VII.143. Bealera *diretta a Cels. Il canale prosegue su un corso "artificiale" lungo le isoipse; si inserisce quindi in un avvallamento e prosegue seguendo la morfologia della montagna (foto D. Padovan).*

Fig. VII.144. *Sulla destra si vede il punto in cui la* bealera *diretta a Cels diventa un rio (foto D. Padovan).*

Fig. VII.145. *Vecchia paratìa per la regolazione del flusso idrico abbandonata in prossimità dell'imbocco sud (foto D. Padovan).*

Fig. VII.146. *Il rio che porta l'acqua verso i territori di Cels, dove viene derivata e utilizzata nei campi (foto D. Padovan).*

Fig. VII.147. Bealera *diretta alle borgate delle Ramats; vista del tratto a lato del ripartitore (foto D. Padovan).*

Fig. VII.148. Bealera *diretta alle borgate delle Ramats; punto in cui l'acqua viene convogliata nel rivo e inizia la sua discesa. Sullo sfondo i Quattro Denti (foto R. Basilico).*

Fig. VII.149. Bealera *diretta alle borgate delle Ramats (foto R. Basilico).*

Fig. VII.150. *Borgate delle Ramats: canale di derivazione che porta ai campi l'acqua del Trou de Touilles (foto D. Sibille).*

CAPITOLO VIII

I DOCUMENTI

VIII.1 - *La bibliografia esistente*

Nel 1870 Felice Chiapusso pubblica in uno scritto intitolato "Il Traforo di Touilles e Colombano Romeàn" sei documenti relativi al Trou de Touilles: i primi tre redatti in lingua latina e gli ultimi tre in lingua francese. Nel 1972 Ettore Patria pubblica sulla rivista "Il Geometra" lo studio: "Il Traforo dei Quattro Denti di Exilles e Colombano Romeàn", facendo un'analisi della documentazione edita dal Chiapusso. Sempre Ettore Patria trasmette il 31 agosto 1979 al Comune di Chiomonte una relazione, mai pubblicata, sulla legittimità giuridica dello stesso Comune all'utilizzo delle acque di Touilles e del loro transito sul territorio del Comune di Exilles attraverso il Trou de Touilles. Alla relazione sono allegati il primo documento e una "Sentence arbitralle entre la Communauté de Chaumontz et ceulx des Ramatz sur le different du trou de Touilles". Il documento, presente nell'Archivio Storico Comunale di Chiomonte, era già stato precedentemente inserito nella Tesi di Laurea del dott. Giuseppe Joannas che si era avvalso di una trascrizione effettuata da Valerio Coletto. L'interesse verso il Trou de Touilles e Colomban Romeàn, nasce nello studioso Valerio Coletto in seguito al rinvenimento e alla trascrizione di questa "Sentence arbitralle". Dagli anni 1973 e 1974; amplia gli studi con altra documentazione proveniente dall'Archivio Comunale e con il materiale documentario e di edizione raccolto e trasmessogli dal Patria.

Nel 1996 il ramatese Mario Jannon pubblica: "Pertus - Opera idraulica di Colombano Romeàn", un testo di 85 pagine che riassume le pubblicazioni precedenti. Inserisce anche le tre traduzioni in lingua italiana dei primi tre documenti pubblicate dal Chiapusso nel 1879 e nuove traduzioni in lingua italiana degli altri tre documenti. Lo studio documentale di seguito riportato del Trou de Touilles e di Colombano Romeàn, si avvale dei documenti editi dal Chiapusso e di quelli rintracciati nell'Archivio Storico di Chiomonte da Valerio Coletto. Nel presente studio ci si è avvalsi di un brogliaccio sul Trou de Touilles e Colombano Romeàn scritto nell'anno 1997 da Valerio Coletto, che ha concesso l'autorizzazione ad utilizzare, per questa pubblicazione, ciò che si sarebbe ritenuto utile.

VIII.2 - *I documenti editi da Felice Chiapusso*

Nel 1879 Felice Chiapusso, nato il 30 maggio 1841 a Susa, avvocato, storico e socio del C.A.I., pubblica una serie di documenti rinvenuti presso una famiglia delle Ramats. I documenti sono atti notarili raccolti in un libro di 40 pagine: quattro della prima metà del XVI sec. e due della seconda metà del XVII sec. I primi tre documenti sono redatti in lingua latina, forma scritta nel Delfinato in questo periodo. Nel 1539, con l'Ordonnance di Villers-Cotterets il Re di Francia Francesco I decreta il francese quale lingua ufficiale del Regno di Francia. Nel 1540 il Parlamento di Grenoble autorizza l'adozione della lingua francese all'interno del Delfinato.

Le copie degli Atti notarili sono in realtà sette (il documento della transazione del 16 giugno 1651 è riportato due volte), alle quali si devono aggiungere tre doppie traduzioni in lingua francese dei primi tre documenti, redatti in originale all'inizio del Cinquecento in lingua latina. Questa documentazione è distribuita in cinque fascicoli dei quali i primi tre di inizio Seicento costituiscono una serie, mentre i fascicoli quattro e cinque di fine Seicento costituiscono una seconda serie. La documentazione del Trou di Touilles rinvenuta dal Chiapusso viene trasferita nel Museo Civico di Susa dove rimane per oltre un secolo. Nell'introduzione del suo libro Chiapusso scrive: «Questi documenti, per lunga consuetudine, sono custoditi dagli abitanti delle Ramats, ma trovansi già in ben deplorevole condizione e credo sarebbe opera buona e commendevole che il Comune di Chiomonte li raccogliesse e custodisse nei suoi archivi onde impedirne il maggior detrimento ed anche il possibile disperdimento dei medesimi» (Chiapusso 1879, p. II). Attualmente la documentazione è ancora collocata nell'Archivio Storico di Susa.

Nella prima serie troviamo le tre copie in latino dell'anno 1603, redatte manualmente dal notaio chiomontino delle Ramats Jehan Sibille che le estrae da altre copie dell'anno 1553, redatte dal notaio chiomontino Francoys Rostollan. Alla stesura di queste copie è presente il notaio chiomontino Claude Dupuy in qualità di Castellano di Chiomonte e di vice-giudice. Alla collazione delle tre copie partecipano assieme al notaio

Jehan Sibille altri due notai chiomontini dell'epoca: Hierosme Jallin e Jehan Dupuy, figlio del castellano Claude. Le tre copie vengono autenticate in lingua francese da tutti e tre i notai partecipanti alla collazione, e sottoscritte dagli stessi con i propri "signets manuels". La triplice autenticazione notarile, che nella storia dei documenti chiomontini dell'epoca appare un episodio unico, ne dimostra l'importanza.

Le traduzioni in lingua francese delle copie in lingua latina sono prive di sottoscrizione, ma possono essere attribuite con un'analisi calligrafica al notaio Jehan Dupuy. Il 12 settembre 1603 vi sono due copie dei tre documenti in lingua latina relativi al traforo di Touilles, quelle scritte dal notaio Jehan Sibille e quelle scritte nel 1553 dal notaio Francoys Rostollan. Il notaio Francoys Rostollan nell'atto di autenticazione dei tre documenti, in lingua latina, dichiara di averli estratti dai Protocolli notarili del padre, il notaio Jehan Rostollan che, come si evince dal testo del documento, aveva redatto gli originali.

- Il primo di questi documenti ha come titolo "*Concessio aqueductus habitantibus de Ramatis per Communitatem Exillearum aque de Monte de Tulliis*" e viene rogato a Exilles dal notaio Jehan Rostollan il 3 ottobre 1504. La traduzione in francese del 1603, compiuta dal notaio Jehan Dupuy, è intitolata: "Traduction en langue vulgayre de l'Instrument d'albergement de l'aqueduct de Tollies par la Comunaulté d'Essilhes aux particulliers des Ramas".
- Il secondo di questi documenti scritti in latino viene rogato dal notaio Jehan Rostollan a Chiomonte il 20 ottobre 1526 ed ha come titolo "*Conventio facture aqueductus de Tulliis inter habitantes de Celsis et Ramatis cum Columbano Romeani*". La versione seicentesca in francese del notaio Jehan Dupuy è intitolata "Traduction de l'Instrument de priffaict du bealier et trou de Tollies par les particulliers des Ramas a Colomban Romean dudict lieu".
- Il terzo di questi documenti in lingua latina viene rogato dal notaio Jehan Rostollan a Chiomonte il 10 giugno 1534 e non ha intitolazione. La versione in lingua francese del notaio Jehan Dupuy è intitolata: "Traduction de transaction et accord entre la Communaulté d'Essilhes et les particulliers des Ramas pour occasion du Trou de Tollies".

La seconda serie di documenti è conservata presso l'Archivio Storico Comunale di Susa ed è composta dal quarto e dal quinto fascicolo.

Il quarto fascicolo è costituito da due copie di documenti, scritte dal cappellano Pierre Blays delle Ramats e redatte su "papier timbré du Dauphiné" ossia su carta bollata. Queste due copie sono autenticate dal notaio chiomontino Jean Balp e sottoscritte in data 15 gennaio 1693 dallo stesso e dal custode dei Protocolli notarili del notaio chiomontino Pierre Fornier, il chiomontino Jean Baptiste Bacon. Gli Atti originali di questi due documenti vengono rogati ad Exilles il 16 giugno 1651 dal notaio chiomontino Pierre Fornier.

- Il regesto del primo risulta indicato come "Transaction entre la Communauté d'Exilles et Sels, d'une part et les habitants des Ramas adsìstéz de la Communauté de Chaumont".
- Il secondo atto notarile porta il titolo o regesto "Convention entre la Communauté de Chaumont et le General des Ramas".

Il quinto fascicolo è composto da un quaderno, di circa venti pagine, contenente:

- Le copie delle tre traduzioni in lingua francese dei primi tre documenti in lingua latina di inizio Cinquecento.
- La copia, non autenticata da notai, di un atto notarile rogato il 15 giugno del 1553 dal notaio chiomontino Gabriel Juget, intitolata "Transaction et accord avec autres conventions faites entre les Consuls d'Exilles au nom des manants et habitants de Sels, d'une part, et les Consuls de Chaumont au nom des manants et habitants des Ramas, d'autre, touchant le partage de l'eau du Trou de Touilles".
- La seconda copia della transazione del 16 giugno 1651.

Di questa seconda serie i primi tre documenti sono copie, scritte a fine Seicento, delle traduzioni effettuate nel 1603 dal notaio Jehan Dupuy di copie degli atti rogati nei primi decenni del Cinquecento dal notaio Jehan Rostollan. Queste cinque copie di fine Seicento vennero scritte di pugno dal cappellano delle Ramats il 13 gennaio 1695, come documenti del primo gruppo secondo l'auto-certificazione dello stesso cappellano Pierre Blays così espressa «Extrait tire de son original le 13.sme janvier 1695, par moy P. Blais prestare» dove "P.

Blays prestre" è la autentica segnatura del cappellano delle Ramats. Queste copie non presentano autenticazione notarile.

Su tredici copie dei documenti conservati nell'Archivio Storico di Susa nove sono state scritte da ramatesi: le tre copie in latino dal notaio ramatese Jehan Sibille e le sette copie della seconda serie dal cappellano ramatese Pierre Blays. Al notaio chiomontino Jehan Dupuy spettano le traduzioni in lingua francese dei tre documenti redatti in latino dal notaio Jehan Rostollan. Cinque dei sei documenti inerenti il Trou de Touilles sono autenticati. Il documento cronologicamente collocabile come quarto, quello rogato il 15 giugno del 1553 dal notaio chiomontino Gabriel Juget, non possiede autenticazione notarile; tuttavia se ne trova la stesura originale in un protocollo notarile dello stesso notaio Gabriel Juget nell'Archivio Storico del Comune di Chiomonte.

VIII.2.1 - *La veridicità dei documenti: il ruolo notarile*

Se consideriamo il *corpus* di diritti, registri, trattati e contratti vediamo che «Alcuni di essi risalenti al secolo XIII sono giunti fino a noi; essi hanno consentito la trasmissione in copia di documentazione più antica o coeva andata perduta» (Zanni Rosiello 1987, p. 27). La figura del notaio è fondamentale già in età medioevale e in tutti i contesti sociali in cui la mancanza di raccolte di leggi, ordinamenti e catasti porta ad avere nella sua figura il punto di riferimento primario nel trasferire proprietà e sancire atti e patti validi e durevoli. La ricostruzione di un diritto si ottiene in base alle carte notarili. Già dal VIII sec. le carte notarili diventano una fonte del diritto che viene esercitato spesso in loco dal notaio stesso (Cavargna Bontosi 2006, pp. 129-130). Dallo studio dei documenti si evince l'importanza della figura notarile che attua un'opera di validazione dei trattati nelle relazioni giuridiche tra exillesi e chiomontini. In alcuni documenti la validazione è fatta da più notai per sottolinearne la veridicità: «nell'ampio settore dei rapporti negoziali tra privati c'è la figura, già ricordata, del notaio che nella sua attività rogatoria dà certezza ai rapporti stessi e conserva tutti gli atti rogati nella zona di sua competenza» (Carucci 1983, p.46). Sul primo documento lo stesso notaio, Jehan Rostollan, si definisce persona pubblica con funzioni pubbliche: *«me notario subsignato, publice persone more et officio publico fungente, stipullante et recipiente sive acceptante omnium quorum de premisis interest et intererit aut interesse poterit quomodolibet in futurum».*

VIII.2.2- *I notai dell'Alta Val di Susa*

Originario del villaggio brianzonzese di Nevache Jehan Rostollan giunge a Chiomonte verso la fine del XV sec.; qui vivrà fino alla sua morte esercitando la professione di notaio e ricoprendo, per alcuni anni, anche l'incarico di Castellano e di Vice-giudice. La famiglia del notaio, all'epoca del testamento, è composta dalla figlia Bernardine, dalla figlia Elizabet, dal figlio Francoys notaio, dal figlio Raymond, prete e cappellano che morirà il 15 maggio 1583 e dal giovane figlio Jehan, la cui tutela viene affidata allo zio Jehan Bermond di Briancon e ai fratelli Francoys et Raymond.

Dal codicillo presente sul testamento del notaio Jehan Rostollan è possibile identificarne l'abitazione, individuabile nella casa antica sita tra i portici presenti a Chiomonte. Egli lasciava in eredità ai figli Francoys et Jehan "une mayson, chambres, estudes, bouticques, crottes et chassaulx tout ensemble, d'hault en bas au bourc dudict Chaumont confrontánt a la rue du Four, moy nottayre la rue des Roncilhz et le chemin royal". Nel testamento il notaio aveva lasciato al nipote Jehan Baptiste, figlio di Francoys «tous Instrumentz, actes et papiers á lui appartenantz».

In un Protocollo notarile del notaio Gabriel Juget, il testamento del notaio Jehan Rostollan è redatto in data 17 marzo 1551, a cui fa seguito un codicillo dello stesso notaio Jehan del 19 marzo, che indica come lo stesso fosse vivo fino a questa data. Sul medesimo "Protocollo" del notaio Juget appare, con data 20 marzo 1556, il testamento del figlio Francoys Rostollan, che continuerà a vivere fino al 1564. Il 15 giugno 1553 viene stipulata una "Transazione" tra i Consoli di Exilles, agenti a nome degli abitanti del Cels, e i Consoli di Chiomonte, a nome degli abitanti delle Ramats. È presumibile che le copie degli Atti rogati dal notaio Jehan Rostollan siano estratti proprio in occasione di questo accordo. È quindi possibile collocare la data di stesura delle copie dei tre primi documenti in lingua latina fatte estrarre a un coadiutore dal notaio Francoys Rostollan, dai Protocolli notarili del padre, nel 1553.

Parrebbe inesatta l'affermazione di Jannon per il quale le copie vengono redatte dal notaio Francoys Rostollan anziché dal notaio delle Ramats Jehan Sibille: «Tutti gli atti redatti dal notaio Giovanni Rostollan furono poi estratti dagli originali dal figlio anch'egli notaio Francesco Rostollan il 12 settembre 1603 e controfirmati, a testimonianza di verità, dai notai Sibille, Jallin, Dupuy» (Jannon 1996, p. 24). Nel 1603 il notaio Francoys Rostollan avrebbe avuto circa 95/100 anni. L'indicazione della sua morte, avvenuta nei primi mesi del 1594, è desumibile dall'assenza del suo nome da questo anno nella documentazione dell'epoca e dai "Cahieres de la Taille". La «taglia o talea era l'imposizione feudale dapprima sopra la persona, quindi, con la conquista delle prime libertà, sopra i beni di registro» (Molino 1975, p. 549). Si osserva inoltre una breve annotazione in margine al testamento in cui si legge «Leve une particulle pour Francoys Therensan de Suxe en vertu de injunction faicte du XXVIII oust 1565». Nel 1565 il notaio Francoys Rostollan è deceduto poiché, per nessun altro motivo, il notaio Gabriel Juget avrebbe annotato di avere redatto un "estratto" o "particelle" del testamento.

VIII.3 - *I documenti: descrizione e note*

La realizzazione del Trou de Touilles è documentata da vari atti giuridici, che vertono su fatti riconducibili, direttamente o indirettamente, alla genesi dell'opera, alla sua realizzazione, alla sua manutenzione e alla sua funzione. Di seguito si analizzano i documenti riportati per esteso successivamente.

VIII.3.1 - *Il primo documento: 3 ottobre 1504 - "Concessione d'acquedotto fatta dagli abitanti di Exilles agli abitanti delle Ramats dell'acqua di Touilles"*

Il primo documento, rogato il 3 ottobre 1504 ad Exilles dal notaio chiomontino Jehan Rostollan, è intitolato "*Concessio aqueductus habitantibus de Ramatis per Comunitatem Exillearum aque de Monte de Tullis*". Dal titolo si evincono le parti contraenti: il Comune di Exilles in qualità di cedente e gli abitanti delle borgate delle Ramats, frazione di Chiomonte, in qualità di riceventi.

- L'enfiteusi.

Il bene viene concesso in enfiteusi: «*in albergamentum sive in emphiteosim perpetuam*». L'enfiteusi è il diritto di godere di un fondo altrui a tempo indeterminato, apportandovi migliorìe o corrispondendo un certo tipo di bene.

- L'opera idraulica.

Si parla di un'opera idraulica per trasportare l'acqua, dal territorio di Exilles fino a quello chiomontino delle borgate delle Ramats, da prelevare dal monte di Touilles, attuale Cima Quattro Denti. Le modalità per effettuare quest'opera spetteranno ai ramatesi: si parla infatti di una *bealera*, un acquedotto esterno o di uno ipogeo. Il documento prosegue con l'autorizzazione a realizzare opere di sostegno o strutturali tanto sui terreni comunali che su quelli privati: «*bealagium sive aqueductum super finibus et territorio Exillarum, pro conductu aque accipiende in Monte de Tullis et ducende ad fines et territorium Chaumoncii sive Ramatarum, quo volent, sive per bedale aut aqueductum super terra(m), aut in futurum per foramen, fiendi jam attemptatum sive presumptum, si contingat ipsum montem perforare in dicto Monte de Tolliis, itta tamen et taliter quod ipsi de Ramatis et eorum successores possint et valleant facere aut fieri facere bealagia sive aqueductus, et pro ipso aqueductu edifficare muros et fortalitia et riguare per totum territorium Exillearum et tam per comunia quam per proprietates particullarium personnarum de dictis Exilleis*».

- Il problema dell'acqua.

L'atto notarile contiene un punto oscuro. Nella redazione effettuata dal notaio Jehan Rostollan, il contratto di enfiteusi perpetua prevede unicamente il diritto di derivare un canale per lo scorrimento di acqua, da prelevarsi nel Vallone di Toullies, sul territorio exillese. Si può supporre quindi che, già prima del 1504, gli abitanti delle Ramats avessero acquisito il diritto di utilizzo dell'acqua di Touilles, poichè da un punto di vista giuridico si parla esplicitamente solo del transito di un canale.

- Il precedente traforo.

Le parole «*per foramen fiendi jam attemptatum sive presumptum*» non possono significare altra cosa che "già in precedenza si era tentato di perforare la montagna". L'interpretazione più logica di questa frase è da ricondursi alla duplice possibilità di portare a termine una galleria già iniziata oppure di farne una completamente nuova. Gli exillesi dovettero ritenere irrealizzabili le soluzioni della perforazione o della canalizzazione se consideriamo che l'affitto stabilito per il diritto a derivare l'acqua di Touilles, attraverso un canale, era simbolico. La somma, pari a due soldi tornesi, corrisponde a dieci euro attuali. Dalla stipula dell'atto passeranno oltre venti anni per identificare l'esecutore del Trou de Touilles: il minatore ramatese Colombano Romeàn.

VIII.3.2 - *Il secondo documento: 20 ottobre 1526 - "Convenzione fra gli abitanti di Cels e delle Ramats con Colombano Romeàn per la formazione dell'acquedotto di Touilles"*

Il 20 ottobre 1526 viene rogato a Chiomonte dal notaio Jehan Rostollan, un contratto tra due parti: gli abitanti del Cels di Exilles e quelli delle borgate delle Ramats di Chiomonte riuniti in consorzio, con il minatore Colombano Romeàn. Il contratto, intitolato *Conventio facture aqueducti de Tulliis inter habitantes de Celsis et Ramatis cum Columbano Romeani*, si articola in tre parti: una introduttiva con l'oggetto del lavoro, una con i termini contrattuali, e una con i sottoscrittori del contratto.

VIII.3.2.1 - *Il preambolo e l'oggetto contrattuale*

- L'accordo e gli attori.

Nel preambolo del contratto gli abitanti di Cels e delle Ramats conclusero un accordo «*cum Colombano, filio quondam Johannis Romiani, de ipsis Ramatis oriundo et habitatore Sancti Gilli, Nusmatensis Diocesis*», ovvero «con Colombano figlio del fu Giovanni Romean oriundo delle dette Ramats ed abitante in Saint Gilles Diocesi di Nimes» (Chiapusso 1879, p. 9). Nel preambolo si nota la partecipazione degli abitanti in qualità di "parerii", ovvero i membri del consorzio creatosi tra frazioni dei comuni di Exilles e Chiomonte. Questi concorreranno con quote eguali a sostenere le spese, a fornire i viveri e l'attrezzatura di scavo, ad allestire la logistica e a sgomberare il materiale di risulta.

- L'oggetto del contratto.

Il documento notarile proseguiva quindi con il primo e più importante dispositivo del contratto. Colombano Romeàn promette alla parte avversa e al notaio, nelle sue qualità di pubblico officiante, di terminare il già iniziato foro nel periodo più breve, con le modalità precedenti affinché l'acqua potesse essere equamante suddivisa fra i territori di Cels e Ambournet e quelli delle Ramats: «*Et primo idem Colombanus per se et suos promisit ipsis pareriis et michi notario publice persone more stipullanti pro ipsis sive pro parte ipsorum absentium foramen [iam] inceptum perficere ut brevius poterit, prout est inceptum, ita quod aqua pro [dimidia parte] labatur a Monte de Tolliis cittra versus Albornetum de Celsis et [pro] alia dimidia versus Ramatas ad opus habitantium illorum de Ramatis*».

- La galleria.

Altro dato che emerge è la scelta di realizzare una galleria e non un canale superficiale, possibilità prevista nel documento del 1504. Al minatore viene proposto di perforare o continuare il traforo iniziato: «*de forando sive perficiendo aqueductum sicut jam inceptum perforari versus Chalps, finis Exillearum, super Ramatas et Albornetum prout infra*». Colombano decide di proseguire quello già iniziato promettendo di terminarne la realizzazione nel minor tempo possibile: «*foramen [iam] inceptum perficere ut brevius poterit, prout est inceptum*». Le stesse parole, nella traduzione francese dell'anno 1603 del notaio chiomontino Jehan Dupuy, indicano la promessa e l'impegno di Colombano Romeàn come "ledict trou ja comansé parachever et finir au plustost qu'il pourra, comme il est comansé".

Non si conoscono documenti sui pagamenti effettuati al minatore. A Chiomonte e ad Exilles egli è indicato come l'artefice dell'opera, sia dalle leggende fiorite attorno al personaggio sia perché in una "Sentence arbitralle" del 26 luglio 1612, vengono elencati i primi tre documenti rogati dal notaio Jehan Rostollan in lingua latina. In questa trascrizione in lingua francese, compare l'"Instrument de Convention sur la fabricque dudict acqueduct et trou faict dans le roc de ladicte Montagne par les hommes dudict lieu des Ramatz et ceulx el Celz, perroisse dudict Excilhes conjoinctement, d'une part, et Colomban Romeàn ayant prins à fère le prisfaict dudict trou". Questa è una prova dell'impresa compiuta dal Romeàn; il documento verrà infatti utilizzato, dagli abitanti delle Ramats, nella disputa col Comune di Chiomonte per la rivendicazione dei rimborsi delle spese sostenute per il Trou de Touilles realizzato circa ottanta anni prima.

VIII.3.2.2 - *I termini contrattuali*

Vengono identificati tutti gli elementi, elencati nel contratto, stabiliti tra le parti per la realizzazione dell'acquedotto. Possiamo rintracciare diverse categorie di natura economica (pagamento in natura, compenso economico, gestione di eventuali collaboratori), organizzativa (tipologia dell'attrezzatura, costruzione dell'alloggio, fornitura del sistema di illuminazione) e operativa (gestione del materiale di risulta, obblighi reciproci, sistema di aerazione). Di seguito si riportano gli elementi seguendo il loro ordine di elencazione del contratto:

- Il pagamento in natura

Prevede la fornitura di vitto costituito da pane, vino e legumi. In cambio del lavoro svolto dal minatore, gli abitanti di Cels si impegnano a fornire mensilmente un sestario di vino e un'emina di segale: «*unum sestarium boni et sufficientis vini et unam eyminam bone et sufficientis siliginis pro singullo mense*», mentre i ramatesi devono fornire mensilmente un sestario di vino e uno di segale: «*unum sestarium vini et alium siliginis*». In aggiunta a questa fornitura, i consorziati di Cels e Ramats sono tenuti a fornire annualmente e rispettivamente due sestarii di legumi, «*duo sestaria liguminum*», ovvero 4 sestari annuali.

- La gestione di eventuali collaboratori

Si riferisce all'aumento delle forniture di cibo per la presenza di un aiutante. Nel caso in cui i lavoranti fossero due, ossia il minatore e un suo aiutante, i parerii dovranno fornire due sestari di vino e uno di segale: «*et si habuerit famullum sive coadiutorem laborantem secum in dicto opere, ita quod duo laborent, dabunt pro singullo mense duo sestaria vini et unum siliginis*». Ad un terzo aiutante dovrà provvedere presumibilmente lo stesso Colombano Romeàn, poiché non è previsto di triplicare le razioni.

- Il compenso economico

Le modalità di pagamento prevedono di pagare a Romeàn, o agli eredi, 5 fiorini di moneta corrente, il cui controvalore è pari a 60 soldi, per ogni tesa di cunicolo scavato. Si prevede di pagare 1/4 del totale, 15 soldi, per ogni tesa scavata secondo stati di avanzamento dei lavori, 1/4 a fine lavori e saldare i rimanenti 2/4 nei due anni successivi: «*dare et solvere ipsi Columbano aut suis heredibus quinque florenos monete currentis, singulo ipsorum pro duodecim solidis turonensibus, pro singulla tesia dicti aqueductus sive foraminis, solvendos semper oppere patratto quartatm partem, videlicet dum fuerit facta una tesia quindecim solidos, ita quod ipse Columbanus non possit dictos parerios compellere nisi pro quarta parte donec patratto oppere, quo facto compelli possint pro dimidia totius summe; deinde in fine anni sequentis aliam quartam partem et inde duobus annis aliam quartam*». Si possono riassumere schematicamente le modalità di pagamento:

PAGAMENTO DELLA SOMMA PREVISTA	→ 1/4 secondo stati di avanzamento dei lavori → 1/4 a fine lavori → 1/4 nell'anno successivo alla fine dei lavori → 1/4 entro due anni dalla fine lavori

Le unità di misura indicate, riferite a questo periodo storico, variano sensibilmente all'interno di uno stesso territorio. La tesa piemontese ha diversi valori: «la Treccani la considera di 1,714 metri, il De Agostini le attribuisce addirittura 1,949 metri» (Jannon 1995, p. 60). Presso i comuni di Chiomonte, Exilles ed Oulx la tesa valeva 5 piedi e mezzo di Re corrispondenti a m 1,786 attuali. La lunghezza dell'acquedotto di 433,239 metri corrisponde a 242,57 tese. Ricevendo 5 fiorini per ogni tesa di acquedotto scavata, il compenso totale erogato al minatore corrisponde a circa 1.212,86 fiorini tornesi ossia a 14.554,2 soldi. Il compenso giornaliero è pari a circa 1,2 fiorini, in considerazione del fatto che lavorò per circa 1000 giorni. Questa retribuzione appare verosimile; in quel periodo il fiorino di Asti, utilizzato in larga parte del Piemonte, era parificabile a 0,22 grammi d'oro. A Milano nel 1440 due giorni di lavoro erano compensati con un grammo d'oro, mentre dopo la svalutazione dell'oro conseguente alla scoperta delle Americhe, la stessa quantità era appena bastante per una giornata di lavoro (Jannon 1995 p. 61).

- L'attrezzatura per lo scavo

Al minatore viene fornita dai parerii secondo quote equamente ripartite; la manutenzione della strumentazione era però a carico di Colombano Romeàn. La definizione dell'attrezzatura per lo scavo prevede la fornitura di martelli, mazze, picconi, cunei, pali di ferro ed altri utensili necessari, con l'eccezione di ulteriori punte che il minatore dovrà costruirsi o procurarsi autonomamente; si forniranno inoltre di mantici, carbone, magli e un'incudine per costruire o riparare le punte: «*fornire et supplere ferramenta necessaria ad ipsum opus faciendum et perficiendum, videlicet malheos, massas, picas, cugnos et palferros aliaque universa eysamenta necessaria cum ipsorum factura(m), salvis secundis et aliis universis cuspidibus, quas ipse Columbanus facere teneatur aut fieri facere suis sumptibus. Hoc addito quod ipsi parerii provideant ipsi Columbano folles, carbonum, maleum et unam cornutam pro ipsis cuspidibus faciendis sive reparandis*» (figg. VIII.1 e VIII.2).

- L'alloggio

Si prevede la costruzione di un alloggio, da realizzare presso l'area del cantiere. Si tratta di una "modesta casa" all'imbocco del traforo sufficientemente coperta e attrezzata con una botte per il vino e una madia per riporre il pane che, gli stessi parerii, devono fornire e trasportare *in situ*: «*facere modicam domum in ore dicti foraminis sufficienter cooperta [domum] et pariter illuc portare unum vas vinarium et unam archam sufficientem ad reponendum dictum vinum et cibaria*».

- Il sistema d'illuminazione

I parerii devono fornire un lucignolo con il combustibile ad olio per permettere al minatore di avere luce sufficiente durante la propria attività: «*unum crucibolum cum oleo neccessario ad illuminandum opperarios opperantes in ipso oppere, ipsorum pareriorum sumptibus*» (fig. VIII.3).

- Il materiale di risulta

Entrambe le frazioni sono tenute allo sgombero del materiale di risulta sia esso pietrame, terra o qualsiasi detrito formato durante lo scavo, per impedire rallentamenti nel lavoro di scavo: «*parerii teneantur communiter videlicet [illi de] Celsis et [illi de] Ramatis extrahere lapides, terram et aliam quamcunque materiam ruptam in ipso opere, ita quod nullo modo impediat ipsum magistrum operis in negociando in ipso opere*».

- Obblighi

Si stabiliscono gli obblighi reciproci che denotano la volontà dei committenti di perseguire la realizzazione dell'opera, ponendosi linee di condotta che coinvolgono costantemente tutta la comunità. Se il minatore interromperà il lavoro per mancanza di illuminazione o di vitto, per l'accumulo del materiale di risulta o per altri motivi imputabili ai parerii, questi dovranno pagare un risarcimento; se il lavoro verrà interrotto o ritardato per colpa di Romeàn, come nel caso di smarrimento degli attrezzi, egli dovrà rifondere i danni: «*Item quod si subiornaret ipse Columbanus deffectu eysamentarum, luminis, vittus aut remotionis materie aut alia culpa et deffectu ipsorum pareriorum, quod ipsi ad interesse teneantur. Item et similiter si eysamenta, vittualia aut alias quicquid perdere[n]tur deffectu ipsius Columbani, quod pariter teneatur ad restitutionem aut [ad interesse] si opus retardaretur. Item similiter de ipsis pareriis: illi vel ille qui erit in culpa alicuius dampni aut retardationis teneatur ad interesse*».

- Il camino di aerazione

Si indica l'eventualità di realizzare un camino di aerazione. Se il lume si spegnerà per mancanza di circolazione d'aria, si prevede lo scavo di un'opera realizzabile dai parerii o dallo stesso minatore. Nel caso Romeàn accetti l'integrazione, otterrebbe lo stesso tipo di compenso previsto per lo scavo del condotto: «*Item si lumen suffocaretur ita quod lumen non possit vivere et opus esset facere foramen, quod teneantur ipsi parerii ad solvendum sicut de dicto foramine pro singulla thesia, nisi ipsi parerii ipsorum sumptibus volent ipsum effici facere*» (fig. VIII.3).

VIII.3.2.3 - *I sottoscrittori del contratto*

Nella parte conclusiva del documento si elencano tutti i personaggi coinvolti nella stipula del contratto, ossia i testimoni e i parerii delle due comunità. In qualità di "testimoni" troviamo: Johannes de Nevachia, Jacobus Fornerii, Franciscus Bouverii, Johannes Blaxii Coste (Vice Castellano di Chiomonte). I "parerii del Cels" sono Guilhermus Bernardi, Petrus Bernardi, Johannes Pasqualis, Anthonius Bernardi, Alsiac(i)us Coste, Jacobus Vasoni, Columbanus Johannoni, Johannes Grandis, Bartholomeus Sale. I "parerii delle Ramats" sono Vincentius Jallini de Villa, Johannes Luc, Johannes Sibylli, Jacobus de Leonardo Sibilii, Simon Blaxii, Leonardus Sibilli, Colombanus Jallini, Anthonius Jallini, Michael Blaxii, Martinus Richardi, Anthonius de Jacobo Richardi, Johannes Richardi, Ludovicus Johannoni e Michaele Romeani. L'esistenza delle persone citate nel contratto, a riprova della sua veridicità, si evince in alcuni documenti conservati presso gli Archivi Storici del Comune di Chiomonte; citiamo il "Cahier de la Taille", i "*Registrum Recognitionum hominum Chomunchii*" e un "Prothocole" del notaio Jehan Blays.

Nel "Cahier de la Taille" dell'anno 1525 o 1526 (Johannes de Nevachia foglio 5r, Vincentius Jallini de Villa foglio 5v, v.d. Jacobus Fornerii foglio 8r, Franciscus Bouverii foglio 8v, Johannes Rostolani foglio 10r, Johannes Blaxii Coste foglio 11v.), sono elencati dodici dei ramatesi sottoscrittori del contratto; mancano Johannes Luc, unico firmatario delle borgate di S.Andrea, originario di Campo Rotundo dove abitava, e Vincenttius Jallini de Villa (del Borgo di Chiomonte) il quale aveva ancora dei terreni alle Ramats. Degli altri dodici sottoscrittori, tre sono abitanti dell'odierna borgata di S. Giuseppe, nove sono abitanti dell'odierna borgata della Chiesa. Quasi tutti dovrebbero essere parenti ed amici di Colombano Romeàn, la cui famiglia dimorava nel gruppo di case, poste oltre il lavatoio pubblico. Nella tabella VIII.1 si riporta l'elenco dei sottoscrittori della "*Parcella Talhie Chomuncii*", di cui mancano i primi due fogli, conservato presso gli Archivi Storici del Comune di Chiomonte. In riferimento alle persone menzionate si precisa che: per il n°27 era presente Jacobus de Leonardo SIBILII (filius), per il n°28 era presente Leonardus SIBILII (filius), per il n°29 era presente Johannes SIBILII (filius), per il n°34 era presente Martinus RICHARDI (filius), per il n°35 era presente Anthonius de Jacobo RICHARDI (filius), per il n°36 era presente Ludovicus JOHANNONI (ROMEANI) (nepos) et pro Michaele ROMEANI (filius Johannis ROMEANI) e per il n°39 era presente Anthonius JALINI (filius) (figg. VIII.4, VIII.5 e VIII.6)

In un "Prothocole du notayre royal delfinal Jehan Blasys de Chaumont" del 28 settembre 1552 appare un "Oblige", un prestito di denaro che Martin Romeàn e Loys Johannon dichiarano di dover saldare a Jacques Ysoard prete del Monêtier, villaggio situato a circa 30 km da Briançon. Il debito di 32 fiorini e tre sestari di vino serve per l'estinzione di un prestito, contratto 75/100 anni prima da Vincent Romeàn avo dei due ramatesi. Si riporta il testo del "Prothocole", la cui trascrizione ed edizione sono a cura di Valerio Coletto.

Oblige de messire Jaques Ysoard, prestre du Monastier, recteur de la Chapelle de Saint Michel, fondée dans l'Esglize du Monastier, contre Martin Romean et Luys Johannon, habitantz aux Ramas.

L'an mil cinq cens cinquante deux et le XXVIII.e jour du moys de septembre faict et recité à Chaumont au banc de ma boticque. À tous soit notayre que instant messire Jacques Ysoard, prestre du Monastier, recteur de la Chapelle de Saint Michel, pour et au nom de ladicte Chapelle ou patrons d'Ycelle, pour lesquels ante solutionem a promis fayre ratiffier, establis en leurs personnes Martin Romean et Loys Johannon, et ung chascung pour le tout, ont confessé debuoyr trente deux Flourins, mannoye usuelle, et troys sestiers vin, mesure de Chaumont, deuz pour accord et apportuament entre eulx faict de une cense que demandoyt ledicte messire Jacques au nom de ladicte Chappelle sus les byens de Vincent Rumyan, payables les troys sestiers vin d'ycy à ung an, et l'argent en troys ans à une chascune geste de Saint Michel en paix, soubz obligacion etc., jurament etc., renonciations etc.. De quoy ect..
Tesmoyns Michalet Fiard et Yppolite Blays de Chaumont.
J.B. 1552 (foglio 108v)

Anche nei "*Registrum Recognitionum hominum Chomunchii*" degli anni 1435 e 1487 troviamo dei nominativi; la tabella VIII.2, è una tavola prospettica delle riconoscenze degli abitanti, riferite ai capi famiglia, delle Ramats.

**PARCELLA TALHIE COMUNITATIS CHOMUNCII
ANNO 1525 AUT 1526**

(CAHIER DE LA TAILLE pour l'année 1525 ou 1526)

RAMATARUM (Abitanti delle Ramats)	
1) Benedictus BAYTRE 2) Michael MEHERII 3) Heredes Johannis RAMATI 4) Glaudius MEHERII 5) Heredes Johannis BLAXII 6) Stephanus BLAXII 7) Vincentius et Martinus SEGUINI 8) Idem Martinus 9) Heredes Johannis BERTRANDI 10) Heredes Anthonii BERTRANDI 11) Johannes RAMATI 12) Bertholomeus RAMATI 13) Johannes LUC (*)	**IN CAMPO ROTUNDO (EN CHAMP RIOUND)**
14) Stephanus SIBILII 15) Columbanus BACONI 16) Idem pro ODDO 17) Anthonius BACONI pro Petro BACONI 18) Aldradus ODDO 19) Thomas ODDO 20) Michael ODDO 21) Ludovicus RAMATI 22) Heredes Johannis MARITTANI 23) Michael MATHEI 24) Yppolitus, eius filus, pro uxore 25) Johannes MATHEI Michael MATHEI	**AD DOMOS (A' LAS MAISONS)**
26) Heredes Leonardi SIBILII(#) 27) Martinus SIBILII(#) 28) Jacobus SIBILII(#) 29) Bertholomeus, eius filius, pro uxore 30) Heredes Aldradi SIBILII 31) Michaeletus SIBILII 32) Heredes Anthonii SIBILII	**IN CROSO DE BRUNEO (EN CROS DE BRUNIOU)**
33) Anthonius RICHARDI(#) 34) Jacobus(#) et Johannes RICHARDI(*) 35) Heredes Johannis ROMEANI(#) 36) Martinus ROMEANI pro acquisitis 37) Columbanus JALINI(*) 38) Heredes Leonardi JALINI(#) 39) Heredes Columbani BLAXII 40) Michael BLAXII(*) 41) Symon BLAXII(*)	**IN BRUNEO (EN BRUNIOU)**
(*) CAPI FAMIGLIA: Ramatesi presenti alla stipula del Contratto con Colombano Romeàn il 26-10-1526	
(#) FAMIGLIARI: (figli o nipoti) di capi-famiglia defunti o capi-famiglia ramatesi, presenti alla stipula del Contratto	

Tab. VIII.1. *Elenco dei sottoscrittori della Parcella Talhie Chomuncii (elaborazione Valerio Coletto).*

ANNO 1435	ANNO 1487
IN DOMIBUS BARNEODORUM	
1) BONETI Stephanus	1) BONETI Blasii Anthonius
	2) BONETI Blasii Thomas et Stephanus filii condam Benedicti
	3) SEGUINI Stephanus
IN PETRA ROSSA	
	4) MEHERI Columbanus
IN CAMPO ROTUNDO	
2) SEGUYNI Johannes.	5) PONCENCHI alias Anthonius
3) SEGUYNI Beatrisia uxor Johannis	6) PONCENCHI Bartholomeus, Anthonius, Benedictus et Johannes filii condam Martini
4) SEGUYNI Johannes filius Johannis	7) RAMATI Johannes
5) MEHERII Michael	8) RAMATI Nicolaus
6) PONCENCHI alias BERTRANDI Johannes	9) MEHERI Michael, Laurencius et Columbanus alias Bertoloti fratres
7) RAMATI Durandus	
AD DOMOS	
8) MEHERII Bertolotus	10) BACONI Petrus, Anthonius, Jacobus, Johannes et Columbanus fratres condam Michaelis
9) FIARDI Paulus alias COMBA	11) MATHEI Rodulphus
10) BACONI Paulus	12) MATHEI Bernardina condam Bartholomei (uxor Anthonii Roncilhi de Petro de Chomuncio)
11) ONODIS Catharina uxor BELLETI Jacometi de Jalhono	13) MATHEI Ypolitus
12) MEHERII Johannes de Bertoloto	14) ODDONIS Laurencius
13) ODONIS Anthonius condam Michaeleti	15) ODDONIS Johannes et Michael condam Anthonii
14) Mathei Petrus	
AD FORNERIOS	**IN CROSO DE BRUNEO**
15) Sibilii Stephanus et Johannes fratres condam Martini	16) SIBILII Leonardus, Anthonius et Johannes fratres
	17) SIBILII Martinus et Jacobus fratres
	18) SIBILII Michael
	19) SIBILII Michael, Martinus et Andreas fratres condam Anthonii condam Johannis
IN BRUNEO SEU VERSUS BRUNEUM	
16) RICHARDI Petrus	**20) RUMEANI JOHANNES**
17) RICHARDI Mathea uxor Petri	21) RECHARDI Johannes
18) RUMEANI Vincencius	22) RECHARDI Franciscua
19) ORTOLANI Leoneta	23) RECHARDI Jacobus
20) ORTOLANI Andrea	24) BLASII Vincencius de Reymundo (de Chomuncio) pro Francisca (Rechardi?) uxore
	25) JALINI Georgius et Leonardus fratres
IN COMBIS	
21) BALSAC Peyretus	

Tab. VIII.2. *Elenco dei sottoscrittori del Registrum Recognitionum hominum Chomunchii (tratta da: Coletto 1987, p.15).*

VIII.3.3 - *Il terzo documento: 18 giugno 1534 - Transazione tra gli abitanti di Exilles e quelli delle Ramats.*

Il terzo fascicolo, nell'originale latino non reca alcuna intitolazione. L'atto notarile, rogato dal notaio Jehan Rostollan a Chiomonte è datato 18 giugno 1534. Anch'esso è copia di copia autenticata dai tre notai chiomontini. La traduzione in lingua francese del 12 settembre 1603 reca come intestazione "Traduction de transaction et accord entre la Communaulté d'Essilhes et les particulliers des Ramas pour occasion du Trou de Tollies".

Ad opera conclusa insorgono questioni e controversie fra le comunità di Exilles e Giaglione; gli ultimi affermano che il monte sia di loro proprietà e tolgono l'acqua sia agli abitanti di Cels sia a quelli delle Ramats: «*cum pattrato opere dicti foraminis insurrexerint questio et grandis controversia inter ipsos de Exilleis et [homines] Communitatis de Jailhono, itta ut ipsi de Jalhono asseruerunt et asserunt ipsum Montem eisdem pertinere et per consequens aufferunt ipsam aquam tam ipsis de Celsis quam ipsis de Ramatis*». Gli exillesi chiedono un rimborso di metà delle spese derivanti dalla disputa ai ramatesi, fruitori dell'acqua, che asseriscono di avere già partecipato alla costruzione dell'acquedotto e che la somma richiesta deriva anche da questioni relative ai pascoli e ai possedimenti terrieri. Si stabilisce quindi che gli abitanti delle Ramats versino un'ulteriore somma di centodieci fiorini a saldo delle spese sostenute mentre, per quelle da effettuarsi in futuro parteciperanno con metà dell'importo necessario: «*Et primo quod pro omnibus expensis factis occasione premissorum usque in diem presentem dicti de Ramatis dent et solvant ac satisfaciant ipsis de Exilheis de summa centum et decem florenorum parve monete, dent ultra octuaginta florenos jam per ipsos de Ramatis occasione premissorum exbursatos, et sunt quitti ipsi de Ramatis ab ipsis expensis et vaccationibus factis usque in diem presentem. Item quod in expensis fiendis premissi aqueductus pretextu ipsi de Ramatis contribuant pro dimidia sicut sunt accepturi medietatem dicte aque, acto quod vocientur in faciendis vaccationibus ad ipsum opus et alliis necessariis exponendis, salvis mangialiis et expensis tabernariorum, que vaccantibus sunt proprie videlicet ipsi de Eysilleis solvant id quod commedent et ipsi de Ramatis pariter suas expensas*».

VIII.3.4 - *Il quarto documento: 15 giugno 1553 - Transazione, accordo ed altre convenzioni fatte tra i consoli di Exilles a nome degli abitanti di Cels da una parte e i Consoli di Chiomonte a nome degli abitanti delle Ramats d'altra parte.*

I contraenti sono i consoli d'Exilles e quelli di Chiomonte; si discute della ripartizione delle acque provenienti dal Trou de Touilles. Possiamo desumere la nascita di controversie in seguito a una assenza di regolamentazione o ripartizione della distribuzione idrica. In un passaggio fondamentale è indicata la decisione definitiva che gli abitanti dell'Ambournet di Cels fruiranno interamente dell'acqua per tre giorni a partire dalla sera e, allo stesso modo, quelli delle Ramats. Solo in caso di mancanza d'acqua, a partire dal quindicesimo giorno di luglio, l'acqua sarà considerata in comunione come prima: «lesquelz particulliers de l'Albourné l'auront entièrement pour leur rattepart pour troys jours seullement, et lesdictz particulliers des Ramas l'auront aussi entièrement ledict beal et eaue pour lesdictz aultres troys jours, et parvennent au cartier et particulliers de Cels à partye de soir dudict pertuys, à esté dict et convenu entre lesdictes partyes que icelle eaue sera tousjours dividée et partye comme dessus, et en tout aultre cas sera icelle eaue diviseé comme dessus, saulfz aussi et reservé que là et quant il n'y auroyt assez d'eaue audict pertuys pour faire ladicte division et partaige susdictz pour le service d'une chascune desdictes partyes, que audict cas ladicte eaue suspartye retournera en communion comme au paravant, et ce despuys le quinziesme jour de juilhet, et devant ledict temps non».

Con questa transazione abbiamo un termine temporale riferito alla creazione di un ripartitore a valle del corso di scorrimento dell'acquedotto: «sera icelle dividée et partyè à la bouche dudict pertuys en y mectant ung esclosailh aux despens desdictes partyes, bien et loyaulment selon leur contience». L'importanza della regolarizzazione distributiva viene sottolineata dall'introduzione di sanzioni. Si stabilisc che nessuna delle due parti possa togliere l'acqua in anticipo all'altra parte, pena il pagamento di 3 scudi d'oro o di beni equivalenti: «Item à esté dict et convenu entre lesdictes partyes que nully d'icelles partyes ne se puisse ouster l'eaue à l'aultre à la quelle luy sera assingnée, et durand le temps qu'il luy parviendra, à peyne de troys escus d'or au soleilh ou leur vallue».

VIII.3.5 - *Documento del 26 luglio 1612: Sentence Arbitralle entre la Comunaulté de Chaumontz et ceulx des Ramatz sur le different du Trou de Toullie*

Nel 1612 la Comunità di Chiomonte, a seguito di questa Sentenza Arbitrale, dovrà pagare 1000 lire agli abitanti delle Ramats per le spese da essi sostenute nella realizzazione del Trou de Touilles; ai Ramatesi verranno corrisposti 1650 fiorini equivalenti a 1000 lire tornesi, valendo una lira venti soldi. Nella cifra saranno compresi il costo del Trou de Touilles, le spese per le forniture alimentari e degli attrezzi, le prestazioni per la rimozione del materiale di risulta, i lavori di realizzazione del condotto esterno di adduzione e distribuzione e, probabilmente, il conguaglio per la svalutazione monetaria.

Il documento si trova nell'Archivio Storico di Chiomonte ed è composto da un quadernetto di otto fogli, ovvero sedici pagine, di cui quindici riportano il testo della Sentenza. L'ultima pagina riporta un breve regesto, scritto per mano del notaio regio delfinale di Chiomonte Jehan Juget, utilizzato come intitolazione della Sentenza Arbitrale, essendone questa del tutto provvista, con la data della sentenza: 26^e juillet 1612 e con l'aggiunta di un numero d'inventario 7. Il documento può essere definito come una Copia originale della Sentence Arbitralle in quanto scritta direttamente dal notaio regio delfinale Jehan-Francoys Chalvet di Chiomonte, che ricopriva la carica di greffier. Questa Copia originale, autenticata dallo stesso notaio Jehan-Francoys Chalvet, risulta priva di datazione ma dovrebbe essere contemporanea alla stesura del testo originale.

VIII.3.6 - *Documento del 31 maggio 1632: Atto d'autorizzazione*

Il documento risale alla fine di maggio dell'anno 1632 e verte sulle modalità di manutenzione dell'acquedotto riferendosi sia al *beal* sia alla parte ipogea.

VIII.3.7 - *Il quinto documento: 16 giugno 1651 - Transazione tra la Comunità di Exilles e Celz, da una parte, e gli abitanti delle Ramats, assistiti della Comunità di Chiomonte*

Il documento nell'originale del notaio Pierre Forniere (A.S.T.) è intitolato "Transaction entre la Communauté d'Exilles et Selz, d'une part, et les habitantz des Ramatz, adcistés de la comunauté de Chaumontz". Dopo la data compare la scritta: «Regnant très illustre et très chrestien, puissant et tousiours victorieux Loüis quatorziesme, Roy de France et de Navarre». Questa frase fu omessa nella copia dell'anno 1693 ed in quella del 1695. Compare per la prima volta la lunghezza del Trou de Touilles, indicata in 300 tese, pari a circa 535 m: «pour la prendre a la dite montagne et alpage et la conduire dans le creux de la dite montaigne environ trois cents toises et la faire rejallir et verser au desca dans le penchant du territoire des dict lieux de Cels et Ramats». Da trecentocinquanta anni la lunghezza del traforo è sempre stata valutata di 535 m, fatto che ha generato errori nelle valutazioni tecniche del manufatto.

Viene prevista l'eliminazione del gradino situato nella galleria: «Secondement a estè convenu et accordè que pour avoir davantage d'eau pour leur usage l'on baissera le trou depuis le degrè qui est environ au milieu du dit trou jusques au bout du coste de minuit et que pour ce les habitants des Ramats feront les deux tiers de la depence, fabrique et travail pour une fois seulement et l'autr tiers sera fait par les dits habitants de Cels le tout a la commoditè de dites parties, et que le dit travail se fera ensablement sauf que la besoigne fust impossible au quel cas les dites parties seront reciproquement dechargèes». Il dislivello, dovuto alle differenze di consistenza dell'unità geologica incontrate durante lo scavo, si trova a circa un terzo della lunghezza totale dall'imbocco sud. L'abbassamento non fu mai realizzato per il motivo che non avrebbe portato reali benefici alla portata idrica. Il canone fissato dagli Exillesi nella transazione è di 8 lire tornesi, equivalenti a 160 soldi; questa cifra, a causa dell'inflazione monetaria, ha valori superiori di ottanta volte rispetto al .

VIII.3.8 - *Il sesto documento: 16 giugno 1651 - Accordo tra la Comunità di Chiomonte e gli abitanti delle Ramats*

Il documento verte sulla ripartizione delle spese necessarie alla manutenzione dell'acquedotto; si stabiliscono i termini che le due parti devono rispettare.

VIII.4 - *Annotazioni linguistiche e toponomastiche*

Di seguito si riporta un breve glossario per la comprensione dei documenti e del territorio preso in esame:
Albergamentum - indica un «albergement, atto con cui si concede alcunchè a censo» (Benedetto 1953, p.293).
Alp - alpeggio, zona della «montagna adibita a pascolo» (Benedetto 1953, p.293).
Bealagium - termine che indica un canale di scorrimento idrico.
Chalps - Il versante sud del "Monte de Touilles", oggi detto Quattro Denti, costituiva il quartiere Las Chalps. Le stalle definite "grange" nel dialetto locale sono indicate come i "jas de lás Chaúps; lás chaúps (laa cháuu)" designa la località o il toponimo del quartiere sottostante la cresta che collega Cima del Vallone alla Cima dei Quattro Denti in territorio exillese, più precisamente il luogo in cui si trovano i pinnacoli.
Chaurìe o Chaurie - Termine con cui si indica, a Chiomonte e alle Ramats, il versante nord appartenente al comune di Giaglione della montagna dei Quattro Denti, detta anticamente Monte di Touilles. L'"acqua di Touilles" non era connessa al quartiere Chaurie. Chaurie risulta posto al di là della cresta del contrafforte; parte dalla cappella Bianca e giunge all'inizio del confine tra Giaglione ed Exilles.
Comba - denota generalmente un avvallamento. Nello specifico la Combe è una «regione posta tra Chiomonte ed Exilles dalla forma di conca» (Benedetto 1953, p.295).
Emina - misura corrispondente a circa 23,055 litri.
Esclosail - indica una paratia o un sistema di ripartizione delle acque.
Grange - ricovero alpino per uomini o bestiame.
Instrumentum - «strumento, atto pubblico o notarile» (Benedetto 1953, p.297).
Jas - termine per indicare una «baita per bestiame in alta montagna» (Benedetto 1953, p.298).
Parerii - "La parerie era una istituzione comune nelle provinvie del Delfinato del quale le Valli d'Oulx e Bardonecchia fecero lungamente parte, e dicevansi pariers i membri di cotesta istituzione i quali godevano per indiviso una determinata proprietà. Vi erano le parerie Signorili, le Nobili e le Rurali (...). Le parerie rurali (...) avevano per oggetto l'amministrazione e la goldita di cose indivise di vantaggio rurale come la manutenzione di ponti, di strade, di argini, canali d'irrigazione ecc. Queste ultime parerie corrisponderebbero presso a poco a ciò che chiamiamo attualmente Consorzio e i parerii sarebbero i Consortisti" (Chiapusso 1879, pp.29-30).
Sestario - misura pari a due emine (40,6850 litri).
Tesa - misura pari a 1,786 metri.
Touilles - In dialetto Touye deriva forse dal termine che designa il giunco nano (toujo, touio, toucho, toutcho). Sulle Alpi occitane indica anche l'*Eriophorum polystachyum L., Cyperacea* di alta montagna detta volgarmente in italiano "pennacchio" e in occitano "tuya".

Nei documenti si individuano degli indicatori fondamentali per la comprensione dei toponimi legati a Touilles:

Primo documento (1504)
1) aque accipiende in **Monte de Tulliss**
2) foramen .... ipsum montem perforare in dicto **Monte de Tulliis**
3) dicta aqua de **Tulliis**

Secondo documento (1526)
1) perforari versus Chalpas finis Exillearum (forse Chalps?)
2) aqua labatur a monte de Tolliis citra

Terzo documento (1534)
1) aqueductum et aquam **de Tullis**
2) perforare montem **de Tulliis**
3) de quodam fonte existente **in Chalpis** appellato fons Brune

Quarto documento (1553)
1) un pertuis en commun et indivis entre eux au lieu et montagne de **Touilles**, pour faire sortir l'eau du quartier de **Chaurie**

Quinto documento (1651)
1) perser la **montagne de Touilles** au de la du sommet de la dite montagne appartenant aux dits de Cels, et j faire un pertui d'eau appellè le trou de Touilles

Touille è quindi il nome dell'Alpe, o gruppo di case, nel vallone di Touilles (Alpe di Touilles). Touilles è il vallone che giunge fino ad oltre l'acquedotto e si trova ad ovest del confine che separa Exilles da Giaglione. Dal toponimo Montagne de Touilles (Monte de Tulliis) deriva quindi il corretto termine di definizione del Trou de Touilles.

L'etimologia della parola *bealera* appare nel "Dictionnaire provençal-français ou dictionnaire de la langue d'oc, ancienne et moderne, suivi d'un vocabulaire français-provençal" (Honnorat 1846, pp. 253,521,563):
«**BEAL**, s.m. (beál); beau, beou, bear, beal, besal, besau, aiguera, biau. Canal d'arrosage, conduit ouvert des eaux d'une ville, canal ou rigole; biez, conduit qui mène l'eau à un moulin.
Éty. du celt. *beal*, canal ou de la basse lat. *bedale*, m.s. derive du lat. *via-aquae*, ou du grec *βιη* (biè), m.s. *Béal*, est un barbarisme en français.
BEALAGI, s.m. (bealàdgi); Bealage.
ÈCLUSEE; l'eau que contient une écluse, la quantité d'eau qui passé à la fois, dans un biez.
BEALIERA, s.f. (bealiére). V. *Beliera*. *Bée*, trou par où passe l'eau qui fournit à un biez.
BEALOUN, s.m. (bealóun); bearoun. Petit canal, petit conduit.
Éty. de *beal*, et de *oun*.
BEAR, s.m. (beá). V. *Beal.*
COMBA, s.f. vl. Vallée, vallon; tertre, colline. V. Coumba.
COUMBA, s.f. (cóumbe); *Comba*, esp. *Vallon*, petite vallée, gorge qui se trouve entre des montagnes, lieu bas, enfoncé».

VIII.5 - *I testi dei documenti*

La trascrizione ed edizione dei testi seguenti è a cura di Valerio Coletto.

- **Primo documento**. Copia del notaio Jehan Sibille delle Ramats dell'anno 1603

I - 3 ottobre 1504

Concessio aqueductus habitantibus de Ramatis per comunitatem Exillearum aque de Monte de Tulliis

In nomine Domini Amen. Anno eiusdem Domini millesimo quingentesimo quarto, indictione septima cum eodem anno sumpta, et die tercia mensis octobris, actum in burgo Exilharum, in curte domus magistri Cathelani Chalerii, presentibus ibidem magistro Beneytono Marronis, fabro, Johanne Marronis, Johanne filio magistri Cathelani Chalerii, Johanne filio Dominici Aurucii, omnibus dicti loci Exillarum, pro testibus ad infrascripta vocatis et rogatis. Universis et singulis notum sit et manifestum quod magister Johannes Bermundi nottarius et Anthonius Fornerii, sindici dicti loci Exillarum, cum consilio, authoritate et consensu providorum Micheleti Vazoni, Anthonii Vazoni, Guilhelmi Johannacii, ipsorum sindicorum Consultorum, sindicario et consultorio nominibus universitatis ac communitatis Exillarum ac singullarium personarum, asserentes habere consensum ipsorum ac totius universitatis predicte, et pro quibus de ratto habendo et rattifficari faciendo ipsi sindici et consultores solemniter promiserunt et ipsorum quilibet promisit, videlicet quod ipsa communitas, universitas et singullares [persone] Exillearum omnia et singulla infrascripta ratifficabunt, approbabunt et esmologabunt ad omnem requisitionem habitancium de Ramatis, perrochie Chalmoncii, infrascriptorum, me notario subsignato, publice persone more et officio publico fungente, stipullante et recipiente sive acceptante omnium quorum de premisis interest et intererit aut interesse poterit quomodolibet in futurum. Igitur ipsi Sindici et Consultores dederunt, concesserunt et tradiderunt in albergamentum seu in emphiteosim perpetuam providis viris Leonardo Sibilii et Johanni Luc, de dictis Ramatis, presentibus, acceptantibus, stipullantibus et recipientibus pro [se] eorumque heredibus ac nomine et vice omnium habitantium in ipsis Ramatis et michi jam dicto notario, ut supra stipullanti, videlicet bealagium sive aqueductum super finibus et territorio Exillarum, pro conductu aque accipiende in Monte de Tullis et ducende ad fines et territorium Chaumoncii sive Ramatarum, quo volent, sive per bedale aut aqueductum super terra(m), aut in futurum per foramen, fiendi jam attemptatum sive presumptum, si contingat ipsum montem perforare in dicto Monte de Tolliis, itta tamen et taliter quod ipsi de Ramatis et eorum successores possint et valleant facere aut fieri facere bealagia sive aqueductus, et pro ipso aqueductu edifficare muros et fortalitia et riguare per totum territorium Exillearum et tam per comunia quam per proprietates particullarium personnarum de dictis Exilleis, cum pacto quod ipsi de Ramatis teneantur et debeant satisfacere dampna inferenda in particullaribus possessionibus, ad dictam proborum neutri partium suspectorum absque alicuius aliquali contradictione, ad fictum, censum et canonem annuum et perpetuum duorum solidorum tornensium monete usualis, dandorum et solvendorum per ipsos de Ramatis perpetuo annis singullis in quolibet festo Sancti Andree appostoli ipsis Sindicis et [consultoribus] Communitatis Exillearum, presentibus et futuris, in pace et sine contradictione, si tamen dum et quando dicta aqua de Tolliis labetur, ducetur et veniet ad opus ipsorum de Ramatis et super eorum territorio, sive veniet aut labetur ipsa aqua in quantitate vel in quallitate; itta quod anno aut annis quo seu quibus ipsa non veniet, pro ipso anno aut annis non teneantur ad dictum censum. Solemniter promitten[te]s dicti Sindici et Consultores ipsius universitatis nomine et vice ut supra, per se se et eorum successores in perpetuum super ipso bealagio, aqueductu seu foramine nullo unquam tempore litem, questionem aut aliam contraversiam inferre nec inferenti consentire tacitte nec expresse in toto vel in parte, sed ipsum aqueductum tam in proprietate quam in possessione legittima manutenere ab omni vi et violentia ab omnibus et contra omnes in iudicio et extra, et ante litem contestatam sive post, nulla expectata evictione aut alia premissa denunciatione, non tamen ad facturam seu reparationem ipsius aqueductus sed solum ad preservationem territorii. Et ex adverso dicti Leonardus Sibilii et Johannes Luc uti procuratores particullarium habitantium in dictis Ramatis, ut constare asseruerunt Instrumento procure per me notarium subscriptum recepto, et pro quibusquidem particullaribus promisserunt de ratto habendo et rattifficari faciendo ad omnem ipsorum de Exilleis requisitionem, debitum proprium suum faciendo, promiserunt dictum fictum, censum sive redittum omni anno perpetuo solvendum ut supra, dum et quando fruentur ipsa aqua terminis et causa premissis ipsis Sindicis et Consultoribus universitatis Exillearum presentibus, stipullantibus et recipientibus pro se et eorum heredibus, ut supra, in pace et sine contradictione, strepitu et figura iudicii. Et itta partes ipse, una alteri et e converso sibi invicem et vicissim attendere et observare promiserunt, in nulloque contrafacere, dicere, opponere vel venire per se se vel alium seu alios aliqua causa, ratione vel ingenio, de jure vel de facto, sub obligatione omnium et singullorum bonorum suorum presentium et futurorum, cum integra restitutione omnium dampnorum, expensarum et interesse littis et extra, corporalibus ab eisdem super his ad Sancta Dei Evangelia, tactis Scripturis, prestitis juramentis. Renunciantes in hoc facto exceptionibus omnium et singullorum premissorum non sic ut supra actorum et factorum reique non sic geste prout scripte aut alias minus legittime, dolique, mali, vis, metus causa in factum, actioni, conditioni indebiti, sine causa justa vel ex iniusta causa, juribusque dicentibus generallem renunciationem, nisi speciali precedente, non vallere et omni alii juris et legum auxilio. De quibus jussum fuit fieri publicum Instrumentum, unum quorum ad opus cuiuslibet partis per me notarium infrascriptum ad hoc adhibitum et vocatum. Et me Johanne Rostolani notario subsignato.

Et ego Franciscus Rostollani, notarius regius delphinallis de Chalmoncio, commissarius et custos Instrumentorum per quondam bone memorie Johanne[m] Rostollani, genitorem nostrum, receptorum, qui virtute potestatis michi super hoc attribute presens Instrumentum per eum receptum a notis et Prothocolis eiusdem signatis, alio occupatus per meum in hac parte fidelem coadiutorem levare feci, et facta cum dicto Prothocolo debita collatione utrumque concordare inveni, in quorum fidem hic me tabellionaliter subsignavi signo meo quo in tallibus utor in testimonium veritatis.

Au nom de Dieu Amen. Le present double a esté prix et extraict à son original signé par feu maistre Francoys Rostollan, en son vivant notère royal de Chaumont, par moy Jehan Sibylle, notère royal delphinal dudict lieu, lequel a esté presenté à monsieur Claude Du Puy, chastellain et lieutennant en la Judicature dudict lieu, par devant lequel ledict double ou extraict a esté dilligement leu et collationé à sondict original, en adcistance de maistres Hierosme Jallin et Jehan Du Puy notères royaulx du present lieu. Et pourceque ledict sieur Lieutennant les a trouvéz concordantz, affin que foy pleyne et indubitable y soit adjouxtée y a interposé ses decretz et authorité du Seigneur et Justice du present lieu, ce douziesme jour du moys de septembre mil six centz troys. En foy de ce me suis soubzsigné.

Sibylle notère.

Et moy Hierosme Jallin, notère royal delphinal de Chaumontz ay adcisté à la collation du present extraict à son propre original signé par feu maistre Francoys Rostolan, en son vivant notère dudict Chaumontz, avec le susdict maistre Sibille et maistre Jehan Dupuy, notères royaulx dudict Chaumontz et ayantz trouvé ledict Extraict conforme à sondict original je me suis soubzsigné les an et jour susdictz.

Jallin notère.

Et moy Jehan Dupuy, notère royal delphinal de Chaumont, ay adcisté à la collation du double que cy devant à son propre original signé par feu maistre Francoys Rostolan, en son vivant notère dudict lieu, avec les susnomés maistres Sibylle et Jallin, notères royaulx dudict lieu, en presence de monsieur Claude Dupuy, chastellain et lieutenent en la Judicature ordinayre dudict lieu, et les ayant treuvé concordantz en foy je me suys soubzsigné ce douziesme jour du moys de septembre 1603.
J. Dupuy notère.

- **Secondo documento**. Copia del notaio Jehan Sibille delle Ramats dell'anno 1603

II - 20 ottobre 1526

Conventio facture aqueducti de Tulliis inter habitantes de Celsis et Ramatis cum Columbano Romeani

In nomine Domini Amen. Anno eiusdem Domini millesimo quingentesimo vigesimo sexto, indictione decima quarta, et die vigesima mensis octobris, universis notum sit quod homines et habitantes de Ramatis infra nominati eorum [nomine] et alliorum tam de ipsis Ramatis quam de Chomoncio adderere vollentium, pro dimidia, et similiter habitantes in Celsis, perrochie Exillarum, ibidem presentes, similiter infra nominati, pro alia dimidia, pepigerunt cum Colombano, filio quondam Johannis Romiani, de ipsis Ramatis oriundo et habitatore Sancti Gilli, Nusmatensis Diocesis, presenti, pepigenti et acceptanti pro se et suis de forando sive perficiendo aqueductum sicut jam inceptum perforari versus Chalps, finis Exillearum, super Ramatas et Albornetum prout infra: Et primo idem Colombanus per se et suos promisit ipsis pareriis et michi notario publice persone more stipullanti pro ipsis sive pro parte ipsorum absentium foramen [iam] inceptum perficere ut brevius poterit, prout est inceptum, ita quod aqua pro [dimidia parte] labatur a Monte de Tolliis cittra versus Albornetum de Celsis et [pro] alia dimidia versus Ramatas ad opus habitantium illorum de Ramatis.
Item et ipsius Columbani propriis sumptibus et expensis, salvis infrascriptis: videlicet quod pro eius vitualibus ipsi parerii de Celsis tenebuntur eidem Columbano ministrare dum laborabit in ipso opere solus unum sestarium boni et sufficientis vini et unam eyminam bone et sufficientis siliginis pro singullo mense dum ipse solus laborabit; et si habuerit famullum sive coadiutorem laborantem secum in dicto opere, ita quod si duo laborent, dabunt pro singullo mense duo sestaria vini et unum siliginis. Item et totidem ipsi de Ramatis, videlicet unum sestarium vini et alium siliginis, dum unus solus laborabit, et si duo duplicabunt durante dicto opere. Item et tenebuntur ipsi parerii de Celsis dare singullis annis dum laborabit in dicto tempore idem Columbanus duo sestaria leguminum. Item et ipsi de Ramatis totidem. Item et tenebuntur ipsi parerii de Celsis, pro dimidia, et [illi] de Ramatis pro alia dimidia, dare et solvere ipsi Columbano aut suis heredibus quinque florenos monete currentis, singulo ipsorum pro duodecim solidis turonensibus, pro singulla tesia dicti aqueductus sive foraminis, solvendos semper oppere patratto quartatm partem, videlicet dum fuerit facta una tesia quindecim solidos, ita quod ipse Columbanus non possit dictos parerios compellere nisi pro quarta parte donec patratto oppere, quo facto compelli possint pro dimidia totius summe; deinde in fine anni sequentis aliam quartam partem et inde duobus annis aliam quartam. Item quod ipsi parerii de Celsis et Ramatis videlicet Celsis pro dimidia et Ramatis pro alia dimidia tenentur fornire et supplere ferramenta necessaria ad ipsum opus faciendum et perficiendum, videlicet malheos, massas, picas, cugnos et palferros aliaque universa eysamenta necessaria cum ipsorum factura(m), salvis secundis et aliis universis cuspidibus, quas ipse Columbanus facere teneatur aut fieri facere suis sumptibus. Hoc addito quod ipsi parerii provideant ipsi Columbano folles, carbonum, maleum et unam cornutam pro ipsis cuspidibus faciendis sive reparandis. Item fuit dictum quod ipsi parerii communiter teneantur ipsi Columbano facere modicam domum in ore dicti foraminis sufficienter cooperta [domum] et pariter illuc portare unum vas vinarium et unam archam sufficientem ad reponendum dictum vinum et cibaria. Item quod ipsi parerii teneantur illuc portare dictum vinum. Item teneantur providere unum crucibolum cum oleo neccessario ad illuminandum opperarios opperantes in ipso oppere, ipsorum pareriorum sumptibus. Item fuit conventum quod ipsi parerii teneantur communiter videlicet [illi de] Celsis et [illi de] Ramatis extrahere lapides, terram et aliam quamcunque materiam ruptam in ipso opere, ita quod nullo modo impediat ipsum magistrum operis in negociando in ipso opere. Item quod si subiornaret ipse Columbanus deffectu eysamentarum, luminis, vittus aut remotionis materie aut alia culpa et deffectu ipsorum pareriorum, quod ipsi ad interesse teneantur.

Item et similiter si eysamenta, vittualia aut alias quicquid perdere[n]tur deffectu ipsius Columbani, quod pariter teneatur ad restitutionem aut [ad interesse] si opus retardaretur. Item similiter de ipsis parериis: illi vel ille qui erit in culpa alicuius dampni aut retardationis teneatur ad interesse.
Item si velit habere famullum ad dictum opus, quod sit sufficiens ad ipsum opus, quod non possint esse ibidem nisi duo propter vituallia. Item si lumen suffocaretur ita quod lumen non possit vivere et opus esset facere foramen, quod teneantur ipsi parerii ad solvendum sicut de dicto foramine pro singulla thesia, nisi ipsi parerii ipsorum sumptibus volent ipsum effici facere.
Et ita promiserunt ipsi parerii de Celsis pro dimidia et de Ramatis pro alia dimidia, et singulli ipsorum ex una, et ipse Columbanus ex alia, singulla singullis refferendo, cum juramentis, renuntiationibus, obligationibus et aliis clausullis opportunis.
Actum Chaumontii ad bancum appothece mei nottarii infrascripti, presentibus ibidem venerabilibus dominis Johanne de Nevachia, Jacobo Fornerii, cappellanis, magistri[s] .... et Francisco Bouverii de Chaumontio, testibus in conspectu Johannis [Blaxii] Coste, vice castellani de Chaumontio in absentia castellani. De quibus premissis omnibus jussum fuit fieri publicum Instrumentum aut plura, si petantur, per me nottarium infrascriptum ad hoc adhibitum et vocatum.
Nomina Pareriorum de Celsis sunt hec: Guilhermus Bernardi, Petrus Bernardi, Johannes Pasqualis, Anthonius Bernardi, Alsiac[i]us Coste, Jacobus Vasoni, Columbanus Johannoni, Johannes Grandis, Bartholomeus Sale.
Nomina Pareriorum de Ramatis: Vincenttius Jallini de Villa, Johannes Luc, Johannes Sibylli, filius et procurator Jacobi sui patris, Jacobus de Leonardo Sibilii, Simon Blaxii, Leonardus Sibilli, Colombanus Jallini, Anthonius Jallini, Michael Blaxii, Martinus Richardi, Anthonius de Jacobo Richardi, Johannes Richardi, Ludovicus Johannoni pro se et Michaele Romeani.

Et ego Franciscus Rostollani, notarius regius dalphinallis de Chaumontio, commissarius et custos Instrumentorum per quondam bonne memorie Johannis Rostollani, genitorem nostrum, receptorum, qui virtute potestatis michi super hoc attributte presens Instrumentum per eum receptum a notis et Prothocollis eiusdem signatis, alio occupatus, per meum in hac parte fidelem coadiutorem levare feci,et facta cum dicto Prothocolo debitta collatione utrumque concordare inveni, in quorum fidem hic me tabellionaliter me subsignavi sigillo meo quo in talibus utor in testimonium veritatis.

Au nom de Dieu Amen. Le present double a esté pris et extraict à son original, signé par feu maistre Francoys Rostollan, en son vivant notère royal de Chaumont, par moy Jehan Sibylle, notère royal dalphinal dudict lieu, lequel a esté presenté à monsieur Claude du Puy, chastellain et lieutenant en la Judicature dudict lieu, par devant lequel ledict Extraict ou double a esté dilligement leu et collationé à sondict original, demourant riesre les particulliers des Ramas, en adcistance de maistres Hierosme Jallin et Jehan du Puy, notères royaulx du present lieu. Et pour ce que ledict sieur Lieutenant les a trouvéz concordantz, saufz deux motz en la septiesme page en la quinziesme ligne et ung mot en la huictiesme page et en la première ligne, lesquelz je n'ay sceu lire par la viellesse dudict original, et affin que foy pleyne et indubitable y soit adjouxtée y a interposé son decret et authorité du Seigneur et Justice du present lieu, ce douziesme jour du moys de septembre mil six centz troys. En foy de ce me suis soubzsigné.

Sibylle notère.

Et moy Hierosme Jallin notère royal delphinal lieu de Chaumontz ay adcisté à la collation du present Extraict à son propre original signé par feu maistre Francoys Rostolan, en son vivant notaire dudict Chaumontz avec le susdict maistre Sibille et maistre Jehan Dupuy, notaires royaulx dudict Chaumontz et ayant trouvé ledict Extraict conforme a sondict original je me suis soubzsigné les an et jour susdictz.

Jallin notaire.

Et moy Jehan Dupuy, notère royal delphinal de Chaumont ay adcisté à la collation du double que cy devant à son propre original signé par feu maistre Francoys Rostolan, en son vivant notère dudict lieu, avec les susnomés maistres Sibylle et Jallin, notères royaulx dudict lieu, en presence de monsieur Claude Dupuy, chastellain et lieutenent en la Judicature ordinayre dudict lieu, et les ayant treuvé

accordantz, en foy je me suys soubzsigné ce douziesme jour du moys de septembre l'an mil six centz troys.

J. Dupuy notère.

Note
Pag. 7 riga 6 *malheos, pichas:* il malheus indica un grosso martello o una mazzuola. La picha indica un "outil de fer"; esiste un attrezzo di nome femminile ed uno di nome maschile.
Pag. 7 riga 7 *eysamenta*: Termine rintracciabile nel latino medioevale (*aisamentum, aysamentum, eysamentum; aisamenta, aysamenta, eysamenta*). Il termine viene tradotto in francese nel 1603 con "meubles"; questo corrisponde alla parola ancora oggi utilizzata nel dialetto chiomontino per designare gli attrezzi. Sempre nel dialetto chiomontino ritroviamo il termine "éysino" che significa recipiente. Il termine viene tradotto in francese nel 1603 con "eysines on outilz*"*.
Pag. 7 riga 16 *crucibulum*: Il crucibulum è un crogiolo (*crusol, crusòu, crusiéu, crisieu, creissieu,* termini che indicano "lamps de forme antique en Dauphiné").
Pag. 7 riga 32 *effici facere*: Tradotto in francese nel 1603 con "fornir de flambeau ou fallo".

- **Terzo documento.** Copia del notaio Jehan Sibille delle Ramats dell'anno 1603.

III -18 giugno 1534

Transactio et Conventio inter Comunitatem Exillearum et habitantes de Ramatis

In nomine Domini Amen. Anno Nativitatis eiusdem Domini millesimo quingentesimo trigesimo quarto, indictione septima, die vero decima octava mensis junii, actum Chaumontii in banco appothece mei notarii infrascripti, presentibus ibidem providis viris Georgio de Beaudia, Jacobo Remolivi, Laurentio quondam Petri Fornerii et Johanne quondam Anthonii Fradelli de Chaumoncio, testibus ad hec vocatis et rogatis. Cunctis sit notum quod cum diu est homines et Communitas Exillearum albergaverint illis de Ramatis aqueductum et aquam de Tolliis et inde fecerint perforare Montem de Tolliis pro aqueductu dicte aque, videlicet ipsi de Exilleis sive de Celsis pro dimidia et dicti de Ramatis pro alia dimidia, apparentibus Instrumentis publicis super hoc confectis et manu publicqua sumptis et receptis; et cum pattrato opere dicti foraminis insurrexerint questio et grandis controversia inter ipsos de Exilleis et [homines] Communitatis de Jailhono, itta ut ipsi de Jalhono asseruerunt et asserunt ipsum Montem eisdem pertinere et per consequens aufferunt ipsam aquam tam ipsis de Celsis quam ipsis de Ramatis, propter quod dicti de Exilleis passi sunt expensas quasi intollerabiles tam per Curiam Brianconesii quam [per] Suppremam [Curiam] Parlamenti Dalphinatus. Propterea ipsi de Exilleis infranominati petebant sibi reffici dimidiam ipsarum expensarum ab ipsis de Ramatis, sicut sunt particippes in medietate dicte aque, itta et in medietate expensarum. Unde ipsi de Ramatis infrascripti dicebant jam contribuisse ultra quod posset eos tangere, quia expense non fuerunt facte solum pro ipsa aqua ,imo pro monte et herbagio, in quo ipsi de Ramatis nihil habent. Tandem Johannes Arnoulis et Franciscus Roncilli, sindici dictarum Exilhearum, cum consensu Claudii Braze et Ludovici Reimondi ac Hieronimi Abbati, consultorum ipsorum scindicorum, item proborum Yppolliti Gensoris, Ludovici Coste, Guilhermi Bermundi et Andree Gilberti, hominum commissorum de Exilheis ad hec promittentes de ratto pro ipsa Communitate Exilhearum ex una, et Johannes Luc, Claudius Meiherii, Columbanus Jallini, Columbanus Baconi, Georgius Sibilli, Johannes de quondam Petro Bacconi, Johannes de quondam Anthonio Richardi de dictis Ramatis, missi ab omnibus habitantibus Ramatarum et participantibus in dicto aqueductu pro ipsis et aliis habitantibus de Ramatis, pro quibus similiter de ratto promiserunt, et convenerunt de ipsis expensis ut sequitur: Et primo quod pro omnibus expensis factis occasione premissorum usque in diem presentem dicti de Ramatis dent et solvant ac satisfaciant ipsis de Exilheis de summa centum et decem florenorum parve monete, dent ultra octuaginta florenos jam per ipsos de Ramatis occasione premissorum exbursatos, et sunt quitti ipsi de Ramatis ab ipsis expensis et vaccationibus factis usque in diem presentem. Item quod in expensis fiendis premissi aqueductus pretextu ipsi de Ramatis contribuant pro dimidia sicut sunt accepturi medietatem dicte aque, acto quod vocientur in faciendis vaccationibus ad ipsum opus et alliis necessariis exponendis, salvis mangialiis et expensis tabernariorum, que vaccantibus sunt proprie videlicet ipsi de Eysilleis solvant id quod commedent et ipsi de Ramatis pariter suas expensas. Item quod nullathenus per istud Instrumentum derogetur aliis pactis factis inter ipsas partes ratione dicte aque, sed dividatur semper per medium ut ipsi de Exilleis sive de Celsis pro dimidia et dicti de Ramatis pro alia dimidia, prout in fine Instrumenti continetur, et alias ad dictam proborum. Item de quodam fonte existenti in Chalpis, in summitate de Alborneto, appellato Fons Bruno et Fons de Ulmo et Fons Garcino utantur ipsi parerii aquis ipsorum fontium prout acthenus usi sunt. Et itta premissa omnia universa supra et infrascripta ac in presenti publicquo Instrumento contenta, singulla singullis debitte relata, promiserunt ipsi supra nominati Sindici, Consultores et particullares utriusque partis attendere et observare et in nullo contrafacere, dicere, opponere vel venire per se se nec per allium seu alios aliqua ratione, ingenio sive causa, eorum mediis juramentis a quolibet ipsorum super his ad Sancta Dei Evangelia, tactis Scripturis, prestitis, et sub obligatione omnium et singullorum bonorum suorum, cum renuntiationibus et aliis clausullis in tallibus opportunis. De quibus omnibus premissis jussum fuit fieri duo publicqua Instrumenta et plura sy petantur per me notarium infrascriptum ad hoc adhibitum et voccatum.

Et ego Franciscus Rostollani, notarius regius delphinallis de Chaumontio, commissarius et custos Instrumentorum per quondam bone memorie Johannem Rostollani, genitorem nostrum receptorum, qui virtute potestatis michi super hoc attributte presens Instrumentum a notis et Prothocolis eiusdem signatis, aliis occupatus, per meum in hac parte fidellem coadiutorem levare feci, et facta cum dicto Prothocollo debitta collatione utrumque concordare inveni, in quorum fidem hic me tabellionaliter subsignavi signo meo quo in tallibus utor in testimonium veritatis.

Au nom de Dieu amen. Le present double a esté prix et extraict à son original, signé par feu maistre Francoys Rostollan, en son vivant notère royal de Chaumont, par moy Jehan Sibylle, notère royal dalphinal dudict lieu, lequel a esté presenté à monsieur Claude du Puy, chastellain et lieutenent en la Judicature dudict lieu, par devant lequel ledict double ou Extraict a esté dilligement leu et collationé à sondict original en adcistance de maistres Hierosme Jallin et Jehan du Puy, notères royaulx du present lieu, demeurant ledict original riesre les particulliers des Ramas; et pourceque ledict sieur Lieutenant les a trouvéz concordantz, affinque foy pleyne et indubitable y soit adjouxtée y a interposé ses decret et authorité du Seigneur et Justice du present lieu, ce douziesme jour du moys de septembre mil six centz troys. En foy de ce me suis soubzsigné.

Sibylle notère.

Et moy Hierosme Jallin notaire royal delphinal dudict Chaumontz ay adcisté à la collation du present Extraict à son propre original signé par feu maistre Francoys Rostolan, en son vivant notaire dudict Chaumontz avec le susdict maistre Sibille et maistre Jehan Dupuy, notaires royaulx dudict Chaumontz et ayant trouvé ledict Extraict conforme à sondict original je me suis soubzsigné les an et jour susdicts.

Jallin notaire.

Et moy Jehan Dupuy, notère royal delphinal de Chaumont, ay adcisté à la collation du double que cy devant à son propre original signé par feu maistre Francoys Rostollan, en son vivant notère dudict lieu, avec les prenomés maistres Jehan Sibylle et Hyerosme Jallin, notères royaulx dudict lieu, en presence de monsieur Claude Dupuy, proffesseur èz droictz, chastellain et lieutenent en la Judicature ordinayre dudict lieu et les ayant treuvé accordantz, en foy je me suys soubzsigné ce douziesme jour du moys de septembre l'an mil six centz troys.

J. Dupuy notère.

- **Quarto documento.** Copia del testo originale del notaio Gabriel Juget.

IV - 15 giugno1553 - Chaumont

Transaction, Accord et aultres Conventions faictes entre les conssulz de Exilhes, au nom des mannantz et habitantz de Celz, d'une part, et les Conssulz de Chaumontz, au nom des mannantz et habitantz des Ramas, d'aultre. (1)

Au nom de Dieu soyt Amen. L'an de grace corrant prins à sa nativité mil cinq centz cinquante troys, la unsiesme indition, et le quinsiesme jour du moys de juing, À toutz presens et advenir qui le present publicque Instrument verront et liront, et à toutz ceulx qu'il apartiendra, soyt chose nothoyre et manifeste que comme il soyt ainsi qu'il fust question, debbat et controversse, et en doubte et dangier d'estre plus grand à l'advenir, entre [foglio 105r] *Laurens Johannas et Lantelme Rougier, conssulz modernes d'Exilhes et Celz, pour et au nom des mannantz et habitantz dudict villaige de Celz d'une partye, et Bert Fiard et Estienne filz de Symond Vittal, modernes conssulz de Chaumontz et Ramatz, et pour et au nom des mannantz et habitantz desdictes Ramas, d'aultre partye, sur ce que lesdictz de Celz et des Ramas ont ung pertuys commung et indivis entre eulx au lieu et montaigne de Touilhes, que lesdictz de Celz et Ramas ont perssé et faict entr'eulx par le passé, ung chascung pour moytié, pour y faire sourtir l'eau du cartyer de Chaurye, comme elle y sort à present, et pour s'en ayder entre eulx communement et indivisement, Et actendue la susdicte communion, lesdictz Conssulz de Chaumontz, au nom desdictz mannantz et habitantz des Ramas, disent, demandent et requierent estre faict partaige et division de ladicte eaue, comme dessus commune et indivise entr'eulx, et jcele estre partye et dividée au pertuys susdict par moytié, vollantz lesdictz des Ramas scavoir leur partye et ne vollantz si grande quantité d'eaue commune comme dessus, leur pouvant pourter prejudice et dalmaige, causant les ruynes audict lieu des Ramas et veu que par disposition de droict nully n'est tenu demeurer en communion, s'il ne veult, veu que bien souvent communion engendre* [foglio 105v] *discorde, requierent icele eaue estre partyé comme dessus par moytié, et la part à eulx appartennent leur estre distribuée comme dessus. À quoy respondoyent lesdictz Conssulz d'Exilhes pour et au nom desdictz mannantz et habitantz dudict lieu et villaige de Celz disantz que ladicte eaue par nul moyen ne se pouvoir et ne debuoir estre divisée, sinon ainsi qu'elle se diviseoit antiennement et par coustume, scavoir tout ledict rivaige neufz jours durantz estant au cartier et villaige dudict Celz pour s'en servir, et aultres neufz jours durantz, estant comme dessus ausdictz des Ramatz, veu que le combal de Fontaine Brune est comung entre eulx et que lesdictz de Celz ne peulvent passer ladicte eaue pour aiguer leurs préz de la Montaigne de l'Albourné par aultre part que par ledict combal de Fontaine Brune, comme il apert à veue d'oueilh, mesmes aussi qu'il n'y ha si grande abbondansse d'eau pour icelle divider, sinon ung peu environ et durand le temps des neiges, et que si elle estoyt partyé l'une partye ne l'aultre ne s'en scauroyent et ne pourroyent commodement ayder, veu qu'il ne n'y ha si grande multitude. À quoi respondoyent et replicquoyent lesdictz connsulz de Chaumontz, pour et au nom desdictz des Ramas, disantz le combal de la Fontaine Brune susdicte est sur la fin de Chaumontz et non sur la fin d'Exilhes, ainsi qu'il est* [foglio 106r] *limité, nyantz par exprés le contraire, et que par ce moyen ne debuoit estre commune comme dessus entr'eulx. Et plusieurs aultres choses et raysons furent dictes et advencéez entre lesdictes partyes, obmises à escripre du concentement d'icelles pour evicter prolixité.Et vollants lesdictes partyes mectre à ce que dessus paix et bonne union et concorde, et evicter procès et despens, Constituéz en personne pardevant moy notaire soubzsigné et les tesmoingz après noméz, lesdictz Laurens Johannas et Lantelme Rougier, conssulz desdictes Exilhes, avec Estiènne Vazon leur conseilhier, desdictes Exilhes, faisantz à leur nom et au nom des mannantz et habitantz de Celz, avec Jehan Oddyard, Collomban Roncilh, Jerosme Abba, Michel Jehannon, Benoyt Arlaud, Francoys Jehannon, Jehan Bernard, Anthoyne Jehannon, Jehan Pascal, Jacques Arlaud et Jacques Berssac dudict lieu et villaige de Selz, tant à leurs noms que des aultres mannantz et habitantz dudict villaige de Celz abcentz, pour lesquelz ce sont faictz fort iceulx faire rattiffier, en faisant leur cause et debte propres à requeste première des particulliers desdictes Ramatz. Et lesdictz Bert Fiard et Estienne Vittal, conssulz susdictz dudict Chaumontz,* [foglio 106v] *Jehan Fradel, Bernardin Roncilh dudict Chaumontz, Mondet Luc desdictes Ramatz, leurs conseilhiers, Jehan Balp, Jehan Richard de Anthoine, Laurens Mehier, Thomas Sibille, Jehan Bertrand, Andrieu Richard, Jehan Seguin, Jehan de Estienne Sibille et Barthellemy Richard desdictes Ramas, parroise dudict Chaumontz, à ce commis et depputtés ef faisant à leurs noms propres et pour et aux noms des aultres mannantz et habitantz desdictes Ramatz abcentz, pour lesquelz semblablement se sont faictz fortz et ont promis les faire rattiffier à la requeste desdictz particulliers de Celz, en faisant leur cause et debte propres. Lesquelz sachantz, de leurs gréz, infourméz deuement et certiffiéz de leurs droictz, comme ilz ont dict, toutz ensemble et le chascung d'eulx separément, en tant qu'il luy touche, et seul et pour le tout, pour eulx et leurs hoyrs et à l'advenir sucesseurs, sur ledict different et partaige ont dict, convenu, transigé, accourdé et appoingté aux meilheurs moyen, voye, et fourme qu'ilz ont sceu ne peu de droict ne de faict, à la manière et fourme que s'ensuyt et que cy après est escript et contenu: Premièrement que bonne paix, union, amytyé et concorde soyt les ungz avec les aultres dorésnavant. Item a esté dict, convenu, transigé, accourdé et appoincté entre lesdictes partyes que une chascune d'icelles prendroit esgallement la moytié* [foglio 107r] *de ladicte eaue, et sera icelle dividée et partyè à la bouche dudict pertuys en y mectant ung esclosailh aux despens desdictes partyes, bien et loyaulment selon leur contience. Item a esté dict et convenu entre lesdictes partyes que durand le temps que l'eaue parviendra pour sa rattepart aux particulliers de l'Albourné, que alhors tout le rivaige de ladicte eaue fera sa dessente par ledict combal de Fontaine Brunne en commung pour six jours, lesquelz particulliers de l'Albourné l'auront entièrement pour leur rattepart pour troys jours seullement, et lesdictz particulliers des Ramas l'auront aussi entièrement ledict beal et eaue pour lesdictz aultres troys jours, et parvennent au cartier et particulliers de Cels à partye de soir dudict pertuys, à esté dict et convenu entre lesdictes partyes que icelle eaue sera tousjours dividée et partye comme dessus, et en tout aultre cas sera icelle eaue diviseé comme dessus, saulfz aussi et reservé que là et quant il n'y auroyt assez d'eaue audict pertuys pour faire ladicte division et partaige susdictz pour le service d'une chascune desdictes partyes, que audict cas ladicte eaue suspartye retournera en communion comme au paravant, et ce despuys le quinziesme jour de juilhet, et devant ledict temps non. Item à esté dict et convenu entre* [foglio 107v] *lesdictes partyes que nully d'icelles partyes ne se puisse ouster l'eaue à l'aultre à la quelle luy sera assingnée, et durand le temps qu'il luy parviendra, à peyne de troys escus d'or au soleilh ou leur vallue, applicquer ung escu au Seigneur du lieu, un escu à l'accusant, et l'aultre escu à la reparation dudict pertuys; lequel accusant, a esté dict qu'il sera creu par son serment, car ainsi a esté dict et convenu entre lesdictes partyes. Item a esté dict, transigé et appoincté que lesdictes partyes n'entendent par le presens Instrument aulcunement et par nul moyen derroger aux precedentz Instrumentz entre lesdictes partyes ou aultres à leurs noms faictz par occasion dudict pertuys; ains lesdictes partyes susnouméz par la teneur du present Instrument, iceulx instrument ja faictz ont rattiffié, approuvé emologué et confirmé en tant que de besoing, avec promesse d'iceulx garder et observer, sans jamais y controvenir, saulfz et par exprés reservé que lesdictz particulliers de l'Albourné ne prandront pour leur usaige de ladict eaue à la fourme d'iceulx Instrumentz faictz comme dessus par occasion dudict pertuys, ains et seullement au moyen et comme dessus est dict et convenu, et pour leur simple usaige de maison et abbrevement de bestailh, car ainsi l'ont vollu et accourdé entre eulx. Toutes lesquelles choses susdictes lesdictes partyes et la chascune d'elles en tant qu'il luy touche, aux noms que dessus l'ont promis et juré,* [foglio 108r] *corporellement touchéz les escriptures, avoir agreables, fermes et vallables, actendre, garder et observer sans y jamays contrevenir, ne à controvennent concentir de droict ne de faict en aulcung temps ou lieu. Soubz obligation de toutz et chascung leurs, et d'ung chascung d'iceulx respectivement, biens, meubles et immeubles et de lesdictes Communaultéz presens et advenir quelconques, avec entière restitution de toutz despens, dalmaiges et interestz littis et extra. Renontianz de leurs gréz, informéz de leurs droictz, à toutz droictz, loix, statutz, libertés et closes, par lesquelles pourroyent controvenir à ce que dessus, commandantz à moy notayre soubzsigné leur faire deux presens publicques Instrumentz. Faict, publyé et recitté au lieu dict au Clot de l'Oulme, finaige d'Exilhes, èz presences de venerable messire Coustans Genssour prebtre et viccaire dudict Exilhes et Claude Mounyer desThures, mandement de Sezanne, tesmoingz à ce que dessus requis et appelléz.*

Et moy Gabriel Juget nottayre royal delphinal dudict lieu de Chaulmontz en foy de tout se que dessus soubzsigné. Gabriel Juget

Note
In margine all'intestazione sono inserite le seguenti annotazioni: «Levé ung pour les particuliers des Ramas à requeste de Laurens Meyer conseillier desdictz Ramatz sans payer». Più sotto: «Levé pour la Comunaulté d'Eixilhes ou soit par lesdictz de Celz». Tra le due annotazioni si trova inserito: *solutum est*, indubbiamente riferibile all'istrumento estratto per la comunità d'Exilles.

(1) Atto notarile originale contenuto nel Protocollo del notaio regio delfinale Gabriel Juget de Chaumont (Archivi Storici della Comunità di Chiomonte). Foglio 104v/ foglio 108r. Il protocollo notarile del notaio Gabriel Juget anzichè essere un vero protocollo lo si può piuttosto ritenere una raccolta di atti notarili non sempre cronologicamente in successione, ma regolarmente numerati sui fogli, che spaziano dall'anno 1549 al 1561.

- **Sentence Arbitralle.** Anno 1612.

VII - 26 luglio 1612 - Chaumont

Sentence Arbitralle entre la Comunaulté de Chaumontz et ceulx des Ramatz sur le different du Trou de Toullies

Entre les hommes manantz et habitantz au lieu et village des Ramatz, perroisse de Chaumontz, demandeurs en degravement ou rembourcement des fraiz et despens par eulx supportés en l'acquisition de l'eau, faction de l'acqueduct et trou faict dans la Montagne dicte de Toulies, et beallage d'ycelluy, pour l'arrosement du terroir desdictes Ramatz, d'une part, et les Consulz, manantz et habitantz du lieu de Chaumontz, deffendeurs, d'aultre.

Veu par nous Arbitres soubzsignés, le pouvoir à nous donné par Acte de soubmission judiciaire faicte le vingtiesme janvier mil six centz douze (1), signé Chalvet greffier, par Extrait, avec Acte de nomination (2) ensuivy, faict et passé au present lieu de Chaumontz le seziesme jour du present moys de juilhet, signé par les parties et tesmoings, qui ont sceu escripre, receu par m.re Jehan Francois Chalvet, notaire royal et greffier dudict Chaumontz, et par luy signé:

Instrument d'Acquisition ou Albergement de l'eau et acqueduct, faicte par ceulx des Ramatz de la Communaulté d'Excilhes en la Montagne de Toulies, receu par feu m.re Jehan Rostollan, notaire royal de Chaumontz, en datte du troysiesme jour du moys d'octobre mil cinq centz quatre, grossoyé et signé par feu m.re Francois Rostollan;

Aultre Instrument de Convention sur la fabricque dudict acqueduct et trou faict dans le roc de ladicte Montagne par les hommes dudict lieu des Ramatz et ceulx el Celz, perroisse dudict Excilhes conjoinctement, d'une part, et Colomban Romeàn ayant prins à fère le prisfaict dudict trou, receu et signé par le susnommé m.re Jehan Rostollan, en datte du vingtiesme octobre mil cinq centz vingt six, grossoyé par ledict feu m.re Francois Rostollan;

Aultre Instrument de Transaction passée entre les hommes manantz et habitantz de la Communaulté dudict Excilhes, d'une part, et ceulx dudict lieu des Ramatz, d'aultre, sur les despens par eulx supportés à l'occasion du trouble ou empeschement donné par ceulx de Jailhons audict acqueduct, après l'oeuvre dudict trou parfaicte, receu, signé et grossé par les mesmes notaires en datte du dixhuictiesme jour du mois de juing mil cinq centz trente quatre.

Et nous estantz transportés au lieu et montagne dudict Toulies en adcistance des parties, des commys et deputés desdictz lieux et entré dedans l'emboucheure dudict trou du cousté des Ramatz et Celz où sort ladicte eau, et allés tout le long dedans ycelluy et sourtis du cousté et derrière ladicte Montagne où entre ladicte eau et de là suyvy tout le long du biel lequel recueuilh et conduit ladicte eau despuys la descente de la Montagne jusques a l'emboucheure dudict trou, en compagnie desdictes parties, leurs commys, m.re Francois Chalvet, notaire et chastellain et lieutenant en la Judicature dudict Chaumontz, m.re Jehan Deyme, notaire et chastellain d'Excilhes, messires Michel Pourpour et Barthelemy Deyme, curés dudict Chaulmont et Excilhes, et plusieurs aultres hommes tant dudict Chaulmont, Ramatz, Celz que Excilhes; veu et remarqué tout ce que faisoit à veoir et remarquer en tous les lieux où les parties ont requis; et ouy ycelles sur tous les lieux contentieux; et ycy par plusieurs et diversses entrées les ayant à ces fins faict appeler, et enquis tant conjoinctement en presence les unes des aultres, que separement en ce que elles nous ont volu remonstrer et qu'il a esté de besoing de les interroger et enquerir.

Et tout veu et consideré, nous pour tout le degravement et satisfaction pretandu par les hommes habitantz au lieu des Ramatz à l'occasion de l'acquisition de l'eau, trou faict dans la Montagne et beallage tant de decà que della ladicte Montagne de Tolies jusques où se prent l'eau, avons arbitré et arbitrons, sententié et sententions que lesdictz de Chaumontz donneront et payeront a ceulx des Ramatz la somme de mille livres tournois, valleur de l'Edict, qu'est à vingt soulz tournois pièce, dans troys années à la faction de leurs comptes, à chescune année le tiers. Si myeulx ilz n'ayent dymynuer et rabbattre aultant de somme et valleur de l'estimation faicte par les commys et deputés de ladicte Communaulté du terroir desdictes Ramatz pour estre mys dans le Cathastre dudict Chaumontz, et en cas de trouble à l'advenir à ayder à mainctenir et deffendre lesdictz des Ramatz à l'encontre de ceulx qui les vouldront troubler en la possession et jouissance de ladicte servitude. Les despens du present arbitrage payables par ladicte Communaulté, commettant la pubblication de ceste nostre presente Sentence Arbitralle a m.re Jehan Francois Chalvet, notaire et greffier en la Judicature et jurisdiction dudict Chaumontz, pour estre par luy fidellement gardée et redigée dans ses nottes et Prothocolles, et d'ycelle en expedier ung ou plusieurs Extraitz aux parties le requerantz, moyennant sallaire raisonnable. Ainsy signés G. De Jouffre, Lieutenant particulier coarbitre, Hugues Chailhol coarbitre, Martueul coarbitre.

Pour les vaccations, labeurs et espices de nostre presente Sentence quatre vingtz dix livres payés par les Consulz.

Ce vingt sixiesme jour du moys de juilhet, après mydy, mil six centz douze à Chaumontz dans la maison de m.re Jacques Martel la susdicte Sentence Arbitralle par commandement desdictz sieurs Arbitres a esté par moy notaire et greffier dudict Chaumontz soubzsigné leüe et publiée ausdictes parties cy presentes, lesquelles icelle ouye et entendue y ont acquiescé et acquiescent, icelle rattifiant et approuvant en tous ses poinctz et articles, et avec promesse de ne jamais à icelle contrevenir, ne à contrevenantz consentir, à peyne pourtèe par le Compromys sur ce passé cy devant entre les parties, soubz obligaton de tous leurs biens et de ladicte Communaulté de Chaumontz, presentz et advenir, et avec toutes clauses et renontiations opportunes. De quoy la chescune des parties en ont requis Acte à moydict notaire et greffier soubzsigné, que je leur ay concedé. Faict et publié comme dessus, presentz m.re Anthoyne Martin, greffier de Briancon, Jehan Phelip, clerc du Monestier, et Jehan Olagnier feu Anthoyne, clerc d'Oulx, tesmoings requis et appellés et soubzsignés avec les parties à la cedde originelle de la presente Sentence, qui a sceu escripre. Ainsy signés Jacques Jailh consul, Jacques Sibille, Anthoyne Bacon, Jehan Meyer, Francois Rechard, Francois Meyer, Martin Rechard, Jehan Pont, Jehan Juget present, Hector Puy present, Jehan Francois Ronsilh, A. Martin present, Martin Sibille, Anthoyne Jallin, Arnaud Fornier, Francois Chalvet present, J. Olaigner present, J. Phelip present, et moy Jehan Francois Chalvet notaire royal delphinal et greffier dudict Chaumontz requis, recepvant en foy soubzsigné.
Ainsy signé J.F. Chalvet notaire.

Extraict des Registres de la Cour ordinaire de Chaumont à requeste et faveur des Consulz dudict Chaumont et deuement collationné.
J.F. Chalvet, greffier.

Note
Il testo della Sentenza Arbitrale qui riportato è già apparso nell'anno 1975 nella tesi di Laurea del dott. Giuseppe Joannas di Chiomonte e nella relazione del geometra Ettore Patria, inviata al Sindaco del Comune di Chiomonte in data 31/08/1979. Trattandosi di documentazione storica si stabiliva in modo inequivocabile il diritto degli abitanti delle Ramats a derivare acqua dal Vallone di Touilles per condurla sul prorio territorio. Entrambi gli autori si erano avvalsi di una trascrizione del testo di Valerio Coletto.
(1) Questo Atto di sottomissione giudiziaria, di cui non possediamo il testo, riporta una datazione incredibilmente inesatta poichè esso fu redatto il 20 gennaio 1612 anzichè il 20 gennaio 1609 come riportato nel testo della sentenza da noi corretta.
(2) anche di questo Atto di nomina, datato al 16 luglio dell'anno 1612, purtroppo non disponiamo del testo.

- **Acte d'authorisation.** Anno 1632.

VIII - 31 maggio 1632 – Chaumont

Acte d' authorisation.

L'an de grace courant mil six centz trente deux et le dernier jour du mois de may, apprès midi aux Ramatz au devant de la maison de Jacques, Francoys et Leonard Sibilles frères feu Crespin, par devant moy notaire royal dalphinal hereditaire de Chaumont soubzsigné, constitués honneste Pierre Odoul, Martin Rechard Vincent Blais, Jehan Sibille filz de Jacques, Francoys Rechard feu Estienne, Leonard Jallin, Anthoine Jallin son frère, Anthoine et Colomban Bacons frères, Francoys Rechard feu Barthellemy, Valantin Sibille, Anthoine Romean, Jehan Joanon feu Louis, Jehan Ramat feu Laurens, Barthelemi Sibille feu Jehan, Laurens Meyer feu Claude, Jehan Seguin, Colomban Luc, Anthoine Rechard, Anthoine Sibille feu Jehan, Michel [Sibille (1)], [foglio 219v] *Francoys Joanon feu Colomban, Thomas Sibille filz dudict Valantin, Anthoine Blais, Colomban Meyer feu André, Anthoine Sibille filz d'Estienne, Francoys Sibille filz de Thomas, Colomban Blais, Pierre Blanc, Pierre Meyer, André Meyer, Laurens Meyer feu Aldras, tous assamblés de la permission de moydict notaire en qualllité de Lieutenant de monsieur le Juge de Chaumont, lesquelz, en confirmation de leurs contractz et submissions par cy devant faicts, auxquelles en tant que de besoin ilz ont adiousté, et pour le service et utillitté de l'uzage de l'eau de Toullies, venant par le trou pour servir le finage desdicts Ramatz et celuy de Celz, ont contracté par manière d'estatut local à jamais irrevocable, faisant la mageur partie desdicts habittans, scavoir que ceux qui sont et seront nommés à l'advenir pour mantiers pour les reparations dudict beal* [foglio 220r] *et trou de Toulies susdictz auront l'entière direction et charge de commander à tous les masles habittans de chesque maison desdictes Ramatz d'aller pour une fois et jusques à ce que le beal es soit en estat d'amener ladicte eau tous les ans et encore fère reparer et commanderont avec telle absolution que nul ne leur pourra desobeyr soubz quel pretexte que ce soit, à peine qu'il sera permis ausdictz mantiers, à quoy ilz seron aussi obligés de le fère fère aux despens des desobeissans restituable sans déport; et pour l'allocation de ladicte eau le commis fera à l'antienne et sera recompancé aussi à un soul pour sesterée, mesure de Catastre, payable par chescun des particuliers à la feste de Saint Michel annuellement. Ainsi l'ont promis, Pierre Odoul, Martin Rechard, Vincent Blais, Jehan Sibille, Anthoyne Bacon, Leonard Jallin, Leonard Sibille, Jan Seguin, Francoys Rechard, Anthoine Jallin, Michel Sibille, Collomban Blais, Jaques Sibille.*

Et moy André Bordel notaire recepvant en foy.

Bordel notaire

[foglio 220v]
Archives Historiques de la Communauté de Chaumont - Extraict du Registre du Prothocole des Instrumentz receuz par le notaire André Bordel de Chaumontz en l'année 1632. fol. 219r-220v
(A.H.C.C. prot. Not. André Bordel)

Note
(1) Si è ritenuto di dover aggiungere il cognome Sibille poichè tra i firmatari è presente Michel Sibille; all'epoca di questo "Acte d'authorisation" un doppio nome come Michel Francoys era inesistente, così come il figlio di Colomban Joanon si chiamava semplicemente Francoys.

- **Quinto documento**. Atto notarile originale del notaio regio delfinale Pierre Fornier di Chaumont; l'Atto rogato dal notaio Pierre Teysseyre di Exilles risulta pressochè identico.

V - 16 juin 1651 - Exilles

Transaction entre la Communauté d'Exilles et Selz d'une part, et les habitantz des Ramatz adcistés de la Communauté de Chaumontz

Au non de Dieu soit il amen. L'an de grace courant mil six centz cinquante un et le seziesme jour de juin, regnant très illustre, très chrestien, puissant et tousiours victorieux Loüis, quatorziesme, Roy de France et de Navarre, scachent toutz presentz et advenir que la vertu, la prevoÿance et l'experiance des habitantz du village de Celz en la Communauté d'Exilles et des ameaux des Ramatz, dependantz de la Communauté de Chaumontz, fomentées par la necessité de l' usage des eaux pratiqué en ce Balliage, leur aÿe faict cognoistre qu'il estoit necessaire de percer la montagne qui separe la pante du terroirs desdictz lieux de Celz et des Ramatz, d'avec la Montagne de Toullies de là le cret et sommet de ladicte Montagne, apartenant auxdictz de Celz et ÿ faict un passage d'eau apellé le Trou de Toulies, pour la prendre en ladicte Montagne et alpage et la conduire dans le creux de ladicte Montagne environ trois centz toÿses et la faire regeallir et verser au deça dans le panchant du territoyre desdictz lieux de Celz et des Ramatz. Ce que aÿant esté executé, l' eau tirée dudict trou et ouvertare a esté partagée par moitié entre les habitantz desdictz lieux sans contention jusques à la saizon dernière que ceux des Ramatz ont allegué avoir esté troublés par ceux de Celz, lesquelz adcistés des Consulz et habitantz e toute la Comunauté dudict Exilles, ont faict voir qu'ilz ont droict d'empecher l'usage de l'eau dependant de l'ouverture de ladicte Montagne, jusques à ce qu'ilz aÿent contribué à proportion au paÿment des tailles, ducatz, francz fiefz, amortissementz et autres charges, aux quelles ladicte Montagne est cottizée dans le Cadastre et Terrier de ladicte Comunauté d'Exilles. Au contraÿre les habitantz desdictes des Ramatz, adcistés des Consulz et habitantz de la Communauté de Chaumontz alleguoient qu'ilz avoient contribué leur part de la fabrique, passage et ouverture de ladicte montagne pour le concourz de ladicte eau, que ceux dudict Exilles ÿ ont peu d'interet parceque ledict passage et aqueduc perceant à travers ladicte Montagne il ne leur donne aucun prejudice et que à raison de ce ilz ne peuvent avoir esté recherchés, nÿ l'estre à l'advenir, consideré que la pante de ladicte eau avant l'ouverture estoit dans les Estatz du Duc de Savoÿe et Prince de Piedmont, et par ainsÿ hors la Monarchie; mesmes qu'ilz disent avoir contribué à la despence et frais qu'ont suporté lesdictz d'Exilles pour le soustien et manutention de la montagne et eau de Toullies du proces qu'ilz ont eu avec messieurs de Jaillions, joinct qu'ilz ont la possession dèz longues années, ilz ne peuvent avoir droictz d'empecher lesdictz des Ramatz de joüir du benefice de la moÿtié de ladicte eau, et d'autant plus que sans ÿcelle leur terroir seroit tout esterille. Finallement pour temogner l'envie qu'ilz ont de vivre dans l'union avec lesdictz habitantz de Celz, ilz ont volu convenir; transiger comme cÿ après. Ors est il que establis par devantz nous notaires, tabellions et garde nottes roÿaux hereditaires des susdictz lieux soubsignés et presantz les tesmoins bas nommés, honorables Anthoÿne Vazon filz d'Estienne et Jean Ronsil feu Colomban, consulz modernes d'Exilles et Celz adcistès des probes Jean Odiard feu Jean, Jean Fontan feu Michel, Jean Bernard feu Pierre, leurs et de ladicte Communeaute Conseilliers d'une part, et Michel Sibille feu Jean des Ramatz et moÿ Pierre Fornier notaire et recevantz, consuls moderne dudict Chaumontz, adcistés de monsieur maistre André Dupuÿ, docteur èz droictz, iuge commis dudict Chaumontz, monsieur maistre Pierre Gallean, docteur éz droictz et advocat au Parlement, maistre Jaques Balp feu Jean, probes Bonnet Bacon, Jaques Roard, Anthoÿne Jail feu Jean de feu Anthoÿne, conseilliers de ladicte Communauté et probes Martin Rechard, Leonard Jallin, Colomban Blais, Anthoÿne Bacon, Pierre Maÿer feu Francoÿs, Jean Blais, Pierre Blanc, toutz desdictes Ramatz, deputés de ladicte Communauté de Chaumontz et Ramatz d'aultre, lesquelz en suitte du pouvoir qu'ilz ont des manantz et habitantz desdictes Communautés, ont de toutz les susdictz differantz nés ou à maistre, meus ou à mouvoir, circonstances et dependances, transigè, convenu et accordé comme s'ensuit:

Premièrement que paix, concorde et amitié sera à perpetuité entre lesdictes Communautés et en consequence de leur gré et franche volontés pour eux et les leurs respectivement que les Consulz et habitantz de Chaumontz e Ramatz recognoissent devoir faire annuellement une pention et perpetuellement de la somme de huict livres tournois, de vingt solz la chacune, de l'Edict, aux Consulz et Communauté dudict lieu d'Exilles, paÿable annuellement et perpetuellemeut audict Exilles le jour et feste de Noel, et ce pour tout ce qu'ilz peuvent estre obligés de contribuer aux ducatz pention deüe à sa Majesté par lesdictz Consulz d'Exilles, et generallement toutz autres droictz qu'ilz pourroient pretendre pour le subjet de ladicte eau, sans aucune exception desdictz habitantz des Ramatz. Item a esté convenu et accordé que pour avoir davantage d'eau pour leur usage l'on baissera le trou depuis le degré qui est environ au milieu dudict trou jusques au bout du costé de minuict et que pour ce les habitantz des Ramatz feront les deux tiers de la despence, fabrique et travail pour une fois seulement et l'autre tiers sera faict par lesdictz habitantz de Celz, le tout à la commoditè dedictes parties et que ledict travail se fera ensemblement, sauf que la besogne fut impossible, auquel cas lesdites parties seront reciproquement deschargées. Item que toutes lesautres reparation necessaires à l'advenir tant pour l'acqueduc que trou se feront pas moÿtié, comme aussÿ toutz les frais et despenses qu'on pourroit souffrir pour le soustien et deffence de la possession et manutention de ladicte eau et beallage. Item la dicte eau sera partagée à l'embouchure dudict trou comme à l'ancienne de façon qu'elle ne puisse causer à l'advenir querelle nÿ debatz entre lesdictes parties, et que ladicte eau ne sera destournée par aucun desditz habitantz soubz la peÿne de trois livres et estre punÿ par la rigueur de iustice, et sera adjousté foÿ pour l'acusation contre les contrevenantz au serement d'une seule personne digne de foÿ. Et ainsÿ que dessus à esté convenu et accordé, promis et juré par les susdictes parties, maintenir et observer tant en jugement que dehors, à peÿne de touz despens, dommages et interestz soubz obligation de toutz leurs biens presentz et advenir respectivement et autres clauses à ce requises et necessaires, sans prejudice aux precedantz contractz pour ce faictz. Et ont requis le present Instrument à nous notaires royaux soubsignés que leur avons octroyé et faict, chacun un original dans nos livres, lequel nous avons publié ledict jour dans la maison de la Communauté d'Exilles et audict lieu éz presences de maistre Pierre du Fort d'Augonnois, maistre Pierre du Fourt de Sainct Michel en Savoÿe, paintre et esculpteur et Jean Martinet de Nevache, temoins requis soubsignés avec les parties qui a sceu escrire.

Jean Ronsil consul, Michel Sibille consul, Dupuy, Gallean, Jacques Balp, Jaque Roard, Antoyne Jail, Jean Odiard, Bonnet Bacon, Jean Fontan, Peyre Bernard, Jehan Coste, Louis Bernard, Columban Coste, Colomban Blais, Pierre Blanc, Martin Rechard, Anthoine Bacon, Jean Blais, Pierre Mehier, Leonard Jallin, Teisseire, D. Bandon, J.P. Franet, P. Dufour pentre present, P. Dufort temoins,, J. Martinet present.

Et nous notaires royaux de Chaumontz et Exilles nous sommes soubsignés

P. Fornier notaire, P. Teisseire notaire.

Note
Fonti: **A.** Atto notarile originale contenuto nel Protocollo del notaio regio delfinale di Chaumont Pierre Fornier conservato presso l'Archivio di Stato di Torino Sezioni Riunite - Notai della Provincia di Susa - N.1898.E. Il protocollo del notaio Fornier contiene gli Atti notarili rogati dal 20 ottobre 1650 al 26 giugno 1652. La transazione è inserita dal foglio 57r al foglio 60r.
AA. Atto notarile originale, contenuto nel Protocollo del notaio regio delfinale Pierre Teysseyre di Exilles, conservato presso l'Archivio di Stato di Torino Sezioni Riunite - Notai della Provincia di Susa - N.3907.N., fogli 149v-152v.
B. Copia "en papier timbré de Dauphiné", scritta da Pierre Blais, prete e cappellano delle Ramats, autenticata in data 15 gennaio 1693 dal notaio regio delfinale di Chaumont, Jean Balp. Questa copia è inserita nel 4° fascicolo del Dossier sul Trou de Touilles e su Colombano Romeàn conservato presso l'Archivio Storico di Susa.
C. Copia en papier libre scritta per mano di Pierre Blais, prete e cappellano delle Ramats, in data del 13 gennaio 1695. Questa copia è parte integrante del 5° Fascicolo del Dossier sul Trou de Touilles e su Colombano Romeàn conservato presso l'Archivio Storico di Susa.
F.C. Trascrizione ed edizione della copia B. per opera di Felice Chiapusso in "Il Traforo di Touilles et Colombano Romean" edito a Susa il 20 luglio 1879.

- **Sesto documento.** Anno 1651.

VI - 16e juin 1651 - Exilles

Convention entre la communauté de Chaumont et le general des Ramas

L'an mil six centz cinquante un et le seziesme jour de juin à Exilles dans la maison de la Communauté dudict lieu, par devant moy notaire royal de Chaumontz soubzsigné, presentz les tesmoins bas nommés, constitués en leurs personnes honestes Michel Sibille des Ramatz feu Jean, Martin Rechard, Colomban Blais, Leonard Jallin, Pierre Meyer feu Jean, Pierre Meyer feu Francoys, Jean Blais feu Vincent, Pierre Blanc, lesquelz tant à leur nom propre que du reste des habitantz des Ramtz, auxquelz ont promise faire ratiffier, se de besoin, faisant cependant leur cas et debte propre, de leur gré pour eux et leurs quelquonques, scrivant le Contract faict avec messieurs d'Exilles, portant une pention de huict livres annuellement, ilz ont declaré que ledict Contract a esté passé soubz les paches et conditionsque cy après: Premièrement que pour les traveaux, fabriques qu'il convient faire au trou et beallage de Touilles lesdictz des Ramatz n'en pourront pretendre aucun remboursement de la Communauté de Chaumontz. Item que pour ladicte pention ilz se chargent de la payer annuellement et en deschargent dés à present comme pour lors ladicte Communauté de Chaumontz, à condition que le general de la dicte Communauté payera pour un seule fois le capital de ladicte pention, lequel a esté acordé à la somme de cinquante escus, faisant cent cinquante livres tournois, laquelle se perequera sur une des parcelles négotiables à l'advenir de ladicte Communauté. Item a esté convenu que au cas que ceux desdictes Ramatz soient troublés à l'advenir pour l'usaige de ladicte eau, la Communauté dudict Chaumontz les adcistera, et se soubnet à toutz frais qu'il conviendra faire, le tout par communion. Et tout ainsy que dessus ont promis attandre, observer sans y contrevenir à peyne de toutz despens, dommages et interestz, soubz obligation de toutz leurs biens presentz et advenir, clauses, jurementz en ce requises et nécessaires. Faict et publié ledict jour et lieu en presence de maistre Pierre Teysseiry, notaire d'Exilles, et maistre Daniel Baudon, tesmoins requis, soubzsignés avec les parties, et encores maistre Jaques Balp, monsieur maistre Pierre Gallean, monsieur maistre André Dupuy, docteur éz droictz, juge commis dudict Chaumontz, Bonnet Bacon, Jaques Roard, Anthoyne Jail, conseillers de ladicte Communauté.
Michel Sibille consul, Leonard Jallin, Colomban Blais, Anthoyne Bacon, Pierre Mehier, Pierre Mehier present, Dupuy, Jean Blais, Jacque Balp, Bonnet Bacon, Antoyne Jail, jacque Roard, Martin Rechard, P. Teisseire present, D. Baudon present.

Et moy notaire requis en foy: Fornier notaire.

(à la marge de f.60v) (Notta que le capital de ladicte pention a esté perequé sur la parcelle de 1651, et Michel Sibille consul est chargé dudict principal en suitte du partage faict avec moy notaire, aussy consul en ladicte année, pour regard de ladicte parcelle).

(à la marge du f.60v) P.F.

(à la marge de f.60r) Levé et expedié et collationé par Balp notaire a Jean Sibille feu Jaques, procureur du general des Ramatz, le 15e janvier 1693. J. Balp (2° documento)

(à la marge de f.57r) Expedié un Extraict à maistre Louis Bernard, consulz de Celz, ce 6e maj 1685 et a payé l'expedition (P. Fornier)

Levé et expedié à Jean Sibille feu Jaques, procureur du general des Ramatz, qui à payé l'expedition ce 15e janvier 1693. (J. Balp) (1° documento)

Note
Per la trascrizione e riedizione di questo Accordo si è scelto l'Atto notarile originale lasciando inalterato lo schema e l'intitolazione già predisposti a fine Seicento dal cappelano Pierre Blais e poi ripresi da Felice Chiapusso.
Fonti: **A.** Atto notarile originale inserito nel Protocollo del notaio regio delfinale di Chaumont Pierre Fornier conservato presso l'Archivio di Stato di Torino - Sezioni Riunite - Notai della Provincia di Susa - N.1898.E. dal foglio 60r al foglio 61r. in realtà nel Protocollo del notaio Pierre Fornier questo Accordo non figura come un Atto notarile distinto, ma solo come un'aggiunta o come un'appendice priva di intitolazione, della Transazione precedente avvenuta tra le comunità di Exilles e Chiomonte. nel protocollo del notaio regio delfinale Pierre Teysseyre questo Accordo non è ovviamente presente.
B. Copia "en papier timbré de Dauphiné", scritta da Pierre Blais, prete e cappellano delle Ramats, autenticata in data 15 gennaio 1693 dal notaio regio delfinale di Chaumont, Jean Balp. Questa copia è inserita nel 4° fascicolo del Dossier sul Trou de Touilles e su Colombano Romeàn conservato presso l'Archivio Storico di Susa.
F.C. Trascrizione ed edizione della copia B. per opera di Felice Chiapusso in "Il Traforo di Touilles et Colombano Romean" edito a Susa il 20 luglio 1879.

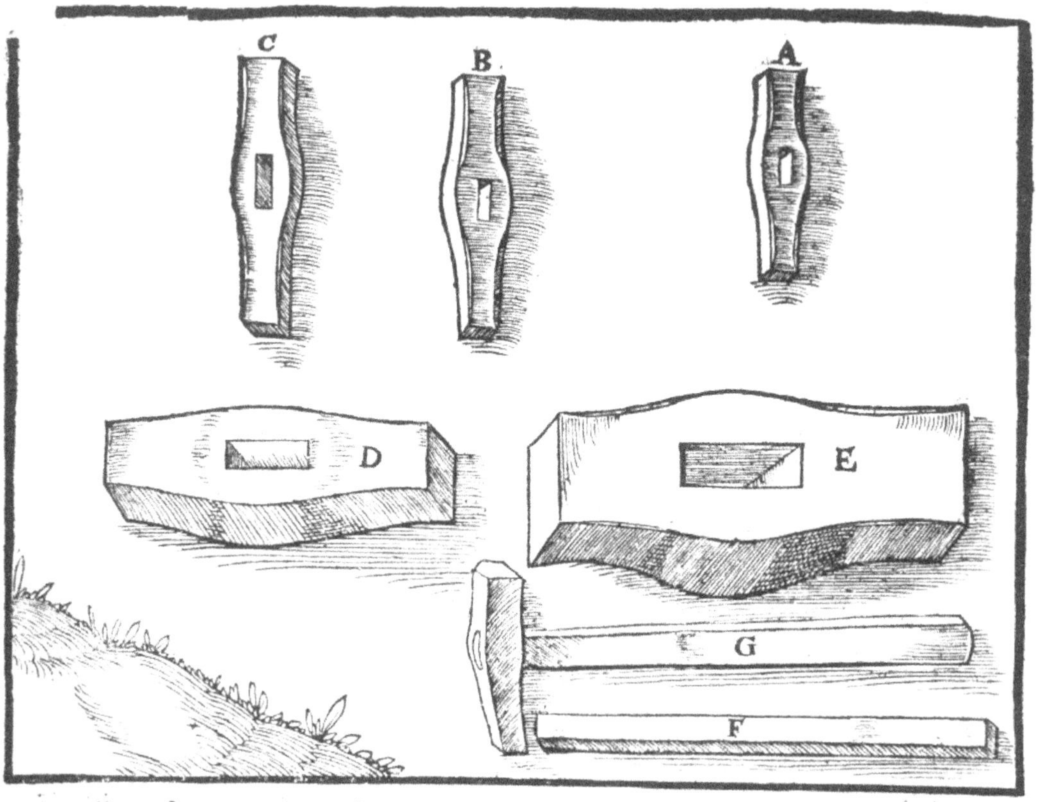

Fig. VIII.1: *Alcuni degli attrezzi utilizzati dal minatore per lo scavo del Trou de Touilles. Si osservano:«Malleorum minorum Minimus A. Medius B. Maximus C. malleorum majorum Parvus D. Magnus E. Manubrium ligneum F. Manubrium in minimo malleo inclusum G.» (Agricola 1621, Libro VI, pp. 108-109).*

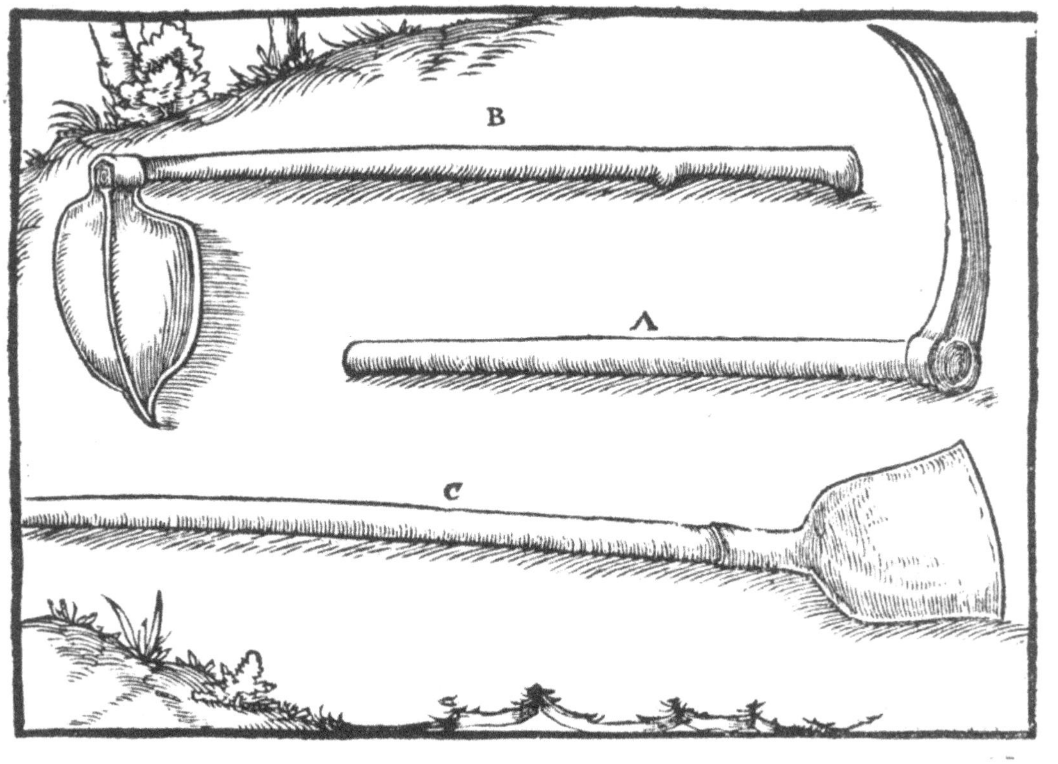

Fig. VIII.2: *Alcuni degli attrezzi utilizzati dal minatore per lo scavo del Trou de Touilles. Si osservano: «Ligo A. Rutrum B. Batillum C.» (Agricola 1621, Libro VI, p. 110).*

Fig. VIII.3: *Tracciamento di un pozzo durante le operazioni di scavo . «Jugum A. Jugi pertica B. Puteus C. Primus Funiculus D. Primi funiculi Pondus E. Secundus funiculus F. Idem in terram infixus G. Caput primi funiculi H. Os cuniculi I. Tertius funiculus K. Tertii funiculi pondus L. Mensura prima M. Mensura secunda N. Mensura tertia O. Triangulus P.» (Agricola 1621, Libro V, p. 90).*

Fig. VIII.4. *Frontespizio della Parcella Talhie Chomuncii del 1513; nel documento appaiono alcuni sottoscrittori del contratto stipulato tra il minatore Colombano Romeàn e i parerii di Cels e delle Ramats (Archivio Storico del Comune di Chiomonte).*

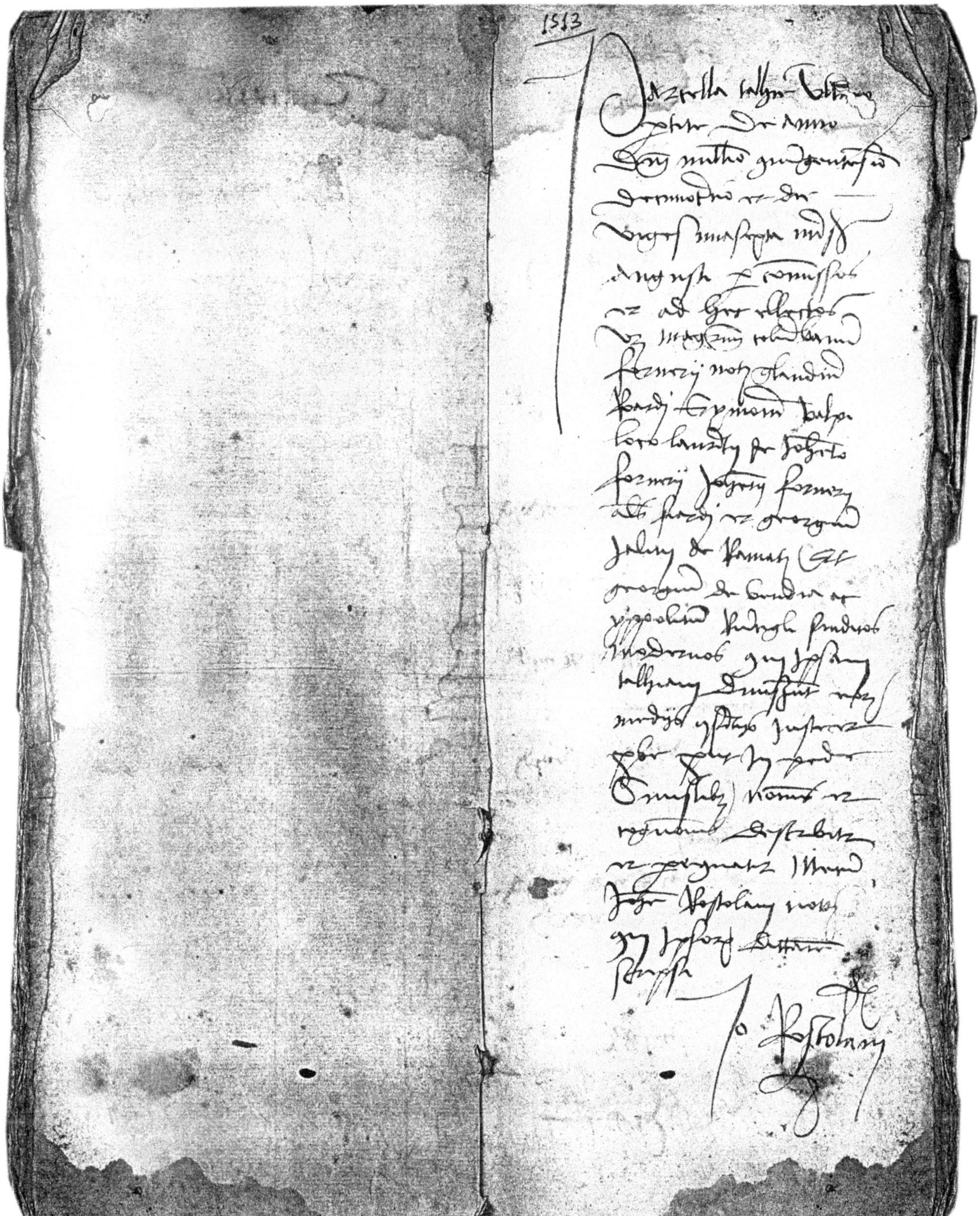

Fig. VIII.5. *Foglio della Parcella Talhie Chomuncii del 1513 (Archivio Storico del Comune di Chiomonte).*

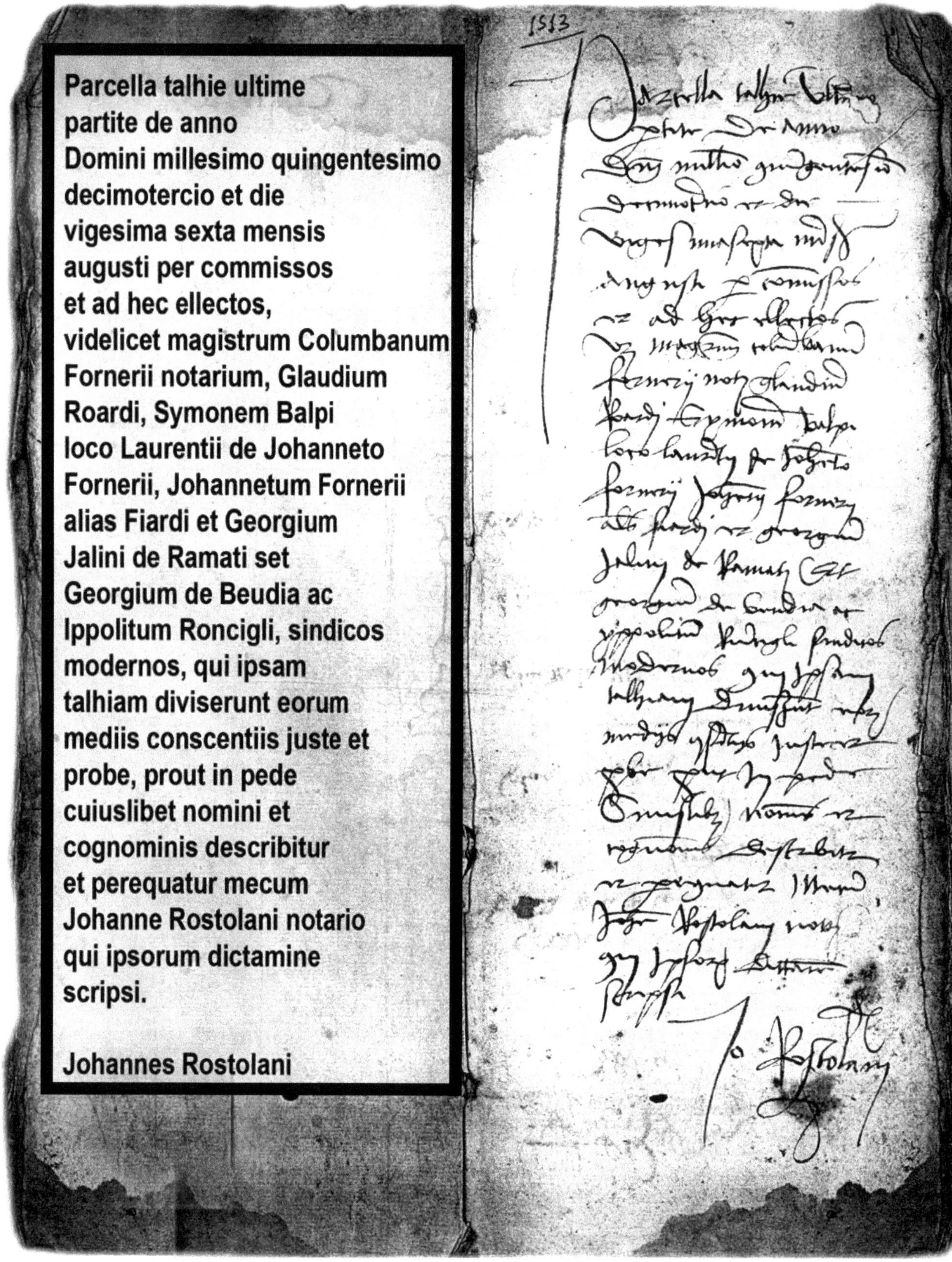

Parcella talhie ultime
partite de anno
Domini millesimo quingentesimo
decimotercio et die
vigesima sexta mensis
augusti per commissos
et ad hec ellectos,
videlicet magistrum Columbanum
Fornerii notarium, Glaudium
Roardi, Symonem Balpi
loco Laurentii de Johanneto
Fornerii, Johannetum Fornerii
alias Fiardi et Georgium
Jalini de Ramati set
Georgium de Beudia ac
Ippolitum Roncigli, sindicos
modernos, qui ipsam
talhiam diviserunt eorum
mediis conscentiis juste et
probe, prout in pede
cuiuslibet nomini et
cognominis describitur
et perequatur mecum
Johanne Rostolani notario
qui ipsorum dictamine
scripsi.

Johannes Rostolani

Fig. VIII.6. *Foglio della Parcella Talhie Chomuncii del 1513; sulla pagina sinistra del documento si è sovrapposta la trascrizione del testo in cui sono indicati alcuni sottoscrittori del contratto (Archivio Storico del Comune di Chiomonte, trascrizione Valerio Coletto, elaborazione degli Autori).*

CAPITOLO IX

COLOMBANO ROMEÀN

IX.1 - *Il minatore Colombano Romeàn*

La figura di Colombano Romeàn è stata definita da una tradizione popolare, nata attorno al personaggio, e da ricerche e valutazioni condotte da più studiosi. Originario delle borgate chiomontine delle Ramats, il minatore vive a Saint Gilles in Provenza quando viene chiamato dai comuni di Exilles e Chiomonte per realizzare il Trou de Touilles.

IX.1.1 - *Storie e leggende*

Le storie nate attorno al minatore nascono da una realtà economica di sussistenza agricola e pastorale, legata a ritmi di vita ripetitivi e scandita da cicli ben precisi. La realizzazione di un'opera destinata a influenzare e modificare in modo sostanziale la presenza antropica sul territorio, ha generato dei sistemi di ricordo collettivi rientranti in quelli della fiaba e del mito: «le fiabe e le leggende sono fenomeni culturali di difficile collocazione, soprattutto perchè nate come fenomeni da raccontare e non da scrivere (...) risultanza di un articolato processo di elaborazione collettiva» (Centini 2000, p. 16). A ciò si aggiunga che l'opera era ai più inaccessibile poichè si svolgeva in un "mondo sotterraneo" slegato dalla realtà e chi effettuava lo scavo possedeva l'*ars mineraria,* un sapere di tipo ermetico, come tutta la comunità aveva avuto modo di constatare in prima persona quando si era effettuato un fallimentare tentativo di perforare la montagna (figg. IX.1 e IX.2). Le leggende fiorite in Alta Val di Susa sono varie e si elencano di seguito:

Il cane. Si narra di un cane che avrebbe fatto ogni giorno la spola tra le Ramats e il Trou de Touilles portando al minatore i viveri necessari al suo sostentamento: «"l'ej-jo passà l'chin dou blej" si diceva per indicare il mezzogiorno (…). Un grosso cane di un certo Blais riforniva ogni giorno di viveri il minatore Romeàn. Al mattino stava accucciato nella strada principale del paese: portava fissate ai lati del dorso due borse, ed attendeva che la gente le riempisse di viveri. Quando il campanile suonava l'Angelus partiva veloce verso les Touilles e consegnava il carico al minatore solitario. Costui riponeva nelle borse i suoi messaggi ed il cane ritornava al suo padrone. Il mattino seguente nuovamente accucciato nella strada principale, attendeva che la gente provvedesse al carico e ripartiva» (Jannon 1998, p. 35).

L'emina d'oro. Pare che il minatore fosse stato ricompensato con un'emina d'oro e, a causa di questo tesoro, assassinato dai suoi committenti desiderosi di rientrare in possesso del materiale. A Chiomonte un'emina corrisponde, come gia detto in precedenza, a 443,8 chilogrammi d'oro. L'emina è citata anche nel caso della somma stanziata da Maria Bona per la realizzazione del canale a Giaglione; è da considerarsi quindi un valore simbolico che indica una somma inusuale per opere monumentali. Inoltre il compenso del minatore, come indicato sul contratto, sarebbe andato agli eredi in caso di morte.

La sospensione dell'opera. Il minatore avrebbe effettuato l'opera a più riprese: «Lavorò per lo spazio di sette anni contigui, sul finire de' quali disperando di giungere al felice compimento dell'opera, l'abbandonò, e ripatriossi. Due anni dopo accondiscendendo alle iterate preghiere degli abitatori dell'anzidette villate, venne a ripigliarla, e condusssela nell'anno stesso felicemente al suo termine» (Casalis 1937, p. 602).

La solitudine. Si narra che Colombano Romeàn fosse sceso una sola volta in paese nel corso degli anni in cui svolse il suo lavoro.

L'avvelenamento. Sembra che al minatore spettasse una rendita vitalizia quale ricompensa per i suoi servigi, e chiomontini ed exillesi, per liberarsi del debito, lo avrebbero avvelenato nel corso di una festa. Marc Antoine De Lavis-Traffort che riporta la leggenda secondo la quale Colombano fu avvelenato (il mourait empoissonnè), non era a conoscenza dell'esistenza della pubblicazione del Chiapusso: «absance de preuves documentaires (...) concernant le travail prodigeux de Romeàn» (De Lavis-Trafford 1956, p. 89).

La morte per ubriacatura. Una tradizione, probabilmente la più vicina alla realtà, lo vede spegnersi in seguito ad un'eccessiva bevuta di vino (Patria 1972, pp. 38-39).

IX.1.2 - *Studi e valutazioni*

Vi sono state, a partire dal XVIII sec., indicazioni sul minatore e sulla sua opera. Un fatto riscontrabile in alcuni degli studi è l'utilizzo dei dati presenti nella documentazione storica senza una verifica diretta degli stessi. Questo fattore ha portato ad alcuni errori di valutazione come nel caso della lunghezza dell'acquedotto o delle modalità di realizzazione.

Come ci ricorda Ettore Patria, Vauban si interessa nel XVIII° sec. al Trou de Touilles inviando il colonnello De la Blottière, del corpo degli ingegneri militari, a: «examiner cet aqueduc souterrain pour savoir comment en avait pris l'air lorsq'en fut fort avant dans la montagne» (Patria, 1972, p. 44).

Studi furono condotti da Des Ambrois in "Le Alpi che cingono l'Italia", da Alexandre-Frédéric-Jacques Masson, marquis de Pezay 1793 in "Noms, situation et détails des Vallées de la France le long des Grandes Alpes dans le Dauphiné et la Provence et de celles qui descendent des Alpes en Italie depuis la Savoie jusqu'à la vallée de Saint-Etienne au Comté de Nice", ripubblicato nel 1894 come "Description des vallées des Grandes Alpes, Dauphiné, Provence, Italie, avec index des appellations anciennes et modernes des cols et passages", da Génin Giulio nel 1910 in "Alta Valle della Dora Riparia" e da Charles Maurice in "Promenades historiques et archéologiques à travers l'ancien Ecarton d'Oulx" (Jannon 1966, pp. 11-24).

Nel 1837 il Casalis, descrivendo Chaumont scrive: «degna di essere ricordata è la cura, con cui nella prima metà del secolo XVI gli abitanti di Chaumont provvidero all'irrigazione di non poche loro campagne. La mancanza d'acqua nella villata delle Ramas spettante a questo comune, ed in quella di Cels unita ad Exilles, ne aveva già indotto i terrazzani ad allontanarsi da que' luoghi, quando si avvidero di poter fare un'apertura, da ostro a borea, nella gran montagna di Touilles per poter raccogliere le acque provenienti da' ghiacciai dei monti della Savoja, e servirsene per innaffiare i loro poderi. A tale scopo ricorsero all'abilità di un famoso scalpellino per nome Colombano Romeàn, nativo di S. Gilles nella diocesi di Nimes, il quale si diede il carico dell'eseguimento di un così mirabile lavoro, in forza d'istromento del 20 di ottobre 1526, rogato Rostolan, con patto però che non gli fosse limitato il tempo pel termine dell'intrapresa, gli fossere somministrati il vitto, e tutto l'occorrente al grand'uopo, e gli venissero pagati cinque fiorini per ogni tesa di escavazione (...). L'apertura è di 160 trabucchi in lunghezza; di trabucchi 56, piedi 4 in profondità perpendicolare al vertice del monte; di oncie 42 in altezza, ed in larghezza di oncie 23» (Casalis 1937, pp.601,602).

Non si è a conoscenza se il Casalis effettuò misurazioni in prima persona o le fece effettuare *in situ*. I dati da lui forniti sono verosimili solo per quanto riguarda la sezione del condotto all'imbocco sud, mentre fornisce indicazioni errate per altri elementi. La lunghezza dell'acquedotto viene indicata di 493,82 m, la profondità dello speco rispetto alla sommità del monte è di 174,89 m, l'altezza del condotto 1,80 m e la larghezza 0,985 m. Confrontando questi dati con quelli reali otteniamo rispettivamente: 433,24 m, 153 m, 2,05 m (altezza media) e 0,85 m (larghezza media).

I calcoli per raffrontare i dati dello studio con il nostro sistema di misura sono desumibili dalle "Tavole di ragguaglio dei pesi e delle misure già in uso nelle varie province del regno" del 1877, pubblicate in seguito all'unificazione italiana in cui troviamo indicazioni per le misure lineari e di capacità:

- Misure lineari. Nelle undici antiche province del Piemonte, ossia in quelle di Torino, Biella, Ivrea, Susa, Pinerolo, Saluzzo, Cuneo, Mondovì, Alba, Asti e Vercelli, dopo il 1818 , un piede piemontese da 12 once vale 0,5144 m, un'oncia da 12 punti vale 4,2866 cm, un trabucco da 6 piedi piemontesi 3,0864 m e una tesa da 5 piedi manuali 1,7146 m. Nelle eccezioni indicate troviamo come una tesa ad Oulx ed Exilles valesse 1,7866 m.
- Misure di capacità. *S*empre in riferimento alle stesse province un'emina vale 23,0544 (Stamperia Reale 1877, pp.151-235).

Nel 1958 Gian Carlo Zuccarelli pubblica sulla Rivista del Club Alpino Italiano un articolo l'articolo "Il traforo di Touilles" in cui elenca e descrive i documenti editi dal Chiapusso, fa delle valutazioni sul lavoro svolto dal minatore e fornisce una spiegazione sul nome del Monte Quattro Denti: «Il toponimo attuale deve la sua origine all'uso invalso presso gli abitanti di identificare i torrioni calcarei con "les quatres dents de l'abbé Bigot" prevosto d'Oulx e signore di Chiomonte parecchi secoli or sono, tenuto in molta considerazione per la promulgazione di regolamenti rurali» (Zuccarelli 1958, p. 175).

Maria Ada Benedetto ha effettuato studi archivistici sugli ordinamenti dell'Alta Valle di Susa. Scrive anche del Trou de Touilles senza essere a conoscenza della pubblicazione del Chiapusso, e afferma che: «l'opera era costituita da una galleria scavata nel 1300 a spese della comunità di Chiomonte" e aggiunge che Colombano Romeàn «si limitò a mettere in efficienza la galleria, forse ostruita da frane dovute all'infiltrazione dell'acqua». La professoressa Benedetto dice di aver tratto la notizia che il traforo risale al XIV secolo da documenti che si conservano nell'archivio comunale di Chiomonte: «1° Etat sommaire des actes employes et produits au proces entre la Communauté de Chaumonts intimé en appellation par davant le royal senat de Pignerol, deffenderesse au principal d'une part et le venerable chapitre de la prevôté Saint Lauren d'Oulx (del 1725 circa); 2° Examen de la grande question sur les moulins du rif en particulier (del secondo decennio del XVIII secolo), (...) documenti in cui Chiomonte, per contestare la pretesa della Prevostura alla proprietà di tutte le acque del comune, dichiara che l'acqua proveniente da Tullie giungeva direttamente al territorio comunale a mezzo di una galleria scavata dai Chiomontini stessi ed al loro spese, fin da data antichissima» (Patria 1972, pp. 40-42,43). In realtà questi documenti erano stati probabilmente redatti per sottrarsi ad una convenzione stipulata nel 1549 con il Prevosto Roger de Saint Lary e che, da due secoli, ceravano di fare annullare.

IX.2 - *Il personaggio storico*

Le origini di Colombano Romeàn sono menzionate nel contratto, in cui viene definito "oriundo" delle Ramats ma "abitante" in Provenza a Saint Gilles, Diocesi di Nimes. Egli si era trasferito in Francia per lavorare come minatore e, sempre nel documento, si accenna al nome del padre: Johannis.

Il cognome Romeàn è radicato in questo territorio: ne troviamo traccia (Jehan Romean) negli statuti di Chiomonte (Benedetto 1953, p.186) e in altri documenti conservati presso gli Archivi Storici Comunali di Chiomonte quali la *Parcella Talhie Chomuncii* degli anni 1525 o 1526 (Johannis Romeani, Ludovicus Romeani, Michele Romeani e Martinus Romeani), il *Registrum Recognitionum hominum Chomunchii* degli anni1435 e 1487 (Rumeani Vincencius e Rumeani Johannes) e un "Prothocole du notayre royal delfinal Jehan Blasys de Chaumont" del 28 settembre 1552 (Martin Romean e Loys Johannon).

Lo stesso Chiapusso indica come «i Romiani (e nel testo latino il Romeàn è detto Romiani o Romeani) erano numerosi in Chiomonte dove troviamo oltre il Michele Romeàn teste nell'atto citato del 1520 un Vincenzo nel 1435, uno Stefano nel 1583 ed una Alice figlia di Bartolomeo nel 1604. E dovevano per certo essere numerosi i Romean perocchè come in Chiomonte troviamo le Regioni che si intitolano Sollier, Richard, Juget ecc. troviamo anche in tempi remoti la Regione Romean. I Romiani erano anche diffusi nelle regioni finittime di Chiomonte e specialmente in Giaglione, infatti trovo un Rumiani in un atto del 1458 ed è celebre la Maddalena Rumiano fatta morire sul principio del 1600 quale accusata di stregoneria» (Chiapusso 1879, pp.III,IV).

IX.3 - *La genealogia*

Si riportano di seguito annotazioni sui personaggi indicati del grafico IX.1, che verte sulla ricostruzione genealogica della famiglia del minatore Colombano Romeàn.

Vincencius Rumeani. Appare come *habitator Ramatarum* nel *Registro Recognitionum* del 1435 e nella "Revisione dei Fuochi" del 1458. La figura di *habitator* non corrispondeva a quella di cittadino; negli statuti di Chiomonte vengono aggiunte nel 1484 «alcune norme che precisano che chi voglia venire ad abitare nel comune deve pagare una tantum dieci scudi al signore e dieci alla comunità, e che è vietato vendere immobili a forestieri senza l'autorizzazione dei sindaci: una norma che è comune negli statuti del tempo» (Cavargna Bontosi 2006, pp.158-159). È presumibile che Vincencius fosse originario di Giaglione; anche oggi sia qui sia a Venaus sono presenti dei Rumiano.

Johannes Rumeani. Figlio di Vincenzo e padre di Colombano, è citato nel *Registro Recognitionum* del 1482.

Colombanus Rumeani. Si può calcolare che all'epoca dell'esecuzione dell'acquedotto avesse un'età compresa tra i 50 e i 55 anni. È assodato che «da registri esistenti negli archivi di Chiomonte risulta come il Colombano Romeàn avesse un fratello nato e dimorante in Chiomonte dove morì in tarda età nell'ultimo quarto del secolo XVI. Il Romeàn moriva poco prima del suo fratello pianto da tutti» (Chiapusso 1879, IV).

Johannonus Rumeani. Il nome Johannonus è un diminutivo nel dialetto occitano-alpino di Chiomonte che corrisponde all'italiano Giovannino. Ebbe un figlio di nome Ludovicus Johannoni (o Ludovicus Romeani o Ludovicus Johannoni Romeani). Darà origine ai Jehannon delle Ramats e, successivamente, di Chiomonte. Questo cognome è ad oggi diffuso nei due paesi come Jannon/Jeannon.

Martinus Rumeani. Ha due figli Estienne e Jehan che genererà Anthoyne. I suoi eredi porteranno il cognome Romeàn che si estinguerà alla fine del 1600.

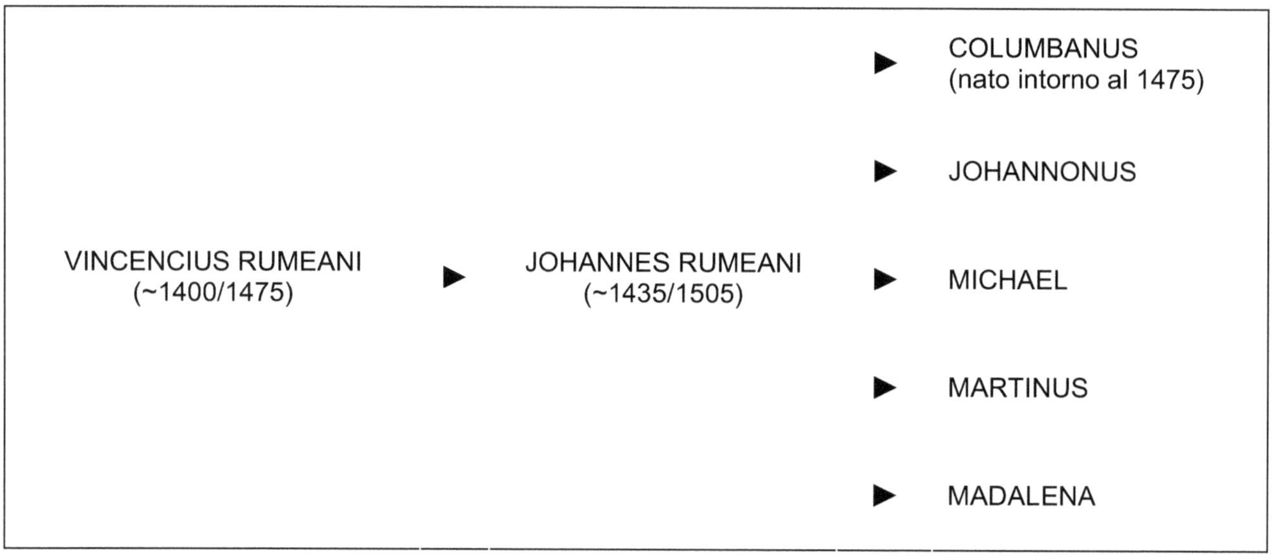

Grafico IX.1. *Genealogia dei Romeàn (elaborazione degli Autori da indicazioni di Valerio Coletto).*

Fig. IX.1 *L'immagine rappresenta i metodi per l'accesso alle miniere: «Descendes scalis in puteus A. Insidens in bacillo B. Insidens in corio C. Descendens gradibus in saxo inficis D.»* (Agricola 1621, *Libro VI, p. 171*).

Fig. IX.2 *L'immagine rappresenta operazioni di scavo all'interno di un cunicolo minerario: «Cuniculus A. Linteum B.» (Agricola 1621, Libro VI, p. 170).*

CAPITOLO X

BIBLIOGRAFIA

Adam J.-P. 1988, *L'arte di costruire presso i romani*, Milano.

Agricola G. 1550, *De re metallica*, ristampa del 1621, anastatica, Milano 1977.

Aimar G. 2002, *Il Buco di Viso, il primo traforo alpino,* in *Piemonte Parchi*, n. 116, Anno XVII, Torino.

Alighieri D. 1990, *La divina Commedia*, Milano.

Alighieri D. 1991, *De vulgari eloquentia*, Coletti V. (a cura di), Milano.

Aliprandi G., Aliprandi L. 2005, *Le grandi Alpi nella cartografia*, 1482-1885, Ivrea.

Amoretti G., Gallo-Orsi G. 1973, *Il Buco di Viso: primo traforo Alpino, in Associazione "Amici del Museo Pietro Micca e dell'Assedio di Torino 1706", Di qua e di là dai monti*, Torino.

Ashby T. 1991, *Gli acquedotti dell'antica Roma*, Roma.

Azaïs G. 1877, *Dictionnaire des idiomes romanes du midi de la France comprenant les dialectes du Haut et du Bas-Languedoc, de la Provence, de la Gascogne, du Béarn, du Querci, du Rouergue, du Limousin, Du Bas-Limousin, du Dauphiné, etc.*, Sociéte pour l'étude des langues romanes, Montpellier.

Baggiani F., Comar M., Gherbaz F., Nussdorfer G. (a cura di) 1992, *Manuale di rilievo ipogeo*, Trieste.

Balestracci D. 1987, *I bottini medievali di Siena*, Siena.

Basilico R. 2005, *Il rilievo*, in Padovan G. (a cura di) 2005, *Archeologia del sottosuolo. Lettura e studio delle cavità artificiali*, British Archaeological Reports, International Series 1416, Oxford, pp. 187-210.

Basilico R., Bianchi S., Coletto V. 2007, *Lo studio di un'opera idraulica alpina: il Trou de Touilles*, in Basilico R., Bavagnoli L., Del Lungo S., Padovan G., Wilke K. P. (a cura di), *Atti I Congresso Nazionale di Archeologia del Sottosuolo: Bolsena 8-11 Dicembre 2005. Archeologia del Sottosuolo: Metodologie a Confronto*, Vol. 1, B.A.R. International Series 1611, Oxford, pp. 351-372.

Basilico R., Bianchi S., Cantoni A., Coletto V., Padovan G., Verdiani A. 2007, *Trou de Touilles una particolare opera idraulica alpina, in Club Alpino Italiano*, La Rivista, Anno 128, Vol. CXXVI, marzo-aprile, Torino, pp. 65-68.

Benedetto M. A. 1953, *Ricerche sugli ordinamenti dei domini del Delfinato nell'Alta Valle di Susa*, Torino.

Berruto G. 1974, *Piemonte e Valle d'Aosta: profilo dei dialetti italiani*, Pisa.

Biagioli G., Finocchi C. 1976, *Guida d'Italia- Piemonte*, Touring Club Italiano.

Bodini G. 2002, *Antichi sistemi di irrigazione nell'arco alpino. Ru, Bisse, Suonen, Waale*, Quaderni di cultura alpina, Ivrea.

Botturi G., Pareccini R. 1991, *Antichi acquedotti del territorio bresciano*, Milano.

Boucharlat R. 2001, *Les galeries de captage dans la péninsule d'Oman au premier millénaire avant J.-C.: question sur leur relations avec les galleries du plateau iranien*, in Briant P. (a cura di), *Irrigation et drainage dans l'Antiquité, quanāts et canalizations souterraines en Iran, en Égypte et en Grèce*, Collège de France, Paris, pp. 162-163.

Burdy J. 1996, *L'aqueduc romain du Gier*, Oullins (France).

Cambi F., Terrenato N. 1994, *Introduzione all'archeologia dei paesaggi*, Roma.

Casini A., Cascone G. 2000, *Un contributo alla definizione della metodologia di studio e rilevamento delle attività minerarie d'età preindustriale*, in Padovan G., Riera I. (a cura di), *Atti del XV Congresso di Speleologia Lombarda* (Sant'Omobono Imagna, 2-3 ottobre 1999), III vol; Milano, pp. 93-122.

Carucci P. 2006, *Le fonti archivistiche: ordinamento e conservazione*, Roma.

Casi F. (a cura di) 1996, *Antica strumentaria in miniera. I rilievi topografici nel sottosuolo*, Pesaro.

Casalis G. 1837, *Dizionario geografico-storico-statistico-commerciale degli stati di S.M. il re di Sardegna* vol. IV, Torino.

Castellani V. 1973, *Su alcune forme di pseudo carsismo indotto*, in *Quaderni del Museo di Speleologia "V. Rivera" L'Aquila*, n. 2, L'Aquila.

Cavargna Bontosi M. 2006, *Valle di Susa. Storia, arte e territorio*, Grugliasco (To).

Centini M. 2000, *L'uomo selvaggio - antropologia di un mito della montagna*, Ivrea.

Chiapusso F. (a cura di) 1879, *Il traforo di Touilles e Colombano Romeàn*, Club Alpino Italiano - Sezione di Susa, Susa.

Chiaraluce, V. 2007, *L'acquedotto delle Fontane Secche a Bagnoregio*, in Basilico R., Bavagnoli L., Del Lungo S., Padovan G., Wilke K. P. (a cura di), *Atti I Congresso Nazionale di Archeologia del Sottosuolo: Bolsena 8-11 Dicembre 2005. Archeologia del Sottosuolo: Metodologie a Confronto*, Vol. 1, B.A.R. International Series 1611, Oxford, pp. 285-316.

Coletto V. 1987, *La Rafanhaudo*, n. 2, Borgone Susa.

De Lavis-Trafford M. A. 1956, *Le Col alpin franchi par Hannibal - son identification topographique*, Saint Jean de Maurienne.

Del Pelo Pardi G. 1943, *Bonifiche antichissime. La Malaria e i cunicoli del Lazio*, in AA. VV., *Atti della Reale Accademia dei Georgofili*, Firenze, pp. 283-323.

Della Fratta Montalbano A. 1678, *Pratica minerale*, anastatica, Firenze 1985.

Di Lernia S., Galimberti A. 1993, *Archeologia mineraria della selce nella preistoria - definizioni, potenzialità e prospettive della ricerca*, Firenze.

De Giorgis A. s.d., *Manuale del minatore ed armatore*, Torino.

De la Blottière F. 1891, *Memoire concernant les Frontières de Piémont et de Savoie*, Grenoble.

Donzella D. 2007, *Le comunità francoprovenzali di Celle di S. Vito e Faeto. Cultura locale e dinamiche migratorie*, tesi di laurea anno accademico 2006/2007, Università degli Studi di Torino - Facoltà di Scienze della Formazione.

Ferreri Mitoldi S. 1914, *Elementi di agrimensura*,Milano.

Frega G. 1984, *Lezioni di acquedotti e fognature*, Napoli.

Frontino S. G., *Gli acquedotti di Roma*, Galli F. (a cura di), Lecce 1997.

Gaspani A. 1999, *La cultura di Golasecca. Cielo luna e stelle dei primi celti d'Italia*, Aosta.

Gerbella L. 1947, *Arte mineraria*, voll. I-II, Milano.

Giorgetti D. 1985, *L'acquedotto romano di Bologna: l'antico cunicolo ed i sistemi di avanzamento in cavo cieco*, in AA. VV., *Acquedotto 2000. Bologna, l'acqua del Duemila ha duemila anni*, vol. I, Casalecchio di Reno (Bologna), pp. 37-107.

Grassi C. 1964, *Profilo linguistico della Valle di Susa*, in *Segusium*, Torino.

Jannon M. 1996, *La storia del "Pertus" - opera idraulica del XVI secolo tra l'incredibile, l'ingegneria e l'arte*, Susa.

Jannon P. 1998, *Chiomonte - tradizioni, ricordi e un po' di storia*, Pinerolo.

Kearey P., Vine, F. J. 1994, *Tettonica globale*, Bologna.

Honnorat S. J. 1846, *Dictionnaire provençal-français ou dictionnaire de la langue d'oc, ancienne et moderne, suivi d'un vocabulaire français-provençal*, Digne, Repos.

Littré E. 1863, *Histoire de la langue française: études sur les origines, l'étymologie, la grammaire, les dialects, la versification et les lettres au moyen age Didier*, Parigi.

Maurice C. 1976, *Aux confins du Briançonnais d'autrefois. In Società di ricerche e studi Valsusini*, Susa.

Molino B. 1975, *Giaglione - storia di una Comunità*, Borgone di Susa.

Mottana A., Crespi R., Liborio G. 1977, *Minerali e rocce*, Milano.

Muletti D. 1831 (1829-1833), *Memorie storico-diplomatiche appartenenti alla città e ai marchesi di Saluzzo*, Tomo V, Saluzzo.

Padovan G. (a cura di) 2005, *Archeologia del sottosuolo. Lettura e studio delle cavità artificiali*, British Archaeological Reports, International Series 1416, Oxford.

Padovan G., Per *far passare un acquedotto in Val di Susa Romean fece un traforo di 433 metri*, in *COCIS, Periodico d'informazione e documentazione della Associazione per l'utlizzo del sottosuolo*, n. 51, Milano 2007, pp. 10-12.

Patria E. 1972, *Il traforo dei Quattro Denti di Exilles e Colombano Romean*, rivista il Geometra.

Panimolle G. 1986, *Gli acquedotti di Roma antica*, Roma.

Petruccioli A. 1985, *Dar al Islam. Architetture del territorio nei paesi islamici*, Roma.

Polibio, *Storie*, Schick C. (traduzione e note), Milano 1992.

Proulx D. A. 1999, *Nasca Puquios and Aqueducts, (Nasca: Geheimnisvolle Zeichen im Alten Peru)*, Zurigo.

Regal Matienzo A. 2005, Los *trabajos hidráulicos del Inca en el antiguo Perú*, Lima.

Reynard E. 2005, Les *conditions naturelles et la construction des bisses du Valais, Lausanne*, Institut de Géographie, sito internet Università di Losanna (http://www.unil.ch/igul).

Ricciardi M., Scrinari V. 1996, *La civiltà dell'acqua in Ostia antica*, vol. II, Roma.

Righi M. 2002, in Vauterin G. (a cura di), *Gli antichi canali irrigui dell'Arco Alpino*, Aosta, pp. 101-116.

Rombini F. 1996, *Gli scavi in sotterraneo. Analisi dei rischi e normativa in materia di sicurezza, Dossier 28, Regione Emilia-Romagna / CDS,* Aziende USL Città di Bologna e di Ravenna, Ravenna.

Rotelli C. 1973, *Una campagna medioevale. Storia agraria del Piemonte fra il 1250 e il 1450*, Torino.

Salazar E. E. 2001, *Cusco e la Valle Sacra degli Inca*, Lima.

Servizio Geologico d'Italia, *Note illustrative della Carta Geologica d'Italia* - Foglio 132-152-153, Bardonecchia.

Schreiber K. J., Rojas J. L. 2003, *Irrigation and society in the peruvian desert*, Lanham.

Schreiber K. J., Rojas J. L. 2006, *Aguas nel desierto - los puquios de Nasca*, Lima.

Stamperia Reale 1877, *Tavole di ragguaglio dei pesi e delle misure già in uso nelle varie province del Regno col sistema metrico decimale.* Approvate con decreto 20 maggio 1877, n.3846, Roma.

Tölle-Kastenbein R. 1993, Archeologia *dell'acqua. La cultura idraulica nel mondo classico*, Milano.

Tenderini S. 2000, *Ospitalità sui passi alpini*, Torino.

Turri E. 2001, *Gli iconemi: storia e memoria del paesaggio*, Milano.

Vaccarone L. 1881, *Le pertuis du Viso*, Torino.

Vauterin G. 2003, *Gli antichi canali irrigui dell'arco alpino*, Aosta.

Vergani R. 2003, *Miniere e società nella montagna del passato. Alpi venete, secoli XIII-XIX*, Verona.

Vitruvio M. P., *De architectura*, Migotto L. (a cura di), Padova 1997.

Zanni Rosiello I. 1987, *Gli archivi tra passato e presente*, Bologna.

Zerbi M. C. 2007, *Il paesaggio rurale: un approccio patrimoniale*, Torino.

Zuccarelli G. C. 1958, *Il traforo di Touilles*, in *La Rivista del Club Alpino Italiano*, XXVII n. 5-6, Torino.

HYPOGEAN ARCHAEOLOGY

Research and Documentation of Underground Structures
Edited under the aegis of the Federazione Nazionale Cavità Artificiali
(F.N.C.A.)

www.hypogeanarchaeology.com
e-mail: info@hypogeanarchaeology.com

N.1. *Italian Cadastre of Artificial Cavities, Part 1 (includine introductory comments and a classification),* di Roberto Basilico, Luigi Bavagnoli, Stefano Del Lungo, Gianluca Padovan, Klaus Peter Wilke, translation by Ivana Micheli, (British Archaeological Reports, International Series 1599), 2007.

N.2. *Atti I Congresso Nazionale di Archeologia del Sottosuolo: Bolsena 8-11 Dicembre 2005. Archeologia del Sottosuolo: Metodologie a Confronto*, Volumi 1 e 2, a cura di Roberto Basilico, Luigi Bavagnoli, Stefano Del Lungo, Gianluca Padovan, Klaus Peter Wilke, (British Archaeological Reports, International Series 1611), 2007.

N.3. *Bibliografia archeologica, speleologica e tecnica delle cavità artificiali italiane ed estere. Primo contributo (2000 titoli con abstract),* di Luigi Bavagnoli, Gianluca Padovan, (British Archaeological Reports, International Series 1827), 2008.

Distributor:
Hadrian Books Ltd,
122 Banbury Road
Oxford OX2 7BP
England

Fax: (0)1865316916

www.ingramcontent.com/pod-product-compliance
Lightning Source LLC
LaVergne TN
LVHW070046021026
849160LV00027B/1619